21 世纪交通版高等学校教材

Cement and Concrete

水泥与水泥混凝土

申爱琴　主编

张登良　主审

人民交通出版社

内 容 提 要

　　《水泥与水泥混凝土》是一本系统论述水泥及混凝土材料性能与结构等方面的著作。内容包括水泥物理化学及力学基础、硅酸盐水泥生产工艺、矿物特征、水化机理、水泥石结构及工程性质、普通混凝土材料组成、和易性、物理力学性质以及耐久性、配合比设计方法、质量控制、外加剂、道路混凝土新技术、聚合物混凝土、高强混凝土等。

　　本书内容丰富,全面系统,可作为高等学校公路与城市道路及材料专业研究生参考教材,也可供有关专业科研人员、工程技术人员、高校师生学习参考。本书此次重印,作者根据国家新版规范、标准对内容进行了局部修订。

图书在版编目（CIP）数据

水泥与水泥混凝土/申爱琴主编. --北京：人民交通
出版社，2000.4
　　ISBN 978-7-114-03644-2

　　Ⅰ.水… Ⅱ.申… Ⅲ.①水泥②水泥-混凝土
Ⅳ.①TQ172②TU528.45

中国版本图书馆 CIP 数据核字(2000)第 24679 号

21 世纪交通版高等学校教材

书　　名：**水泥与水泥混凝土**
著 作 者：申爱琴
责任编辑：沈鸿雁
出版发行：人民交通出版社
地　　址：(100011) 北京市朝阳区安定门外外馆斜街 3 号
网　　址：http://www.ccpress.com.cn
销售电话：(010) 59757973
总 经 销：人民交通出版社发行部
经　　销：各地新华书店
印　　刷：北京鑫正大印刷有限公司
开　　本：787×1092　1/16
印　　张：17.5
字　　数：441 千
版　　次：2000 年 5 月　第 1 版
印　　次：2017 年 8 月　第 5 次印刷
书　　号：ISBN 978-7-114-03644-2
定　　价：30.00 元
(有印刷、装订质量问题的图书由本社负责调换)

前　　言

随着我国改革开放的不断深入,公路建设事业日新月异,正处于前所未有的大发展时期。由于修筑黑色路面需要的高质量沥青材料的缺乏,其价格也较高,因此修筑水泥混凝土路面具有广阔前景,况且我国生产水泥的资源丰富,水泥混凝土路面又具有承载力大、养护费用少,寿命长等优点。近年来,水泥混凝土高等级公路发展更加迅猛,而且全国各省市也修筑了大量的水泥混凝土路面。

水泥混凝土是以水泥和水组成的水泥浆体为粘结料,将不同粒径的粗、细集料胶结起来,在一定条件下,硬化成为具有一定力学性能的复合材料。

现代科学技术的发展,为探索材料微观结构与宏观表现之间的关系提供了可行性,使人们更加清楚地认识到,要改变水泥及混凝土的技术性能,可通过改变水泥及混凝土微观结构来实现,例如改变水泥石的孔结构,可大大提高混凝土的耐久性。要保证水泥混凝土结构物质量,就必须对水泥及混凝土材料基础理论有一个深入、全面、系统地认识,以动态的方法去研究水泥的水化过程及水化生成物结构与特征,充分揭示水泥石结构与工程性质之间的有机联系,深入研究混凝土流变性质、力学性质及影响因素。为此,在近几年研究生教学基础上,我们查阅了大量国内外有关资料,将一些经典的理论与现代工程实践相结合,编成此书。

本书分为三大篇,第一篇介绍了水泥的物理化学及力学基础知识,包括水泥中经常用到的晶体、玻璃体、固溶体、胶体、以及表面界面等名词概念,并对其力学性质、物理性质以及化学性质也进行了概述;第二篇主要系统地论述了水泥的定义、分类、技术性质及技术标准、水泥工艺、率值、水泥水化过程及机理、流变性质、工程性质、水泥石结构及凝结硬化理论,而且,对一些常用的混合水泥及专用水泥的性能、构造及标准也进行了简单而系统的描述;第三篇全面地论述了普通水泥混凝土的材料组成、工艺性质、结构形成、强度理论及破坏机理、混凝土的物理性质及耐久性,并且介绍了普通混凝土的配合比设计方法。

为了力求实用性及拓宽读者视野,本书中还介绍了普通混凝土的质量控制方法、常用混凝土外加剂作用机理及使用方法。结合现代路桥工程需求,为了克服混凝土刚度大,柔性小的缺陷,还对目前常用的聚合物改性混凝土的工艺过程及其性能作了详细介绍。为了满足工程技术人员的需要,对道路混凝土作了重点阐述,从材料组成到配比设计以及施工方面均有详尽论述。此外,路面混凝土新技术,例如轨道式摊铺机施工、滑模式摊铺机施工、钢纤维混凝土、碾压混凝土以及特殊条件下混凝土路面施工均编入本书之中。

在本书的编著过程中,得到了博士生导师张登良教授的大力支持和帮助,除了对写作大纲审阅外,还提供了大量的参考资料,并进行了主审。博士生导师王秉纲教授、上海同济大学材料工程学院王培铭教授也为本书编著提供了大量参考资料,在此我们表示衷心感谢。

本书第一篇、第二篇、第三篇中第一章、第三章及第五章由申爱琴编写,第三篇中的第二章、第六章由徐江萍编写,第四章、第七章由陈拴发编写。全书由申爱琴主编,张登良主审。

2004 年 4 月，因为教学需要以及国家关于水泥与水泥混凝土方面规范、标准作了全面的更新，为此，我们又对原书进行了局部修订，作为面向 21 世纪交通版高等学校教材出版，以满足广大读者的需求，特此说明。

由于编者水平有限，书中缺点和错误在所难免，恳请国内外同行不吝赐教、批评指正。

主编

2004 年 4 月

目　　录

第一篇　水泥物理化学及力学基础

　　材料的创新促进了现代科学技术的发展,而现代科学技术的发展又使人们更加清楚地认识了材料微观结构与宏观表现之间的关系。近年来,随着我国国民经济及交通事业的飞速发展,路用材料科学技术水平不断提高,科研成果层出不穷。由于新结构、新技术、新工艺的不断涌现和发展,对水泥及水泥混凝土的品种及质量的要求不断提高。因此,必须从微观上研究水泥的内部结构及成分对其性能的影响,探求水泥的结构、物性和反应三者的规律以及它们之间的有机联系,并通过水泥的化学组成和内部结构来认识及改善材料的性能。因而有必要掌握水泥的一些物理化学及力学基础知识。

第一章　材料的微观构造与性质

　　近代水泥科学的核心是结构与性能之间的关系,而各种水泥的技术性质又取决于其内部结构。换句话说,通过改变水泥的微观结构可使其性能得到改善。水泥石的微观结构较为复杂,涉及到晶体、非晶体、玻璃体、固溶体、胶体等概念。在使用阶段,还与其表面及界面性能、力学性能、物理性能有关。因而有必要了解上述各概念的定义、含义及计算公式。

§1-1　晶体与非晶体

　　固体材料通常是排列成晶体结构的原子聚合体,因此,固体材料的性质不仅取决于原子本性,同时也取决于原子聚合方式。

　　原子之间的作用力有引力和斥力两种。固体材料在一定的温度和压力下,这两种方向相反的力是相互平衡的,而由于这种平衡也就使原子间保持着一定的平衡距离。固体中,由原子、分子或离子作三向规则排列成有序的结构,称为晶体。而原子、分子或离子本身沿三维空间作不规则排列的,称为非晶体。例如铝、锌等金属以及组成岩石的各种矿物等均属于晶体,而玻璃、塑料等均属于非晶体。

　　晶体的体质因其组成的原子、分子或离子等的结合形式不同而有差异。根据结合形式不同可将晶体分为:离子键晶体,如 NaCl、LiF 等;共价键晶体,如金刚石、碳化硅等;金属键晶体,如各种金属和合金;分子键晶体,如萘、蒽等;氢键晶体,如冰(H_2O)等。

　　实际上,很多晶体都是按上述理想状态组合而成的。

一、晶体结合

　　离子晶体的结合力大部分来自离子间的静电引力(库仑引力)。在离子晶体中,电子受到各个离子的约束,一般处于极难活动的状态。

共价键晶体的结合力主要靠各个原子都共用某一数量的电子而产生的。这种晶体，其结合能很大，强度和硬度非常大。

在金属晶体中，是由电子与阳离子之间的静电引力，以及离子与离子之间、电子与电子之间的排斥力相互平衡而产生结合力。自由电子能使金属具有良好的导电性和导热性。在金属结合中，其结合力不像共价结合那样具有方向性。

分子晶体的结合力是由于电荷非对称分布而产生分子的极化，或者由于电子的运动而发生瞬时的极化，亦即由于分散效应而产生所谓范德华力的微弱引力。这种分子结合力不论属于何种结合形式都是经常存在的，但是在分子晶体中，这种力是起支配作用的。分子晶体的大部分属于有机化合物。

氢键结合晶体的形成是由于在某种条件下，氢原子将它的一个电子给予分子中其他一个原子，这时，因质子很小，接近质子的原子会夹紧质子而非常靠近，成为一个氢原子被两个其他原子吸引着的状态，使氢原子介于两个原子之间而构成氢键结合。

各种晶体结合形式不同，其材料的性质也有所差异。但是，要严格区分晶体结合的形式是困难的，表 1-1-1-1 说明各晶体的大致区别。

晶体结合形式与材料性质 表 1-1-1-1

	离子晶体	共价键晶体	金属晶体	分子晶体
构造	方向性小，密度中等	方向性大，密度小	方向性小，密度大	方向性小
强度与硬度	硬度大 强度大	强度大 硬度大	强度与硬度变化范围大	强度小 质软
热学性质	熔点高	熔点高	熔点范围大 热传导性大	熔点低
电学性质	导电性一般较小	导电性小	导电性大	导电性小
结合能举例（kJ／克分子）	NaCl 756 LiF 1008	金刚石 714 SiC 1189	Na 109 Fe 395	CH_4 10

二、晶体构造

晶体的构造可反映材料的某些工程性质。晶体的结构形式可通过 X 射线衍射或电子射线扫描等方法来确定。在晶体内部，可细分为完全相等单位的构造在三维空间重复着，见图 1-1-1-1 所示。立方晶体沿 3 个垂直方向有相同的排列：$a_1 = a_2 = a_3$，大部分金属和相当数量的陶瓷材料是立方晶系的。非立方晶体的重复排列沿 3 个坐标轴方向不一样或者其 3 个晶轴间的夹角不全等于 90°。自然界中共有 7 种可能的晶系。这 7 种晶系的名称和它们的几何特征列于

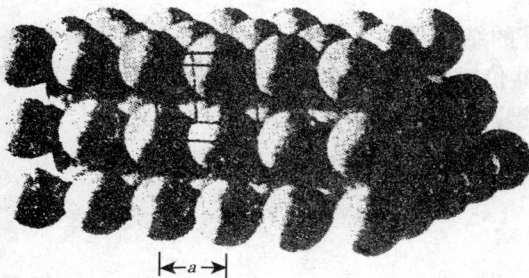

图 1-1-1-1 晶体结构
立方晶系中的点阵常数 a 在三个坐标方向上都是相同的

表 1-1-1-2。正方晶系和正交晶系的几何特征见图 1-1-1-2。

各种晶系的几何特征 表 1-1-1-2

晶　　系		轴　间　夹　角
立方	$a_1 = a_2 = a_3$	所有的夹角都等于 90°
正方	$a_1 = a_2 \neq c$	所有的夹角都等于 90°
正交	$a \neq b \neq c$	所有的夹角都等于 90°
单斜	$a \neq b \neq c$	其中有两个夹角是 90°；另一个不等于 90°
三斜	$a \neq b \neq c$	三夹角都不相同，且都不为 90°
六方	$a_1 = a_2 = a_3 \neq c$	夹角为 90° 和 120°
菱方	$a_1 = a_2 = a_3$	所有的夹角都相等，但不为 90°

以岩石矿物为主的硅酸盐有很多种类,其晶体构造也是多种多样的,见图 1-1-1-3 所示。如果以 4 个 O^{2-} 离子包围一个 Si^{4+} 离子所组成的 SiO_4^{4-} 作为基本单位,则它们既可以成为独立体,也可以成为链状构造(例如辉石类)、二维网状构造(例如高岭土、云母)或三维网状构造(例如硅石 SiO_2、长石类),其中 Si^{4+} 与 O^{2-} 的结合是半离子性、半共价性的。

某些有机化合物中,高分子某些较为规则构造部分称为结晶性的,而不规则构造部分则称为非结晶性的,见图 1-1-1-4 所示。结晶性部分所占比例随着分子的化学构造、延伸度和温度等条件的改变而变化。

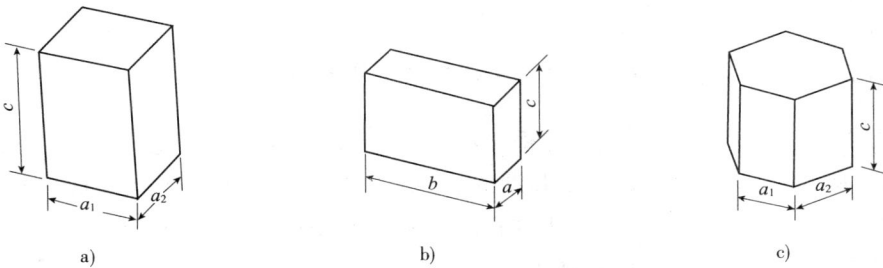

图 1-1-1-2　非立方晶体

a)正方晶系:$a_1 = a_2 \neq c$,各个夹角都为 90°;b)正交晶系:$a \neq b \neq c$,

各个夹角都是 90°;c)六方晶系:$a_1 = a_2 \neq c$,夹角为 90° 及 120°

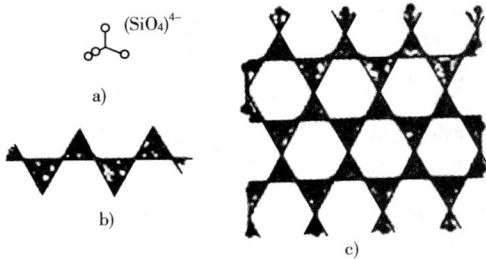

图 1-1-1-3　$(SiO_4)^{4-}$ 四面体连结例子

a)基本单位;b)链状连结的一例;c)二维网状结构的一例

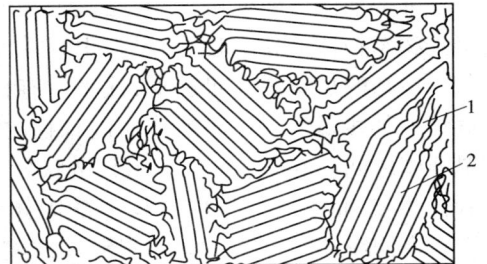

图 1-1-1-4　晶态—非晶共聚物

1-非结晶性区域;2-结晶性区域

§1-2 玻 璃 体

玻璃体是由于熔融物冷却较快而形成的。玻璃是无机非晶态固体中最重要的一族。当达到凝固温度时,它还具有很大的粘度,致使原子来不及按照一定的规则排列起来,就已经凝固成为固体,从而形成玻璃体结构。

一般无机玻璃的外部特征是有很高的硬度,较大的脆性,对可见光具有一定的透明度,并在开裂时具有贝壳及蜡状断裂面。

玻璃体具有以下的物理通性。

一、各向同性

玻璃体内部任何方向的性质(如折射率、导电性、硬度、热膨胀系数等)都是相同的。这与晶体一般具有各向异性的特性是不同的,却与液体有类似性。

二、介稳性

当熔体冷却成玻璃体时,这种状态并不是处于最低的能量状态。它能较长时间在低温下保留了高温时的结构而不变化,因而称介稳状态。

从热力学观点看,玻璃态是一种高能量状态,它必然有向低能量状态转化的趋势,也即有析晶的可能。然而从动力学观点看,由于常温下玻璃粘度很大,由玻璃态转变为晶态的速率是十分小的,因此它又是稳定的。

三、由熔融态向玻璃态转化的过程是可逆的与渐变的

当熔体向固体转变时,若是结晶过程,当温度降至 T_M(熔点)时(见图1-1-2-1),由于出现新相,同时伴随体积、内能的突然下降与粘度的剧烈上升;若是熔融物凝固成玻璃的过程,开始时熔体体积和内能曲线以与 T_M 以上大致相同的速率下降直至 F 点(对应温度 T_g),熔体开始固化。这时的温度称为玻璃形成温度 T_g。

当玻璃组成一定时,T_g 应该是一个随冷却速度而变化的温度范围。低于 T_g 时的固体称为玻璃,而高于此温度范围它就是熔体。因而玻璃体无固定的熔点,而只有熔体⇌玻璃体可逆转变的温度范围。

非晶质固体随处可见,现已认识到玻璃形成的能力几乎是凝聚物态物体的普遍性质,早在1969年,D. Turnbull 曾评述过:如果冷却的足够快和足够低,几乎所有材料都能制备成非晶质固体。某些属于固体与液体的混合物的凝胶体,也能显示跟非晶质固体同样的力学性质。由长链状分子构成的固体骨架称为弹性凝胶,而具有三维网状构造的固体骨架则称为刚性凝胶。前者有明胶和沥青等,后者有硅胶和硅酸盐水泥的水化凝胶。

常见的玻璃体有硅酸盐玻璃,如石英玻璃是将熔化的二氧化硅(SiO_2)经过急速冷却所得的产物。这种熔融体冷却时形成较大的网状构造而使粘性增大,在不产生规则整齐排列的

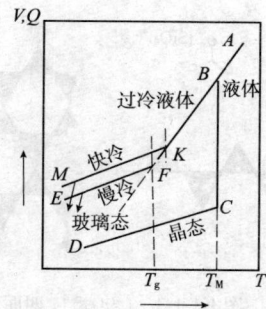

图 1-1-2-1 物质内能与体积随温度的变化

SiO₄ 晶体的情况下,直接转变为非晶质固体,也可称为无定形晶体。玻璃就属于这类非晶质固体,此外,还有合成树脂和橡胶等。

§1-3 固 溶 体

液体中有纯净液体和含有溶质的液体之分,固体中也有纯晶体和含有外来杂质原子的固体溶液之分。把含有外来杂质原子的晶体称为固体溶液,简称固溶体。固溶体普遍存在于无机固体材料中,材料的物理化学性质,能随着固溶体的生成,在一个更大范围内变化。因此,无论对功能材料,还是结构材料,都可通过生成固溶体的条件,提高材料的性能。

当溶剂和溶质的原子大小相近,电子结构相仿时,便容易形成固溶体。固溶体按其溶剂原子被溶质原子所取代的情况不同,又分为置换固溶体、有序固溶体和间隙固溶体。

一、置换固溶体

晶体结构中一种原子对另一种原子的无规则置换所形成的固溶体称为置换固溶体。铜和锌的固溶体就称为置换固溶体。此种固溶体在许多金属中是相当常见的。置换固溶体的溶解度主要取决于几何上和化学上的限制。如果溶质原子和溶剂原子具有相近的原子尺寸,则溶解度大。要得到很高的固溶度,还要求溶质和溶剂的化学性质相近似。

二、有序固溶体

在置换固溶体中,溶质原子在溶剂中的分布是随机的,故又称为无序固溶体。但对于某些固溶体,当其从高温缓冷到某一临界温度以下时,溶质原子会从统计随机分布状态过渡到占有一定位置的规则排列状态,即发生"有序化"过程,形成有序固溶体(图 1-1-3-1)。

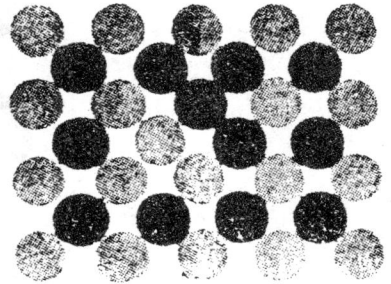

图 1-1-3-1 有序固溶体(大多数原子之间,如果有序化是完全的就会形成化合物)

三、间隙固溶体

一个小原子位于较大原子的间隙中(图 1-1-3-2),这种固溶体称为间隙固溶体。铁中的碳原子就是一例。当温度低于 912℃ 时,纯铁呈体心立方结构。当温度高于 912℃ 的某一范围内,铁呈面心立方结构。在面心立方点阵的晶胞中心存在着较大的间隙(或称"洞")。由于碳原子非常小,它能够运动到这个"洞"中,形成铁和碳的固溶体。但在低温时,铁具有体心立方体结构,其原子间的空隙小得多,因此,碳在体心立方体中的溶解度是有限的。

另外,在离子相中也会产生置换固溶体。在离子固溶体中,原子和离子的大小是很重要的。图 1-1-3-3 表示了一个简单的离子固溶体的例子。食盐的各个正六方体面就是 NaCl 结构的晶面。MgO 的结构与此相同,在此 MgO 结构(图 1-1-3-4)中,Mg^{2+} 离子被 Fe^{2+} 所取代。由于两个离子的半径分别为 0.066nm 和 0.074nm,故可以完全地取代。另一方面,Ca^{2+} 离子则不能用来取代 Mg^{2+},因其半径为 0.099nm,相对较大。

化合物固溶体形成的条件比金属固溶体更严格,它有一个附加条件,即被取代离子和新离子的价电荷必须相等。例如,在 MgO 中若用 Li^+ 来取代 Mg^{2+} 是相当困难的。尽管它们的离子半径相等,但是电荷不足,故只有当存在其他的补偿电荷时,这种固溶体才有可能实现。

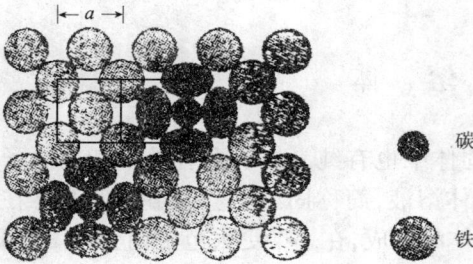

图 1-1-3-2　间隙固溶体
（碳在面心立方体铁中）

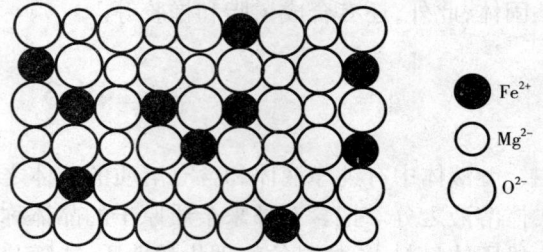

图 1-1-3-3　化合物中的置换固溶体
（Fe^{2+} 离子置换了 MgO 结构中的 Mg^{2+}）

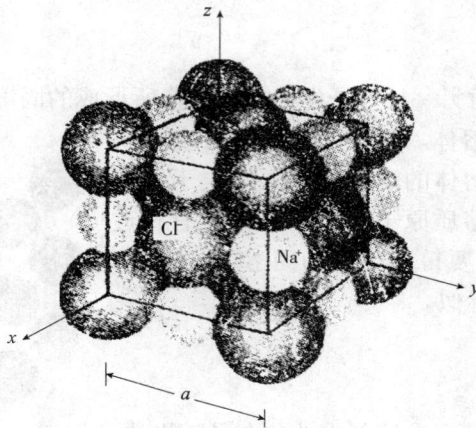

图 1-1-3-4　晶体结构

§1-4　胶　体

胶体是由物质三态(固、液、气)所组成的高分散度的粒子作为分散相,分散于分散介质中所形成的系统。高度分散性和多相性是胶体系统最显著的特点。

胶体体系表面能数值很大,因此在热力学上是不稳定的体系。

一、胶体的吸附现象

吸附是指物质(主要指固体)表面吸住周围介质(液体或气体)中的分子或离子的现象。固体所以具有吸附能力,是由于固体表面层上的粒子和固体内部的粒子所处情况不同。固体内部,每一个粒子被周围的粒子包围着,各个方面的吸引力是平衡的,但在表面层上的每个粒子向内的吸引力没有平衡,这就在固体物质表面上产生吸附力,把周围介质中的某些离子或分子吸附在它的表面上。被吸附的离子或分子由于振动可以脱离表面而解吸,同时另有一些粒子又会被固体物质的表面所吸附,而形成吸附和解吸的动态平衡,实际上这是一个可逆过程。

由此可见,吸附作用和物质的表面积有关,表面积越大,吸附能力越强。胶体是一个高度分散体系,其总表面积非常大,因而胶体具有高度的吸附能力。

6

二、胶体粒子的结构

胶体粒子的吸附性与其内部结构有关。现以硅胶为例,说明胶粒的结构(图 1-1-4-1)。胶粒的中心部分叫胶核,硅酸溶胶中的胶核可以看作是 SiO_2 的聚集体,有很强的吸附性。硅酸溶胶中存在着弱电解质 H_2SiO_3,在水中有着下列电离平衡:

$$H_2SiO_3 \rightleftharpoons 2H^+ + SiO_3^{2-}$$

电离出 n 个 SiO_3^{2-} 被胶核所吸附,同时有 $2n$ 个 H^+ 离子电离出来。其中 $2(n-x)$ 个 H^+ 又被吸附在 SiO_3^{2-} 周围,这些就组成胶粒。胶核所吸附的 SiO_3^{2-} 和一部分较近的 H^+ 离子形成吸附层。这样,胶粒带负电,在胶粒周围还松弛地吸附了一部分带相反电荷的 H^+ 离子,这部分 $2x$ 个 H^+ 离子形成了扩散层。因为吸附层与扩散层各带有相反的电荷,所以相对移动时两者之间就存在着电位差,这个电位差称 ξ 电位。

三、胶体的稳定性和聚沉作用

胶体粒子在体系中不断进行着无规则的布朗运动,粒子越小,运动得越快。但一般在一定条件下同一种胶粒带同号的电荷,因而互相排斥,阻止了它们互相接近,使胶粒很难聚集成较大的粒子而沉降,所以溶胶具有较大的稳定性。此外,在胶粒的吸附层中,此相反电荷离子(如硅酸溶胶的结构式中 H^+ 离子)都能水化,从而在胶粒周围形成了一个水化层,阻止了胶粒之间的聚集;同时,在一定程度上也阻止了胶粒和带相反电荷的离子相结合,增加了溶胶的稳定性。

溶胶的稳定性是相对的、有条件的,而不稳定则是绝对的。只要减弱或消除使它稳定的因素,就能使胶粒聚集成较大的颗粒而沉降,从而达到破坏胶体的目的。这种使胶粒聚集成较大的颗粒而沉降的过程叫做聚沉。

四、凝胶

在聚沉过程得到的产物中常有一种叫凝胶。凝胶并不是一般的沉淀,而是一种相当稠厚的物质。凝胶从外貌上看,既不像液体,也不像固体,它是由溶胶凝结成无流动性的半固体状。凝胶是在亲水性胶体中呈线状粒子和具有结构粘性而形成。通过冷却、加热和加入电解质

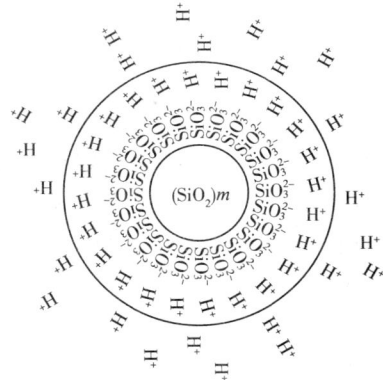

图 1-1-4-1　硅酸胶粒结构示意图

便可形成凝胶。凝胶具有由分散介质形成的蜂窝状或由细纤维集合而成的毛细管状结构,在其空隙中包含有液体。液体部分经逐渐蒸发干燥固化了的称为干凝胶。水泥的水化物便是干凝胶的一种。

1. 凝胶的溶胀

干燥凝胶吸取溶媒膨胀的现象称为溶胀。溶胀对弹性凝胶较为明显。例如,橡胶由苯、四氯化碳等有机溶剂作用而膨胀(溶胀),混凝土也会由于吸水而稍许膨胀。

2. 凝胶触变性

溶胶在静置时变为凝胶,或在施加外力振动搅拌等刺激时变为凝胶的现象称为触变性。触变性多发生在杆状和片状颗粒的胶体。这些粒子在静置时,在有些部位上互相接触连结起来,从整体来看形成为具有网状结构的凝胶,如由外部给予刺激(振动、搅拌),则遭破坏又变为溶胶。

溶胶化了的胶体静放一段时间,到再变为凝胶所需要的时间叫做固化时间,是衡量触变性的指标。粘结剂、水泥浆等均表现有触变性。

§1-5 表面及界面

材料之间的化学相互作用和力学相互作用大多由它们的表面性质所决定,为了满足现代交通的需要,路面材料经常须改性后使用,而改性的效果也与材料的表面性质息息相关。

一、表面张力和表面自由能

众所周知,如果没有外力的约束,液体将倾向于形成球形小滴。这是因为在各种几何形状中,以球形的比表面积与体积的比值为最小。而且,经常可看到,当两个球形的水滴或水银珠互相接触时,会合并成一个较大的球滴。这种使总的表面积尽可能减小的倾向是由于总表面能趋向于最低的结果。总表面能是表面能与比表面积的乘积。表面能是增加单位面积的表面所需要做的功,其单位为 J/m^2。表面能和表面张力具有相同的数值和量纲,不过后者的单位是用单位长度上的力来表示的(例如 N/m),表面能与表面张力等值,这是由于产生单位面积新表面所消耗的能量与扩张该表面时单位长度上所需要的力相等。

二、界面

在固相、液相、气相之间,两种相接触的面称为界面。二相中任何一相的变化都会影响到界面的性质。

形式上可将界面以物质三态——固态、液态和气态划分,即:气—液、气—固、液—液、液—固、固—固。

二相间界面稳定存在的普遍的先决条件是界面产生的自由能是正值;若为零或负值,则偶然的起伏即可导致表面区不断扩大,最后使一种物质完全分散在另一物质之中。例如两种气体之间或两种能互溶的液体或固体之间的界面,单位面积的自由能对分散力并无抵消作用,就是这种情形。甚至对于互不混溶的液体,在有合适的第三种组分存在时,也会因显著影响界面自由能而导致自动乳化。

三、吸附

固体或液体表面吸引外来原子、离子或分子而造成吸附。通常,将结合微弱的外来原子或分子薄膜归之为物理吸附。在降低压力或升高基底的温度时,固体对气体的物理吸附将迅速降低。物理吸附膜的厚度为几个单分子层,而化学吸附膜与其不同,它通常是单原子或单分子的。高温时比低温时更易发生化学吸附。洁净金属发生的相与相之间的化学反应,多数是从化学吸附开始的,然后在位错和晶界之类的优先位置上发生稳定反应产物的生核和长大。

对于很小的固体或液体弥散在气体介质或液体介质的悬浮体系,吸附具有重要的作用。如果悬浮相颗粒的直径为 $1 \sim 100nm$,则称之为胶体。升高温度或添加离子以中和胶体颗粒所吸附的表面电荷,可以使这种胶体由胶态悬浮体中发生凝聚或絮凝。液体在气体中的胶态弥散体通常称为气溶胶,而烟则常是固体在气体中的弥散体;泡沫是气泡在液体或固体中的弥散体。

四、浸润

液体在与固体相接触时所采取的形态,取决于表面能的大小,如图 1-1-5-1a)所示。由于液滴可以自由流动直至达到平衡。因此,在固体表面这一平面上,各种表面张力之间必然存在着力的平衡。对于部分浸润,当接触角为 θ 时,根据表面张力在水平方向的平衡,得到:

$$p_{SV} = p_{LV}\cos\theta + p_{SL} \tag{1-1-5-1}$$

式中:p_{SV}、p_{LV} 和 p_{SL}——分别为固—气、液—气和固—液的表面张力。

如果所形成的两个新表面的能量低于初始固—气界面的能量(即 $p_{LV} + p_{SL} < p_{SV}$),则液体将完全浸润固体的表面($\theta = 0°$),如图 1-1-5-1b)所示;反之,如果固—液界面能大于初始的固—气和液—气界面能(即 $p_{SL} > p_{SV} + p_{LV}$),则完全不浸润[$\theta = 180°$,图 1-1-5-1c)]。

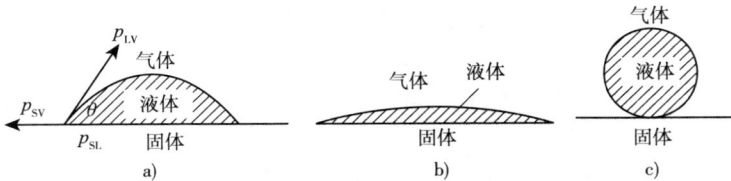

图 1-1-5-1

a)固体基底被液体部分浸润;表面张力在水平面上的平衡给出 $p_{SV} = p_{LV}\cos\theta + p_{SL}$;

b)当形成的两个新表面的能量低于原始固—气界面的能量时,也就是 $p_{LV} + p_{SL} < p_{SV}$,发生固体基底的完全浸润(即 $\theta = 0°$);c)当固—液界面能高于原始界面的表面能时,也就是 $p_{SL} > p_{SV} + p_{LV}$,则不发生浸润

由于固—液界面上未满足的结合键比较少,因此经常发现固—液表面能低于相应的固—气或液—气表面能。实际上,如果固体和液体在化学上是相容的,且没有表面吸附的污染,则通常是有利于浸润的。

五、粘附

表面能对于固体之间的粘附有重要的作用。粘附是指两个发生接触的表面之间的吸引。粘附可以用粘附功来表示,这就是分开单位面积粘附表面所需的功或能。如图 1-1-5-2 所示,粘附功 P_{AB} 由下式给出:

$$P_{PB} = J_A + J_B - J_{AB} \tag{1-1-5-2}$$

式中:J_A、J_B——A 和 B 的表面能;

J_{AB}——A 与 B 之间的界面能。

当两个相似的或相容的表面相接触时,由于 J_{AB} 不大,这时 P_{AB} 就比较大。两个完全不相似或不相容的表面(通常是两个互不形成化合物或固溶体的物质之间的那种表面),其 J_{AB} 值较高,而 P_{AB} 就比较小。因此,如果不存在吸附污染,相容材料的粘附将比不相容材料的粘附更为牢固。

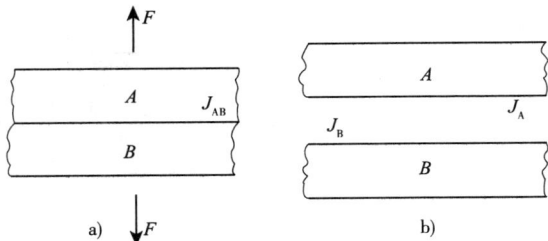

图 1-1-5-2 以表面能表示的粘附功

a)与 b)之间的能量增量就是粘附功,它由 $P_{AB} = J_A + J_B - J_{AB}$ 给出

影响粘附的因素可归结为:(1)表面污染的存在;(2)表面的粗糙程度(原子尺度);(3)当接触压力去除后,固体中残存的弹性应力将使已经粘附的连接点断开,使粘附受到影响。

第二章 材料的力学性质

材料的机械加工性质以及弹性、塑性和粘性等性能统称为力学性质。此外,更重要的力学性质还有强度、硬度、脆性、疲劳和韧性等。在讨论材料的力学性质时,一般以材料弹性、塑性和粘性三者作为基础。

所谓弹性,指由于外力作用而产生变形,如果除去外力,则变形就会立即消失而完全恢复原状的一种性质。

所谓塑性,指应力达到某种限度以上,或者经过长时间的持续所产生的变形,即使应力消失也不能完全复原的一种性质。

所谓粘性,指当应力达到某种限度以上时,变形速度将会随着应力的增长而相应地加大的一种性质。

实际工程中使用的材料,一般同时兼有这些性质,只是在某种条件下,材料的某一种性质占优势而已。例如,混凝土材料,当应力在一定范围内时,主要表现出弹性。而当应力超出某一限度时,则会表现出一定的粘性及塑性。

§2-1 强 度

材料的强度是材料在应力作用下抵抗破坏的能力。通常,材料内部的应力多由外力(或荷载)作用而引起,随着外力增加,应力也随之增大,直至应力超过材料内部质点所能抵抗的极限,即强度极限,材料发生破坏。

强度因外力种类的不同而分为抗拉强度、抗压强度、抗折强度、抗剪强度和抗扭强度等,还因加荷速度的不同而可以分为静力强度和冲击强度,表1-2-1-1列出了各种静力强度的分类和计算公式。再就是当荷载反复作用时,材料将会在比静力强度低的强度下遭到破坏,因而被称为疲劳破坏。若经过很长时间的荷载持续作用而发生的破坏,则称为徐变破坏。

静力强度分类 表1-2-1-1

强度类别	举 例		计算式	附 注
抗压强度 f_c	混凝土		$f_c = \dfrac{P}{A}$	P——破坏荷载(N); A——受荷面积(cm^2); L——跨度(cm);
抗拉强度 f_t	钢		$f_t = \dfrac{P}{A}$	b——断面宽度(cm); d——断面高度(cm)
抗剪强度 f_v	木材		$f_v = \dfrac{P}{A}$	
抗折强度 f_{tm}	混凝土		$f_{tm} = \dfrac{PL}{bd^2}$	

一、静力强度

材料的静力强度，实际上是在特定条件下测定的强度值。通常使用的木材、石料、混凝土及钢材等的强度都是静力强度。

材料的强度主要取决于材料的组成和结构。在材料内部一般都存在有晶格错乱、空隙、气孔、残余应力等，在复合材料中又存在有不均匀性和各向异性等各种缺陷，所以求出不存在这些缺陷的真实强度是有困难的。在多数情况下，测出的是有缺陷的试件的强度，再由此可推测出材料的真实强度。

二、冲击强度

材料对冲击的抵抗有时很难从静力强度来作出判断，因此可对试件施加冲击力，利用它在破坏时所吸收的能量来加以表示，通常将它称为冲击值。

冲击试验与静力试验一样，也有拉伸、压缩、弯曲和扭转等项试验。例如，我国对新近发展起来的公路抗滑表层用集料，就提出了集料冲击值要求（见 JTJ058 M0310—94）。

三、疲劳破坏

疲劳是在小于材料极限强度的应力反复作用下所产生的累积破坏。所谓疲劳性能是指一种材料对不同应力水平的反复作用的反应，它以构成破坏所需的荷载的作用次数来表示。

工程上研究疲劳的经典方法是测定 S—N 曲线，用一系列标准试样，测定在不同应力值 σ_α 及 σ_m 下的断裂循环周次 N_f 值，可以作出 σ_α—$\mathrm{Log}N_f$ 曲线，如图 1-2-1-1 所示。即为 S—N（woehler）曲线。

由图可见，随着试件承受疲劳应力最大值的逐步降低，相应的破坏前应力循环周次增大。而材料在交变应力下经受无限次循环（$>10^7$）而不发生破坏的最大应力，称为材料的疲劳极限或疲劳强度。对于碳钢、大多数合金钢和铸铁，其疲劳曲线在 10^7 周次后都变为水平，一般取 10^7 周次不断裂的最大应力为其疲劳强度。对于混凝土与有色金属等材料，其 S—N 曲线不会出现水平部分，无法求出正确的疲劳极限。在这种场合，可将能够经受 10^8 或 10^7 次反复的应力称为疲劳强度。

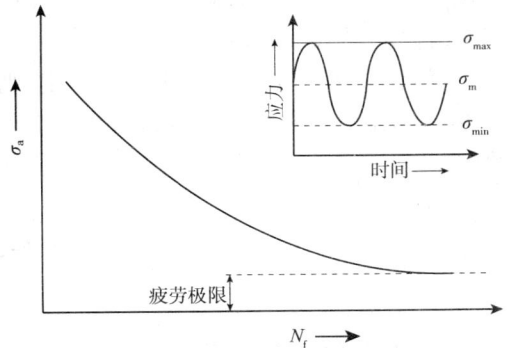

图 1-2-1-1　S—N（woehler）曲线示意图

研究表明，对塑性应变为主的低循环区，疲劳寿命主要受控于材料的延性（断裂延性），而对以弹性应变为主的高循环区，强度则是控制因素。

因为塑性应变是由位错运动引起的，塑性应变恒定，位错运动具有稳定的特征。因此常在恒塑性应变值下进行试验，以研究疲劳过程中材料内部的微观过程。

四、徐变

徐变是材料在恒定应力（或荷载）作用下产生的与时间有关的形变。根据定义，粘弹性、滞弹性、粘性流动都是徐变的表现形式。尽管对特定的结构而言,徐变所引起的尺寸变化,无论是弹性变形还是永久变形都可能构成破坏,但最终的徐变破坏应该包括永久变形和断裂这两者。一般对徐变的讨论只集中在与时间有关的永久变形。

纯粘性物质和处于过冷液态的非晶体固体,在恒定应力的作用下会持续进行形变。徐变时的应变量和应变速率都是温度、应力条件和材料性质的函数。徐变速率随温度的升高而增加,因为引起粘性流动的扩散重排在高温更容易进行。蠕变速率还随作用应力的升高而增加,因为应力会偏移扩散运动的方向。

根据徐变曲线形状,可分为三个阶段来处理(见图1-2-1-2)。

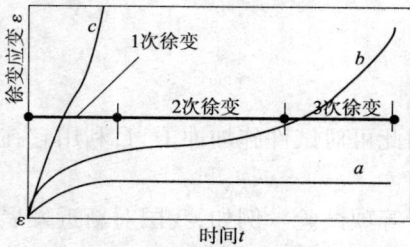

图 1-2-1-2 徐变三阶段
a:低应力或低温;b:标准型;c:高应力或高温

1. 一次徐变

徐变曲线向上凸时,徐变速率($d\varepsilon/dt$)随时间的持续而变小,这个阶段叫做一次徐变(初期徐变)。材料若是处于一次徐变阶段就不会发生断裂。这时相当于低应力或低温状态的徐变阶段。一次徐变可用时间 t 的函数来表示。

低应力时:$\varepsilon \propto \ln t$(对数徐变)

高应力时:$\varepsilon \propto t^{1/3}$〔安德拉第(Andrade)徐变〕

2. 二次徐变

徐变曲线向上为直线时,徐变速率 $d\varepsilon/dt$ 取一定值。这个阶段称为二次徐变(中期徐变)。材料在进入到二次徐变阶段时,时间虽然有长短,在理论上必然导致断裂。

3. 三次徐变

徐变曲线变为向下凸发生急剧变形的阶段,称为三次徐变。

金属材料等的拉伸徐变,是应变硬化与恢复或由内部破坏而引起的软化与脆化相互竞争的过程,这种性质具有构造敏感性。混凝土的徐变,可认为主要是由于水泥水化物中的凝胶水(半结合水)的移动而引起的。

产生徐变时,如果总变形保持一定,则弹性应变会减小,从而应力也会减小。这种现象称为应力松弛。这种性质,一般说,可认为是徐变性质的另一种说法,徐变越大,应力松弛也会越大。

§2-2 弹　　性

一、材料的弹性特征

材料的弹性性能是联系应力与弹性应变的材料常数。显示弹性性质的材料,应力与应变之间的关系为直线关系(见图1-2-2-1中 a)。也就是说,如果它符合虎克定律,这种材料就可称为虎克弹性材料。也有另外一些材料,其应力与应变之间不是线性关系(见图1-2-2-1中 b 和 c 所示),这些材料就称为非虎克弹性材料。

工程上的金属材料和陶瓷材料大多为线弹性材料。而木材和混凝土属非虎克弹性材料,它的抗压应力应变曲线,如图1-2-2-1中 b 所示,

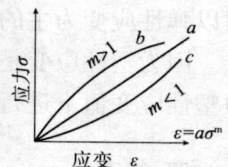

图 1-2-2-1　非弹性材料的应力应变曲线

而橡胶的抗拉应力应变曲线则属于 c。

工程上实际使用的材料,在对应于各种材料所规定的应力限度内,即在弹性极限以下的应力,会显示弹性性质。但如果施加的外力使应力超出这一限度,则材料将会显示塑性性质。这时,如果除去外力,变形就不能完全恢复,从而产生残余变形。但这残余变形中的一部分还会随着时间的推移而逐渐消失,这样的弹性恢复称为弹性后效;而最后遗留下来的变形则称为塑性变形或永久变形。

二、弹性模量

假定材料是各向同性的(力学性质不因方向而变化),而且是均质的(力学性质不因位置而变化),那么,与材料的弹性特征有关的独立的弹性模量一共有两个,但就实用来说,采用的却是三个弹性系数,即杨氏模量,或简称弹性模量,又称纵向弹性模量 E;剪切模量,又称横向弹性模量或刚性模量 G;泊松比 μ。

这些常数之间存在着如下关系:

$$\left.\begin{array}{l} E = 2G(1 + \mu) = 3K(1 - 2\mu) \\[2mm] G = \dfrac{E}{2(1 + \mu)} = \dfrac{3KE}{9K - E} \\[2mm] K = \dfrac{E}{9(1 - 2\mu)} = \dfrac{GE}{9G - 3E} \\[2mm] \mu = \dfrac{E - 2G}{2G} = \dfrac{3K - E}{6K} \end{array}\right\} \qquad (1\text{-}2\text{-}2\text{-}1)$$

弹性模量 E 为:

$$E = \frac{\sigma}{\varepsilon} \qquad (1\text{-}2\text{-}2\text{-}2)$$

式中:σ——垂直应力;
$\quad\quad \varepsilon$——垂直应变。

剪切模量 G 为:

$$G = \frac{\tau}{\gamma} \qquad (1\text{-}2\text{-}2\text{-}3)$$

式中:τ——剪切应力;
$\quad\quad \gamma$——剪切应变。

公式 1-2-2-1 中的 K 为体积弹性模量,可由下式求得:

$$K = \frac{\sigma_{\mathrm{m}}}{\varepsilon_{\mathrm{v}}} \qquad (1\text{-}2\text{-}2\text{-}4)$$

式中:$\sigma_{\mathrm{m}} = \dfrac{1}{3}(\sigma_{\mathrm{x}} + \sigma_{\mathrm{y}} + \sigma_{\mathrm{z}})$——静水压应力;
$\quad\quad\quad\quad\quad \varepsilon_{\mathrm{v}}$——体积应变。

对于非虎克弹性材料,由于应力与应变之间不能建立线性关系,因而它们的弹性模量随着应力的大小而改变。因此,对于木材、混凝土之类的材料,可根据不同目的,分别采用切线模量或割线模量。

三、材料线弹性基础

晶体对所加应力发生反应而产生的弹性应变,实际上是固体中的原子、离子或分子之间的键长和键角发生变化的一种宏观表现。随着粒子间距和键角的变化,同时产生原子之间的作用力,这是键合的自然结果。作用应力在固体中传递正是依赖这种原子间力(即内应力)。E、K、G 的大小,像熔点一样,取决于粒子之间的键合强度。表 1-2-2-1 是一些材料的杨氏模量及泊松比。

杨氏模量及泊松比

表 1-2-2-1

材　　料	E (10^4 MPa)	泊松比 μ	T_m(℃)	结构特征
氧化铝(Al_2O_3)	40	0.23	2050	共价/离子晶体
氧化镁(MgO)	31	0.19	2900	离子/共价晶体
石英玻璃	7	0.2	$T_g \sim 1150$	共价/离子无机玻璃
硬橡胶	0.4	0.39		网络聚合物
聚苯乙烯	0.3*	0.33**	$T_g = 100$	玻璃态非晶态聚合物
聚乙烯	0.02*	0.4**	137	过冷液体加晶态聚合物
天然橡胶	$10^{-4} \sim 10^{-3}$	0.49	28	轻交联非晶态聚合物

注:T_m——熔点;

　　T_g——玻璃化转变温度;

　　*——弛豫模量(即经过一定时间 t 以后,应力与所维持的微量应变之比);

　　**——与时间有关。

§2-3　粘　　性

一、材料的粘性变形

粘性是非晶态固体和液体等在外力作用下发生没有确定形状的流变。外力去除后,变形不能恢复,这种流动的特征可用粘度来表示。粘度反映流体的内摩擦力,它是流体流动时的阻力,定义为:

$$\eta = \frac{\tau}{\overset{.}{\gamma}} \text{ 或 } \tau = \eta \cdot \frac{\mathrm{d}\gamma}{\mathrm{d}t} \tag{1-2-3-1}$$

式中:τ——剪应力;

　　γ——剪应变;

　　$\overset{.}{\gamma}$——剪变率,即单位时间的剪应变;

　　η——粘度系数,单位为 Pa·s。

符合上式规律的流体称为牛顿粘性流体,其特点是 η 只是温度的函数。在一定温度下,η 为常数,与应力、时间无关。牛顿粘性流体的 $\tau—\gamma$ 曲线见图 1-2-3-1 所示。图中斜率即粘度系数 η,它反应液体变形的特性。

η 随材料不同及温度不同可在很宽的范围内变化,例如,室温的水 η 为 10^{-3} Pa·s,各种树脂 η 为 $10^2 \sim 10^8$ Pa·s,某些塑料 η 为 $10^4 \sim 10^{11}$ Pa·s,各种玻璃 η 为 $11^{11} \sim 10^{19}$ Pa·s,通常认为 $\eta = 10^{13}$ Pa·s 可作为液体与固体的分界线。

二、温度对 η 的影响

由于粘性来自流体的内摩擦,显然与分子的扩散有关,因此粘性流变可看作是一个为扩散所控制的速率过程,温度的影响可用下式来描述:

$$\frac{1}{\eta} = Ae^{-E_v/RT} \qquad\qquad (1\text{-}2\text{-}3\text{-}2)$$

式中:E_v——粘性流体的激活能,与其蒸发热有关;

R,A——均为系数。

测得不同温度下的 η,可从 $\lg\eta — \frac{1}{T}$ 关系中求出各温度区间内粘性流体的激活能。温度愈高,E 愈小。

非晶态高分子材料与玻璃在其玻璃化温度 T_g 以上均具有粘性流动的特征,但两者的微观机制不同。

当液体中加入细小的固相粒子形成悬浮体时,粘度增大,η 值与加入的粒子体积百分率有关,当固相粒子较少时,存在如下关系:

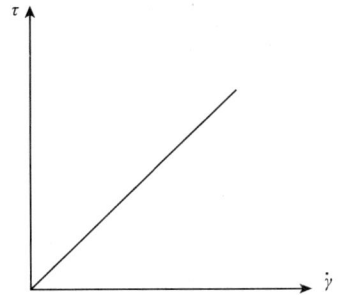
图 1-2-3-1　牛顿流体的 $\tau — \dot\gamma$ 图

$$\eta = \eta_0(1 + \alpha V) \qquad\qquad (1\text{-}2\text{-}3\text{-}3)$$

式中:V——加入的固相粒子体积百分率;

α——系数。

当粒子含量较多时,由于粒子间相互作用强烈,η 急剧上升,与 V 不再呈正比。

许多高分子材料或其他复杂分子材料的溶体,并不是牛顿粘性流体,即其粘性系数 η 不仅是温度的函数,而且是切应力与切应变率及时间的函数。

§2-4　韧性及脆性

韧性(粘性强度)可用材料受力达到破坏所吸收的能量来表示。韧性大的材料能经受高压力和冲击力或者具有很大的变形能。具有韧性的材料,在断裂(或破坏)以前可能发生某些塑性变形。

我国新近发展起来的公路抗滑表层用集料,就提出了冲击韧性的要求,集料冲击韧性好,表明集料抵抗多次连续重复冲击荷载作用的性能越强。

材料的冲击韧性以试件破坏时单位面积所消耗的功表示,计算公式如下:

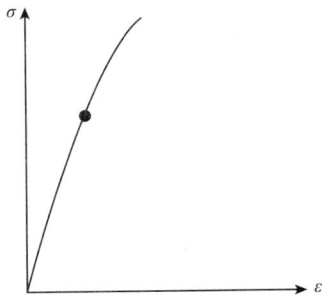
图 1-2-4-1　脆性材料应变曲线

$$\alpha_k = A_k/F \qquad\qquad (1\text{-}2\text{-}4\text{-}1)$$

式中:α_k——材料的冲击韧性,J/mm^2;

A_k——试件破坏时所消耗的功,J;

F——试件净截面积,mm^2。

脆性材料受力达到一定程度时,突然发生破坏,并无明显的变形,这种性质称为脆性。

脆性材料的变形曲线如图 1-2-4-1 所示。大部分无机非金属材料均为脆性材料,如石材、陶瓷、玻璃、普通混凝土、砂浆等。脆性材料的另一特点是抗压强度高而抗拉、抗折强度低。

脆性材料容易发生脆断,这不仅意味着在外力造成的应力集中的条件下裂纹易于萌生,更意味着裂纹在保持尖锐的条件下迅速扩展。这种应力集中多出现在缺口或裂纹的尖端。

脆性材料的断裂强度 σ_F 可近似表达为:

$$\sigma_F \approx \left(\frac{PE}{C}\right)^{1/2} \tag{1-2-4-2}$$

式中:P——材料的表面能;

　　　E——材料的弹性模量;

　　　C——脆性材料断裂时裂纹长度。

材料的韧性及脆性都与材料的抗冲击强度有密切的联系。材料破坏时,对内部不稳定裂纹扩散的抵抗性能称为断裂韧性。

§2-5　耐　磨　性

材料的耐磨性表明材料表面抵抗磨损的能力。材料的耐磨性用磨损率表示,计算公式如下:

$$N = \frac{m_0 - m_1}{F} \tag{1-2-5-1}$$

式中:N——材料磨损率,g/cm^2;

　　　m_0——试件磨损前质量,g;

　　　m_1——试件磨损后质量,g;

　　　F——试件受磨面积,cm^2。

如果脆性物体中(或表面上)有一些尺寸不等的裂纹,则断裂强度由最严重的裂纹,也就是最长的裂缝决定。

耐磨性试验在磨损试验机上进行,以一定尺寸试件,在一定压力作用下,在磨耗机上磨一定周数后,用试件每单位面积上的质量损失表示。

集料磨耗值用来表示公路面层集料耐磨性,评价公路抗滑表层的集料抵抗车轮磨耗的能力。按我国现行试验规程(JTJ 058—94 T0323),是采用道瑞磨耗试验机来测定集料磨耗值。

影响材料耐磨性因素很多,主要有材料组成、结构以及强度、硬度等。

第三章　材料的物理性质

§3-1　密度、密实度及孔隙率

一、密度

密度是材料的基本物理性质之一。它是材料物质结构的反映。通常有真实密度、表观密度及堆积密度。

1. 真实密度

材料在绝对密实状态下,单位体积的质量,密度的计算公式如下:

$$\rho = m/V \qquad (1\text{-}3\text{-}1\text{-}1)$$

式中:ρ——真实密度(或称密度),g/cm^3;

　m——干燥材料的质量,g;

　V——材料在绝对密实状态下的体积,cm^3。

材料在绝对密实状态下的体积是指不包括材料内部孔隙在内的体积,大多材料内部均存在孔隙。

为测定有孔材料的绝对密实体积,应把材料磨成细粉,干燥后用比重瓶测定其体积。材料磨得越细,测得的数值越接近于材料的真实体积。

2. 表观密度

材料在自然状态下,单位体积的质量,又称体积密度。表观密度的计算公式如下:

$$\rho'_{t} = m/V_0 \qquad (1\text{-}3\text{-}1\text{-}2)$$

式中:ρ'_{t}——表观密度,g/cm^3 或 kg/m^3;

　m——材料的质量,g 或 kg;

　V_0——材料在自然状态下的体积,cm^3 或 m^3。

材料在自然状态下的体积可用量具测量计算而得。不规则材料体积可按阿基米德原理求得。

材料的表观密度一般指材料在干燥状态下单位体积的质量,称为干表观密度。当材料含水时,所得表观密度称为湿表观密度。

3. 堆积密度

材料在自然堆积状态下,单位体积的质量,称为堆积密度。

堆积密度由于颗粒排列的松紧程度不同,又可分为:自然堆积密度和振实堆积密度。

二、密实度及孔隙率

1. 密实度

材料体积内固体物质所充实的程度称为密实度(D)。其计算公式如下:

$$D = \frac{V}{V_0}100\% = \frac{\rho'_{t}}{\rho} \cdot 100\% \qquad (1\text{-}3\text{-}1\text{-}3)$$

对于绝对密实材料,因 $\rho'_{t} = \rho$ 故密实度 $D = 1$ 或 100%。对于大多数材料 $\rho'_{t} < \rho$,故密实度 $D < 1$ 或 $D < 100\%$。

2. 孔隙率

孔隙率是材料体积内孔隙体积与材料总体积(自然状态体积)的比率。孔隙率计算公式如下:

$$e = \frac{V_0 - V}{V_0} \cdot 100\% = \left(1 - \frac{V}{V_0}\right) \cdot 100\% = \left(1 - \frac{p'_{t}}{\rho}\right) \cdot 100\% \qquad (1\text{-}3\text{-}1\text{-}4)$$

式中:e——材料孔隙率,%;

　ρ、p'_{t}——分别为材料的真实密度及表观密度;

　V_0——材料在自然状态下的体积;

　V——材料在绝对密实状态下的体积。

由式（1-3-1-3）和（1-3-1-4）可见： $e + D = 1$

一般用孔隙率表征材料的密实程度。

对于砂、石等散粒材料，也可用式（1-3-1-4）计算空隙率，此时，ρ_0 为堆积密度，ρ'_t 为表观密度。由此算得的空隙率是指材料颗粒之间空隙体积与散粒材料堆积体积之比率。而孔隙率则是材料内部的孔隙体积与颗粒外形所包含体积之比率。

§3-2 热 学 性 质

一、导热性

当材料两面存在温度差时，热量从材料一面通过材料传导至另一面的性质，称为材料导热性。一般用导热系数来表示导热性，其计算公式如下：

$$\lambda = \frac{Q\alpha}{Ft(T_2 - T_1)} \tag{1-3-2-1}$$

式中：λ——导热系数，W/（m·K）；

  Q——传导的热量，J；

  α——材料厚度，m；

  F——热传导面积，m^2；

  t——热传导时间，s；

$T_2 - T_1$——材料两侧温度差，K。

在物理意义上，导热系数为单位厚度的材料，两面温度差为 1K 时，在单位时间内通过单位面积的热量。

材料的热传导是分子热运动的结果，它主要取决于材料的物质结构。此外，导热系数还与材料孔结构有关。由于材料孔隙内的密闭空气的导热系数很小 [$\lambda = 0.025$W/（m·K）]，所以导热系数随孔隙率增大而减小。孔隙的大小和连通程度对导热系数也有影响。材料吸水、受潮或遭受冰冻后，导热系数也会大大提高，因为水和冰的导热系数较高。

二、热容量和比热

材料在受热时吸收热量，冷却时放出热量的性质称为材料的热容量。单位质量材料温度升高或降低 1K 所吸收或放出的热量称为热容量系数或比热。计算公式为：

$$C = \frac{Q}{m(T_2 - T_1)} \tag{1-3-2-2}$$

式中： C——材料比热，J/（kg·K）；

  Q——材料吸收或放出的热量，J；

  m——材料质量，kg；

$(T_2 - T_1)$——材料受热或冷却前后的温差，K。

比热与材料质量的乘积 $C \cdot m$，称为材料的热容量值，它表示材料温度升高或降低 1K 所吸收或放出的热量。

三、导温系数

导温系数又称热扩散系数,是材料在受热或冷却时,各部分温度趋于一致的性能。导温系数计算公式为:

$$\delta = \frac{\lambda}{C\rho'_t}$$ (1-3-2-3)

式中:δ——材料导温系数,m^2/h;

λ——材料的导热系数,$W/(m \cdot K)$;

C——材料的比热,$J/(kg \cdot K)$;

ρ'_t——材料表观密度,g/cm^3。

§3-3 抗渗性及抗冻性

一、抗渗性

抗渗性是材料在压力水作用下抵抗水渗透的性能。渗透是在压力作用下通过材料内部毛细孔的迁移过程,与材料内部的孔隙结构直接有关。

材料的抗渗性可用渗透系数表示:

$$K = \frac{Qd}{AtH}$$ (1-3-3-1)

式中:K——渗透系数,cm/s;

Q——渗水量,cm^3;

A——渗水面积,cm^2;

d——试件厚度,cm;

H——静水压力水头,cm;

t——渗水时间,s。

抗渗性的另一种表示方法是试件能够承受逐步增高的最大水压而不渗透的能力,通称材料的抗渗标号,如 S4、S6、S8、S10……等,表示试件能够承受逐步增高至 0.4、0.6、0.8、1.0 MPa、……水压而不渗透。

二、抗冻性

材料吸水后,在负温下,水在材料毛细孔内冻结成冰,此时体积膨胀(约膨胀 9%),冰的冻胀压力造成材料的内应力,使材料遭到局部破坏,随着冻结和融解的循环作用,材料的破坏作用逐步加剧,这种破坏称为冻融破坏。

抗冻性是指材料在吸水饱和状态下,能够经受反复冻融的作用而不破坏,强度无明显降低的性能。抗冻性以试件在冻融后的质量损失、外形变化(破裂)或强度不超过一定限度时所能经受的冻融循环次数表示,或称抗冻标号。

材料的抗冻标号可分为 D15、D25、D50、D100、D200 等,按材料所处部位和当地气候条件适当选定。

材料的抗冻性与材料的强度、孔隙结构、耐水性和吸水饱和程度有关。

对于无机非金属材料,抗冻性常作为抵抗大气物理作用的一种耐久性指标。抗冻性良好的材料,抵抗温度变化、干湿交替等风化作用的能力强。

第四章　材料的化学性质与耐久性

材料的化学性质包括材料的化学成分和矿物组成、化学反应以及材料的抗冻性、抗风化性、抗老化性及抗腐蚀性等等。

材料在使用过程中,除受到各种外力作用外,还要长期受到各种自然因素的破坏作用。这些作用可概括为物理化学作用。

物理作用　包括材料所受的干湿变化、温度变化和冻融循环作用。这些变化会使材料发生体积的收缩和膨胀,或者使材料内部裂缝逐渐扩展,久而久之就会使材料发生破坏。

化学作用　包括酸、碱、盐等物质的水溶液和有害气体的侵蚀作用。这些侵蚀作用使材料逐渐发生质变而引起破坏。例如,水泥混凝土(或沥青混合料)中,矿质集料与结合料(水泥或沥青)发生着复杂的物理—化学作用,矿质集料的化学性质很大程度地影响着混合料的物理—力学性质。

生物作用　主要指由于昆虫或菌类的危害所引起的破坏。

一般情况下,天然石材、砖瓦、混凝土及砂浆等材料,暴露在大气中,主要受到大气物理作用,当材料处于水中或水位变化区时,还受到环境水的化学侵蚀作用或冻融循环作用。金属材料在大气或潮湿条件下易遭锈蚀——电化学作用。沥青材料在阳光、空气及热的作用下,会逐渐老化、变质而破坏。

综上所述,所谓材料的耐久性,实际是指材料在上述各种因素的单独或综合作用下,经久而不破坏,也不易丧失原有性能的一种性质。耐久性往往比较复杂,材料的强度、抗渗性、耐磨性等与材料的耐久性也有密切关系。

第二篇 水 泥

改革开放以来,我国水泥工业飞速发展,水泥总产量连续 12 年居世界首位,至 1996 年全国水泥产量已达到 4.8 亿吨。特别是"八五"期间,我国不仅水泥产量仍雄居首位,而且特种水泥品种多达 60 多种,已跨入了世界先进行列。据统计,1995 年世界水泥产量已突破 14 亿吨。90 年代以来世界水泥产量平均以 4% 的速度持续增长,这种趋势今后仍将保持下去。有资料预测到 2000 年世界水泥总消费量将突破 17 亿吨。1995 年,亚洲国家生产的水泥几乎占到了世界水泥总产量的 60%,因此,在今后一个相当长的时期内,水泥仍然是发展国民经济的主要原材料。

第一章 概 述

§1-1 发展历史及研究动态

一、发展历史

水泥是重要的建筑材料,它的发展有着极为悠久的历史。人类开始使用石膏和石灰砂浆做为胶凝材料是在公元前 2000 ~ 3000 年,如古代埃及金字塔和其他许多宏伟的建筑物就是见证。到公元初,古希腊人和罗马人就发现,在石灰中掺入火山灰,不仅强度高,而且能抵抗水的侵蚀。随着生产的发展和人类文明的进步,1796 年罗马水泥问世,这时,人们开始认识到,用天然水泥岩(粘土含量为 20% ~25% 的石灰石)煅烧、磨细可制得天然水泥。由于这种天然水泥岩并不是随处可见,人们开始人工配制水泥,即用石灰石与定量的粘土共同磨细混匀经过煅烧,再磨细便可制得。因为这种胶凝材料凝结后的外观颜色与英国波特兰出产的石灰石相似,故称之为波特兰水泥(Portland Cement,我国称为硅酸盐水泥)。1824 年,英国泥瓦工约瑟夫·阿斯普丁(Joseph Aspdin)首先取得了生产波特兰水泥的专利权。从这时起,胶凝材料进入了人工配制水硬性胶凝材料的新阶段。

自硅酸盐水泥出现后,应用日益普遍,对工程建设起了很大作用。到本世纪初,各种不同用途的硅酸盐水泥,如快硬水泥、抗硫酸盐水泥、大坝水泥以及油井水泥等等相继出现。近几十年来,水泥市场日益繁荣,各种通用水泥、专用水泥及特种水泥层出不穷,其品种已达一百余种。

二、研究动态

随着人们对水泥认识的不断深化,各种测试设备及手段的不断完善,我国在水泥煅烧、粉磨、熟料形成、水泥的新矿物系列、水化硬化、混合料、外加剂、节能技术等有关的基础理论以及测试方法的研究和应用,也取得了较大的进展。近年来特别加强对水泥组成、结构及其与性能的关系以及生产、应用过程中的变化和行为等方面的研究。在对水泥的认识方面,借助于先进设备,由宏观到微观逐渐揭示它的性能与内部结构关系。在应用方面,为了适应工程需要,掺加各种改性剂,并对水泥混凝土改性机理和工程性质进行分析研究,以推动混凝土新工艺、新技术得以实现。在研究水泥水化硬化过程中,着重探讨水泥水化硬化以及结构形成过程的规律性及影响因素,并揭示水泥硬化体组分、结构与工程性质的关系。在道路水泥研究方面,主要探索提高水泥抗折强度及耐磨性的技术途径。

§1-2　分类及命名

一、分类

水泥属于水硬性无机胶凝材料。加水调制后,经过一系列物理化学作用,由可塑性浆体变成坚硬的固体,并能将砂、石等散粒状材料胶结成具有一定力学强度的石状体。水泥浆既能在空气中硬化,又能在潮湿环境或水中更好地硬化,保持并发展其强度。所以它既可用于地上工程,也可用于水中及地下工程。

随着市场经济的发展,我国的水泥品种越来越多。按化学成分,水泥可分为硅酸盐水泥、铝酸盐水泥、硫铝酸盐水泥、铁铝酸盐水泥等。按性能和用途不同,又可分为通用水泥、专用水泥和特性水泥三大类。

通用水泥是指大量用于一般土木工程的水泥,按其所掺混合材的种类及数量不同,又有硅酸盐水泥、普通硅酸盐水泥(简称普通水泥)、矿渣硅酸盐水泥(简称矿渣水泥)、火山灰质硅酸盐水泥(简称火山灰水泥)、粉煤灰硅酸盐水泥(简称粉煤灰水泥)和复合硅酸盐水泥(简称复合水泥)等。专用水泥是指专门用途的水泥,如道路水泥、大坝水泥、砌筑水泥等。特性水泥则是指某种性能比较突出的水泥,如快硬性水泥、水化热水泥、抗硫酸盐水泥、膨胀水泥等。以上分类可列表如下:

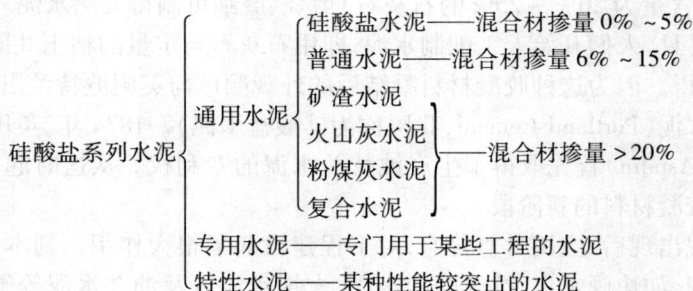

$$
\text{硅酸盐系列水泥}
\begin{cases}
\text{通用水泥}
\begin{cases}
\text{硅酸盐水泥} \text{——混合材掺量 } 0\% \sim 5\% \\
\text{普通水泥} \text{——混合材掺量 } 6\% \sim 15\% \\
\left.
\begin{array}{l}
\text{矿渣水泥} \\
\text{火山灰水泥} \\
\text{粉煤灰水泥} \\
\text{复合水泥}
\end{array}
\right\} \text{混合材掺量} > 20\%
\end{cases} \\
\text{专用水泥——专门用于某些工程的水泥} \\
\text{特性水泥——某种性能较突出的水泥}
\end{cases}
$$

二、命名

按国标(GB 4131—84)标准规定,水泥命名按不同类别以水泥的主要水硬性矿物、混合材料、用途和主要特性进行,并力求简明准确,名称过长,允许简称。通用水泥以水泥的主要水硬性矿物名称冠以混合材料名称或其他适当名称命名。专用水泥以其专门用途命名,并可冠以不同型号。特性水泥以水泥中主要水硬性矿物名称冠以水泥的主要特性命名,并冠以不同型号或混合材名称。以火山灰质或潜在水硬性以及其他活性材料为主要组成的水泥是以主要组分的名称冠以活化材料的名称进行命名,也可以冠以特性名称。水泥命名的有关术语见表2-1-2-1:

水泥命名有关术语 表2-1-2-1

术　语	定　义
快硬	快硬水泥是以3天抗压强度表示水泥标号
特快硬	特快硬水泥是以若干小时(不大于24h)抗压强度表示水泥标号
中热	水泥水化热3天≥252J/g,7天≥294J/g
低热	水泥水化热3天≥189J/g,7天≥231J/g
抗硫酸盐	是指要求硅酸盐水泥熟料中铝酸三钙含量≥5.0%;硅酸钙含量≥50%
高抗硫酸盐	是指要求硅酸盐水泥熟料中铝酸三钙含量≥2.0%;硅酸三钙含量≥35%
膨胀	表示水泥水化硬化过程中体积膨胀在实用上具有补偿收缩的性能
自应力	表示水泥水化硬化后,体积膨胀能使砂浆或混凝土在受约束条件下产生可利用的化学预应力的性能(变形稳定后的自应力值≥2MPa)

第二章　硅酸盐水泥

§2-1　硅酸盐水泥定义及分类

一、定义

凡是由硅酸盐水泥熟料、0～5%石灰石或粒化高炉矿渣、适量石膏磨细制成的水硬性胶凝材料,称为硅酸盐水泥(国外通称波特兰水泥,即 Portland Cement)。不掺加混合材料的称Ⅰ型硅酸盐水泥,代号 P·Ⅰ。在硅酸盐水泥熟料粉磨时掺加不超过水泥质量5%的石灰石或粒化高炉矿渣混合材料的称Ⅱ型硅酸盐水泥,代号为 P·Ⅱ。

硅酸盐水泥熟料,指以适当成分的生料烧至部分熔融所得以硅酸钙为主要成分的产物。

二、分类

硅酸盐水泥分类尚未统一,有按用途及性能分;有按混合材料分;也有按技术性能分等,具体分类见表2-2-1-1。

	用　途	名　称　及　标　准
普通硅酸盐水泥	建筑用水泥	硅酸盐、普通硅酸盐水泥（GB 175—92） 矿渣、火山灰质、粉煤灰硅酸盐水泥（GB 1344—92） 砌筑水泥（GB 3183—82） 中热、低热矿渣硅酸盐水泥（GB 200—89） 微集料火山灰质、微集料粉煤灰硅酸盐水泥（ZBQ 11001—84） 磷渣硅酸盐水泥（ZBQ 11008—88） 无收缩快硬硅酸盐水泥（ZBQ 11009—88）
特种硅酸盐水泥	道路水泥	道路硅酸盐水泥（GB 13693—92）
	膨胀水泥	低热微膨胀水泥（GB 2938—82）
	抗硫酸水泥	抗硫酸盐硅酸盐水泥（GB 748—83）
	快硬水泥	快硬硅酸盐水泥（GB 199—90）
	白色水泥	白色硅酸盐水泥（GB 2015—91）
	油井水泥	油井水泥（GB 10238—88）
	大坝水泥	中热硅酸盐、低热矿渣硅酸盐水泥（GB 200—89）

§2-2　硅酸盐水泥技术性质及技术标准

一、技术性质

国家标准《硅酸盐水泥、普通硅酸盐水泥》（GB 175—92）对硅酸盐水泥的化学性质及物理性质均作了具体规定。

（一）化学性质

为了保证水泥的使用质量，水泥的化学指标主要是控制水泥中有害的化学成分，要求其不超过一定的限量。若超过最大允许限量，即意味着对水泥性能和质量可能产生有害或潜在的影响。

1. 氧化镁含量

在水泥熟料中，常含有少量未与其他矿物结合的游离氧化镁，这种多余的氧化镁是高温时形成的方镁石，它水化为氢氧化镁速度很慢，常在水泥硬化以后才开始水化，在水化时产生体积膨胀，可导致水泥石结构产生裂缝甚至破坏，因此它是引起水泥安定性不良的原因之一。

我国现行国家标准（GB 175—92）规定，水泥中氧化镁含量不得超过 5%。如果水泥经压蒸安定性试验合格，则水泥中氧化镁含量允许放宽到 6.0%。

2. 三氧化硫含量

水泥中的三氧化硫主要是在生产时为调节凝结时间加入石膏而带来的；也可能是煅烧熟料时加入石膏矿化剂而带入熟料中的。适量石膏虽能改善水泥性能（如提高水泥强度、降低收缩性、改善抗冻、耐蚀和抗渗性等），但石膏超过一定限量后，水泥性能会变坏，甚至引起硬化水泥石体积膨胀，导致结构破坏。因此水泥中三氧化硫最大允许含量，必须加以限制。

我国现行标准（GB 175—92）规定：水泥中三氧化硫含量不得超过 3.0%。

3. 烧失量

水泥煅烧不佳或受潮后,均会导致烧失量增加。烧失量测定是以水泥试样在 950～1000℃下烧灼 15～20min,冷至室温称量。如此反复灼烧,直至恒重,按式(2-2-2-1)计算烧失量:

$$X_L = \frac{m_0 - m_1}{m_0} \cdot 100 \tag{2-2-2-1}$$

式中:X_L——烧失量,%;

m_0——烧灼前试样质量,g;

m_1——烧灼后试样质量,g。

4. 不溶物

水泥中不溶物是用盐酸溶解滤去不溶残渣,经碳酸钠处理再用盐酸中和,高温灼烧后称量,按式(2-2-2-2)求得:

$$X_N = \frac{m_1}{m_0} \cdot 100 \tag{2-2-2-2}$$

式中:X_N——不溶物,%;

m_0——试样质量,g;

m_1——灼烧后不溶物质量,g。

(二)物理性质

水泥物理技术性质要求包括:细度、凝结时间、安定性和强度。

1. 细度

水泥细度是表示水泥磨细的程度或水泥分散度的指标。它对水泥的水化硬化速度、水泥需水量、和易性、放热速率及强度都有影响。水泥愈细,与水起反应的面积愈大,水化愈充分,水化速度愈快,对水泥胶凝性质的有效利用率愈多,所以相同矿物组成的水泥,细度愈大,早期强度愈高,凝结速度愈快,析水量减少。已有研究认为:水泥颗粒粒径在 45μm 以下才能充分水化,在 75μm 以上,水化不完全。

一般试验条件下,水泥颗粒大小与水化的关系是:

0～10μm,水化最快;3～30μm,是水泥主要的活性部分;大于 60μm,水化缓慢;大于90μm,只有表面水化。

水泥比表面积与水泥有效利用率(1 年龄期)的关系是:

3000cm²/g,只有 44% 可水化发挥作用;7000cm²/g,有效利用率可达 80% 左右;10000cm²/g,有效利用率可达 90%～95%。

实践表明,细度提高,可使水泥混凝土的强度提高,工作性能得到改善。但是,水泥细度提高,在空气中的硬化收缩也较大(见图 2-2-2-1),使混凝土发生裂缝的可能性增加。试验表明:水泥愈细,1 天、3 天的早期强度愈高,但小于 10μm 的颗粒大于 50%～60% 时,7 天,28 天强度开始下降。此外,细度提高导致粉磨能耗增加,成本提高。因此,需合理控制水泥细度。水泥细度可用下列方法表示。

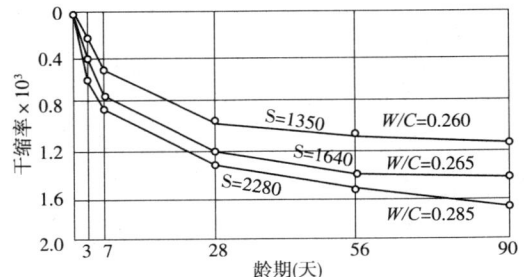

图 2-2-2-1　细度对干缩率的影响

(1)筛析法　以 80μm 方孔筛上的筛余量百分率表示。我国现行国标(GB 1345—1999)

规定,筛析法有:负压筛法和水筛法两种,有争议时,以负压筛法为准。

（2）比表面积法 以每千克水泥总表面积（m²）表示。我国现行国标规定,比表面积测定采用（GB 8074—87）勃压透气法测定。

同时,现行标准（GB 175—1999）规定:硅酸盐水泥细度比表面积不小于300m²/kg;普通水泥、矿渣水泥、火山灰水泥和粉煤灰水泥在80μm方孔筛上筛余量不大于10%。

2. 水泥净浆标准稠度

为使水泥凝结时间和安定性的测定结果具有可比性,在测定水泥凝结时间及安定性两项指标时,必须采用标准稠度的水泥净浆。我国国标规定水泥净浆标准稠度采用维卡仪测定,以试杆沉入水泥净浆并距玻璃板6mm±1mm的水泥净浆为标准稠度净浆,其拌和水量为水泥标准稠度用水量（P）,按水泥质量百分率计。

测定水泥净浆标准稠度也可采用不变水量法,根据测得的试锥下沉深度S（mm）,按下式计算标准稠度P（%）:

$$P = 33.4 - 0.185S \qquad\qquad (2\text{-}2\text{-}2\text{-}3)$$

3. 凝结时间

凝结时间是水泥从加水开始,到水泥浆失去可塑性所需的时间。凝结时间分初凝时间和终凝时间。初凝时间是从水泥加水到水泥浆开始失去塑性的时间;终凝时间是从水泥加水到水泥浆完全失去塑性的时间。水泥浆体凝结时间与物态的关系示意如图2-2-2-2。

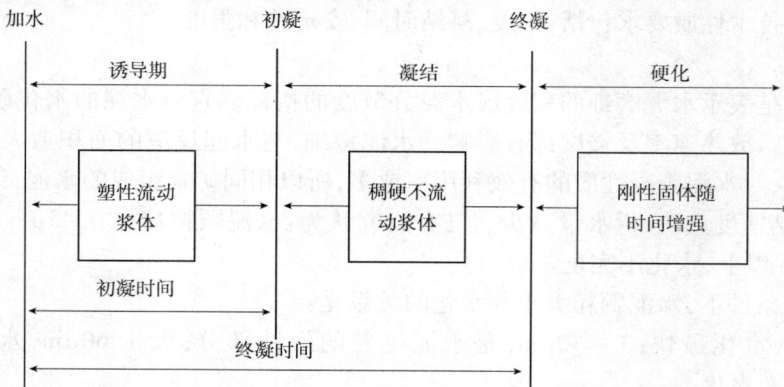

图2-2-2-2 水泥凝结时间与水泥浆体状态的关系

正常煅烧的水泥经磨细后与水拌和时,会立即产生凝结。为了调节凝结时间,在熟料粉磨时,需加入适量石膏,石膏掺入量与熟料的矿物组成有关,C_3A含量高时,应掺入较多的石膏。但石膏过多反而会产生不良影响。

凝结时间测定,我国国标规定采用维卡仪测定。方法是将按水泥标准稠度用水量制成的水泥净浆装在试模中,在维卡仪上,以标准针测试。从加水时起,至试针沉至距玻璃板4mm±1mm时所经历的时间为"初凝时间";从加水时起,至试针沉入试体0.5mm时所经历的时间为"终凝时间",示如图2-2-2-3。

水泥的凝结时间对水泥混凝土的施工有重要的意义。初凝时间太短,将影响混凝土拌和料的运输和浇灌;终凝时间过长,则影响混凝土工程的施工进度。我国现行国标（GB 175—1999）规定:硅酸盐水泥初凝时间不得早于45min;终凝时间不得迟于390min。普通硅酸盐水泥初凝时间不得早于45min,终凝时间不得迟于10h。

我国现行国家标准（GB 175—1999）规定:初凝时间不符合规定的水泥为废品,严禁在工程中使用。终凝时间不符合要求者为不合格品。

4. 安定性

水泥的体积安定性是指水泥在凝结硬化过程中体积变化的均匀性。

水泥与水拌制成的水泥浆体,在凝结硬化过程中,一般都会发生体积变化。如果这种体积变化是在凝结硬化过程中,则对建筑物的质量并没有什么影响。但是如果混凝土硬化后,由于水泥中某些有害成分的作用,在水泥石内部产生了剧烈的、不均匀的体积变化时,在建筑物内部产生破坏应力,导致建筑物的强度降低。若破坏应力发展到超过建筑物的强度,则会引起建筑物的开裂、崩塌等严重质量事故。

水泥体积安定性不良的原因在于:水泥熟料中游离 CaO、MgO 含量过多或掺入的石膏含量过多。熟料中的游离 CaO、MgO 经过高温煅烧后均呈"过烧"状态,水化十分缓慢,在水泥已经硬化后才进行水化,体积膨胀,引起不均匀体积变化,使水泥石开裂。当石膏含量过多时,在水泥硬化后,它还会与固体的水化铝酸钙反应生成高硫型水化硫铝酸钙,体积约增大 1.5 倍,引起水泥石开裂。

安定性检验方法:

(1)沸煮法 沸煮法仅用来检验游离 CaO 引起的体积安定性不良。

①试饼法:是将水泥拌制成标准稠度净浆,制成直径 70~80mm、中心厚约 10mm 的试饼,在湿气养护箱内养护 24h,然后在沸煮箱中 30min 加热至沸,然后恒沸 3h,最后根据试饼的变形,判断其安定性。例如试饼有无裂纹,用直尺检查有无弯曲现象,如无,安定性合格;反之,不合格。

②雷氏法:是将标准稠度净浆装于雷氏夹的环型试模(如图 2-2-2-4)中,经湿养 24h 后,在沸煮箱中,30min 加热至沸,继续恒沸 3h。测定试件两指针尖端距离,两个试件在煮后,针尖端增加的距离平均值不大于 5.0mm 时,即认为该水泥安定性合格。在有争议时,以雷氏法为主。

(2)压蒸法:由于游离氧化镁的水化作用比游离氧化钙更加缓慢,所以,氧化镁引起的安定性不良,可采用压蒸法。按我国现行试验法(GB 750),是将水泥制成净浆试体,经压蒸法,鼓胀率不超过 0.5% 则认为合格,安定性不合格的水泥为废品,严禁工程中使用。

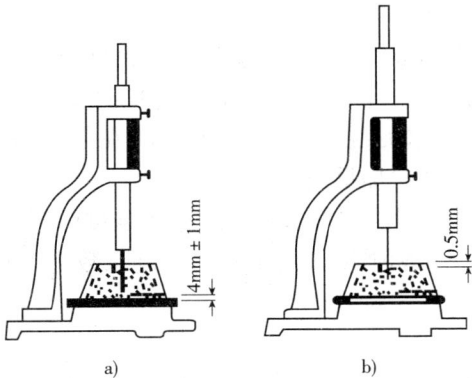

图 2-2-2-3 用维卡仪测定凝结时间示意图
a)初凝;b)终凝

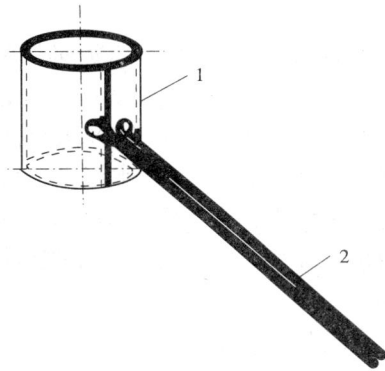

图 2-2-2-4 雷氏夹示意图
1-环模;2-指针

5. 强度

强度是水泥技术中最基本的指标,它直接反映了水泥的质量水平和使用价值。水泥强度测定时可以将水泥制成水泥净浆、水泥砂浆或水泥混凝土试件来检验其强度。净浆法只能反映水泥浆的内聚力,未能反映出水泥浆对砂石材料的胶结力,与水泥在混凝土中的实际使用情况有差距,因此通常不采用此方法。混凝土法虽可较好地反映水泥在使用中的实际情况,但砂石材料条件很难统一,并且会增加检验工作的复杂性,目前只有个别国家采用混凝土法作为砂浆法的参比检验。砂浆法不仅可避免净浆法的缺点,又可克服混凝土法条件难统一的困难,所以国际上都采用砂浆法作为水泥强度的标准检验方法。我国亦采用水泥胶砂来评定水泥的强度。

水泥的强度除了与水泥本身的性质(如熟料的矿物组成、细度等)有关外,并与水灰比、试件制作方法、养护条件和时间等有关。按国家标准《水泥胶砂强度检验方法》(ISO 法)(GB 17671—1999)规定,是以 1:3 的水泥和中国 ISO 标准砂,按规定的水灰比(0.5),用标准制作方法,制成 4mm×4mm×16mm 的标准试件,标准养护至规定龄期(3 天、28 天),测定其抗折和抗压强度。

(1)水泥强度等级 强度等级按规定龄期的抗折和抗压强度来划分,硅酸盐水泥各龄期强度不低于表 2-2-2-1 的规定值。在规定龄期的抗折和抗压强度均符合某一强度等级的最低强度值的要求时,此强度等级则为所检验水泥的强度等级。

硅酸盐水泥强度技术标准(GB/T 175—92)　　　　　　　表 2-2-2-1

强 度 等 级	抗压强度(MPa)		抗折强度(MPa)不小于	
	3d	28d	3d	28d
42.5	17.0	42.5	3.5	6.5
42.5R	22.0	42.5	4.0	6.5
52.5	23.0	52.5	4.0	7.0
52.5R	27.0	52.5	5.0	7.0
62.5	28.0	62.5	5.0	8.0
62.5R	32.0	62.5	5.5	8.0

注:强度按 GB/T 17671 试验。

(2)水泥型号 为提高水泥早期强度,我国现行标准将水泥分为:普通型和早强型(或称 R 型)两个型号。早强型水泥的 3 天抗压强度较同标号的普通型强度提高 10% ~ 24%;早强型水泥的 3 天抗压强度可达 28 天抗压强度的 50%。水泥混凝土路面用水泥,在供应条件允许,应尽量优先选用早强型水泥,以缩短混凝土养护时间,提早通车。

为了确保水泥在工程中的使用质量,生产厂在控制出厂水泥 28 天的抗压强度时,均留有一定的富余强度。在设计混凝土强度时,可采用水泥实际强度。通常富余强度系数为 1.00 ~ 1.13。

6. 密度与堆积密度

水泥的密度与堆积密度是水泥混凝土配合比设计及水泥贮运中常需要用到的参数。硅酸盐水泥密度为 3.0 ~ 3.15g/cm³,松散状态时堆积密度一般在 900 ~ 1300kg/m³ 之间,紧密堆积状态可达 1400 ~ 1700kg/m³。

我国现行国家标准(GB 175—1999)规定:只要氧化镁、三氧化硫、初凝时间、安定性中的任一项不符合标准规定(参见表 2-2-2-2),均为废品。只要细度、终凝时间、不溶物和烧失量中的任一项不符合标准规定,或混合材掺加量超过最大限量,或强度低于商品强度等级规定的指标时,称为不合格品。废品水泥在工程中严禁使用。

二、技术标准

硅酸盐水泥的技术标准,按我国现行国标(GB 175—1999)的有关规定,汇总摘列于表2-2-2-2。

硅酸盐水泥的技术标准　　　　　　　　　　　　　　表 2-2-2-2

技术性能	细度比表面积(m^2/kg)	凝结时间(min)		安定性(沸煮法)	抗压强度(MPa)	不溶物(%)		水泥中 MgO(%)	水泥中 SO_3(%)	烧失量(%)		水泥中碱含量按 $Na_2O + 0.658K_2O$ 计(%)
		初凝	终凝			Ⅰ型	Ⅱ型			Ⅰ型	Ⅱ型	
指标	>300	≥45	≤390	必须合格	见表2-2-2-1	≤0.75	≤1.50	5.0①	≤3.5	≤3.0	≤3.5	0.60②
试验方法	GB 8074	GB 1346		GB 750	GB/T 17671	GB 176						

注:①如果水泥经压蒸安定性试验合格,则水泥中 MgO 含量允许放宽到6.0%;
　②水泥中碱含量按 $Na_2O + 0.658K_2O$ 计算值来表示,若使用活性骨料,用户要求低碱水泥时,水泥中碱含量不得大于0.60%或由供需双方商定。

§2-3　原料及生产工艺

一、原料及生料配制

(一)原料

生产硅酸盐水泥的主要原料是石灰质原料(主要提供氧化钙)和粘土质原料(主要提供氧化硅和氧化铝,也提供部分氧化铁)。如果这两种原料按一定配比组合还满足不了形成矿物的化学组成的要求时,则需要加入校正原料。因此,硅酸盐水泥的原料主要是由三部分组成、即石灰质、粘土质及校正原料。

1. 石灰质原料

常用的天然石灰质原料有石灰岩、泥灰岩、白垩、贝壳等。我国大多使用石灰岩与凝灰岩。石灰岩系由碳酸钙所组成的化学与生物化学沉积岩。主要矿物是方解石,并含有白云石、硅质、含铁矿物和粘土质杂质,是一种具有微晶或潜晶结构的致密岩石。纯的方解石含有56% CaO 和44% CO_2,色白。自然界因所含杂质不同,而呈灰白或淡黄。石灰岩的抗压强度随结构和孔隙率而异。一般为 80～140MPa。作为水泥原料,石灰石中 CaO 含量应不低于 45%～48%。泥灰岩是由碳酸钙和粘土物质同时沉积所形成的均匀混合的沉积岩。所以是一种极好的水泥原料,因为它含有的石灰岩和粘土已呈均匀状态,易于煅烧。白垩是由海生物外壳与贝壳堆积成的,主要由隐晶或无定形细粒疏松的碳酸钙所组成的石灰岩。

2. 粘土质原料

天然粘土质原料有黄土、粘土、页岩、泥岩、粉砂岩及河泥等。其中黄土与粘土用得最广。

黄土与粘土都由花岗岩、玄武岩等经风化分解后,再经搬运或残积形成,随风化程度不同,所形成矿物也各异。其粘粒(小于 0.005mm)含量随风化程度而增长。

黄土中的矿物以伊利石为主,还有蒙脱石与拜来石等,以及石英、长石、白云母、方解石、石膏等矿物。黄土的化学成分以氧化硅、氧化铝为主,硅率在 3.5～4.0 之间,铝率在 2.3～2.8

之间。颗粒分析表明:粗粉砂粒(粒径为 0.01 ~ 0.05mm)约占 25% ~ 50%;粘粒(粒径小于 0.005mm)约占 20% ~ 40%。

粘土类又分为红土、黑土等。其主要特征是粘粒占 40% ~ 70%。红土中粘土矿物主要为伊利石与高岭石,还有长石、石英、方解石、白云母等矿物。红土中氧化硅含量较低,氧化铝与氧化铁含量较高,硅率较低,约为 1.4 ~ 2.6,铝率约为 2 ~ 5。黑土的粘土矿物主要是水云母与蒙脱石、还有细分散的石英以及长石、方解石、云母等矿物,黑土含碱量约 4% ~ 5%。

作为水泥原料,除了天然粘土质原料外,赤泥、煤矸石、粉煤灰等工业废渣也可作为粘土质原料。

赤泥是制铝工业中用烧结法从矾土中提取氧化铝时所排出的赤色工业渣。每生产 1t 氧化铝约生产 1.5 ~ 1.8t 赤泥。煤矸石是采煤时排出的、含煤量较少的黑色废石,自燃后呈粉红色。粉煤灰是发电厂煤粉经燃烧后排出的工业废渣。

3. 校正原料

当石灰质原料和粘土质原料配合所得生料成分不能符合要求时,必须根据所缺少的组分,掺加相应的校正原料。

当生料中 Fe_2O_3 含量不足时,可以加入黄铁矿渣或含铁高的粘土等加以调整;如 SiO_2 不足时,可加入硅藻土、硅藻石等,也可加入易于粉磨的风化砂岩或粉砂岩加以调整;若生料中 Al_2O_3 含量不足时,可以加入铁钒土废料或含铝高的粘土加以调整。

此外,为了改善煅烧条件,往往要掺入少量的萤石、石膏等作为矿化剂。矿化剂的加入可降低液相出现的温度,或降低液相粘度,增加物料在烧成带的停留时间,使石灰的吸收过程更充分,有利于提高窑的产质量,降低消耗。

(二)生料配制

生料配制主要是按水泥熟料所确定的化学成分来确定各种原料的比例。而水泥熟料的化学组成应根据水泥品种、原料及煅烧工艺进行综合考虑,一般硅酸盐水泥原料的化学组成见表 2-2-3-1。

硅酸盐水泥原料的化学组成　　　　　　　　　　　表 2-2-3-1

氧化物名称	化学成分	常用缩写	大致含量（%）	氧化物名称	化学成分	常用缩写	大致含量（%）
氧化钙	CaO	C	63 ~ 67	氧化铝	Al_2O_3	A	4 ~ 7
氧化硅	SiO_2	S	21 ~ 24	氧化铁	Fe_2O_3	F	2 ~ 4

各种原料比例确定之后,可同时或分别将这些原料磨细到规定的细度,并且使它们混合均匀,这个过程称为生料配制。

生料制备有干法和湿法两种。干法是按指定的化学成分确定的各种原料干燥、粉碎、混合、磨细可得到混合均匀的生料粉。湿法则先将石灰石破碎至大小为 8 ~ 25mm 的颗粒,同时将粘土压碎并将其加入到淘泥池中淘洗。然后,将经破碎后的石灰石与粘土泥浆,按配料要求,共同在生料磨中湿磨,制成生料浆泵送到料浆池。

二、硅酸盐水泥煅烧

硅酸盐水泥熟料的煅烧可以采用立窑和回转窑。立窑适用于规模较小的工厂,而大中型厂则宜采用回转窑。采用立窑煅烧水泥时,生料的制备必须采用干法。而采用回转窑煅烧水泥时,生料的制备可以采用干法,也可以采用湿法。

回转窑是一个长的钢质圆筒,内砌耐火砖衬里,与水平略呈倾斜。可围绕窑轴线以一定速度转动。现代窑的直径可达6m,长度可超过180m。干法生产水泥的能力超过5000t/天。图2-2-3-1是湿法回转窑生产硅酸盐水泥的流程图。

湿法回转窑内料浆入窑后,首先发生自由水的蒸发过程,当水分接近于零时,温度可达150℃左右,这一区域称为干燥带。

随着物料温度上升,发生粘土矿物脱水与碳酸镁分解过程。这一区域称为预热带。

物料温度升高至750~800℃时,烧失量开始明显减少,结合氧化硅开始明显增加,表示同时进行碳酸钙分解与固相反应。由于碳酸钙分解反应吸收大量热量,所以物料升温缓慢。当温度升到大约1100℃,碳酸钙分解速度极为迅速,游离氧化钙数量达极大值。这一区域称为碳酸盐分解带。

碳酸盐分解结束后,固相反应还在继续进行,放出大量的热,再加上火焰的传热,物料温度迅速上升300℃,这一区域称为放热反应带。在1250~1300℃,氧化钙反射出强烈光辉,使碳酸钙分解带物料显得发暗。

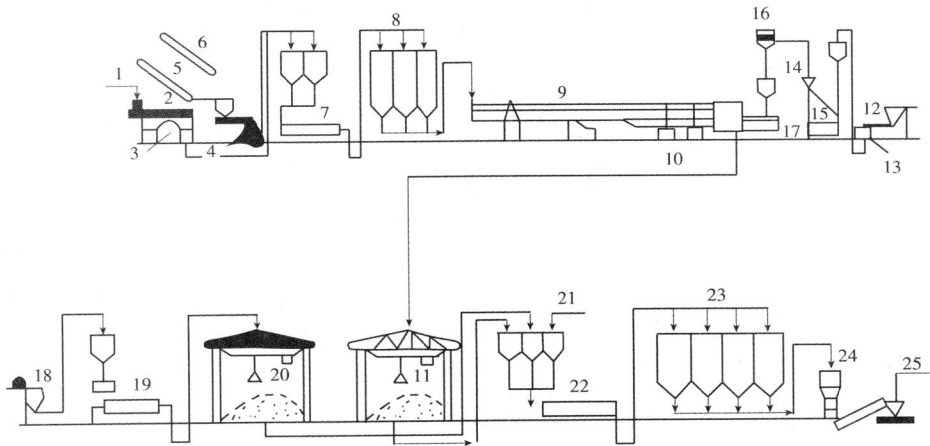

图 2-2-3-1   湿法回转窑生产硅酸盐水泥流程

1-粘土;2-水;3-淘泥机;4-破碎机;5-外加剂;6-石灰石;7-生料磨;8-料浆池;9-回转窑;10-熟料;11-熟料库;12-燃烧用煤;13-破碎机;14-粗分离器;15-煤粉磨;16-旋风分离器;17-喷煤用鼓风机;18-混合材料;19-干燥机;20-混合材料库;21-石膏;22-水泥磨;23-水泥仓;24-包装机;25-外运水泥

大概在1250~1280℃开始出现液相,一直到1450℃,液相量继续增加,同时游离氧化钙被迅速吸收,水泥熟料化合物形成,这一区域(1250~1450~1250℃)称为烧成带。

熟料继续向前运动,与温度较低的二次空气相遇,熟料温度下降,这一区域称为冷却带。

应该指出,这些带的各种反应往往是交叉或同时进行的。如生料受热不均和传热缓慢将增大这种交叉。因此上述各带的划分是十分粗略的。

各种类型的回转窑,实际上是将熟料过程分解为几个功能单位,即:

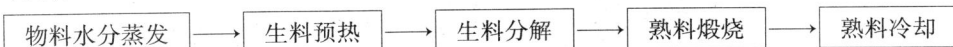

物料水分蒸发 ⟶ 生料预热 ⟶ 生料分解 ⟶ 熟料煅烧 ⟶ 熟料冷却

生料在煅烧过程中发生了一系列物理和化学变化。首先是干燥与脱水,干燥是生料中自由水的蒸发,而脱水则是粘土矿物分解放出化合水。其次是碳酸盐分解,而且在碳酸钙分解的同时,石灰质与粘土质组分间,通过质点的相互扩散,进行固相反应。最后是熟料冷却,冷却过程实际上是液相的凝固与相变同时进行。

（一）干燥与脱水

粘土中化合水有两种,一种以 OH^- 离子状态存在于晶体结构中,称为结晶水;一种以 H_2O 分子形态存在于粘土矿物层状结构间,称为层间水或吸附水。所有粘土矿物都含有结晶水,多水高岭石、蒙脱石中含有层间水,伊利石中层间水其因风化程度而异。

粘土矿物脱水首先在粒子表面发生,接着向粒子中心扩展。扩展的速度取决于粘土微粒的分散度。各种粘土质矿物的脱水曲线见图 2-2-3-2。

高岭土在 500~600℃ 下失去结晶水,主要生成了无水铝硅酸盐（偏高岭土）。X 射线衍射表明:高岭土在脱水前有 X 射线衍射峰,600℃ 后,无峰值,说明脱水结束。之后未产生新的衍射峰,其他峰值也无变化,所以可以认为高岭石脱水后的产物为无定形物质,其活性较高。多数粘土矿物在脱水过程中,均伴随着体积收缩,唯伊利石、水云母在脱水过程中伴随着体积膨胀。

（二）碳酸盐分解

生料中的碳酸钙与碳酸镁在煅烧过程中都能分解放出二氧化碳。其反应方程为:

$$CaCO_3 \rightleftharpoons CaO + CO_2$$

由于是可逆反应,所以分解过程受系统温度和周围介质中的 CO_2 的分压影响较大。有研究认为:碳酸盐矿物的分解温度可在 812~928℃ 之间变化。分压反应中 CO_2 的压力、浓度与分解温度之间存在着一定的关系（图 2-2-3-3）。如果温度和压力处于平衡状态,则分解处于停顿状态,而与它们的数值大小无关。如果降低 CO_2 的压力或浓度,或者升高温度,则分解继续进行。

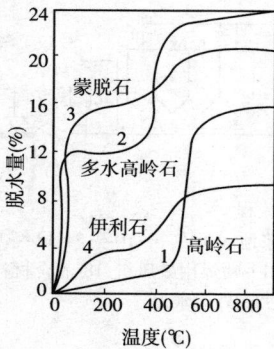

图 2-2-3-2　粘土矿物脱水曲线

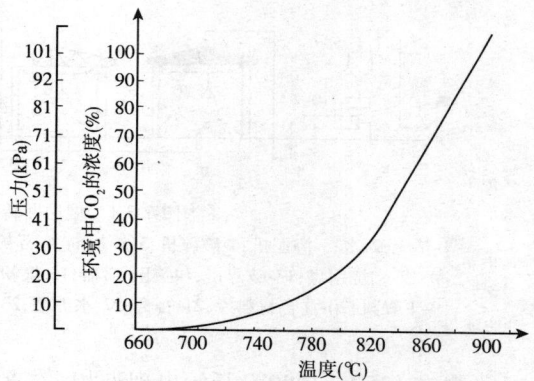

图 2-2-3-3　CO_2 的浓度和压力对 $CaCO_3$ 分解温度的影响

$CaCO_3$ 的分解也是由表及里。颗粒表面达到分解温度后排出 CO_2 变为 CaO。此外,分解速度或分解所需时间与碳酸钙颗粒尺寸、结构致密程度有关。

（三）固相反应

当温度升高至 800℃ 时,有固相反应发生,其过程大致如下:

~800℃:$CaO \cdot Al_2O_3$（CA）,$CaO \cdot Fe_2O_3$（CF）,$2CaO \cdot SiO_2$（C_2S）开始形成;

800~900℃:开始形成 $12CaO \cdot 7Al_2O_3$（$C_{12}A_7$）;

900~1100℃:$2CaO \cdot Al_2O_3 \cdot SiO_2$（$C_2AS$）形成后又分解。开始形成 $3CaO \cdot Al_2O_3$（C_3A）和 $4CaO \cdot Al_2O_3 \cdot Fe_2O_3$（$C_4AF$）。所有 $CaCO_3$ 均分解,游离氧化钙达最高值;

32

$1100 \sim 1200℃$:大量形成 C_3A 和 C_4AF,C_2S 生成量达最大。

固相反应活性较低,速度较慢,因为固体质点(原子离子或分子)间具有很大的作用力。固相反应多发生在两种组分界面,首先是通过颗粒间接触点或接触面进行,随后是反应物通过产物层进行扩散迁移。若温度较低,固体化学活性较低,扩散、迁移很慢,所以固相反应通常需要在较高温度下进行。

有研究指出:固体物质状态的改变对固相反应的速度有极大的影响。例如,水泥熟料矿物形成时,CaO 与 SiO_2 之间的反应,在低于液相出现的温度而处于 SiO_2 的晶型转变温度时,或碳酸钙刚分解为氧化钙时,反应速度会大大增加,这是因为晶型转变时,或碳酸钙刚分解为氧化钙时,均为新生态的物质,其活化能特别小。因此,如将粘土的脱水分解与石灰石的分解反应在工艺上能重合的话,则可大大促进固相反应速度。

(四)固液反应

当煅烧温度达到 $1250℃$ 时,开始出现液相。液相主要由氧化铁、氧化铝、氧化钙所组成,还包括氧化镁、碱等其他组分。当温度达 $1260 \sim 1300℃$ 时,具备了 C_2S 吸收 CaO 生成 C_3S 的条件,当温度为 $1300 \sim 1450℃$ 时,C_3A 和 C_4AF 呈熔融状态,产生的液相把 CaO 及部分 C_2S 溶解于其中,使得 C_2S 吸收 CaO 形成 C_3S,其反应如下:

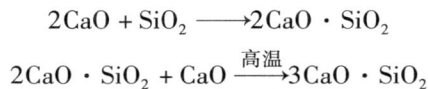

$$2CaO + SiO_2 \longrightarrow 2CaO \cdot SiO_2$$

$$2CaO \cdot SiO_2 + CaO \xrightarrow{\text{高温}} 3CaO \cdot SiO_2$$

随着温度升高和时间的延长,液相量增加,液相粘度减少,氧化钙、硅酸二钙不断溶解、扩散,硅酸三钙晶格不断形成。并使小晶体逐渐发育长大,最终形成发育良好的晶体。

(五)熟料冷却及粉磨

将经过高温煅烧、发生了物理和化学变化所形成的水泥熟料快速冷却,以改善熟料质量与易磨性。熟料冷却时,其液相部分不仅发生凝固,而且也发生相变。由于快速冷却,在高温下形成的 20% ~30% 液相,来不及结晶而冷却成玻璃相,使熟料保持一定的活性。另外,快速冷却还可使方镁石晶体不致于长大(不影响安定性的方镁石晶体最大尺寸约为 $5 \sim 8\mu m$),否则将影响水泥的安定性。煅烧良好和急冷的熟料保持细小并发育完整的阿利特晶体,从而产生较高的强度。

熟料急冷也能增加水泥的抗硫酸盐性,这与 C_3A 在硅酸盐水泥熟料中存在的形态有关,熟料急冷时 C_3A 主要呈玻璃体,因而抗硫酸盐侵蚀的能力较强。

水泥熟料冷却后,将与适量的石膏(约 3%)共同磨细,所形成的产品称硅酸盐水泥。粉磨通常在钢球磨机中进行。水泥粉磨越细,水化速度越快,愈易水化完全,对水泥胶凝性质的有效利用率越高,水泥强度也愈高,而且还能改善水泥泌水性、和易性、粘结力等。但干缩率随水泥细度提高而增加。

§2-4 水泥熟料组成及特性

水泥的性能主要决定于熟料的质量,优质熟料应该具有合适的矿物组成和良好的岩相结构。因此,控制熟料的化学成分,是水泥生产的中心环节之一。

硅酸盐水泥熟料主要由氧化钙(CaO)、氧化硅(SiO_2)、氧化铝(Al_2O_3)和氧化铁(Fe_2O_3)4种氧化物组成,通常在熟料中占 95% 以上,同时,含有 5% 以下的少量氧化物,如氧化镁

（MgO）、硫酐（SO₃）、氧化钛（TiO₂）、氧化磷（P₂O₅）以及碱等。现代硅酸盐水泥熟料，各主要氧化物含量的波动范围见表2-2-3-1。

在某些情况下，由于水泥品种、原料成分以及工艺过程的差异，各主要氧化物的含量，也可以不在上述范围内，例如白色硅酸盐水泥熟料中 Fe_2O_3 必须小于 0.5%，而 SiO_2 可高于24%，甚至可达27%。

§2-4-1　熟料的矿物组成及结构特征

在水泥熟料中，氧化钙、氧化硅、氧化铝和氧化铁等不是以单独的氧化物存在，而是经过高温煅烧后，两种或两种以上的氧化物反应生成的多种矿物集合体，其结晶细小，通常为 30～60μm。因此，水泥熟料是一种多矿物组成的结晶细小的人造岩石，或者它是一种多矿物的聚积体。

一、熟料的矿物组成

经过高温煅烧，原料中 $CaO—SiO_2—Al_2O_3—Fe_2O_3$ 四种成分化合为熟料中的主要矿物组成为：

硅酸三钙　　　 $3CaO \cdot SiO_2$，可简写为 C_3S；

硅酸二钙　　　 $2CaO \cdot SiO_2$，可简写为 C_2S；

铝酸三钙　　　 $3CaO \cdot Al_2O_3$，可简写为 C_3A；

铁相固溶体通常以铁铝酸四钙 $4CaO \cdot Al_2O_3 \cdot Fe_2O_3$ 作为其代表式，可简写为 C_4AF。

另外，还有少量的游离氧化钙（$f-CaO$）、方镁石（结晶氧化镁），含碱矿物以及玻璃体等。

通常，熟料中硅酸三钙和硅酸二钙的含量占75%左右，称为硅酸盐矿物；铝酸三钙和铁铝酸四钙占22%左右。在煅烧过程中，后两种矿物与氧化镁、碱等，在 1200～1280℃ 开始，会逐渐熔融成液相以促进硅酸三钙的顺利形成，故称为熔剂矿物。

二、熟料矿物结构特征

硅酸盐水泥熟料在反光显微镜下和扫描电子显微镜下的照片见图2-2-4-1。图中可见：

C_3S：结晶轮廓清晰，呈灰色多角形颗粒，晶粒较大，多为六角形和棱柱形。

C_2S：常呈圆粒状，也可见其他不规则形状。反光显微下常有黑白交叉双晶条纹。

C_3A：一般呈不规则的微晶体。如点滴状、矩形或柱状，由于反光能力弱，反光镜下呈暗灰色，常称黑色中间相。

C_4AF：呈棱柱状和圆粒状，反射能力强，反光镜下呈亮白色，称白色中间相。

按照反光显微镜岩相检验结果，优质熟料属均细变晶结构。C_3S 和 C_2S 结晶清晰，大小均齐，分布均匀，被20%～30%的中间相隔离开来。特别是 C_3S 结晶形态完整，边棱光洁，晶体大小约20μm 左右，数量约占50%～60%。

（一）硅酸三钙

硅酸三钙（C_3S）是硅酸盐水泥的主要矿物，其含量通常在50%左右，对硅酸盐水泥性质有重要影响。遇水反应速度较快，水化热高，水化产物对水泥早期和后期强度起主要作用。但硅酸三钙抗水性较差，含量过高时，不仅给煅烧带来困难，而且使游离氧化钙增加，从而影响强度

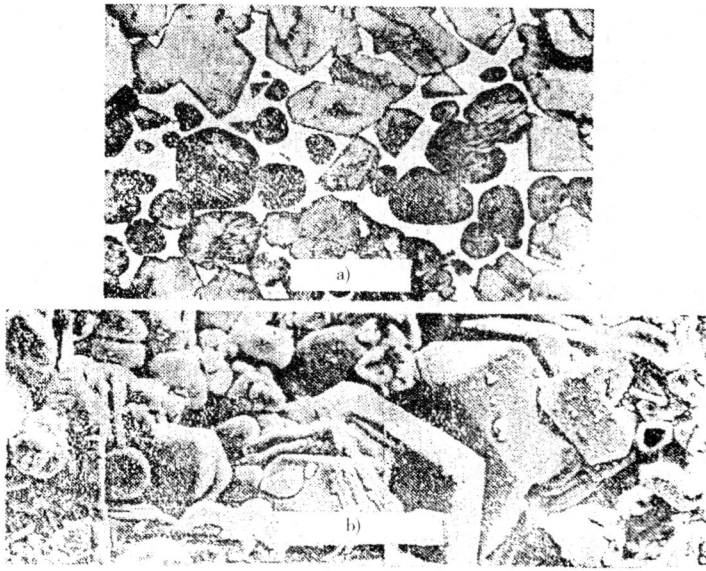

图 2-2-4-1　硅酸盐水泥熟料矿物显微照片
a)反光片;b)扫描电镜片

和安定性。

在硅酸盐水泥熟料中,硅酸三钙并不以纯的形式存在,总是含有少量的其他氧化物,如氧化镁,氧化铝等形成固溶体,因此,人们称它为阿利特或简称 A 矿。有研究认为,在阿利特的组成中,氧化镁的含量为 1.0%~1.5%,三氧化二铝的极限含量为 6%~7%。因此,阿利特的组成可以是不固定的,如果固溶程度高,其晶格变形的程度及无序的程度也愈大。不同研究者所得结果有所差异,有些研究者认为固溶程度较高的阿利特是 $54CaO \cdot 16SiO_2 \cdot MgO \cdot Al_2O_3$ (简写为 $C_{54}S_{16}MA$),也有人认为是 $C_{105}S_{35}M_2A$ 或 $C_{154}S_{52}M_2$ 等。

C_3S 的多晶现象与温度有关,且相当复杂,硅酸三钙晶体结构存在三种晶系共六个变型态。即斜方晶系——R 型;单斜晶系——M 型,它有两种型态,即 M_I 和 M_{II} 型;三斜晶系——T 型,它有三种型态,T_I、T_{II} 和 T_{III} 型。各种晶型转变温度为:

$$R-C_3S \xrightarrow{1050℃} M_{II}-C_3S \xrightarrow{990℃} M_I-C_3S \xrightarrow{980℃} T_{III}-C_3S \xrightarrow{921℃} T_{II}-C_3S \xrightarrow{650℃} T_I-C_3S$$

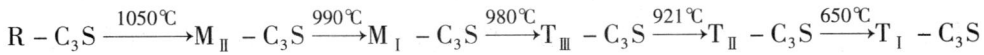

由于 C_3S 各种晶型转变温度不同,其晶体参数也不同(见表 2-2-4-1)。

C_3S 各变型的晶体参数　　　　　　　　　　　　　　　　　表 2-2-4-1

温度 (℃)	变型	品系	品 格 参 数					
			$a(\times 10^{-10}m)$	$b(\times 10^{-10}m)$	$c(\times 10^{-10}m)$	α	β	γ
1050	R	斜方	7.150	7.150	25.560	90°	90°	120°
990	M_{II}	单斜	7.130	7.130	25.434	90°	90°	119°88′
980	M_I	单斜	7.125	7.125	25.400	90°13′	89°88′	119°84′
920	T_{III}	三斜	14.227	14.249	25.412	90°10′	89°85′	119°76′
650	T_{II}	三斜	14.169	14.209	25.289	90°22′	89°80′	119°62′
20	T_I	三斜	14.080	14.147	25.103	90°30′	87°77′	119°53′

纯 C_3S 只在 2065~1250℃温度范围内稳定,在 2065℃以上不一致熔融为 CaO 与液相,在

1250℃以下分解为 C_2S 和 CaO。实际上 C_3S 的分解反应进行得比较缓慢,致使纯 C_3S 在室温下可以呈介稳状态存在。在常温下,纯 C_3S 通常只能保留三斜晶系(T 型),如有少量氧化物(如 MgO、Al_2O_3、SO_3、ZnO 等)与之形成固熔体,就可以使 M 型和 R 型硅酸三钙保留下来。

C_3S 的晶型如图 2-2-4-2 所示,其晶体断面为六角形和棱柱形。

M 型的阿利特矿物的单晶为假六方片状或板状,如图 2-2-4-2 所示。此图表明其晶体断面为六角形和棱柱形,在偏光显微镜下观察为透明无色二轴晶、负光性,折射率 $N_g = 1.722 \pm 0.002$;$N_p = 1.717 \pm 0.002$;双折射率 $N_g - N_p = 0.005$。光轴角不大,$2V = 0 \sim 5$。在正交偏光镜下,呈灰色或深灰干涉色,在反光镜下,呈六角形、棱柱形。

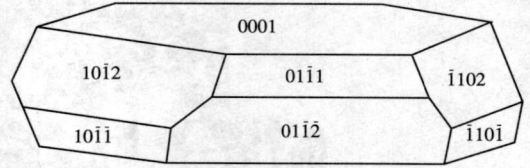

图 2-2-4-2　M 型 A 矿的晶型

纯 C_3S 色洁白,当熟料中含有少量氧化铬(Cr_2O_3)时,阿利特呈绿色。含氧化钴时,随钴的价数不同,可得浅蓝色或玫瑰红色。含氧化锰时,阿利特还会带其他色泽。

硅酸三钙加水调和后,凝结时间正常。它水化较快,粒度为 $40 \sim 45 \mu m$ 的硅酸三钙颗粒加水后 28 天,可以水化 70% 左右。所以硅酸三钙强度发展比较快,早期强度较高,且强度增进率较大,28 天强度可以达到它 1 年强度的 70% ~80%,就 28 天或 1 年强度来说,四种矿物中,C_3S 最高。

纳尔斯(R. W. Nurse)制得各种纯 C_3S 和含氧化镁或含氧化镁与氧化铝的阿利特各龄期强度见表 2-2-4-2。

硅酸三钙的抗压强度(MPa)

表 2-2-4-2

C_3S 类型	龄期(天)			C_3S 类型	龄期(天)		
	1	3	28		1	3	28
三斜,纯的(T_I)	11.86	18.39	23.42	单斜,$C_{151}M_5S_{52}$	16.00	24.73	28.32
三斜,$C_{154}M_2S_{52}(T_{II})$	9.24	19.22	22.81	单斜,$C_{54}S_{16}MA$	12.41	29.63	35.14

硅酸三钙的晶胞是由 9 个硅,27 个钙,45 个氧所组成。即它由 9 组 SiO_4^{4-} 根和 9 个剩余的氧以及联系它们的 27 个钙离子所组成。在晶体结构中,SiO_4^{4-} 四面体朝一个方向排列,联系它们的钙离子为 CaO_6^{10-} 八面体,即其配位数为 6,与钙离子的正常配位数(8 ~12 相比),它比较低,因而是不稳定的。并且在 CaO_6^{10-} 中,氧的分布也不规则,5 个氧集中在一边,另一边只有 1 个氧,因而在结构中存在较大的"空穴"。

综合以上的分析资料,可以认为硅酸三钙的结构特征是:

(1)硅酸三钙是在常温下存在的介稳的高温型矿物。因而其结构是热力学不稳定的。

(2)在硅酸三钙结构中,进入了 Al^{3+} 与 Mg^{2+} 离子并形成固溶体,固溶程度越高,活性越大。在 $C_{54}S_{16}MA$ 结构中,由于 Al^{3+} 离子取代 Si^{4+} 离子,同时为了补偿静电而引入 Mg^{2+},因而引起了硅酸三钙的变形,提高了其活性。

(3)在硅酸三钙结构中,钙离子的配位数是 6,比正常的配位数低,并且处于不规则状态,因而使钙离子具有较高的活性。

(4)在阿利特结构中存在着大尺寸的"空穴",这可以使氢氧根离子直接进入晶格中,这一点便决定了它具有大的水化速度。

（二）硅酸二钙

硅酸二钙在硅酸盐水泥中的含量通常占 10% ~ 40% ,亦为主要矿物组分,遇水时反应速度较慢,水化热很低,它对水泥早期强度贡献较小,但对水泥后期强度起重要作用。C_2S 耐化学侵蚀性和干缩性较好。

硅酸二钙形成时,常常固溶有少量的氧化物,如氧化铝、氧化铁、氧化钠、氧化镁等,因此将这种固溶有少量氧化物的硅酸二钙称为贝利特,简称 B 矿。

硅酸二钙有多种晶型,即 α—C_2S、α'_H—C_2S、α'_L—C_2S、γ—C_2S 等。图 2-2-4-3 表示其多晶转变的情形。α—C_2S 在 1420℃ 以上的温度范围内是稳定的,在 1420℃ 时,α—C_2S 转变为 α'_H—C_2S,在 1120℃ 时,α'_H—C_2S 转变为 α'_L—C_2S,当温度为 620℃ 时,α'_L—C_2S 可以直接转变为 γ—C_2S。但是,要

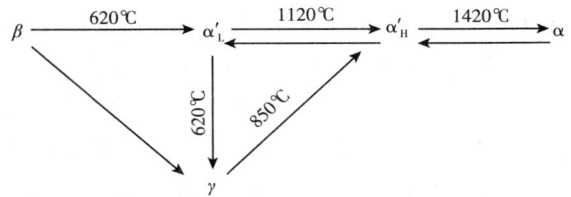

图 2-2-4-3　硅酸二钙的多晶转变

实现这样的转变,晶格要作很大的重排。如果冷却速度很快,这种晶格的重排是来不及完成的。这样便形成了介稳的 β—C_2S。在水泥熟料的实际生产中,由于采用了急冷的方法,所以硅酸二钙是以 β—C_2S 的形式存在的,因此,可以认为:β—C_2S 是在常温稳定下来的高温型 α'_L—C_2S 的变种。在 β—C_2S 的晶体结构中,钙离子的配位数一半是 6,一半是 8,其中氧和钙的距离是不等的,因而也是不稳定的。但是在结构中没有类似于 C_3S 中具有的那种结构空穴。上述 C_2S 变型的晶格参数如表 2-2-4-3 所示。

C_2S 诸变型的晶体参数　　　　　　　　　　　　　　　表 2-2-4-3

温度 （℃）	变型	晶 格 参 数				密度 （g/cm³）
		$a(\times 10^{-10}$m）	$b(\times 10^{-10}$m）	$c(\times 10^{-10}$m）	$\beta(°)$	
1500	α	5.526	—	7.307	90	2.94
1250	α'_H	5.593	9.535	6.860	90	3.11
1000	α'_L	11.184	18.952	6.837	90	3.14
650	β	5.554	6.813	9.421	93 ~ 90	3.20
20	γ	5.085	6.773	11.237	90	2.94

表中数据表明,β—C_2S 实质上是在常温下稳定下来的很少变形的高温型 C_2S。它们在结构上的偏差,决定于冷却速度和稳定剂的类型及其分布情况。

纯硅酸二钙色洁白,在偏光镜下,当含有氧化铁时呈棕黄色,二轴晶,正光性,光轴由中到大,折光率 $N_g = 1.735$、$N_m = 1.726$、$N_p = 1.717$,双折射率较阿利特强,$N_g - N_p = 0.018$,干涉色一般为黄色。

贝利特水化较慢,至28天龄期仅水化20%左右;凝结硬化缓慢,早期强度较低,但28天以后,强度仍能较快增长,在 1 年后,强度可赶上甚至超过阿利特(见表2-2-4-4)。

阿利特,贝利特的抗压强度（MPa）　　　　　　　　　表 2-2-4-4

矿　物	1 天	3 天	7 天	28 天	90 天	180 天	1 年	2 年
阿利特	10.01	19.33	41.12	49.07	49.07	67.22	71.15	78.02
贝利特	0	0.39	0.98	6.28	35.62	52.21	70.85	99.12

还要指出,在水泥原料中存在的或者外加的某些微量物质,如 Al_2O_3、Fe_2O_3 以及 Cr_2O_3、V_2O_5、P_2O_5、B_2O_3 和 Mn_2O_5 等对 C_2S 的结构有显著的影响,上述物质能与高温形式的硅酸二钙形成固溶体。在水泥回转窑中,烧成带的温度一般为 1350℃ ~ 1450℃ ~ 1350℃,可以认为:在这种温度下水泥熟料中的硅酸二钙主要以 $\alpha—C_2S$ 或 $\alpha'_H—C_2S$ 的形式存在,上述微量物质在晶格中的存在,可以有效地防止 $\alpha'_H—C_2S$ 直接向 $\gamma—C_2S$ 转变,因而使 $\beta—CS$ 在常温下能稳定存在。在水泥生产工艺中加入促进 $\beta—C_2S$ 在常温下稳定存在的外加剂称为稳定剂,如 B_2O_3 等。试验还指出,当烧成 $\beta—C_2S$ 时,如果以 $CaCl_2$ 为熔剂,熔融烧成时,所得 $\beta—C_2S$ 与一般水泥熟料中的 $\beta—C_2S$ 比较,其水化速度大两倍,强度高 1 倍。

综上所述,可以认为 $\beta—C_2S$ 的结构特征如下:

(1)$\beta—C_2S$ 是在常温下存在的介稳的高温型矿物,因此,其结构具有热力学不稳定性。

(2)$\beta—C_2S$ 中的钙离子具有不规则配位,使其具有较高的活性。

(3)在 $\beta—C_2S$ 结构中杂质和稳定剂的存在,也提高了它的结构活性。

(4)在 $\beta—C_2S$ 结构中不具有像 C_3S 结构中所具有的那种大"空穴",这是它水化速度较慢的因素之一。

（三）铝酸三钙

铝酸三钙在硅酸盐水泥中,含量通常在 15% 以下,遇水反应最快,水化热最高。铝酸三钙的含量决定水泥的凝结速度和释热量。通常为调节水泥凝结速度需掺加石膏,铝酸三钙与石膏形成的水化产物,对水泥早期强度起一定作用。铝酸三钙耐化学侵蚀性差。特别抗硫酸盐性能差,干缩性大。

纯铝酸三钙属等轴晶系,没有多晶转变。铝酸三钙中也可固溶部分其他氧化物。电子探针测定发现,铝酸三钙中大约固溶有 SiO_2:2.1% ~ 4.0%,Fe_2O_3:4.4% ~ 6.0%,MgO:0.4% ~ 1.0%,K_2O:0.4% ~ 1.1%,Na_2O:0.3% ~ 1.7% 以及 0.1% ~ 0.6% TiO_2 等氧化物。随所固溶的碱含量增加,铝酸三钙可由立方晶体变为斜方晶体。

铝酸三钙(C_3A)在显微镜下呈圆形粒子。属立方晶系,$a = 7.632 \times 10^{-10}$ m,折射率 $N = 1.710 \pm 0.002$。

铝酸三钙是由许多四面体 AlO_4^{5-} 和八面体 CaO_6^{10-}、AlO_6^{9-} 所组成,中间由配位数为 12 的 Ca^{2+} 离子松散地联结,因此具有较大的孔穴。C_3A 具有以下结构特征:

(1)在 C_3A 的晶体结构中,钙离子具有不规则的配位数,其中处于配位数为 6 的钙离子以及虽然配位数为 12 但联系松散的钙离子,均有较大的活性。

(2)在 C_3A 晶体结构中,铝离子也具有两种配位情况,而且四面体 AlO_4^{5-} 是变了形的,因此,铝离子也具有较大的活性。

(3)在 C_3A 结构中具有较大的孔穴,OH^- 离子很容易进入晶格内部,因此 C_3A 的水化速度较快。

（四）铁铝酸四钙

铁铝酸四钙在硅酸盐水泥中,通常含量为 5% ~ 15%。遇水反应较快,水化热较高。强度较低,但对水泥的抗折强度和耐磨性起重要作用。耐化学侵蚀好、干缩性小。

在水泥熟料中,铁相比较复杂,一般认为:它是化学组成为 $6CaO \cdot 2Al_2O_3 \cdot Fe_2O_3 \sim 4CaO \cdot Al_2O_3 \cdot Fe_2O_3 \sim 2CaO \cdot Fe_2O_3$(即 $C_6A_2F \sim C_4AF \sim C_2F$)的一系列固溶体。电子探针测定发现,在铁铝酸钙矿物中,尚溶有 0.4% ~ 3.2% MgO、1.2% ~ 0.6% SiO_2、0 ~ 0.5% Na_2O、0 ~

0.1% K_2O 以及 0.9%~2.6% TiO_2 等氧化物。因此,铁铝酸四钙又称才里特或 C 矿。

铁铝酸四钙在水泥熟料中很容易用显微镜观察出来。在透射光下,它为黄褐色或褐色的晶体,有很高的折射率,$N_g = 2.04 \sim 2.08$;$N_p = 1.98 \sim 1.93$。此外,才里特有显著的多色性,它形成长柱状晶体,或形成有显著突起的小圆形颗粒。在反射光镜下观察磨光片时,因为它具有高的反射能力和最浅最亮的颜色,所以很容易识别。

C_4AF 的结晶结构是由四面体 FeO_4^{5-} 和八面体 AlO_6^{9-} 互相交叉组成,上述四面体和八面体由钙离子互相联接,其结构式为 $Ca_8Fe_4^{IV}Al_4^{VI}O_{20}$,其中 Fe^{IV} 表示配位数为 4 的四面体,Al^{IV} 表示配位数为 6 的八面体。

铁铝酸盐的固溶体是铝原子取代铁铝酸二钙中的铁原子的结果。C_2F、C_4AF 和 C_6A_2F 的晶胞尺寸如表 2-2-4-5 所示。

C_2F、C_4AF 和 C_6A_2F 晶胞的尺寸 表 2-2-4-5

化 合 物	$a(\times 10^{-10} m)$	$b(\times 10^{-10} m)$	$c(\times 10^{-10} m)$
$2CaO \cdot Fe_2O_3$	5.32	14.63	5.58
$4CaO \cdot Al_2O_3 \cdot Fe_2O_3$	5.26	14.42	5.51
$6CaO \cdot 2Al_2O_3 \cdot Fe_2O_3$	5.22	13.35	5.48

（五）玻璃体

玻璃体是水泥熟料中的一个重要组成部分。如果硅酸盐水泥熟料在煅烧过程中,熔融液相能在平衡条件下冷却,则可全部结晶析出而不会有玻璃体。玻璃相的形成是由于熟料烧至部分熔融时部分液相在冷却时来不及析晶的结果。因此,玻璃相是热力学不稳定的,具有一定的活性。

经过急速冷却的熟料,在 10% KOH 水溶液及 1% 的硝酸酒精溶液中处理后,在反射光下能很清楚地看到玻璃相,是呈暗黑色的包裹体,它的组成是不定的,主要成分是 Al_2O_3、Fe_2O_3、CaO 以及少量的 MgO 和 R_2O。

（六）游离氧化钙和氧化镁

游离氧化钙指的是水泥熟料中,没有与其他矿物结合的以游离状态存在的氧化钙,也被称为游离石灰。

游离氧化钙的形成主要是因为配料不当,生料过粗或煅烧不良。特别是高温时形成呈死烧状态的游离 CaO 结构比较致密,水化速度很慢,常常在水泥硬化以后,游离氧化钙才开始水化。游离氧化钙生成氢氧化钙时,体积膨胀 97.9%,在硬化水泥石内部产生膨胀内应力。因此,随着游离氧化钙含量的增加,首先是抗拉、抗折强度的降低,进而 3 天以后强度倒缩,严重时甚至引起安定性不良,使水泥制品变形或开裂,导致水泥浆体的破坏。为此,应严格控制游离氧化钙的含量。

熟料煅烧时,一部分氧化镁可和熟料矿物结合成固溶体,或溶于玻璃相中,因此,当熟料含有少量氧化镁时,能降低熟料液相生成温度,增加液相数量,降低液相粘度,有利于熟料形成,还能改善熟料色泽。在硅酸盐水泥熟料中,氧化镁的固溶总量可达 2%,其中在阿利特内可溶解 1%~2%,C_4AF 中 0.4%~3.2%,而在 C_2S 和 C_3A 中通常均小于 1.0%。

如果 MgO 的含量高于上述极限值时,则多余的氧化镁即结晶出来呈游离状态,并以方镁石结晶存在。方镁石结晶大小随冷却速度不同而变化,快冷结晶细小。方镁石的水化比游离氧化钙更为缓慢,要几个月甚至几年才明显起来。水化生成氢氧化镁时,体积膨胀 148%,也会导致水泥安定性不良。方镁石膨胀的严重程度与其含量、晶体尺寸等都有关系。晶体小于 $1\mu m$，含量 5% 只引起轻膨微胀;$5\sim7\mu m$，含量 3% 就会严重膨胀。为此,国家标准规定,熟料中氧化镁含量应小于 5%。但如水泥经压蒸安定性试验合格,熟料中氧化镁的含量可允许达 6.0%,并应采取快冷、掺加混合材料等措施,以缓和膨胀的影响。

三、熟料矿物的性能比较

如前所述,硅酸盐水泥中四种主要矿物结晶状态、晶体结构特征、固溶体数量及固溶程度有所不同,所以,它们与水反应速率、释热量、强度、耐腐蚀性及收缩性能等也存在着很大差异。

1. 强度

图 2-2-4-4 是根据 R·H 鲍格的资料,四种熟料矿物直到 360d 龄期的抗压强度。由图中可看出,C_3S 的早期强度高,$\beta—C_2S$ 的早期强度较低,后期强度增进率较高,而铝酸三钙(C_3A)和铁铝酸四钙(C_4AF)的强度则较低。

由于硅酸盐水泥熟料是多矿物集合体,因此熟料的强度主要决定于四个单矿物的强度。但并不是四种单矿物强度简单的加和,有的矿物相互之间有一定的促进作用。图 2-2-4-5 说明,C_3A 的强度较低,但与 C_3S 混合后,在 C_3A 为 15%、C_3S 为 85% 时,它的混合体的 3 天强度比 C_3S 还要高,但超过一定数量后,随 C_3A 含量增加,混合体强度显著下降。C_4AF 和 C_3S 混合时,当 C_4AF 为 5%,C_3S 为 95% 时,也有类似的规律性。C_3S 和 C_2S 的混合体,其强度随 C_2S 含量的增加而降低。直接合成的多矿物熟料也有类似的规律性。

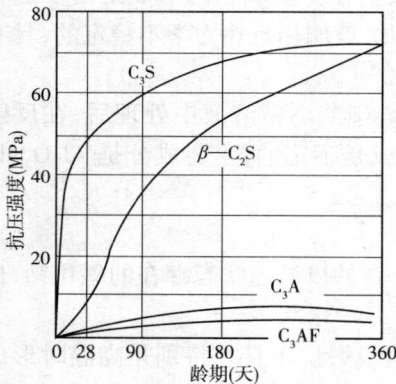

图 2-2-4-4　纯熟料矿物 C_3S、$\beta—C_2S$、C_3A 和 C_4AF 的抗压强度

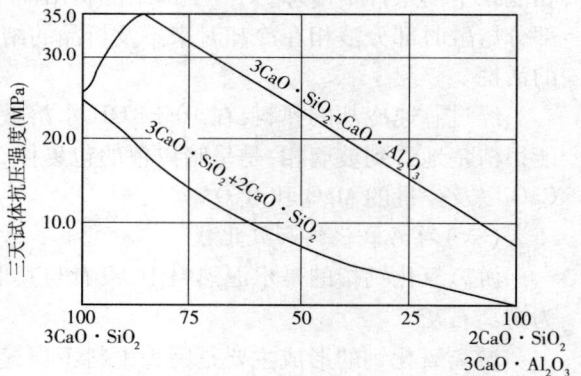

图 2-2-4-5　$C_3S—C_3A$ 和 $C_3S—C_2S$ 混合体的三天强度曲线

2. 释热量

水泥熟料中,四种矿物水化时所释放出的热量差异很大,测定结果表明:C_3A 的水化释热量与释热速率最大,C_3S 与 C_4AF 次之,C_2S 的水化释热量最小,放热速率也最慢。因此,适当增加 C_4AF 减少 C_3A 的含量,或者减少 C_3S,并相应增加 C_2S 含量,均能降低水泥水化热,制得低热大坝水泥。四种纯熟料矿物水化释热曲线见图 2-2-4-6 所示。

随龄期增长,各熟料矿物的释热量有所增加,但大部分热量是水化初期放出。有人认为:硅酸盐水泥的水化热可根据四种熟料矿物单独水化时的水化热进行加和计算。

3. 水化速度

四种熟料矿物的水化速度可通过直接法(岩相分析、X 射线分析或热分析等方法)或间接法(测定结合水、水化热等)进行测定。一般情况下,铝酸三钙水化最快、硅酸三钙和铁铝酸钙次之,而硅酸二钙最慢。图 2-2-4-7 为硅酸盐水泥中各熟料矿物在不同时间的水化程度,按 X 衍射分析所测得的实验曲线。由图中可见,水化 24h 后,大约有 65% 的 C_3A 已经水化,而贝利特只不过 18% 左右,相差极大,但到 90 天时,四种矿物的水化程度已渐趋接近。

4. 干缩性

水泥熟料中四种单矿物的干缩性按下列次序排列:

$$C_3A > C_3S > C_4AF > C_2S$$

5. 抗化学腐蚀性

C_4AF 最优,其次为 C_2S、C_3S,C_3A 最差。

四种熟料矿物组成的特性归纳为表 2-2-4-6。

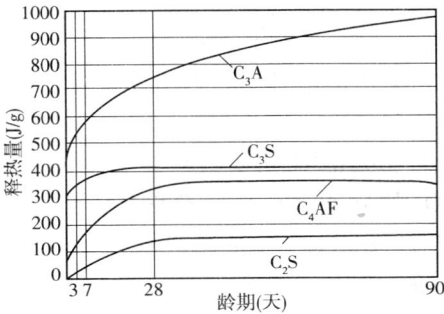

图 2-2-4-6 水泥熟料矿物在
不同龄期的释热量

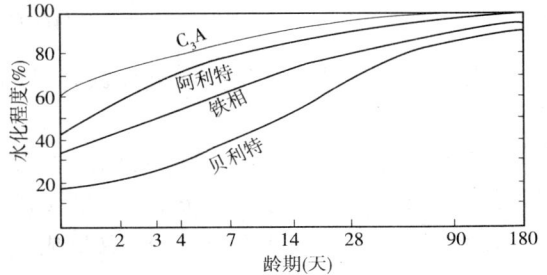

图 2-2-4-7 硅酸盐水泥中各熟料
矿物的水化程度(水灰比 =0.4)

硅酸盐水泥主要矿物组成与特性 表 2-2-4-6

矿 物 组 成		硅酸三钙(C_3S)	硅酸二钙(C_2S)	铝酸三钙(C_3A)	铁铝酸四钙($CaAF$)
与水反应速度		中	慢	快	中
水化热		中	低	高	中
对强度的作用	早期	良	差	良	良
	后期	良	优	中	中
耐化学侵蚀		中	良	差	优
干缩性		中	小	大	小

§2-4-2 熟料的率值

硅酸盐水泥熟料是一种多矿物聚集体,而各个矿物又是由四种主要氧化物化合而成。因此,各种氧化物的相对含量对水泥熟料矿物的形成及其含量有很大影响,在水泥生产控制中,不仅要控制各氧化物含量,还应控制各氧化物之间的比例即率值。这样可以比较方便地表示化学成分和矿物组成对水泥熟料的性能和煅烧的影响。

1. 硅率

硅率的概念由库尔(H·kühl)提出,通常用 n 或 SM 表示,其计算式如下:

$$SM(n) = \frac{SiO_2}{Al_2O_3 + Fe_2O_3} \qquad (2\text{-}2\text{-}4\text{-}1)$$

式中：SiO_2、Al_2O_3、Fe_2O_3——熟料中各氧化物的重量百分数。

通常硅酸盐水泥熟料的硅率在 $1.7 \sim 2.7$ 之间，硅率表示水泥熟料矿物中硅酸盐矿物与溶剂性矿物（$C_3A + C_4AF$）之间的数量对比关系，硅率越大，则硅酸盐矿物含量越高，熔剂性矿物（$C_3A + C_4AF$）越少，所以在煅烧过程中出现的液相含量越小，所要求的烧成温度越高；但硅率过小，则熟料中硅酸盐矿物太少则影响水泥强度，且由于液相过多，水泥生产中容易形成熟料结块甚至结团。

2. 铝率

又称铁率或铝氧率，通常用 P 或 IM 表示，其计算式如下：

$$IM(P) = \frac{Al_2O_3}{Fe_2O_3} \qquad (2\text{-}2\text{-}4\text{-}2)$$

铝率表示熟料中氧化铝和氧化铁含量的重量比。通常硅酸盐水泥熟料的铝率在 $0.9 \sim 1.7$ 之间。

如果在熟料中 Al_2O_3 和 Fe_2O_3 的总含量已经确定，那么铝率表示 C_3A 与 C_4AF 的相对含量，从熟料形成过程的反应可知，只有当 Al_2O_3 与 Fe_2O_3 的分子比大于 1（即质量比大于 0.64）时，在水泥熟料中才能既形成 C_4AF 又形成 C_3A。如果 $IM < 0.64$ 时，则由于 Al_2O_3 含量没有多余，不可能形成 C_3A，在这种情况下，Fe_2O_3 除与全部的 Al_2O_3 一起结合成 C_4AF 外，多余的 Fe_2O_3 与 CaO 生成 C_2F。

铝率高，熟料中铝酸三钙多，相应铁铝酸四钙就较少，则液相粘度大，物料难烧；铝率过低，虽然液相粘度较小，液相中质点易于扩散，对硅酸三钙形成有利，但烧结范围变窄，窑内易结大块，不利于窑的操作。

3. 石灰饱和系数 KH

在水泥熟料中，氧化钙总是与酸性氧化物 Al_2O_3、Fe_2O_3 饱和生成 C_3A、C_4AF，在生成上述矿物后，所剩下的 CaO 与使 SiO_2 饱和形成 C_3S 所需的 CaO 的比值称为石灰饱和系数。它表示 SiO_2 与 CaO 饱和形成 C_3S 的程度。它在某种程度上也反映了 C_3S 与 C_2S 的相对含量。

C_3S 中 CaO 与 SiO_2 的质量比为 $2.8/1$，C_3A、$CaSO_4$ 中 CaO 与 Al_2O_3、SO_3 的质量比分别为 $1.65/1$，$0.70/1$，而 C_4AF 假定是由 C_3A 与 CF 组成，CF 中 CaO 与 Fe_2O_3 的质量比为 $0.35/1$。

这样，石灰饱和系数 KH 可用下面的数学式表示：

$$KH = \frac{CaO - 1.65Al_2O_3 - 0.35Fe_2O_3 - 0.7SO_3}{2.8SiO_2} \qquad (2\text{-}2\text{-}4\text{-}3)$$

如果考虑水泥熟料中还存在少量游离的氧化钙，则上式为：

$$KH = \frac{CaO_{总} - f\text{-}CaO - 1.65Al_2O_3 - 0.35Fe_2O_3 - 0.7SO_3}{2.8SiO_2} \qquad (2\text{-}2\text{-}4\text{-}3')$$

如果铝率 $P < 0.64$，则不可能形成 C_3A，这时全部 Al_2O_3 都形成了 C_4AF。如果把 C_4AF 看成是由 C_2A 与 C_2F 组成，而 C_2A、C_2F 中 CaO 与 Al_2O_3、Fe_2O_3 的质量比分别为 $1.1/1$，$0.7/1$，则上式为：

$$KH = \frac{CaO_{总} - f\text{-}CaO - 1.1Al_2O_3 - 0.7Fe_2O_3 - 0.7SO_3}{2.8SiO_2} \qquad (2\text{-}2\text{-}4\text{-}3'')$$

当石灰饱和系数等于 1.0 时，形成的矿物组成为 C_3S、C_3A 和 C_4AF，而无 C_2S；当石灰饱和系数等于 0.667 时,形成的矿物为 C_2S、C_3A 和 C_4AF,而无 C_3S。

为使熟料顺利形成,不致因过多的游离石灰而影响熟料质量,通常,石灰饱和系数在 0.82 ~ 0.94 之间。

4. 碱度 N

这里所指的碱度 N,是表示与一个摩尔 SiO_2 作用的 CaO 的摩尔数。如果水泥熟料中所有的 SiO_2 都与 CaO 作用生成 C_3S,则 N = 3,如果它们互相作用全部生成 C_2S,则 N = 2,在实际生产中所形成的水泥熟料中兼有 C_3S 与 C_2S,故 N = 2 ~ 3。N 的数值可以用下式表述,式中的分子表示水泥熟料中形成硅酸钙的氧化钙的摩尔数。而式中的分母表示熟料中一个摩尔 SiO_2 的量:

$$N = \frac{CaO - (1.65Al_2O_3 - 0.35Fe_2O_3)}{56.08} \div \frac{SiO_2}{60.06} = 3KH \qquad (2\text{-}2\text{-}4\text{-}4)$$

在为配制水泥生料而确定上述各率值时,不能只考虑所需矿物的组成,而且应考虑资源情况及煅烧条件。例如在正常煅烧条件下,饱和系数 KH 值太高,可能使熟料中形成较多的游离石灰,又如提高硅率,即减少熔剂化矿物(C_3A 与 C_4AF),增加硅酸钙矿物(C_3S、C_2S),则要求提高烧成温度,从而使产量降低,窑的耐久性也会受到影响;若铝率过高,即提高 C_3A 的含量,使烧成困难,若过分降低铝率则易形成大块熟料甚至结窑。因此应该根据具体条件确定合适的率值,表 2-2-4-7 提供了不同窑型的熟料矿物组成和各率值的参考数值。

水泥熟料矿物及各率值的控制数 表 2-2-4-7

窑 型	C_3S	C_2S	C_3A	C_4AF	KH	SM	IM
湿法长窑	46 ~ 62	17 ~ 25	6 ~ 11	10 ~ 16	0.89 ~ 0.9	2.0 ~ 2.4	1.1 ~ 1.8
干法旋窑	46 ~ 57	19 ~ 28	6 ~ 11	11 ~ 18	0.86 ~ 0.89	2.0 ~ 2.75	1.0 ~ 1.6
立窑	33 ~ 53	22 ~ 41	6 ~ 12	10 ~ 14	0.8 ~ 0.89	1.9 ~ 2.8	1.1 ~ 1.8

§2-4-3 熟料矿物组成计算

熟料的矿物组成可用岩相分析、X 射线分析和红外光谱等分析测定,也可根据化学成分计算。

岩相分析法基于在显微镜下测出单位面积中各矿物所占的百分率,再乘以相应矿物的密度,得到各矿物的含量。熟料中各矿物的密度见表 2-2-4-8 所示。此法测定结果比较符合实际,但当矿物晶体较小时,可能因重叠而产生误差。

水泥熟料各矿物密度 表 2-2-4-8

矿物	C_3S	C_2S	C_3A	C_4AF	玻璃体	MgO
密度	3.13	3.28	3.0	3.77	3.0	3.58

X 射线分析则基于熟料中各矿物的特征峰强度与单矿物特征峰强度之比以求得其含量。这种方法误差较小,但含量太低则不易测准。现在,红外光谱、电子探针、X 射线光谱分析仪已用来对熟料矿物进行定量分析。

用化学成分来计算矿物的方法较多,现介绍石灰饱和系数法。其计算步骤如下:

首先计算铝率 P 值。按不同的公式计算石灰饱和系数 KH,再分别计算 C_3S、C_2S、C_3A、C_4AF 等的含量:

1. C_3S 含量(%)的计算

C_3S 中 SiO_2 与 CaO 的质量比为 1/2.8,则 1% 的 SiO_2 与 2.8% 的 CaO 结合可生成 3.8% 的 C_3S。生成 C_3S 的 SiO_2,要从总的 SiO_2 中减去生成 C_2S 所消耗的 SiO_2 含量。所以 C_3S 的含量(%)可用下式计算:

$$C_3S = 3.8SiO_2(N-2) = 3.8SiO_2(3KH-2) \qquad (2\text{-}2\text{-}4\text{-}5)$$

2. C_2S 含量(%)的计算

C_2S 中的 SiO_2 与 CaO 的质量比为 1/1.87。即 1% 的 SiO_2 与 1.87% 的 CaO 结合可生成 2.87% 的 C_2S。水泥熟料中 C_2S 的含量(%),可用下式计算:

$$C_2S = 2.87SiO_2(3-N) = 2.87SiO_2(3-3KH) = 8.61SiO_2(1-KH) \qquad (2\text{-}2\text{-}4\text{-}6)$$

3. C_3A 含量(%)的计算

当铝率 $P > 0.64$ 时,水泥熟料中的 Al_2O_3,一部分与 Fe_2O_3 一起生成 C_4AF,余下的一部分生成 C_3A。如果水泥熟料中全部的 Fe_2O_3 均生成 C_4AF,则 1% 的 Fe_2O_3 消耗 0.64% 的 Al_2O_3 生成 C_4AF。每 1% 的 Al_2O_3 与 1.65% 的 CaO 化合可生成 2.65% 的 C_3A。水泥熟料中 C_3A 的含量按下式计算:

铝率 $IM(P) \leqslant 0.64$ 时,$C_3A = 0$

铝率 $IM(P) > 0.64$ 时,$C_3A = 2.65(Al_2O_3 - 0.64Fe_2O_3)$ $\qquad (2\text{-}2\text{-}4\text{-}7)$

4. C_4AF 的含量(%)的计算

已知每 1% 的 Fe_2O_3 可以生成 3.04% 的 C_4AF。

当 $IM > 0.64$ 时,有足够的 Al_2O_3 可供与 Fe_2O_3 互相作用生成 C_4AF,因此,其含量可按下式计算:

$$C_4AF = 3.04Fe_2O_3 \qquad (2\text{-}2\text{-}4\text{-}8)$$

当 $IM < 0.64$ 时,Fe_2O_3 与全部的 Al_2O_3 结合生成 C_4AF 外,还有多余的 Fe_2O_3。此多余的 Fe_2O_3 与 CaO 作用生成 C_2F。则 C_4AF 与 C_2F 的含量分别按下式计算:

$$C_4AF = 4.77Al_2O_3 \qquad (2\text{-}2\text{-}4\text{-}8')$$

$$C_2F = 1.70(Fe_2O_3 - 1.57Al_2O_3) \qquad (2\text{-}2\text{-}4\text{-}9)$$

5. $CaSO_4$ 含量(%)的计算

水泥熟料中每 1% 的 SO_3 可与 0.7% 的 CaO 化合生成 1.7% 的 $CaSO_4$。则 $CaSO_4$ 的含量可按下式计算:

$$CaSO_4 = 1.70SO_3 \qquad (2\text{-}2\text{-}4\text{-}10)$$

应该指出:以上的计算式是根据充分煅烧和缓慢冷却使化学反应与结晶过程完全达到平衡条件下建立的。实际上,由于水泥熟料矿物互相形成固溶体;并且在急冷时形成组分不定的玻璃体;还可能在矿物形成时,液相和结晶相之间会有不平衡的反应。这些情况会使理论计算结果与真实的矿物组成有一定的偏差。因为熟料反应和冷却过程不可能处于平衡状态下,况且熟料中存在各种少量氧化物如碱、氧化钛、氧化磷、硫等,因此,用石灰饱和系数法计算的矿物组成与显微镜 X 射线、红外光谱等测定的矿物组成有一定的差异。表 2-2-4-9、表 2-2-4-10 给出了显微镜和 X 射线测定和计算值的比值。

用 X 射线方法测定熟料矿物时,不同科学工作者给出了下列可能的误差范围:

C_3S：±2% ~5%；C_2S：±5% ~9%；C_3A：±0.5% ~1.5%；铁相固溶体：±0.5% ~2%；

显微镜实测与计算矿物组成比较　　　　　　　　　　　　　　　　　表 2-2-4-9

熟料 编号	C_3S		C_2S		C_3A		C_4AF	
	实测估算	计算	实测估算	计算	实测估算	计算	实测估算	计算
1	57.7	55.1	12.8	19.4	5.4	12.6	2.8	7.3
2	60.3	48.9	16.9	26.3	6.3	14.0	3.9	6.6
3	70.2	63.5	4.2	12.2	10.0	11.2	4.3	7.9
4	39.6	46.7	44.5	36.5	1.0	4.0	6.3	9.8

X 射线实测与计算矿物组成的比较　　　　　　　　　　　　　　　表 2-2-4-10

矿物	1		2		3		4	
	实测	计算	实测	计算	实测	计算	实测	计算
C_3S	45.5	45.8	59.0	66.2	28.0	25.3	71.0	69.6
C_2S	37.0	36.4	13.0	8.0	52.0	50.8	13.0	9.1
C_3A	4.0	9.3	16.0	14.8	—	5.2	8.0	7.8
C_4AF	9.0	7.5	6.0	7.4	15.0	15.5	8.0	8.0
MgO	1.0	2.0	3.0	3.6	2.0	3.2	—	—
玻璃体	4.0	—	3.0	—	3.0	—	—	—

由此可知,要用计算方法求得熟料准确矿物组成是比较困难的。虽然可以采用各种方法校正,但不能一一校正,且计算繁琐,不过生产实践证明,虽然由化学成分计算矿物组成有一定误差,但所得结果基本上还能说明它对煅烧和熟料性质的影响;另一方面,当欲设计某种矿物组成的水泥熟料时,它是计算生料组成的唯一可能的方法。因此,这种方法在水泥工业中,仍然得到广泛的应用。

熟料化学成分、矿物组成与率值是熟料组成的三种不同表示方法。三者可以互相换算。

由矿物组成计算率值公式如下:

$$KH = \frac{C_3S + 0.8838C_2S}{C_3S + 1.3256C_2S} \qquad (2\text{-}2\text{-}4\text{-}11)$$

$$SM = \frac{C_3S + 1.325C_2S}{1.434C_3A + 2.046C_4FA} \qquad (2\text{-}2\text{-}4\text{-}12)$$

$$IM = \frac{1.15C_3A}{C_4AF} + 0.64 \qquad (2\text{-}2\text{-}4\text{-}13)$$

由石灰饱和系数 KH,硅率 SM、铝率 IM 计算化学组成公式为:

$$Fe_2O_3 = \frac{\Sigma}{(2.8KH + 1)(IM + 1)SM + 2.65IM + 1.35} \qquad (2\text{-}2\text{-}4\text{-}14)$$

$$Al_2O_3 = IM \cdot Fe_2O_3 \qquad (2\text{-}2\text{-}4\text{-}15)$$

$$SiO_2 = SM(Al_2O_3 + Fe_2O_3) \qquad (2\text{-}2\text{-}4\text{-}16)$$
$$CaO = \sum - (SiO_2 + Al_2O_3 + Fe_2O_3) \qquad (2\text{-}2\text{-}4\text{-}17)$$

式中：$\sum$——设计熟料中 SiO_2、Al_2O_3、Fe_2O_3、CaO 四种氧化物含量总和（根据原料成分总和估算）。

总之，从上述各式可知，石灰饱和系数愈高，则熟料中 C_3S/C_2S 比值愈高，当硅率一定时，C_3S 愈多，C_2S 愈少；硅率愈高，硅酸盐矿物愈多，熔剂矿物愈少。但硅率高低，尚不能决定各个矿物的含量，须视 KH 和 IM 的高低，如硅率较低，虽石灰饱和系数高，C_3S 含量也不一定高；同样，如铝率高，熟料中 C_3A/C_4AF 比会高一些，但如硅率高，因总的熔剂矿物少，则 C_3A 含量也不一定多。

为此，要使熟料既易烧成，又能获得较高的质量与要求的性能，必须对三个率值或四个矿物组成的四个化学成分加以控制，力求相互协调、配合适当。同时，还应视各厂的原、燃料和设备等具体条件而异，才能设计出比较合理的配料方案。

§2-4-4　熟料矿物水化反应热力学与热化学

根据前苏联 О. Л. 姆契德洛夫一彼德罗相（О. Л. Мчедлов-Летросян）等人的研究，认为采用热力学方法研究熟料矿物的水化反应能力具有重大意义。表 2-2-4-11 列出了水泥熟料矿物及水化物的一些热力学数据。

硅酸盐水泥熟料矿物的水化能力在很大程度上取决于矿物的结晶化学性质、水解能力及随后的聚合能力。从热力学观点来看，水泥熟料矿物结构的稳定性愈低，则其水化反应能力也愈强。

水泥熟料矿物与水化物的热力学数据　　　　　　表 2-2-4-11

化合物名称	状态	$-\triangle H^0_{298}$ (kJ/mol)	$-\triangle Z^0_{298}$ (kJ/mol)	$\triangle S^0_{298}$ (J/mol·K)	$C_p = f(T)$		
					a	$b \times 10^3$	$c \times 10^{-5}$
CaO	晶体	637.98	606.5	39.9	11.67	1.08	-1.56
$Ca(OH)_2$	晶体	990.36	900.2	76.4	19.79	10.45	2.94
$\beta - C_2S$	晶体	2317.3	2201.6	128.1	36.25	8.83	-7.24
C_3S	晶体	2979.7	2795.1	169.3	49.85	8.62	-10.15
$C_2SH_{1.17}$	晶体	2676.0	2490.2	161.3	41.4	22.4	-7.10
$C_5S_6H_3$	晶体	9975.0	9303	515.1	143.55	74.7	-20.82
$C_5S_6H_{5.5}$	晶体	10736.5	9918.1	613.8	110.6	189	—
$C_5S_6H_{10.5}$	晶体	12227.3	11118.7	811.2	132.2	270	—
C_3A	晶体	70	3389.4	206.3	62.28	4.58	-12.09
C_4AF	晶体	5086.2	4809	327.6	—	—	—
C_3AH_6	晶体	5531.4	4985.4	373.8	61.68	139.9	
C_2AH_8	晶体	5422.2	4796.4	415.8	135.1		
C_4AH_{13}	晶体	8330.7	7345.8	688.8			
C_4AH_{19}	晶体	10117.8	8786.4	924	66.84	591	
$C_3ACaSOH$	晶体	1747.8	7743.12	—	108.62	273	

化合物名称	状态	$-\triangle H^0_{298}$ (kJ/mol)	$-\triangle Z^0_{298}$ (kJ/mol)	$\triangle S^0_{298}$ (J/mol·K)	$C_p = f(T)$		
					a	$b \times 10^3$	$c \times 10^{-5}$
$C_3A \cdot 3CaSO_4 \cdot H$	晶体	17 265.7	14 936.67	—	186	777.2	—
H_2O	液体	286.9	238.1	70.2	7.93	16.95	2.67
$\alpha\text{-}SiO_2$（石英）	晶体	913.9	—	—	14.41	1.94	—
$\beta\text{-}SiO_2$（石英）	晶体	914.6	859.95	42	11.22	8.28	-2.7
SiO_2（玻璃）	固体	905	851.9	47	13.38	3.68	-3.45
Al_2O_3	固体	1676.2	1582.6	51.2	27.43	3.06	-8.47
Fe_2O_3	固体	825.3	743.8	90.3	23.49	18.6	-3.5

1. 熵变值

通过计算反应时的熵 S^0_{298} 的变化，来反映在氧化物以及由这些氧化物所形成的熟料矿物中原子排列的有序程度及稳定性。由氧化物形成不同熟料矿物的反应过程的熵变值的计算结果如下：

（1）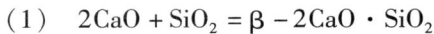
$$\triangle S^0_{298} = 128.1 - 2 \times 39.9 - 42 = 6.1 (J/mol \cdot K)$$

（2）
$$\triangle S^0_{298} = 169.2 - 3 \times 39.9 - 42 = 7.6 (J/mol \cdot K)$$

（3）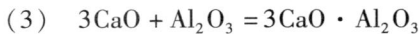
$$\triangle S^0_{298} = 206.2 - 3 \times 39.9 - 51.2 = 35.3 (J/mol \cdot K)$$

（4）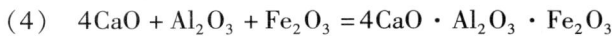
$$\triangle S^0_{298} = 327.6 - 4 \times 39.9 - 51.2 - 90.3 = 26.5 (J/mol \cdot K)$$

这样，上述四个反应中每一反应的氧化物的熵值总和，比它们对应的熟料矿物的熵值小，这说明后者的结构有序程度较差。熵变值 $\triangle S$ 的大小可以定性地表征其有序度降低的程度。一般可认为 $+\triangle S$ 愈大，其有序度愈低，结构稳定性愈差。

对比上述诸反应中的 $\triangle S^0_{298}$ 值可知，$\beta - C_2S$ 在所有熟料矿物中具有最好的有序结构。而这也说明和其他矿物相比其化学活性较差。C_3A 和 C_4AF 的 $\triangle S^0_{298}$［分别为 35.3 和 26.5（J/mol·K）］特别高，说明它们具有较多的玻璃态特征，其结构有序度比较低，因而它们具有较高的活性。

2. 自由能

通过计算熟料矿物与水相互作用过程中自由能的变化 $\triangle Z_{298}$，也可以分析水泥熟料矿物水化反应的可能性以及化学过程的方向。

（1）
$$\triangle Z_{298} = -2490.2 + 2201.6 + 1.17 \times 238.1 = -10.02 (kJ/mol)$$

（2）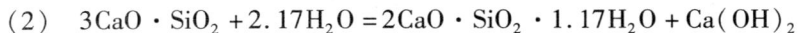
$$\triangle Z_{298} = -2490.2 - 900.2 + 2795.1 + 2.17 \times 238.1 = -78.62 (kJ/mol)$$

（3）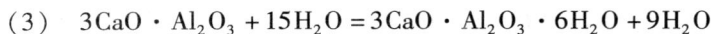
$$\triangle Z_{298} = -4985.4 - 9 \times 238.1 + 3389.4 + 15 \times 238.1 = -167.4 (kJ/mol)$$

计算结果表明,水化过程中,系统的自由能降低,这几个水化反应均能自发进行,因为反应过程中自由能的变化均为负值,$-\triangle Z$ 值愈大,则表明其反应进行的可能性愈大。通过比较可知:C_2S 水化过程中其自由能变化 $\triangle Z = -167.4kJ/mol$,而 C_3S 水化 $\triangle Z = -78.62kJ/mol$,$C_3A$ 水化过程中自由能最小,其 $\triangle Z = -10.02kJ/mol$。通过自由能变化再一次证明水泥熟料中,$C_3A$ 水化反应能力最大,C_2S 水化反应能力最小,C_3S 居中。

3. 键能

矿物熟料从无水状态转化为水化状态过程中的结构变化,可通过键能的变化来描述,从而分析讨论各种熟料矿物的水化反应能力及活性大小。这里我们主要从化合物的生成热来计算 $Ca-O$ 键在转化过程前后平均键能的变化。计算时,近似地认为 $Si-O$ 与 $Al-O$ 键的能量不论是对水泥矿物还是对水化物来说都是不变的,即这些键在矿物从无水状态转化成水化状态过程中,并无显著变化,可忽略不计。因此可用熟料矿物与水化物中 $Ca-O$ 键能的变化(见表2-2-4-12)来表征水化过程的能量变化。

从表中可见,由无水矿物向水化物的转变是键能增大并趋向稳定的过程。键能增大的顺序排列为 $C_3A > C_3S > C_2S$。进一步说明 C_3A 的化学活性和反应能力大,而 C_2S 的化学活性和反应能力小。

总之,通过计算矿物水化时的熵变值、系统的自由能变化以及熟料矿物向水化物转变时的键能变化可定性地判断水化过程的可能性、方向性及各熟料矿物活性大小。

水泥矿物及其水化物 $Ca-O$ 平均键能的变化(KJ/键)　　　　表 2-2-4-12

水泥矿物			水化物			水泥矿物转化为水化物时能量的增加
矿物	阴离子	$Ca-O$ 平均键能	水化物	阴离子	$Ca-O$ 平均键能	
$3CaO \cdot SiO_2$	$[SiO_4]^{4-}$	558.8	$C_2SH_{1.17}$	$[Si_6O_7]^{10-}$	590.5	31.71
$2CaO \cdot SiO_2$	$[SiO_4]^{4-}$	570.2	$C_2SH_{1.17}$	$[Si_6O_7]^{10-}$	590.5	20.33
$3CaO \cdot Al_2O_3$	$[AlO_2]^{-}$	536.3	C_4AH_{19}	$[Al(OH)_6]^{3-}$	594.7	58.38
$CaO \cdot Al_2O_3$	$[AlO_2]^{-}$	547.7	C_4AH_{19}	$[Al(OH)_6]^{3-}$	594.7	47.04

§2-4-5　熟料矿物具有胶凝性质的条件

水泥熟料具有胶凝性质的原因以及其胶凝性质的规律性一直是水泥工作者致力研究的课题之一。Bradenberger 把胶凝性的出现同结构的特征(结构阳离子的配位低)联系起来,而 Jeffery 则认为:在熟料晶体结构中,离子的不规则配位在熟料与水作用方面有重要作用。而 B.Φ.ЖypaBПeB 的研究表明,不仅钙的硅酸盐和铝酸盐的类似物具有胶凝性,而且周期表第二族的其他元素的化合物也应具有胶凝性,同时,这些化合物的水化能力,显然与其结晶化学因素和结构有关,只是在有效半径大于 $1.03 \times 10^{-10}m$ 的那些第二族金属的硅酸盐和铝酸盐的类似物,才表现出胶凝性。综合以上关于水泥熟料矿物晶体结构分析,可认为水泥熟料矿物具有胶凝能力的必要条件是:

首先,熟料矿物的结构必须具有不稳定性。由于它们是在常温下存在的介稳的高温型矿物,结构具有热力学不稳定性;或者水泥相中有大量的固溶体,固溶程度越高,其活性愈大;或者由于微量元素的掺杂使晶格排列的规律性受到影响,使晶体结构的有序度降低,增大了熟料水化反应能力。

　　其次,在水泥熟料晶体结构中须存在有活性阳离子(例 Al^{3+}、Mg^{2+} 等)。由于其不规则的配位和配位数降低;或者是由于结构的变形;或者是由于它们在结构中电场分布的不均匀性;由于上述原因,阳离子处于活性状态,即价键不饱和状态。因此,在一定意义上可以认为,熟料矿物水化反应的实质是这种活性阳离子在水介质的作用下,与极性离子 OH^- 或极性水分子互相作用并进入溶液,使熟料矿物溶解和解体。水泥熟料水化的能力还与阳离子的半径及键能大小有关。因为阴离子(如 O^{2-})呈紧密堆积时,在其中所留下的能够容纳阳离子的空隙是有限的,如果阳离子半径小于空隙所允许的范围,则阳离子存在于其中,如果阳离子半径大于其允许范围,则阳离子就要把阴离子的紧密堆积体撑开,因此,离子间的结合就不那么紧密,彼此之间的键能减小。对于特定的氧化物,其离子间距离愈大,键能愈小,其水化反应能力愈大。

　　熟料矿物具有胶凝性质的充分条件是:胶凝系统中(即粉状组分水泥与水所组成的分散系统)两组分是否相配,能否生成足够数量的稳定的水化物,以及这些水化物能否彼此连生并形成网状结构。因为胶凝性质可以理解为水泥浆工作过程中伴随着粘附作用的硬化能力。如果颗粒间距较大,固相浓度不高,浆体硬化为人造石是不可能的。因此,水泥浆的颗粒彼此应该是靠拢的,其水化物不但要稳定,而且要有足够的数量,它们之间要能够彼此交叉、连生,并且能够在整个水泥浆体的空间形成连续的网状结构。

§2-5　水　泥　水　化

　　水泥加适量的水拌合后,立即发生化学反应,水泥的各个组分开始溶解并产生了复杂的物理、化学与物理化学、力学的变化,这种变化可以持续很长时间。随着反应的进行,形成的粘结砂石材料的可塑性浆体,逐渐失去流动能力,并凝结硬化成为具有一定强度的石状体。水泥的凝结硬化是以水化为前提的,所以研究水泥的水化过程、水化产物以及水化机理,对于认识水泥、合理改善水泥性能都有重要意义。由于水泥是多矿物聚集体,水化作用比较复杂,不仅各种水化产物互相干扰不易分辨,而且各种熟料矿物又会相互影响。所以,通常先研究水泥单矿物的水化反应,在此基础上再研究硅酸盐水泥的水化,虽然利用近代测试技术已经使这方面的研究进展到相当的深度,但由于试验条件的差异,试验结果往往不完全一致。

　　许多研究工作者利用各式各样的方法和仪器,对 C_3S、C_2S 等"纯"矿物、以及 $C-S-H$、$C-H-A$ 等系统或水泥,在水化动力学、水化机理和结构等方面进行了研究,其目的是:测定所形成的水化物;研究反应速度和水化程度;研究水的分布及状态以及微裂缝和孔的形成及分布。

§2-5-1　熟料矿物水化

一、硅酸三钙水化

　　硅酸三钙是水泥熟料的主要组成部分,在常温下,其水化反应可用下列方程表示:
$$3CaO \cdot SiO_2 + nH_2O \longrightarrow xCaO \cdot SiO_2 \cdot yH_2O + (3-x)Ca(OH)_2$$
　　简写为:$C_3S + nH \longrightarrow C-S-H + (3-x)CH$
式中:$x = CaO/SiO_2$,或 $X = C/S$(缩写)

上式表明其水化产物是水化硅酸钙和氢氧化钙。但在室温下对 $CaO-SiO_2-H_2O$ 系统进行的研究表明：在不同浓度的氢氧化钙溶液中，水化硅酸钙的组成是不同的。图 2-2-5-1 表示水化硅酸钙固相的 CaO/SiO_2 分子比（或缩写为 C/S 比，即上式中的 X）和溶液中 CaO 浓度的平衡。当溶液的氧化钙浓度约为 $1 \sim 2 \, m \, mol/L$（$0.06 \sim 0.11 \, gCaO/l$）时，生成 C/S 比小于 1 的固相（即固相由水化硅酸一钙与硅酸凝胶所组成）。如溶液中氧化钙浓度更低，则水化硅酸一钙就会分解成氢氧化钙与硅酸凝胶。当溶液中氧化钙浓度约为 $2 \sim 20 \, m \, mol/L$（$0.11 \sim 1.12 \, gCaO/L$）时，生成 C/S 比为 $0.8 \sim 1.5$ 的水化硅酸钙固相。在此范围内，包括一系列基本结构相同的水化物，它们的组成一般可以（$0.8 \sim 1.5$）$CaO \cdot SiO_2 \cdot$（$0.5 \sim 2.5$）H_2O 表示。这一类水化硅酸钙统称为 $C-S-H(I)$，又称为 CSH(B)。当溶液中氧化钙浓度饱和（即 $CaO \geqslant 1.12 \, g/L$）时，则生成碱性更高（C/S 比 > 1.5）的水化硅酸钙固相。一般认为是（$1.5 \sim 2.0$）$CaO \cdot SiO_2 \cdot$（$1 \sim 4$）H_2O，这一类水化硅酸钙统称为 $C-S-H(II)$，又称为 $C_2SH(II)$ 或 C_2SH_2。因此，硅酸钙用水调和后，所生成的水化产物将与相应浓度的氢氧化钙溶液达到固液平衡的状态。如果再在溶液中加入石灰，就会和水化物固相结合，使其 C/S 比提高。但如将平衡溶液加水稀释，则水化物固相将析出氢氧化钙，C/S 比相应降低。也就是水化物的 C/S 比与液相中氢氧化钙浓度的原有平衡一旦被破坏以后，必然要相互调整，以获得新的固液平衡。继续加水，水化物固相则成为 C/S 比更低的水化硅酸钙。在无限加水稀释的情况下，水化生成物最终会分解成氢氧化钙和硅酸凝胶。

所以，硅酸三钙水化产物的组成并不是固定的，和水固比、温度、有无异离子参与等水化条件都有关系。在常温下，水固比减小将使水化硅酸钙的 C/S 比提高（图 2-2-5-2）。多数研究者还认为水化硅酸钙的组成随着水化反应的进程而改变，其 C/S 比随龄期的增长而下降，例如从水化 1 天的 1.9，到 2、3 年后可减少至 $1.4 \sim 1.6$ 左右。另外，由图 2-2-5-2 可见，在水固比增大、C/S 比降低的同时，H/S 比也相应减小，而且比 C/S 值都低 0.5 左右。因此，在水化良好的条件下，水化硅酸钙的组成可粗略地用 $C_xSH_{x-0.5}$ 表示。考虑到这些水化硅酸钙不仅其组成不定，C/S 比和 H/S 比都在较大范围内变动，而且在水化过程中又会形成 C/S 比不同、H/S 比有相当差异的产物。同时，尺寸又很小，接近于胶体范畴，较难精确区分，所以通常就统称为 $C-S-H$ 凝胶或 $C-S-H$。一般所测得的 C/S 比实际上是各个 $C-S-H$ 凝胶粒子所具 C/S 比的平均值，通常变动于 $1.5 \sim 1.7$ 之间，但各方面的测定数据仍然相差很大。

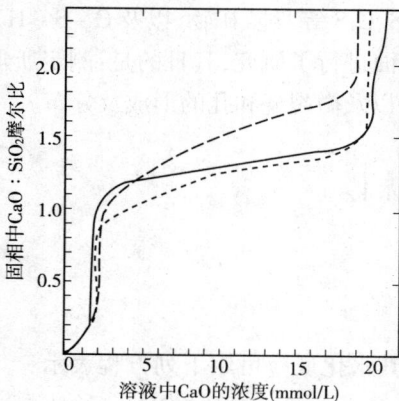

图 2-2-5-1　水化硅酸钙与溶液间的平衡

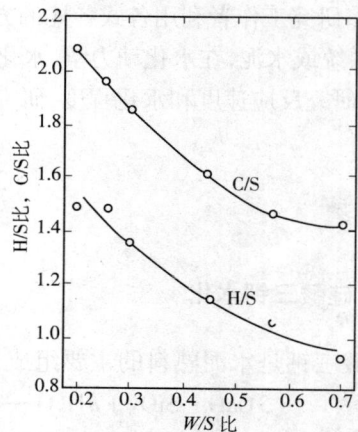

图 2-2-5-2　水固比对 $C-S-H$ 凝胶 C/S、H/S 比的影响（浆体龄期在 6 个月以上）

根据硅酸三钙的水化放热速率随时间的变化关系,可将 C_3S 的水化过程分为 5 个阶段(图 2-2-5-3)即:

Ⅰ.初始水解期:加水后立即发生急剧反应,但该阶段时间很短,在 15min 以内结束。又称诱导前期。

Ⅱ.诱导期:这一阶段反应速率极其缓慢,又称静止期,一般持续 2~4h,是硅酸盐水泥浆体能在几小时内保持塑性的原因。初凝时间基本上相当于诱导期的结束。

Ⅲ.加速期:反应重新加快,反应速率随时间而增长,出现第二个放热峰,在到达峰顶时本阶段即告结束(4~8h)。此时终凝已过,开始硬化。

Ⅳ.衰退期:反应速率随时间下降的阶段,又称减速期,约持续 12~24h,水化作用逐渐受扩散速率的控制。

Ⅴ.稳定期:反应速率很低、基本稳定的阶段,水化作用完全受扩散速率控制。

C_3S 水化各阶段示意图见图 2-2-5-4 所示。

在 C_3S 与水发生反应的初期, Ca^{2+} 和 OH^- 进入溶液,就在 C_3S 表面形成一个缺钙的富硅层,其厚度约为 $5 \times 10^{-9}m$,这一富硅层是无定形的,可能不具刚性,但能吸水溶胀。随着反应的不断进行, Ca^{2+} 和 OH^- 继续进入溶液,当溶液中氢氧化钙浓度达到一定程度而过饱和时,在 C_3S 颗粒表面,晶核开始生长。氢氧化钙晶体,开始可能也在 C_3S 颗粒表面上生长,但有些晶体可远离颗粒,或在孔隙中形成。由于 $C-S-H$ 或氢氧化钙的成核结晶,液相中氢氧化钙浓度降低, Ca^{2+} 就容易向外扩散,液相中 $Ca(OH)_2$ 和 $C-S-H$ 的

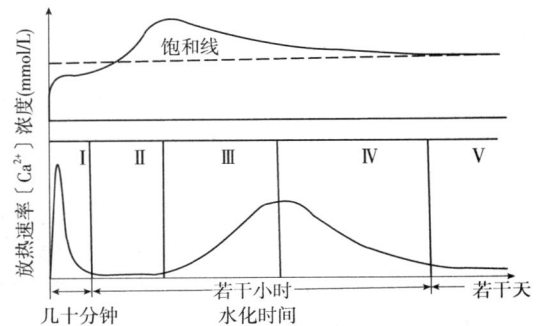

图 2-2-5-3　C_3S 水化放热速率
和 Ca^{2+} 浓度变化曲线

过饱和度降低,它反过来又会使 $C-S-H$ 和 $Ca(OH)_2$ 的生长速度逐渐变慢。随着水化物在颗粒周围的形成, C_3S 的水化作用也受到阻碍。因而,水化从加速过程又逐渐转向减速过程。最初的产物,大部分生长在颗粒原始周界以外由水所填充的空间(称"外部产物"),而后期的生长则在颗粒原始周界以内的区域(称"内部产物")。随着"内部水化物"的形成和发展, C_3S 的水化由减速期向稳定期转变。这时, C_3S 的水化反应完全为扩散速度所控制。表 2-2-5-1 描述了 C_3S 反应诸阶段的化学过程和动力学行为。

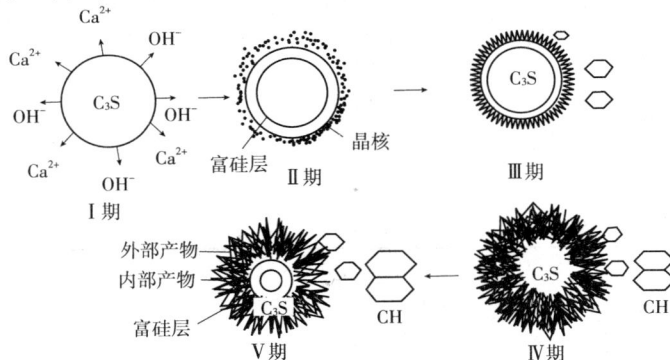

图 2-2-5-4　C_3S 水化各阶段的示意图

C_3S 反应诸阶段的化学过程和动力学行为　　　　表 2-2-5-1

反 应 阶 段	化 学 过 程	总 的 动 力 学 行 为
诱导前期	初始水解,离子进入溶液	反应很快:化学控制
诱导期	继续溶解,早期 C-S-H 形成	反应慢:成核控制或扩散控制
加速期	稳定的水化产物开始生长	反应快:化学控制
减速期	水化产物继续生长;微结构发展	反应适中:化学与扩散控制
稳定期	微结构逐渐密实	反应很慢:扩散控制

由以上分析可知:C_3S 的水化动力学全过程受下述因素制约:

(1)晶体生长与成核;(2)C_3S 与液相之间的化学反应(溶解);(3)通过水化物层的扩散。

因此,C_3S 的水化动力学方程可用下面三个著名的方程来表征:

$$G_1(\alpha) = R_0\left[1-(1-a)^{\frac{1}{3}}\right] = K_1 t \qquad (2\text{-}2\text{-}5\text{-}1)$$

$$G_D(\alpha) = R_0^2\left[1-(1-\alpha)^{\frac{1}{3}}\right]^2 = K_D t \qquad (2\text{-}2\text{-}5\text{-}2)$$

$$G_N(\alpha) = \left[-ln(1-\alpha)^{\frac{1}{3}}\right] = K_N t \qquad (2\text{-}2\text{-}5\text{-}3)$$

式中:α——反应程度(反应率);

　　t——反应时间;

　　K_N——水化产物成核与晶体生长控制过程的速度常数;

　　K_1——表面反应控制过程的速度常数;

　　K_D——透过内部水化产物层的扩散控制过程的速度常数;

　　R_0——水化颗粒的起始半径。

上式中,如果在某一特定的反应阶段内,将重叠的速率确定过程进行数学分析(简称 O·S·O·r·d·P 法)。Bezjak 等人研究了两种颗粒级配不同的阿利特(A 及 A※)以及掺外加剂 K_3NS_4 的 C_3S 的水化动力学参数。见表 2-2-5-2 所示。

按 $m·s·o·r·d·p$ 方法确定的 G_3S 水化动力学参数　　($W/S=0.5,20℃$)　表 2-2-5-2

区　　间	参　　数	试 样		
		A	A*	A + 2% K_3NS_4
I	$K_N(h^{-1})$	0.110	0.134	0.067
	$K_1(\mu mh^{-1})$	0.067	0.082	0.092
	$K_D(\mu m^2 h^{-1})$	0.026	0.040	0.126
	$t_0(h);R_L,R_D(\mu m)$	8;1.0,1.0	6.5;1.0,1.1	13;2.2,2.7
II	$K_D(\mu m^2 h^{-1})$	0.014	0.025	0.035
	$t_0(h)R_L,R_D(\mu m)$	15;1.0,1.0	10;1.0,1.1	46;2.2,2.7
III	$t_i \to II$ $(h,\alpha\%)$	14(23)	18(38)	55(71)

二、硅酸二钙水化

硅酸二钙一般以 β—晶型存在,其水化反应要比 C_3S 慢得多,但生成相似的水化物。这一

水化反应相当大部分在 28 天以后进行,1 年后仍有明显的水化,反应可用下式表示:

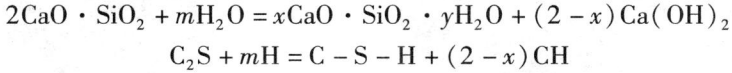

$$2CaO \cdot SiO_2 + mH_2O = xCaO \cdot SiO_2 \cdot yH_2O + (2-x)Ca(OH)_2$$
$$C_2S + mH = C-S-H + (2-x)CH$$

β—C_2S 的水化作用与 C_3S 有很多类似之处,但由于其晶体结构不同,它的水化速度慢,水化放热速率低。因此对反应进行量热研究就更加困难。有一些观测结果表明,β—C_2S 的某些部分水化开始较早,与水接触后表面就很快变得凹凸不平,与 C_3S 的情况极为类似,甚至在 15s 以内就会发现有水化物形成。不过以后的发展则极其缓慢。所形成的水化硅酸钙与 C_3S 生成的在 C/S 比和形貌等方面都无大差别,故也统称为 C—S—H。C_3S 水化时 Ca^{2+} 的过饱和度较低,$Ca(OH)_2$ 或 C—S—H 的成核晚,可能是水化速率慢的一个主要原因。所以在 C_2S 浆体中掺加少量 C_3S,可以加快水化。

表 2-2-5-3 列出了阿利特(C_3S)和贝利特(含 1% B_2O_3 的 β—C_2S)反应速度常数的数值,它表明成核和晶体长大的速度常数(K_N)差别不大,而通过水化物层扩散的速度常数(K_D)则相差 8 倍左右,差别最大的是粒子表面溶解的速度常数(K_1)相差几十倍。这表明:β—C_2S 的水化反应速度主要由 β—C_2S 的表面溶解速度控制。

阿利特和 β—C_2S 水化反应速度常数　　　　　　　　　　　表 2-2-5-3

熟料矿物 \ 反应速度常数	$K_N \times 10^3$ （h^{-1}）	$K_1 \times 10^3$ （$\mu m \cdot h^{-1}$）	$K_D \times 10^3 [(\mu m)^2 \cdot h^{-1}]$	
			初期扩散	后散扩散
β—C_2S(加 1% B_2O_3)	7.3	1.4	3.5	1.8
阿利特	11.0	67	26	14

三、铝酸三钙水化

铝酸三钙与水反应迅速,其水化产物的组成与结构受溶液中氧化钙、氧化铝离子浓度和温度的影响很大。它对水泥的早期水化和浆体的流变性质起着重要作用。下面分两种情况研究 C_3A 的水化反应。

1. C_3A 在纯水中的反应

在常温下,C_3A 依下式水化:

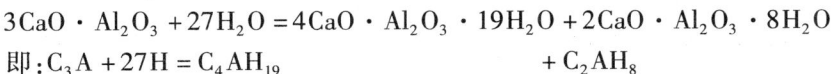

$$3CaO \cdot Al_2O_3 + 27H_2O = 4CaO \cdot Al_2O_3 \cdot 19H_2O + 2CaO \cdot Al_2O_3 \cdot 8H_2O$$

即:$C_3A + 27H = C_4AH_{19} \qquad\qquad\qquad + C_2AH_8$

C_4AH_{19} 在低于 85% 的相对湿度时,即失去 6mol 的结晶水而成为 C_4AH_{13},C_4AH_{19}、C_4AH_{13} 和 C_2AH_8 均为六方片状晶体(图 2-2-5-5),在常温下处于介稳状态,有向 C_3AH_6 等轴晶体(图 2-2-5-6)转化的趋势:

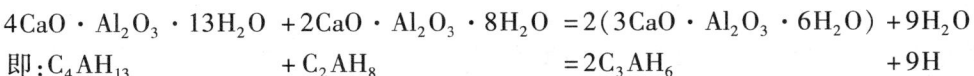

$$4CaO \cdot Al_2O_3 \cdot 13H_2O + 2CaO \cdot Al_2O_3 \cdot 8H_2O = 2(3CaO \cdot Al_2O_3 \cdot 6H_2O) + 9H_2O$$

即:$C_4AH_{13} \qquad\qquad + C_2AH_8 \qquad\qquad = 2C_3AH_6 \qquad\qquad + 9H$

上述过程随温度的升高而加速,而 C_3A 本身的水化热很高,所以极易按上式转化,同时在温度较高(35℃以上)的情况下,甚至还会直接生成 C_3AH_6 晶体:

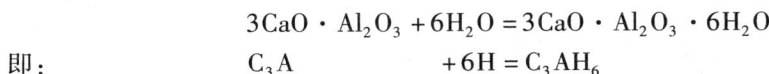

$$3CaO \cdot Al_2O_3 + 6H_2O = 3CaO \cdot Al_2O_3 \cdot 6H_2O$$

即:$\qquad\qquad C_3A \qquad\qquad + 6H = C_3AH_6$

用放热速率测定的 $C_3A - H_2O$ 的水化反应过程如图 2-2-5-7 所示。

图 2-2-5-5　六方片状的 C_2AH_8 和 C_4AH_{13} 相（X8000）

图 2-2-5-6　C_3AH_6 等轴晶体（X1500）

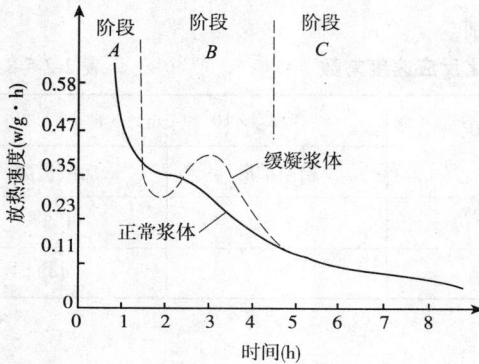

图 2-2-5-7　C_3A 在纯水中化

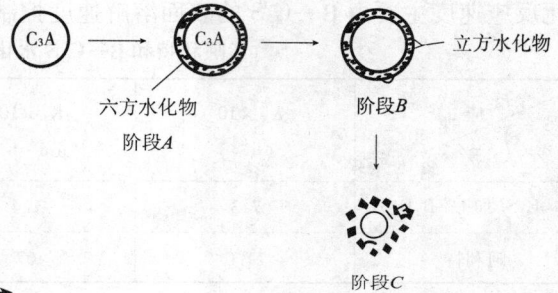

根据 C_3A 的水化放热速率可将其分为三个阶段。第一阶段相应于 C_3A 的迅速溶解，以及在过饱和溶液中六方片状水化物的形成，前者使放热速率出现一个高峰，后者又使得反应速率缓慢下来；第二阶段相应于第二个放热峰的出现，它是由于立方状 C_3AH_6 的形成，使六方片状水化物层破坏，水化反应重新加速；第三阶段相应于在 C_3A 周围的充水空间形成立方状 C_3AH_6 水化物。

2. C_3A 在有石膏存在时的水化反应

实际上，C_3A 的水化是在 $Ca(OH)_2$ 和有石膏存在的环境中进行的。首先，当液相的氧化钙浓度达到饱和时，C_3A 的水化方程为：

$$3CaO \cdot Al_2O_3 + Ca(OH)_2 + 12H_2O = 4CaO \cdot Al_2O_3 \cdot 13H_2O$$

即：$C_3A \quad + CH \quad + 12H = C_4AH_{13}$

此反应在水泥浆体的碱性介质中最易发生，而且 C_4AH_{13} 在室温下能稳定存在，其数量增长也很快，据认为这是水泥浆体产生瞬时凝结的主要原因之一。因此，在水泥粉磨时，需加入适量的石膏以调整水泥的凝结时间。当有石膏存在时，C_3A 虽然开始也快速水化成 C_4AH_{19} 但接着就会与石膏反应，反应式为：

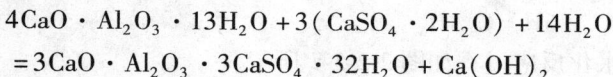

$$4CaO \cdot Al_2O_3 \cdot 13H_2O + 3(CaSO_4 \cdot 2H_2O) + 14H_2O$$
$$= 3CaO \cdot Al_2O_3 \cdot 3CaSO_4 \cdot 32H_2O + Ca(OH)_2$$

54

即：$C_4AH_{13} + 3C\bar{S}H_2 + 14H = C_3A \cdot 3C\bar{S} \cdot H_{32} + CH$

所形成的三硫型水化硫铝酸钙，又称钙矾石。由于其中的铝可被铁置换而成为含铝、铁的三硫酸盐相，故常以 AFt 表示。

当 C_3A 尚未完全水化而石膏已经耗尽时，则 C_3A 水化所形成的 C_4AH_{13} 又能与先前形成的钙矾石依下式反应，生成单硫型水化硫铝酸钙（AFm）：

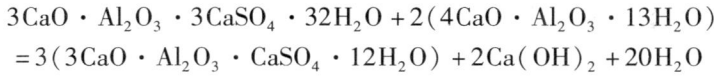

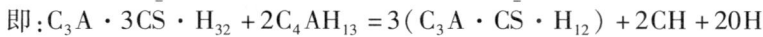

$$3CaO \cdot Al_2O_3 \cdot 3CaSO_4 \cdot 32H_2O + 2(4CaO \cdot Al_2O_3 \cdot 13H_2O)$$
$$= 3(3CaO \cdot Al_2O_3 \cdot CaSO_4 \cdot 12H_2O) + 2Ca(OH)_2 + 20H_2O$$

即：$C_3A \cdot 3C\bar{S} \cdot H_{32} + 2C_4AH_{13} = 3(C_3A \cdot C\bar{S} \cdot H_{12}) + 2CH + 20H$

当石膏掺量极少，在所有的钙矾石都转化成单硫型水化硫铝酸钙后，就可能还有未水化的 C_3A 剩留，在这种情况下，则会依下式形成 $C_4A\bar{S}H_{12}$ 和 C_4AH_{13} 的固溶体：

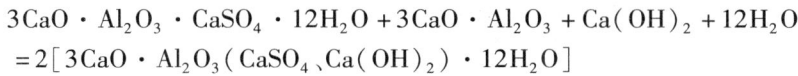

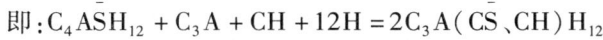

$$3CaO \cdot Al_2O_3 \cdot CaSO_4 \cdot 12H_2O + 3CaO \cdot Al_2O_3 + Ca(OH)_2 + 12H_2O$$
$$= 2[3CaO \cdot Al_2O_3(CaSO_4 、Ca(OH)_2) \cdot 12H_2O]$$

即：$C_4A\bar{S}H_{12} + C_3A + CH + 12H = 2C_3A(C\bar{S}、CH)H_{12}$

上式中，依 $CaSO_4 \cdot 2H_2O$ 与 C_3A 的比值不同，其水化产物也有差别，见表 2-2-5-4。

C_3A 的水化产物

表 2-2-5-4

实际参加反应的 $C\bar{S}H/C_3A$ 摩尔比	水 化 产 物
3.0	钙矾石（AFt）
3.0 ~ 1.0	钙矾石（AFt）+ 单硫型水化硫铝酸钙（AFm）
1.0	单硫型水化硫铝酸钙（AFm）
<1.0	单硫型固溶体[$C_3A(C\bar{S}、CH)H_{12}$]
0	水石榴石（C_3AH_6）

图 2-2-5-8 描述了 $C_3A - CaSO_4 \cdot 2H_2O - H_2O$ 体系的水化放热曲线，第一阶段相应于 C_3A 的溶解和钙矾石的形成；第二阶段由于 C_3A 表面形成钙矾石包覆层变厚，并产生结晶压力，该压力达到一定数值时，则包覆层局部破裂；第三阶段是由于包覆层破裂处促使水化加速，所形成的钙矾石又使破裂处封闭。第四阶段则是由于 $CaSO_4 \cdot 2H_2O$ 消耗完毕，体系中剩余的 C_3A 与已形成的钙矾石继续作用，形成新相 AFm，因而出现第二个高峰，可见在形成钙矾石的第一个放热峰以后较长时间，才出现形成单硫型硫铝酸钙、水化重新加速的第二放热峰，也足以说明由于石膏的存在，水化延缓。所以，石膏的参量是决定 C_3A 水化速率、水化产物的类别及其数量的主要因素。但石膏的溶解速率也很重要，如果石膏不能及时向溶液中供应足够的硫酸根离子，就有可能在形成钙矾石之前，先生成单硫型水化硫铝酸钙。所以，硬石膏、半水石膏等不同类型的石膏，对于 C_3A 水化过程的影响，就与通常所用的二水石膏有着明显的差别。

按照一般硅酸盐水泥的石膏掺量，其最终的铝酸盐水化物常为钙矾石与单硫型水化硫铝酸钙。同时在常用水灰比的水泥浆体中，离子的迁移受到一定程度的限制，较难充分地进行上述各种反应，因此钙矾石与其他几种水化铝酸盐产物在局部区域同时并存，也都是很有可能的。

四、铁相固溶体水化

水泥熟料矿物中最有代表性的铁相固溶体是 C_4AF，有时铁相也以 F_{SS} 表示，C_4AF 的水化

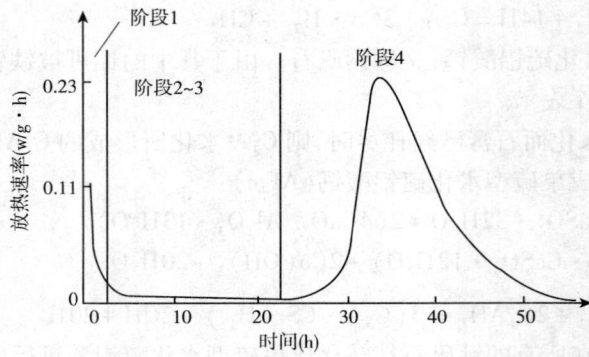

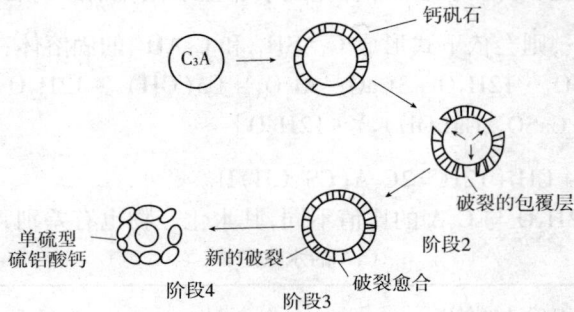

图 2-2-5-8 有石膏存在时 C_3A 的水化

速率比 C_3A 略慢,水化热较低。

　　铁铝酸钙的水化反应及其产物与 C_3A 极为相似。氧化铁基本上起着与氧化铝相同的作用,也就是在水化产物中铁置换部分铝,形成水化铝酸钙和水化硫铁酸钙的固溶体,或者水化铝酸钙和水化铁酸钙的固溶体。

　　当没有石膏时,其水化反应如下:

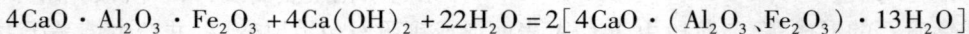

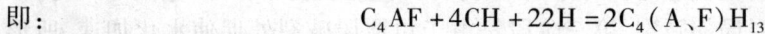

$$4CaO \cdot Al_2O_3 \cdot Fe_2O_3 + 4Ca(OH)_2 + 22H_2O = 2[4CaO \cdot (Al_2O_3 、 Fe_2O_3) \cdot 13H_2O]$$

即:

$$C_4AF + 4CH + 22H = 2C_4(A 、 F)H_{13}$$

　　当有石膏时,其水化反应为:

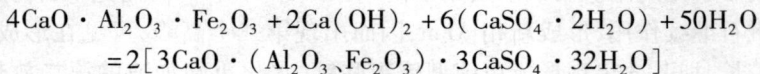

$$4CaO \cdot Al_2O_3 \cdot Fe_2O_3 + 2Ca(OH)_2 + 6(CaSO_4 \cdot 2H_2O) + 50H_2O$$
$$= 2[3CaO \cdot (Al_2O_3 、 Fe_2O_3) \cdot 3CaSO_4 \cdot 32H_2O]$$

即:

$$C_4AF + 2CH + 6C\bar{S}H_2 + 50H = 2C_3(A 、 F) \cdot 3C\bar{S} \cdot H_{32}$$

　　当石膏耗尽时,尚未水化的 C_4AF 还会发生下面的反应:

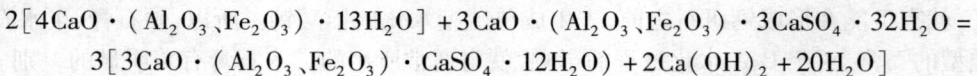

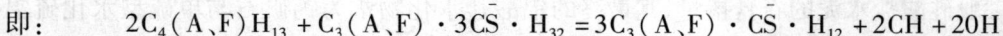

$$2[4CaO \cdot (Al_2O_3 、 Fe_2O_3) \cdot 13H_2O] + 3CaO \cdot (Al_2O_3 、 Fe_2O_3) \cdot 3CaSO_4 \cdot 32H_2O =$$
$$3[3CaO \cdot (Al_2O_3 、 Fe_2O_3) \cdot CaSO_4 \cdot 12H_2O] + 2Ca(OH)_2 + 20H_2O]$$

即:

$$2C_4(A 、 F)H_{13} + C_3(A 、 F) \cdot 3C\bar{S} \cdot H_{32} = 3C_3(A 、 F) \cdot C\bar{S} \cdot H_{12} + 2CH + 20H$$

　　上述反应式中,在没有石膏的条件下,C_4AF 与氢氧化钙及水反应生成部分铝被铁置换过的 C_4AH_{13},即 $C_4(A 、 F)H_{13}$,也呈六方片状,在低温下比较稳定;但到20℃左右,即要转化成 $C_3(A 、 F)H_6$。但这个转化过程比 C_3A 水化时的晶型转变要慢,可能是由于 C_3A 水化热大,易使浆体温度升高的缘故。与 C_3A 相似,氢氧化钙的存在也会延缓其向立方晶型 $C_3(A 、 F)H_6$ 的转化。当温度较高($>50℃$)时,C_4AF 会直接形成 $C_3(A 、 F)H_6$。尼格(A. Negro)等人在对 C_2F—C_6A_2F 范围内一系列固溶体的研究中,发现固溶体的水化活性随 A/F 比的增加而提高;

56

反之,若 Fe_2O_3 含量增加,则水化速率就降低。但是亦有不同的结果,即认为 C_6AF_2 的水化速率大于其他含铁相。至于掺有石膏时的反应也与 C_3A 大致相同。当石膏充分,形成铁置换过的钙矾石型固溶体;而石膏量不足时,则形成单硫型固溶体,并且同样有两种晶型的转化过程。

§2-5-2　硅酸盐水泥水化

一、水化

在上面一节中,我们分别讨论了硅酸盐水泥熟料单矿物的水化过程。但如前所述,水泥颗粒是一种多矿物的聚集体,与水拌和后,立即发生化学反应,水泥粒子发生溶解,使纯水立即变为含有多种离子的溶液,水泥浆溶液中的主要离子有:

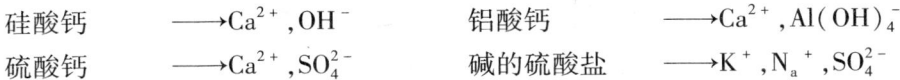

硅酸钙 $\longrightarrow Ca^{2+}, OH^-$　　　铝酸钙 $\longrightarrow Ca^{2+}, Al(OH)_4^-$

硫酸钙 $\longrightarrow Ca^{2+}, SO_4^{2-}$　　　碱的硫酸盐 $\longrightarrow K^+, Na^+, SO_4^{2-}$

由于 C_3S 迅速溶出 $Ca(OH)_2$,所掺的石膏也很快溶解于水,特别是水泥粉磨时部分二水石膏可能脱水成半水石膏或可溶性硬石膏,其溶解速率更大。熟料中所含的碱溶解也快,甚至 70% ~ 80% 的 K_2SO_4 可在几分钟内溶出。因此,水泥的水化作用在开始时,基本上是在含碱的氢氧化钙、硫酸钙的饱和溶液中进行的。

高浓度的钙离子和硫酸盐离子在溶液中保持的时间长短,取决于水泥的组成。藤井钦二郎等人曾确定,高度过饱和的氢氧化钙溶液的过饱和度在起始的 10min 内达到极大值后,又急剧地降低。此后,溶液变为饱和的或者只是弱过饱和的。但也有数据表明,氢氧化钙的高度过饱和能保持到 4h 或者 1 ~ 3d 之久。水泥中含碱越多,碱开始溶解得越快,氢氧化钙的过饱和度降低也越快(图 2-2-5-9)。孔隙溶液中硫酸盐离子的浓度在达到极大值后,就开始降低,也类似于钙离子浓度的变化。这主要是由于铝酸钙消耗硫酸盐形成了钙矾石或单硫型水化硫铝酸盐的缘故。从而使孔隙中溶液的硫酸盐浓度不断下降,逐渐变成基本上是氢氧化钙、氢氧化钾和氢氧化钠的溶液。但在钾、钠存在的条件下,钙的溶解度变小,加快了氢氧化钙的结晶,更会使液相最后成为以 K^+、Na^+ 和 OH^- 离子为主的溶液。由此可见,孔隙液相的组成依赖于水泥中各种组成的溶解度,但液相组成必然又反过来会深刻影响到各熟料矿物的水化速率,所以在水化过程中,固、液两相在这方面也是处于随时间而变的动态平衡之中。

硅酸盐水泥的水化放热曲线与 C_3S 的基本相同,图 2-2-5-10 中出现了三个放热峰。第一个峰一般认为是由于 AFt 的形成,第二个峰则是由于 C_3S 水化形成 C - S - H 和 CH 相,第三个峰是由于石膏消耗完后,AFt 向 AF_m 相的转化。

图 2-2-5-11a)、2-2-5-11b)是加拿大的 V. S. Ramachandran 对硅酸盐水泥进行的差热分析图。图中未水化水泥在 140℃ 和 170℃ 的双峰是石膏的脱水,接近 500℃ 的宽而浅的小峰是暴露在空气中时生成的少量 $Ca(OH)_2$;5min 后,130℃ 时出现一个新的尖锐的峰,是高硫型水化硫铝酸钙的脱水,石膏的双峰仍存在;随龄期增长,130℃ 峰增大,石膏双峰减小,直到 24h 则消失;4h 时在 500℃ 以上出现新的小峰,说明结晶态 $Ca(OH)_2$ 形成。500℃ 左右的双峰可能是游离石灰颗粒表面吸附水造成第一个小峰,而结晶形成造成大的吸热峰。24h 时 $Ca(OH)_2$ 明显增加,低温的石膏峰消失,AFt 相峰旁边出现一个可见的峰,7d 时这个峰长大了。由图可见,不加石膏时的 DTA 表明,所出现的这个峰是 C - S - H 峰。这个峰和干燥方式有关。低压真空干燥

时,这个峰可消除。图2-2-5-11c)中7d时所出现的200℃的新峰可能是 AFm 相或 C_4AH_{13} 和 AFm 的固溶体。7d 曲线上从 200℃ 到 500℃ 的倾斜可能是由于浆体中某些水的逐渐脱除造成的。由于试样的碳化,在靠近800℃时出现 $CaCO_3$ 分解峰,并随龄期而增大。图 2-2-5-11d)为加入不同量石膏的水泥,可见当石膏加入4%时,除 AFt 峰外,还有多余石膏造成的双峰。

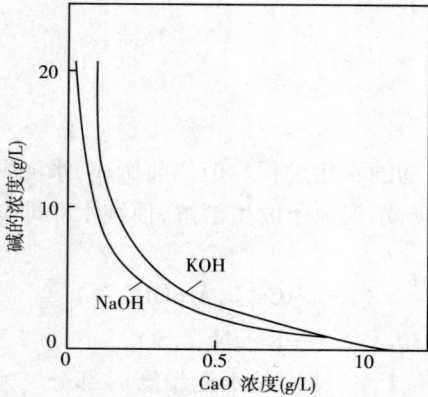

图 2-2-5-9　CaO 的溶解度与钾、钠浓度的关系(20℃)

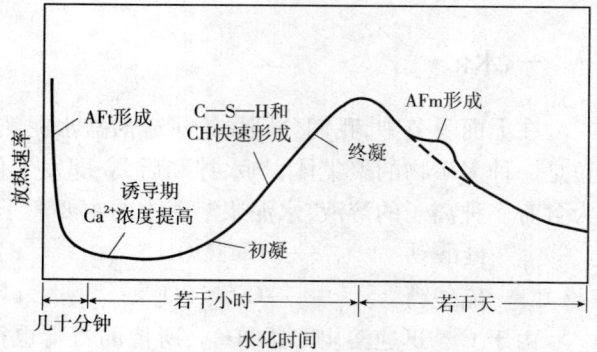

图 2-2-5-10　硅酸盐水泥的水化放热曲线

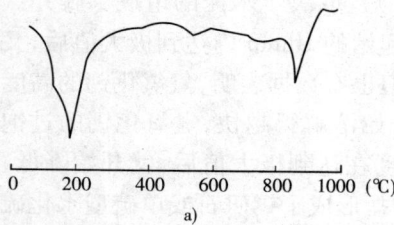

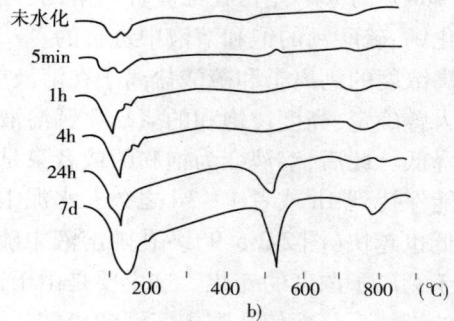

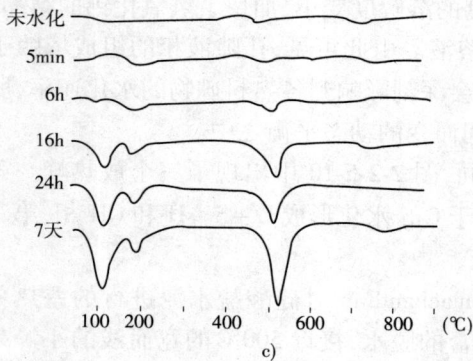

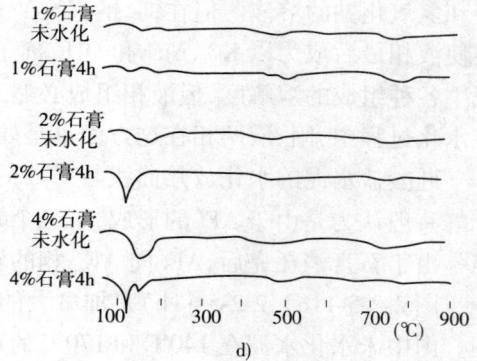

图 2-2-5-11
a)水化硅酸盐水泥 DTA;b)不同龄期水化水泥 DTA;c)不加石膏的熟料不同龄期水化 DTA;d)加入不同量石膏的水泥水化 DTA

　　硅酸盐水泥的水化可概括如图 2-2-5-12 所示。水泥与水拌和后,C_3A 立即发生反应,C_3S 和 C_4AF 水化也较快,而 C_2S 则较慢。在电镜下观测,几分钟后可见在水泥颗粒表面生成钙矾石针状晶体、无定形的水化硅酸钙以及 $Ca(OH)_2$ 或水化铝酸钙等六方板状晶体。由于钙矾石的不断生成,使液相中 SO_4^{2-} 离子逐渐减少并在耗尽之后,就会有单硫型水化硫铝(铁)酸钙出现。如石膏不足,还有 C_3A 或 C_4AF 剩留,则会生成单硫型水化物和 $C_4(A、F)H_{13}$ 的固溶体,甚至单独的 $C_4(A、F)H_{13}$ 而后者再逐渐转变成稳定的等轴晶体 $C_3(A、F)H_6$。水泥中几种熟料矿物的抗压强度发展见表 2-2-5-5。

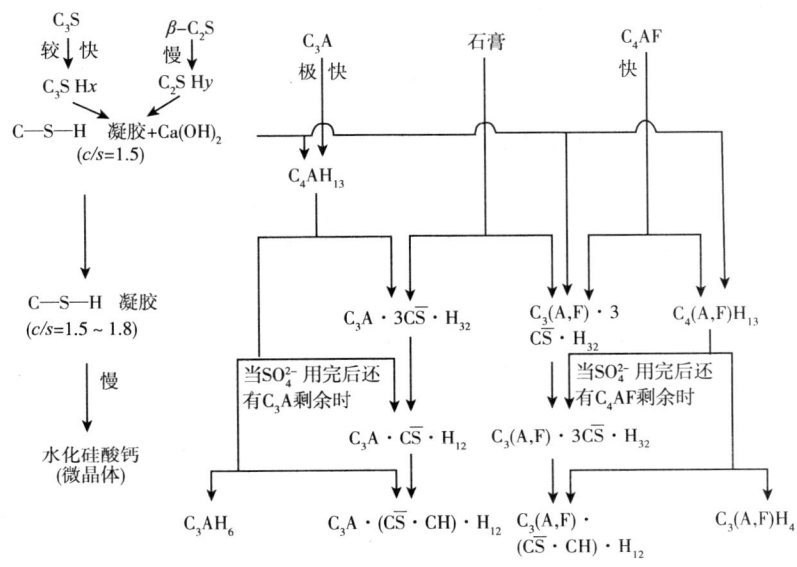

图 2-2-5-12　硅酸盐水泥的水化过程

各种水泥熟料矿物的抗压强度　　　　表 2-2-5-5

矿物名称	石膏掺量(%)	拌和水量(%)	实际耗水(%)	抗 压 强 度 (1bf/in²)							
				1d	3d	7d	28d	3 月	6 月	1 年	2 年
C_3S	0	35	50	1450	2800	5960	7100	7100	9690	10300	11300
	5	35	50	1770	2780	5830	6760	6330	8700	9800	11300
$β-C_2S$	0	30	50	0	60	140	910	5160	7560	10250	14350
	5	30	50	0	90	220	1200	3900	7700	9800	12600
C_3A	0	60	60	30	170	250	600	670	890	1090	800
	15	60	60	600	900	1000	1580	1280	1770	1320	1320
C_2F	0	30	50	0	0	0	0	0	0	0	0
	5	30	50	0	0	0	0	0	0	0	0
C_4AF	0	50	50	0	300	290	360	380	580	650	720
	15	50	50	20	390	440	720	1110	1330	1420	1500

注:1bf/in² = 6.89476kPa。

硅酸盐水泥的水化不同于熟料单矿物水化的另一个特点是不同矿物彼此之间对水化程度也有影响。例如,由于 C_3S 较快水化,迅速提高液相中的 Ca^{2+} 离子浓度,促使 $Ca(OH)_2$ 结晶,从而能使 $β—C_3S$ 的水化有所加速。又如 C_3A 和 C_4AF 都要与硫酸根离子结合,但

C_3A 反应速度快,较多的石膏由其消耗后,就使 C_4AF 不能按计量要求形成足够的硫铝(铁)酸钙,有可能使水化较少受到延缓。还要提出的是,碱的存在,也要影响到水泥特别是 C_3A 的初期水化反应。斯坦因等指出,Na_2O 浓度低时,C_3A 初期水化的放热量随 Na_2O 含量的增加而降低;但当浓度达 $0.44mol$ 以上,放热量则反而提高,水化加速。前一种效应是由于在 $NaOH$ 溶液中 Ca^{2+} 离子的溶解度降低,而后者则是因为 OH^- 浓度高时 C_3A 中 $Al-O$ 键被破坏的缘故。

另外,C_3A 的存在对硅酸钙的水化也产生影响,表 2-2-5-6 列有不同 C_3S/C_3A 比值的浆体在不同龄期的强度值,由表中可看出:少量的 C_3A 对 C_3S 的水化和强度发展起着有利的作用,但当 C_3A 超过一定量时,则浆体强度反而下降。

不同 C_3S/C_3A 比值对浆体强度的影响　　　　　　　　表 2-2-5-6

$\dfrac{C_3S}{C_3A}$的比值	强度 $\dfrac{强度值(MPa)}{相当于28d的强度(\%)}$				
	3d	7d	28d	3个月	6个月
100/0	24.7/57	31.8/74	43.0/100	58.8/137	59.0/137
95/5	27.1/47	39.2/68	57.0/100	58.8/103	62.7/110
90/10	34.0/68	41.8/83	50.1/100	58.8/117	64.3/28
85/15	34.4/56	48.4/80	61.0/100	52.7/86	49.4/97
75/25	29.4/61	39.8/82	48.3/100	41.3/86	53.0/110
0/100	7.7/107	8.3/115	7.2/100	9.6/133	6.6/92

另外,应用一般的方程式,实际上很难真实地表示水泥的水化过程。随着水化作用的继续进展,水泥颗粒周围的 $C-S-H$ 凝胶层不断增厚,水在 $C-S-H$ 层内的扩散速度逐渐成为决定性的因素。在这样的条件下,各熟料矿物就不能按其固有特性进行水化。所以,个别的水化程度虽在早期相差很大,但到后期就比较接近。同时,浆体中的实际拌和用水量通常不多,并在水化过程中不断减少,水化是在浓度不断变化的情况下进行的。而且,熟料矿物的水化放热又使水化体系的温度并非恒定。因此,水化过程与在溶液或熔体中的一般化学反应有所不同,特别是离子的迁移较为困难,根本不可能在极短的时间内就能反应完成。而是从表面开始,然后在浓度和温度不断变化的条件下,通过扩散作用,缓慢地向中心深入。更重要的是,即使在充分硬化的浆体中,也并不处于平衡状态。在熟料颗粒的中心,至少是大颗粒的中心,水化作用往往已经暂时停止。以后当温、湿度条件适当时,浆体从外界补充水分,或者在浆体内部进行水分的重新分配后,才能使水化作用得以极慢的速度继续进行。所以,绝不能将水化过程作为一般的化学反应对待,对其长期处于不平衡的情况以及和周围环境条件的关系,也须充分注意。

二、水化产物

硅酸盐水泥和水的反应可以进行多年,生成紧密、相互交结的体系而后硬化并产生强度。硅酸盐水泥的水化产物随时间发展、随环境变化,因此,它是一种处在不断变化中的材料。由于水泥是一个多矿物聚集体,水化时,在同一体系中同时发生几个反应,它们彼此之间不仅相互影响和干扰,而且经常相互结合而生成不纯产物。

通过上述章节对水泥水化的讨论可知,硅酸盐水泥水化后主要水化产物见表 2-2-5-7 所示。

硅酸盐水泥的主要水化产物

表 2-2-5-7

水化产物名称	化 学 组 成	常 用 缩 写	所占比例
水化硅酸钙	$xCaO \cdot SiO_2 \cdot yH_2O$	$C-S-H$	70%
氢氧化钙	$Ca(OH)_2$	CH	20%
三硫型水化硫铝酸钙（钙钒石）	$3CaO \cdot Al_2O_3 \cdot 3CaSO_4 \cdot 32H_2O$	$C_3A_3C\bar{S}H_{32}$（或 AFt）	7%
单硫型水化硫铝酸钙（单硫盐）	$3CaO \cdot Al_2O_3 \cdot CaSO_4 \cdot 12H_2O$	$C_3AC\bar{S}H_{12}$（或 AFm）	
三硫型水化硫铁铝酸钙	$3CaO[Al_2O_3 \cdot Fe_2O_3] \cdot 3CaSO_4 \cdot 32H_2O$	$C_3(A、F)3C\bar{S}H_{32}$	
单硫型水化硫铁铝酸钙	$3CaO[Al_2O_3 \cdot Fe_2O_3] \cdot CaSO_4 \cdot 12H_2O$	$C_3(A、F)C\bar{S}H_{12}$	

1. 水化硅酸钙

它是属于结晶不良相。如前所述，$C-S-H$是近于无定形的胶体状物，假定它是球形的话，这些粒子直径可能小于100×10^{-10}m。用水吸附方法测定的比表面积是$300 \sim 400m^3/g$，一般相当于未水化C_3S面积的1000倍。$C-S-H$是一个非常细的粒子的集聚。这些粒子可以进一步用不同相对温度下试样吸附水量的测定来表征。$C-S-H$的比表面积测定值不仅受干燥方法的影响，更重要的是取决于用氮或是用水作为吸附气体，前者得出$10 \sim 100m^2/g$的低值，而后者得出$200 \sim 400m^2/g$的高值。小角度X衍射给出的值是$700m^2/g$。Power-Brunauer 和 Feldman-Sereda 都曾研究过这个巨大的差别的原因：

（1）有大量细"凝胶"孔隙，由于这些孔隙呈

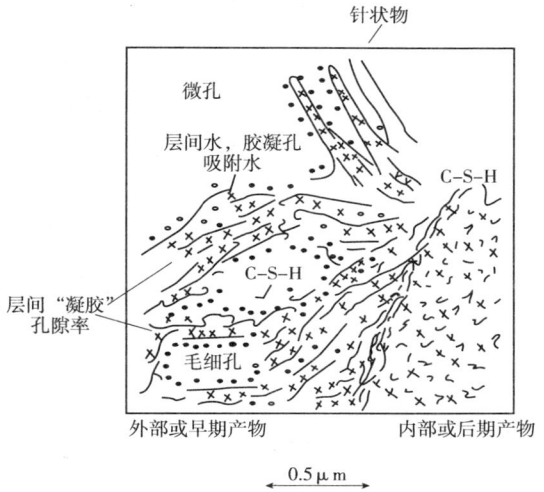

图 2-2-5-13　$C-S-H$ 的示意图

小瓶颈或"墨水瓶"入口，较大的氮分子是进不去的；（2）当水吸附在表面时，它和凝胶表面发生反应，因而给自己制造其空间。图 2-2-5-13 描绘了 $C-S-H$ 模型的特征，图中，水化硅酸钙薄片会集成相互连接的排列，并构成了各种类型的孔隙。这些模型认为 $C-S-H$ 本质上是由弱的范德华力结合起来，而另一些人则认为离子键和共价键是强度的来源，关于 $C-S-H$ 的结构将在后面的章节讨论。

2. 氢氧化钙

氢氧化钙的原子结构是六方的。经

图 2-2-5-14　$Ca(OH)_2$ 的扫描电子显微镜图

常是结晶良好的，其形态通常容易鉴别。但也可以无定形态存在，其形态有时难以辨认。图 2-2-5-14 是氢氧化钙扫描电子显微镜图。

3. 钙矾石 AFt

钙矾石最经常被观察到;而且容易识别,它经常是表面完好的针状物,尺寸和尺寸比(长径比)可以有些不同,但针状物都是直的且通常不逐渐变细,在透射电子显微镜中可观察到,它们可以是实心的也可以是空心的。实心的针状物的表面比空心的针状物更光滑。一些具有钙矾石组成的产物可能是无定形的,因而可能不是 AFt。

4. 单硫盐 AFm

单硫盐具有六方层状结构,看起来常常象小片状体,有时这个矿物很难与氢氧化钙区别开来。

5. 其他水化物

C_3AH_6 是最常见的水化铝酸钙,它是立方相晶体,理论上最稳定。尤其是硅酸盐水泥在高温下水化时更为常见。另外,由于 C_4AH_{13}、C_2AH_8 和单硫盐相同,都具有相似的结晶形态,故有时很难区分。

硅酸盐水化产物概要见表2-2-5-8所示。

硅酸盐水泥水化产物概要 表 2-2-5-8

水化产物	比　　重	结晶度	在浆体中的形貌	浆体中典型晶体的尺度	分析方法
C－S－H	$2.3 \sim 2.6$[①]	很差	薄片状:形态未加分析	$1 \times 0.1 \mu m$(厚度小于 $0.01 \mu m$)	SEM
CH	2.24	很好	无孔条纹状的材料	$(0.01 \sim 0.1 mm)$	OM,SEM[②]
钙矾石	~ 1.75	好	细长棱柱形针形晶体	$10 \times 0.5 \mu m$	OM,SEM[②]
单硫铝酸盐	1.95	尚好	六角薄板状;不规则的"玫瑰花形"	$1 \times 1 \times 0.1 \mu m$	SEM

①取决于含水量;②OM 光学显微镜;SEM 扫描电子显微镜。

§2-5-3　水　化　速　率

硅酸盐水泥的水化速率是决定水泥性能的一个重要指标。熟料矿物或水泥的水化速率常以单位时间内的水化程度或水化深度表示。水化程度是指在一定时间内发生水化作用的量和完全水化量的比值。而水化深度是指已水化层的厚度。

测定水化速率的方法有直接法和间接法两种。直接法有岩相分析、X 射线分析和热分析等,这些方法可定量地测定水泥未水化的数量以及相应的水化部分的数量;间接法包括测定水化热、结合水以及 $Ca(OH)_2$ 生成量等方法。

一、矿物熟料的水化速率

用结合水量的方法测定熟料水化速率较为简单。IO. M. 布特曾用测定结合水的方法,对不同单矿物的水化速率进行过测定,见表2-2-5-9所示。根据表2-2-5-9中的结合水量可按下式计算出不同龄期的水化程度:

$$\alpha = \frac{x_1}{x_2} \times 100$$

式中:α——水化程度;

x_1——各龄期结合水量；

x_2——完全水化后结合水量。

计算结果见表2-2-5-10所示。

不同熟料矿物在不同龄期的结合水量（%）　　　　　表2-2-5-9

矿物	水化时间					完全水化	矿物	水化时间					完全水化
	3d	7d	28d	3月	6月			3d	7d	28d	3月	6月	
C_3S	4.88	6.15	9.20	12.49	12.89	13.40	C_3A	20.15	19.90	20.57	22.30	22.79	24.39
C_2S	0.12	1.05	1.12	2.87	2.91	8.85	C_4AF	14.40	14.71	15.24	18.45	18.94	20.72

熟料矿物在不同龄期的水化程度（%）　　　　　表2-2-5-10

矿物	水化时间					完全水化	矿物	水化时间					完全水化
	3d	7d	28d	3月	6月			3d	7d	28d	3月	6月	
C_3S	36	46	69	93	96	100	C_3A	8	82	84	91	93	100
C_2S	1	11	11	29	30	100	C_4AF	70	71	74	89	91	100

由表中数据可知：龄期达28天时，铝酸三钙水化最快，硅酸三钙和铁铝酸四钙次之，而硅酸二钙最慢。关于C_4AF的水化速率还有不同的看法，各方面的实验结果也有较大差异，有的认为C_4AF即使水化很快，但并不一定就有良好的胶凝性。有些研究则表明：各种组成的铁相固溶体，其水化作用都属于缓慢或特别缓慢的矿物。但表中数据表明：C_4AF的水化速率不低，在28d以前其水化速率仅次于C_3A，而大于C_3S，而我国有关结果也证实C_4AF的早期水化速率很快，但到后期可能是由于生成$Fe(OH)_3$凝胶而阻止了进一步水化。

表2-2-5-10所列水化程度也可以按下式转化为水化深度（表2-2-5-11）：

$$h = \frac{d_m - l}{2} \qquad (2\text{-}2\text{-}5\text{-}4)$$

式中：h——水泥水化深度，μm；

d_m——水化前粒子的平均直径，μm；

l——未水化粒子的平均直径，μm，$l = \sqrt[3]{d_m^3(1-\alpha)}$；

α——水化程度。

不同矿物在不同龄期的水化深度（μm）　　　　　表2-2-5-11

矿物	水化时间					矿物	水化时间				
	3d	7d	28d	3月	6月		3d	7d	28d	3月	6月
C_3S	3.5	4.7	7.9	14.5	15.0	C_3A	10.7	10.4	11.2	13.5	14.5
C_2S	0.6	0.9	1.0	2.6	2.7	C_4AF	7.7	8.0	8.4	12.2	13.5

由表中资料可知：对直径为$30\mu m$的C_3S、C_3A、C_4AF而言，经过6个月基本上都已接近全部水化；而C_2S若直径也是$30\mu m$，则水化6个月后，其水化深度只有$2.7\mu m$，表明大部分尚未水化。

图2-2-5-15是按X射线分析所测得的硅酸盐水泥中各熟料矿物在不同时间的水化程度曲线。由图可知：水化24h后，大约有65%的C_3A已经水化，而贝利特只不过18%左右，相差极大。但到90d时，四种矿物的水化程度已趋于接近。

熟料矿物水化速率之所以各不相同，主要是因为它们各自的晶体结构不同。例如 C_3S 和 $\beta - C_2S$ 虽都由于钙离子的不规则配位而具有活性，但 C_3S 结构中存在着大尺寸"空穴"，使得 C_3S 水化速度增大，而 C_2S 晶格内不具有"空穴"，结构较稳定，因而其活性最差。C_3A 晶体结构中，钙离子配位不规则，而周围离子排列极不规则，距离不等，也造成很大"空穴"，水分易进入，使 C_3A 具有很强的水化能力。另外，水化

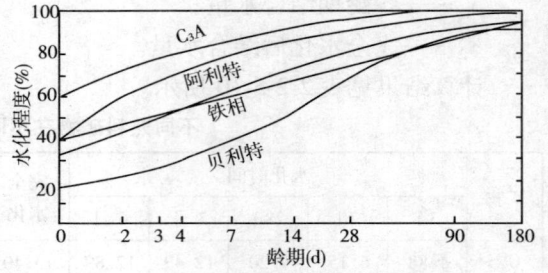

图 2-2-5-15　硅酸盐熟料矿物的水化程度

产物的结构反过来也会影响到水化速率。例如 $C-S-H$ 一般成凝胶状，将未水化部分包住，会阻碍水化作用的继续进行。而水化铝酸钙通常则成晶体析出，上述影响较少。C_3S 水化速度慢于 C_3A，除晶体结构的原因之外，水化产物状态也是一个重要因素。

另外，硅酸盐水泥水化时，水化速度受水泥的各种组成及溶解度的影响，由于其液相中离子组成不同，因而其水化速率也不同于熟料矿物单独水化。日本山口悟郎等人用 X 射线分析法对不同水泥熟料单矿物的水化程度以及水泥熟料水化时，水泥中各矿物的水化速度进行了测试研究，结果见图 2-2-5-16 所示。

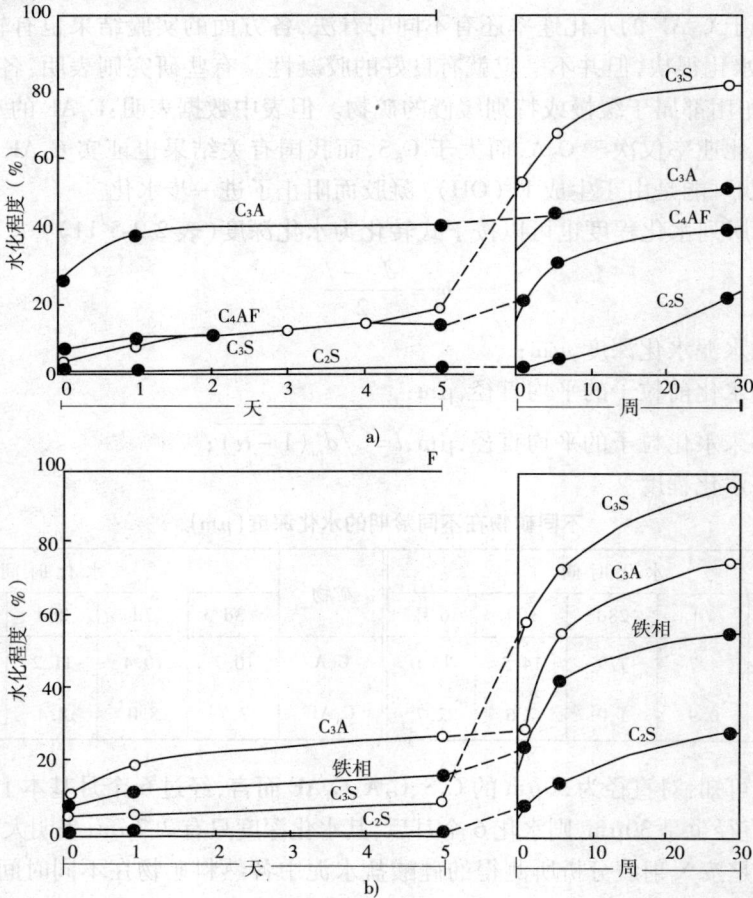

图 2-2-5-16　水泥熟料矿物水化程度
a) 单独水化；b) 在水泥中水化

应该指出,不同的测定方法,求得的水化程度的结果也不完全相同。同一种方法,由于试件处理方法不同,所得结果也有差别。就测定结合水而言,因为水泥石中水的存在形态很复杂,所以干燥方法不同也将影响测定结果。用不同方法测定的熟料单矿物 28 天水化程度(%)见表 2-2-5-12。

熟料矿物在不同龄期的水化程度(%)　　　　　　　　　　　　　　　　表 2-2-5-12

	测定方法	C_3S	C_2S	C_3A	C_4AF
安德桑—右伯尔	光学法测定水化深度	75～82	21～32	95～100	—
鲍格—勒奇	测定 f—CaO 及结合水	75～82	28	91	93
涅克拉索夫	测定减缩量再计算	70～87	18～22	98	81
山口悟郎	X 射线衍射	75～82	18～20	50	42

二、温度对水化速率的影响

水泥的水化反应过程,也遵循一般的化学反应规律,即温度升高,水化加速。

姆契特洛夫—佩特地罗相(Мчедлов-Детросян)、森(Sen. A)和乌舍罗夫—马尔沙克(Ушеров-маршак)等人研究了 C_3S 在 20～70℃下水化热,见图 2-2-5-17 所示。

图中可以看出:在最初 5～6min 的放热强度约等于 6.3J/(g·h),几乎与养护温度无关。养护温度越高,最高放热量出现得越早,此时总的放热量约达 42J/g 左右,它总与反应进程中的同一个阶段相对应,从而证实了在任何温度时,这个过程始终是不变的。

温度对不同熟料矿物水化程度的影响见表 2-2-5-13 所示。由表中数据可以看出:提高温度对 C_2S 的水化反应影响最大,而对 C_3A、C_4AF 影响最小。对 C_3S 来说,温度的影响主要表现在水化的早期阶段,对水化后期影响不大。温度对水泥水化速度的影响也反映了 C_3S 的相似情况(图 2-2-5-18)。

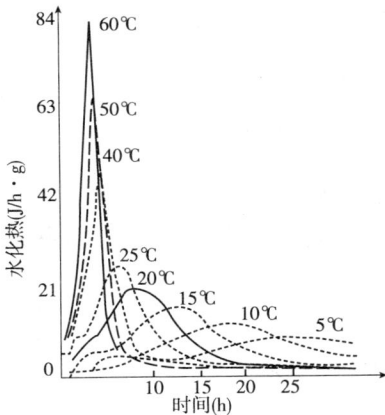

图 2-2-5-17　不同温度时 C_3S 水化

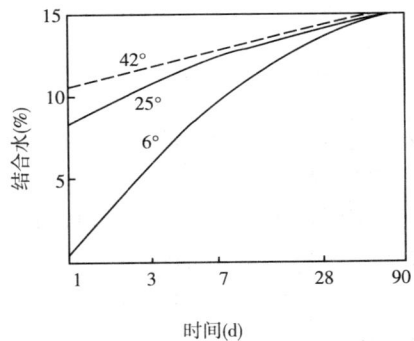

图 2-2-5-18　温度对水化速率的影响

在低温条件下,硅酸盐水泥及其组成矿物的水化机理与常温相比并无明显差别。硅酸盐水泥及其矿物在 -5℃时仍能水化,但在 -10℃时水化反应基本停止。低温时反应受影响最大的是 β—C_2S。低温环境似乎并不明显地改变硅酸盐水泥水化的根本机理,而且水化产物一般也和常温水化的产物相同。

当 C_3S 和 β—C_2S 浆体在 $100℃$ 以下较高温度水化时,诱导期后水化极为迅速,但后期的水化速度反而减小,这可能是过快密实的 $C-S-H$ 凝胶在 C_3S 四周形成包裹层的缘故。这时,硅酸盐水泥、C_3S 或 β—C_2S 浆体的水化产物与常温生成的水化产物没有区别,而水化产物的形态和显微结构有所不同。据文献报导,从常温到 $90℃$ 的温度范围内水化机理没有变化,但发现 $65℃$,$C-S-H$ 凝胶中生成的多聚硅酸盐水化物比 $25℃$ 生成的多。在高温条件下 β—C_2S 的水化相对于 C_3S 来说是更为加快了,这可能是因为这种条件下氧化硅溶解度增高而氢氧化钙溶解度降低的缘故。

温度对水化程度的影响（%）　　　　　　　　　　　　　　表 2-2-5-13

矿物	温度(℃)	水化时间						矿物	温度(℃)	水化时间					
		1d	3d	7d	1月	3月	6月			1d	3d	7d	1月	3月	6月
C_3S	20	—	36	46	69	93	94	C_3A	20	—	83	82	84	91	93
	50	47	53	61	80	89			50	75	83	86	89		
	90	90							90	84		92			
C_2S	20	—	7	10	—	29	30	C_4AF	20		70	71	74	89	91
	50	20	25	31	55	86	92		50	92	94				
	90	22	41	57	87										

钙矾石在 $100\sim110℃$ 温度下才能稳定存在,而当温度较高时,将会分解成单硫型水化硫铝酸钙和半水石膏。单硫相本身在约 $190℃$ 以下是稳定的。

波特兰水泥在高温和高压的压蒸或地热条件下水化时,将生成不同的产物,通常在这些条件下观察不到水化铝酸盐和水化铁铝酸盐相,故可认为 Al^{3+}、Fe^{3+} 和 SO_4^{2-} 均掺杂进水化硅酸钙相。这时生成的水化硅酸钙较复杂,有 X 射线检测不出来的无定形相,直至结晶度很高的相。由于产物结晶度差别很大,分离又很困难,故对水化硅酸钙的成分和结构以及水泥经压蒸后生成的产物尚有待进一步研究。

三、细度和水灰比对水化速率的影响

按照化学反应动力学的一般原理,在其他条件相同的情况下,反应物参与反应的表面积越大,其反应速率越快。提高水泥的细度,增加表面积,可以使诱导期缩短,第二个放热峰提高。而较粗的颗粒则相反,各阶段的反应都较慢。

近腾连一对不同分散度水泥的早期强度进行了实验,结果表明:水泥的水化反应与一般化学反应规律大体是一致的。用微热量计测定了水泥早期水化过程的放热速度,结果见图 2-2-5-19 所示。

图中结果表明:不同分散度的水泥,其放热峰的数值及出现的时间均不同。分散度愈大,水泥放热峰的数值愈大,达到最大值的时间最早,

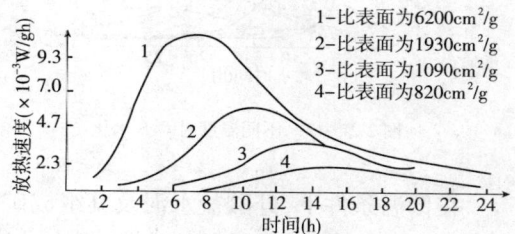

1—比表面为 6200cm²/g
2—比表面为 1930cm²/g
3—比表面为 1090cm²/g
4—比表面为 820cm²/g

图 2-2-5-19　不同分散度的水泥水化速度

即水泥水化速度也越快。水灰比对水化速度有一定影响。水灰比较大时,溶液中离子的溶解度较大,则水化速度就越大。有资料表明:水灰比如在 0.25 ~ 1.0 间变化,对水泥的早期水化速率并无明显影响。但水灰比过小时,由于水化所需水分的不足以及足够空间容纳水化产物的缘故,会使后期的水化反应延缓。因为所加水量不仅要满足水化反应的需要,而且还要使 C – S – H 凝胶内部的胶孔填满。同时,这部分进入胶孔的水又很难流动,不易再从 C – S – H 脱出使无水矿物进行下一步的水化。所以,为了达到充分水化的目的,拌用水应为化学反应需水量的 1 倍左右。也就是在密闭的容器中水化时,水灰比宜在 0.4 以上。从 C_3S 放热速率的测定结果,也说明水灰比对早期水化速率影响较小,但水灰比偏低时,后期水化速率变小。

四、外加剂对水化速率的影响

采用外加剂可以调节水泥的水化速率。通常有促凝剂、缓凝剂以及快硬剂。

绝大多数无机电解质都有促进水泥水化的作用,只有氟化物和磷酸盐除外,而使用历史最长的则为 $CaCl_2$。主要是可溶性钙盐能使液相提早达到必需的 $Ca(OH)_2$ 过饱和度,从而加快 $Ca(OH)_2$ 的结晶析出。大多数有机外加剂对水泥水化有延缓作用,其中最普遍使用的是各种木质磺酸盐。

关于外加剂的详细描述见后面章节。

五、磁性对水化过程的影响

有人研究过磁性对水化过程的影响。认为磁化水最终将影响水化过程的动力学以及拌和物的和易性。布鲁坦斯和亚库比科娃(Якубиковал)及其同事们提出,力场可以加速 $CaSO_4 \cdot 1/2H_2O$、C_3A 和 C_3S 在水中的悬浮体的水化作用,特别是静电场、磁场的影响更为显著。在一些文献中均提到,采用磁化拌和水能加速水泥混凝土的硬化。

§2-5-4　水泥水化机理

在上面的几节中,我们讨论了水泥的水化及水化速度。本节主要进一步讨论水泥水化反应机理。关于波特兰水泥的水化机理最早是由当时两位化学家提出的,一位是法国的 Le Chatelier,另一位是德国的 Michaelis。前者认为由于未水化水泥混合料溶于水中,然后沉淀出水化物,呈交错生长的晶体,从而引起胶凝作用。后者则认为水化物凝胶的生成和脱水才是产生胶凝作用的原因。尽管当时的理论已被现代观点所取代,但是水泥水化的历程和水化机理仍是人们致力研究的问题。

为了理解硅酸盐水泥水化时究竟发生了些什么反应,就必须没法阐明水泥各组分的水化机理。虽然各主要矿物的水化作用是相互影响的,但近似地可以把硅酸盐水泥的胶凝特性看作是各水化组分单独作用的总和。

一、硅酸钙水化机理

C_3S 是硅酸盐水泥的主要组成,它对水泥的胶凝性质起重要作用。因此,对 C_3S 水化机理的研究有利于人们掌握波特兰水泥总的水化特性。C_3S 的水化机理往往用所生成的水化硅酸钙(C－S－H)的成分和结构来描述。

Diamond 根据电子显微镜对 C－S－H 所观察到的不同形态,将它分成如下几种类型:

Ⅰ型:纤维状颗粒(柱状、棒状、管状、卷曲片状等)。

Ⅱ型:网状结构(交错状或蜂窝状结构)。

Ⅲ型:小而不规则的扁平颗粒。典型尺寸为直径 $0.3\mu m$。特征不明显。

Ⅳ型:内部产物。由于小颗粒或规则孔隙的紧密排布而呈微凹的外形,尺寸为 $0.1\mu m$。

C_3S 与水作用后,首先发生溶解,Ca^{2+} 进入溶液,当溶液中 Ca^{2+} 浓度继续缓慢上升达到饱和状态时,固相 $Ca(OH)_2$ 从溶液中结晶出来,C－S－H 则沉淀在为水所填充的孔隙中,这时各种离子开始迁移到液—固界面,水化产物开始使体系孔隙率减少,体系中的水化过程完全由扩散作用控制。

基于硅酸盐相的水化,人们提出了两种不同的理论来解释硅酸盐水泥的水化特性。即保护层理论和延迟成核理论。

1. 保护层理论

保护层理论提出的几种不同的机理,都是将"潜伏"期归因于保护层的生成。当保护层破裂时,"潜伏"期就终止。

H. N. Stein 等人认为,假设在水化过程中连续生成了三种不同的水化物。第一类水化物($C/S=3.0$)在几分钟内生成,并很快在 C_3S 周围形成了致密的保护层,延缓了 C_3S 继续水化,使放热变慢,Ca^{2+} 进入液相的速率降低,导致诱导期开始。在诱导期,水化物 C/S 降低,第一类水化物向第二类($C/S=0.8\sim1.5$ 呈膜状)水化物转变,这时包覆层的透水性提高,同时液相也变成为对 $Ca(OH)_2$ 的过饱和状态。而加速期的出现是由于 C_3S 粒子表面包覆层的崩裂或重结晶的结果,这时形成的第三类水化物($C/S=1.5\sim2.0$)呈纤维状。

渗透压理论认为:在水泥粒子周围,几分钟内就形成了一种凝胶状的半渗透膜,随着水化不断进行,在半渗透膜内部产生了渗透压,最终导致包封层破裂,标志着"潜伏"期结束。然后通过半透膜内部缺 Ca^{2+} 的溶液和外部的 Ca^{2+} 发生反应,开始生长出管状结构的 C－S－H 纤维。

此外,水吸附理论和凝胶聚合理论也从不同角度解释了水泥水化机理。

2. 延迟成核理论

延缓晶核形成过程理论认为,诱导期是由于 $Ca(OH)_2$ 或 C－S－H 或它们两者同时存在晶体形成过程的延缓。而一旦晶核开始形成,诱导期也就结束。

J. F. 杨(J. F. Young)等人认为,诱导期受溶液中 $Ca(OH)_2$ 晶核的形成与生长所控制。在此阶段 C_3S 缓慢溶解,以生成富有 Ca^{2+} 及 OH^- 离子的溶液,为了克服溶液中硅酸盐离子对 $Ca(OH)_2$ 晶体形成的抑制作用,一直要到在溶液中建立起充分的过饱和度,才能迅速形成稳定的 $Ca(OH)_2$ 晶核。当 $Ca(OH)_2$ 结晶成长时会从溶液中移去 Ca^{2+} 及 OH^- 离子,这样就恢复了 C_3S 水化的加速期。所以在溶液中 Ca^{2+} 达到最高浓度时[它相应于达到 $Ca(OH)_2$ 的最大过饱和度],便是诱导期的终止和加速期的开始。

泰卓斯(Tadros)等也根据他们的研究阐明了 C_3S 水化诱导期的延缓晶核形成过程理论。他们认为,当 C_3S 与水接触后迅速水解,Ca^{2+} 及 SiO_4^{4-} 进入溶液,而液相中的 C/S 比值远比 3 高。这样便使原来的 C_3S 表面变为"缺钙"或"富硅"的表面层,液相中的 Ca^{2+} 就会因为化学吸附作用在富硅的表面上,并使表面呈正电位。由于在带正电的 C_3S 粒子与溶液界面区域存

在高浓度 Ca^{2+},因而降低了 C_3S 的进一步溶解,这样就开始了诱导期。Ca^{2+} 和 OH^- 相继以低速率溶解,由于 $Ca(OH)_2$ 晶体生长受到硅酸盐离子的抑制,使液相对于 $Ca(OH)_2$ 就成为过饱和的,当过饱和度达到某一限度(约 $1.5 \sim 2.0$ 时),$Ca(OH)_2$ 晶核迅速形成,这时溶液中大量析出 Ca^{2+} 离子而加速了 C_3S 的水化,这就标志着诱导期的终了和加速期的开始。

$\beta - C_2S$ 和水反应生成的水化产物与 C_3S 类似。因此,它的水化作用与 C_3S 也有很多类似之处。由于 $\beta - C_2S$ 水化速度慢,故很容易区别各种表面形态现象。$\beta - C_2S$ 的溶解及水化产物的生成两者都是非均匀性的。它在 24h 的表面状态类似于 C_3S 水化 5min 的状态。和 C_3S 水化相比,$\beta - C_2S$ 水化放热速率低得多,因为各种离子释放进入液相的速度很慢,从而缺乏 $Ca(OH)_2$ 高过饱和度,其结果生成了较大的 $Ca(OH)_2$ 晶体。现已发现 $\beta - C_2S$ 在有少量 C_3S 存在时水化要快些,这是因为 C_3S 较快的水化速率形成了较高的 $Ca(OH)_2$ 过饱和度,而这是晶核快速形成和生长所要求的。

用光电子能谱仪研究水灰比为 0.5 的 $\beta - C_2S$ 浆体早期水化,龄期从 4s 到 4d,结果表明 C_2S 颗粒表面在最初几秒钟是缺钙的,其深度约达 $20 \times 10^{-10} m$ 的厚度。C/S 比的这种降低归因于水化物在表面的沉淀。

二、铝酸钙的水化机理

铝酸三钙和铁铝酸四钙固溶体的水化过程在许多方面是相似的,只是后者的水化作用更复杂些。因此我们着重研究 C_3A 的水化机理。

我们知道,C_3A 在纯水中的水化和它在水泥中的水化有很大差别,在水泥中水化时会产生 $Ca(OH)_2$ 并存在少量石膏,它们对 C_3A 的水化速率和形成的产物均有一定影响。

图 2-2-5-20 是用量热法所做的试验结果,它表示不同石膏浓度对 C_3A 水化放热效应的影响曲线。由图中可看出,第一个放热峰相应于 C_3A 水化过程中一开始就形成了三硫型水化硫铝酸钙(钙钒石)。第二个放热峰说明石膏消耗完毕后高硫型水化硫铝酸钙转化为单硫型水化硫铝酸钙。由图中还可看出,石膏浓度影响第二高峰出现的时间,也使峰的幅度发生变化。X 射线分析和化学分析结果表明:在第二个热效应顶峰时,石膏已经全部消耗完毕。

P. 塞利格马(P. Seligmann)等人对含有石膏和 $Ca(OH)_2$ 的 C_3A 硬化体,进行了 X 射线衍射分析研究(图 2-2-5-21)。

图中衍射峰的代表符号:G——石膏;E——高硫型水化硫铝酸钙(钙矾石);M——$(7.6 \sim 9.6) \times 10^{-10} m$ 物质,它相应于不同类型的水化铝酸盐的六方板状水化物;S——低硫型水化硫铝酸钙;A——C_3A。

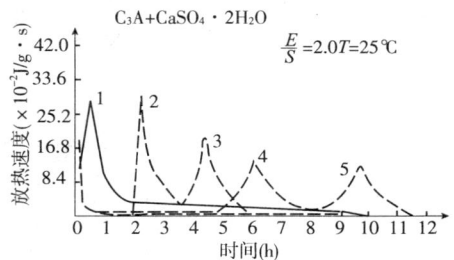

图 2-2-5-20　$C_3A + CaSO_4 \cdot 2H_2O$ 放热曲线
1-$C_3A + 5\% CaSO_4 \cdot 2H_2O$;2-$C_3A + 10\% CaSO_4 \cdot 2H_2O$;3-$C_3A + 15\% CaSO_4 \cdot 2H_2O$;4-$C_3A + 17.5\% CaSO_4 \cdot 2H_2O$;5-$C_3A + 20\% CaSO_4 \cdot 2H_2O$

根据图 2-2-5-21,可以将 C_3A—$CaSO_4$—$Ca(OH)_2$—H_2O 的水化过程分为三个阶段:第一阶段,是以生成高硫型水化硫铝酸三钙为特征,这个阶段是从拌和水开始,到石膏基本上消耗完为止,在所列举的试验中,大体相当于 5h 以前的阶段。这个阶段,X 衍射峰变化的基本特点是:代表石膏的 G 峰减小并消失,代表钙矾石的 E 峰逐渐增强。第二阶段的特点是由于石膏耗尽,C_3A 与高硫型水化硫铝酸钙作用生成低硫型水化硫铝酸钙。

这个阶段大约在 6h 以后完成,其 X 衍射峰变化的基本特点是:代表钙矾石的 E 峰消失,代表低硫型硫铝酸钙的 S 峰以及代表六方板状水化物的 M 峰明显增长。第三阶段发生在高硫型水化硫铝酸钙全部转变为低硫型水化铝酸钙以后,在这个阶段的水化反应主要是 C_3A 继续水化生成水化铝酸四钙以及它与低硫型水化硫铝酸钙形成的固溶体,这一过程一直进行到 C_3A 全部水化。从 X 射线衍射图中还可看出:在 12h 表征水化铝酸四钙的峰在 $8.3°(2\theta)$ 开始出现,到 48h 表征 C_3A 的峰值 A 消失,即 C_3A 全部水化。

德国 U. Ludwig 教授曾研究过 C_3A 的水化机理。认为:当室温和水/固 $= 5$ 时,C_3A 在有 $Ca(OH)_2$ 的情况下水化,在前 4h 内形成 C_3AH_6,而在以后的水化进程中形成 C_4AH_{19}。3 年之后产物还以同样的数量存在。水化 8h 之后就已经没有 C_3A 的痕迹。

根据对 C_3A—$CaSO_4$—$Ca(OH)_2$—H_2O 体系水化动力学研究的结果,H. N. 斯特恩及期切维特(H. E. Schwiete)等人提出了在有石膏和石灰存在时,C_3A 的水化作用机理,其示意模型见图 2-2-5-22 所示。

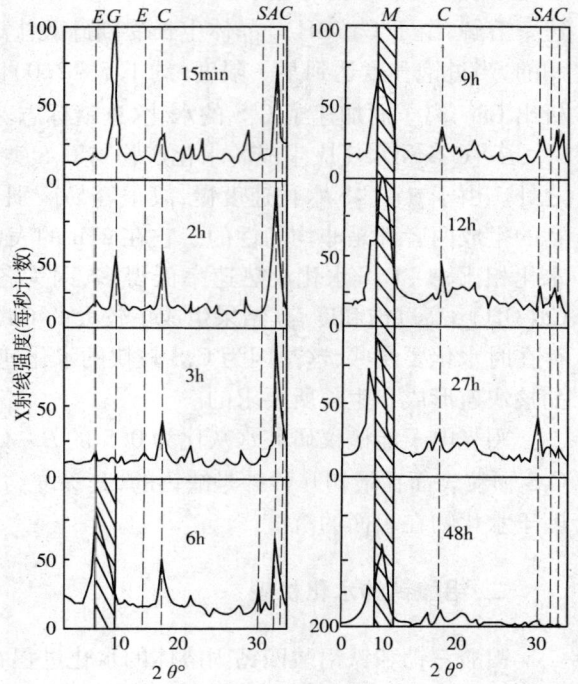

图 2-2-5-21 $C_3A + CaSO_4 + Ca(OH)_2$ 水化过程的 X 射线分析

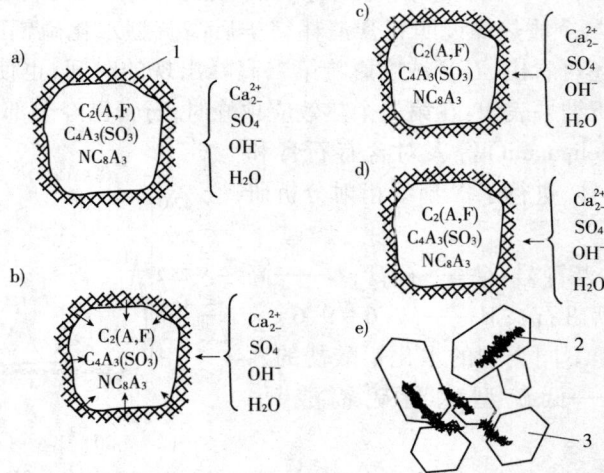

图 2-2-5-22 在有硫酸盐和石灰存在时,熟料的铝酸盐相和铁酸盐相的水化
1-AFt 相薄膜;2-AFt 相;3-AFm 相

图中,a)第一阶段:在颗粒表面迅速形成 AFt 相薄膜;b)第二阶段:在颗粒表面上继续形成新增加数量的 AFt 相,使薄膜变厚,并产生结晶压力;c)第三阶段:在结晶压力作用下,AFt 相薄膜破坏;d)第四阶段:重新形成的 AFt 相填充被破坏的部分;e)第五阶段:SO_3^- 的量不足以形成 AFt 相;当石膏耗完后,C_3A 的进一步水化作用是 C_3A 与 AFt 相互作用形成 AFm 相和

C_4AH_{13}以及二者的固溶体。

在有石膏和$Ca(OH)_2$条件下，C_4AF的早期水化延缓得比C_3A更强烈。因此硫酸盐吸附对早期延缓作用似乎是非常有效的。C_4AF的水化过程与C_3A很相似，在有$Ca(OH)_2$存在时，C_4AF水化4min之后，发现有六方的水化物。而24h后，发现有立方的水化物。当Ca—Al—铁酸盐与$Ca(OH)_2$及石膏水化时，类钙矾石相（AFt）作为最初的相形成。C_4AF水化6h之后，就可鉴别出类钙矾石相。这些新生成物的颗粒，长度对直径之比在同一范围内变化，即由$(9\sim13):1$到$(4\sim5):1$。进一步研究C_4AF表明，增加石膏量和提高水/固比值，以及减少比表面积会引起强烈进行的二次放热反应作渐近性减慢。AFt相与未反应的C_4AF之间反应的结果形成单硫酸盐相（AFm）。AFt相的溶解和AFm相的形成依照与C_3A同样的规律进行。

§2-5-5 石膏延缓C_3A水化机理

石膏很久以来一直被认为是硅酸盐水泥的一个重要的和必不可少的组成部分。

关于石膏对C_3A的缓凝作用，许多学者已进行过研究。在前面讨论C_3A的水化过程中，也已有所涉及，一般认为：石膏对C_3A的缓凝作用主要是由于在C_3A粒子表面形成包覆层的结果。但是一些试验表明，水泥中C_3A与石膏在数量上的对比关系不同时，其凝结时间也有很大的差别。F. W. 罗奇（F. W. Locher）根据近年来的研究结果认为，水泥的凝结取决于C_3A与硫酸钙水化作用后反应产物彼此交叉搭接所形成的网状结构，如图2-2-5-23所示。从图2-2-5-23可见，熟料中C_3A与石膏含量均较低时，开始在粒子表面形成的钙矾石不阻碍水泥粒子的流动性，而只有当形成钙矾石有足够的数量及其结晶体长大使粒子之间互相交叉搭接时，水泥浆才呈现凝结，如图中Ⅰ所示。正常凝结时，溶液中的硫酸盐离子应与最初几分钟溶解的C_3A有适当的克分子比以形成钙矾石，水泥中C_3A含量增高时石膏含量应该相应地提高，这时虽然凝结时间快些，但仍可得到正常凝结的水泥，如图中Ⅱ所示。但是，如果水泥中C_3A高，而加入的石膏少时，石膏只能与一部分C_3A反应形成钙矾石。留下的C_3A与水作用形成C_4AH_{13}晶体，以及水化铝酸钙与钙矾石互相作用形成的单硫型水化硫铝酸钙，这些结晶可以迅速地使带有包覆层的水泥粒子互相接触形成网状结构，使水泥产生速凝，如图中的Ⅲ所示。相反，如果水泥中的C_3A含量低，而石膏加入量高时，除了消耗部分石膏与C_3A作用形成钙矾石外，将产生次生石膏结晶体，它使带有包覆层的水泥粒子互相接触形成网状结构，因而使水泥速凝，如图中的Ⅳ所示。

有石膏存在时，钙矾石延缓C_3A水化作用曾经由I. Jewed、J. Skalny和J. F. yong以及S. N. Ghosh等人做过详细研究。J·Skalny等认为：C_3A与水接触后不一致溶解留下富Al的表面，Ca^{2+}化学吸附在这表面上，使颗粒带正电荷。形成这样一种结构减少了溶解结点的数目，从而使C_3A溶解速率降低。其实质就是降低C_3A表面活性位置数量。而M. Collepard等认为，只有在水化系统中，石膏和石灰同时存在时，延缓作用才是最大的；此外，在研究C_3A和硫酸盐反应中，有人观察到：反应中明显地形成了含有钙、铝和硫离子的空心纤维，它们是无定形的物质。当溶液是粘滞的或由于界面几何尺寸关系不能很好地混合时，在界面不可溶产物的暂时过饱和度值能达很高，且大大超过均匀成核的临界比值。使临界成核尺寸小于单位晶胞尺寸，因此，固体生长无一定的形态，从而凝胶状沉淀能形成一连续的薄膜。I. Jewed等认为：C_3A的水化机理可能涉及三个连续的延缓阶段：（1）水解双电层的形成；（2）非晶形水化物（凝胶）的形成;(3)结晶产物的形成。非晶形沉淀物(延缓层)可以生长成 C_4AH_{13}、C_4AH_{19}、C_2AH_8、$C_4A\bar{C}SH_{12}$ 或 $C_6A\bar{C}SH_{12}$,生成什么主要取决于特殊的环境。以上这些关于石膏延缓 C_3A 水化的机理,大都认为早期在 C_3A 表面形成一层保护层(延缓层),但是延缓层是什么,它的组成、形态怎样,存在分歧;延缓层形成的条件怎样,研究还不够深入。

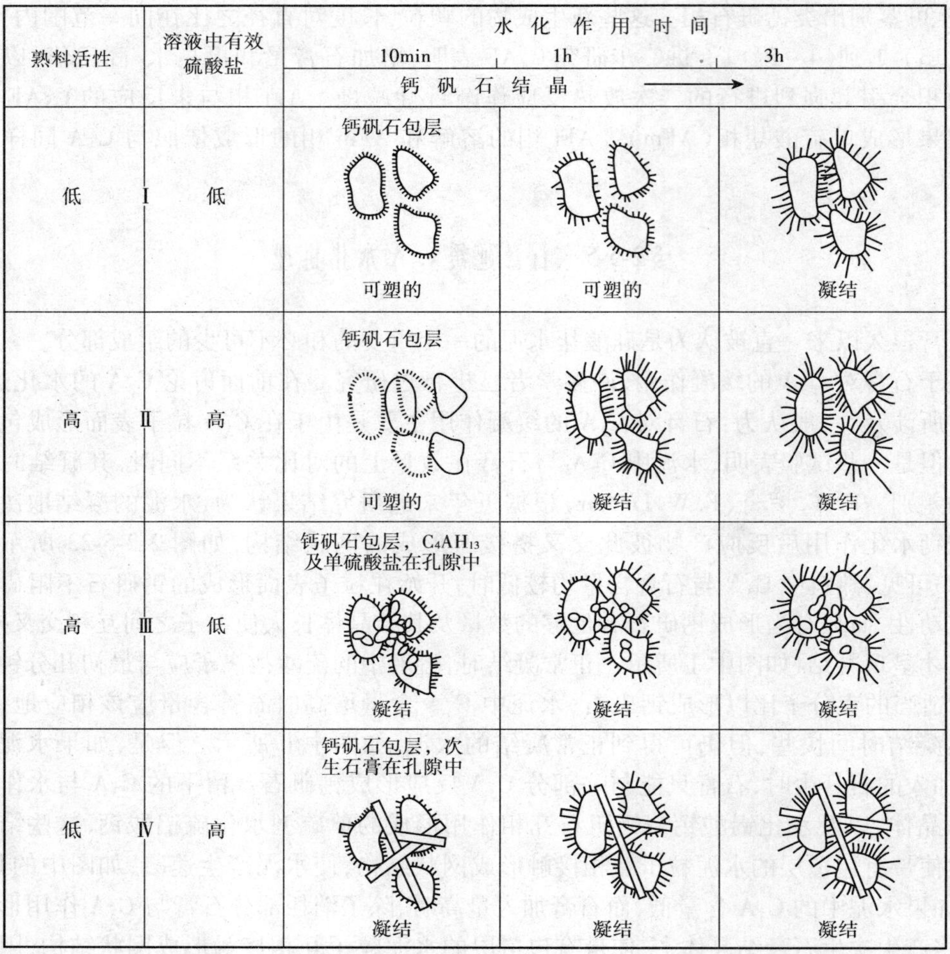

熟料活性		溶液中有效硫酸盐	水化作用时间		
			10min	1h	3h
			钙矾石结晶 →		
低	I	低	钙矾石包层 可塑的	可塑的	凝结
高	II	高	钙矾石包层 可塑的	凝结	凝结
高	III	低	钙矾石包层,C_4AH_{13}及单硫酸盐在孔隙中 凝结	凝结	凝结
低	IV	高	钙矾石包层,次生石膏在孔隙中 凝结	凝结	凝结

图 2-2-5-23　在硅酸盐水泥凝结时,由于 C_3A 与石膏反应形成的网状结构

中国建材研究院刘晨、武汉工业大学龙世宗等人的试验表明,在不饱和及饱和 $Ca(OH)_2$ 溶液中,石膏对 C_3A 水化仍然是没有延缓作用的。而 M. Collepard 等都强调石灰石膏两者同时存在时其延缓作用最强。那么,$Ca(OH)_2$ 究竟在其中起什么作用? 究竟是 Ca^{2+} 离子还是 OH^- 离子的作用(即 pH 值)? 还是两者兼而有之? 为此,刘晨、龙世宗等人对照研究了在不同浓度 NaOH 溶液中石膏与 C_3A 的水化情况,以便解释石膏对 C_3A 的缓凝作用。通过 XRD、DTA 以及 SEM 等现代测试手段,他们研究了 $Ca(OH)_2$ 和 NaOH 对 $C_3A-CaSO_4\cdot2H_2O$ 的早期(5~10min)水化的影响。实验表明,$C_3A-\bar{C}SH_2-H_2O$ 系统水化,早期形成大量结晶良好的钙矾石。这种钙矾石对 C_3A 水化延缓作用很小;在 $C_3A-\bar{C}SH_2-CH(L)-H_2O$ 系统中,即

使在 $Ca(OH)_2$ 饱和时($Ca(OH)_2 = 1.32g/L, pH = 12.46$),水化也迅速形成大量晶体钙矾石,对 C_3A 水化的延缓作用也小,只有在足够 $Ca(OH)_2$ 固相或 C_3S 存在条件下,C_3A 和石膏水化早期才能形成胶体尺寸的钙矾石,C_3A 的水化才会延缓。究其原因,他们认为,$Ca(OH)_2$ 溶液中的 $Ca(OH)_2$ 在 C_3A 表面与 C_3A 迅速形成一层水化铝酸钙:$C_3A + CH + H_2O \longrightarrow C_4AH_{19}$,因此 $Ca(OH)_2$ 浓度可能降低,从而使 $Ca(OH)_2$ 的有效浓度降低,原先饱和的 $Ca(OH)_2$ 变为不饱和了,这样的条件下就生成了结晶尺寸的钙矾石。在有足够的固相 $Ca(OH)_2$ 或 C_3S 时,水化时迅速溶出 $Ca(OH)_2$,可使液相中 $Ca(OH)_2$ 总是处于饱和状态。在这种条件下就生成了胶体状的钙矾石。由此可以得出结论:石膏与 C_3A 水化形成胶体状的钙矾石,对 C_3A 有延缓作用,必须保证溶液的 $Ca(OH)_2$ 浓度是"绝对饱和的",即考虑离子的活度后,$Ca(OH)_2$ 仍是饱和的;如果只考虑离子浓度,$Ca(OH)_2$ 则应是"过饱和的"。

在 $C_3A—C\bar{S}H_2—NaOH—H_2O$ 系统水化中,当 $NaOH > 0.4mol$ 时($pH = 13.60$),石膏与 C_3A 也形成胶体状钙矾石,C_3A 水化被延缓;小于这个浓度则形成晶体尺寸钙矾石,C_3A 水化不被延缓。$NaOH$ 浓度从 $0.1mol$ 增加至 $0.3mol$,钙矾石形成速度和石膏消耗速度均有所减慢。

但是形成胶体尺寸钙矾石的条件是什么? P. K. Mehta 认为需要饱和 $Ca(OH)_2$ 条件。Brichall 等则认为反应产物的过饱和度要高。究竟需要多高的过饱和度?缺乏衡量的方法和尺度。D. Damidot 和 F. P. Glasser 提出了一个钙矾石的浓度积公式:$K_{sp} = (Ca^{2+})^6 (Al(OH)_2^-)^2 \cdot (SO_4^{2-})^3 \cdot (OH^-)^4 = 2.80 \times 10^{-45}$。按照浓度积规则,系统中有关离子的浓度积(严格讲是活度)$K = 2.80 \times 10^{-45}$ 时,有钙矾石析出;浓度积 K 越大,析晶越快,晶体尺寸也越小,可能存在着一个胶体尺寸与晶体尺寸的临界 K 值,当 K 大于这个临界值,溶液的过饱和度大,钙矾石以胶体尺寸析出。但临界 K 值尚有待进一步研究。

§2-6 水泥浆体凝结硬化

水泥与水拌和后,形成的浆体起初具有可塑性和流动性。随着时间的推迟、水化反应的不断进行,浆体逐渐失去流动能力,转变为具有一定强度的石状体,这个过程称为水泥的凝结硬化。

从整体看,凝结与硬化是同一过程中的不同阶段,凝结标志着水泥浆失去流动性而具有一定的塑性强度。硬化则表示水泥固化后所建立的结构具有一定的机械强度。

对于所有的胶凝材料,其凝结、硬化的机理并非相同。由固体粉末和水生成凝聚物料,有下列几种不同方式:

(1)物质从过饱和溶液中结晶出来,生成晶体互相交织的物料;

(2)形成半固体凝胶;

(3)两个或两个以上的物质在有水时发生化学反应,生成晶体或胶体的产物;

(4)由亚稳的化合物转变为较稳定的化合物。

硅酸盐水泥的凝结硬化过程可用图 2-2-6-1 表示。

图中:从 Ⅰ 变到 Ⅲ_A 和 Ⅲ_B 属于凝结过程。凝固水泥的硬化可能是由于第Ⅲ阶段所生成的晶体和凝胶数量增加所致。

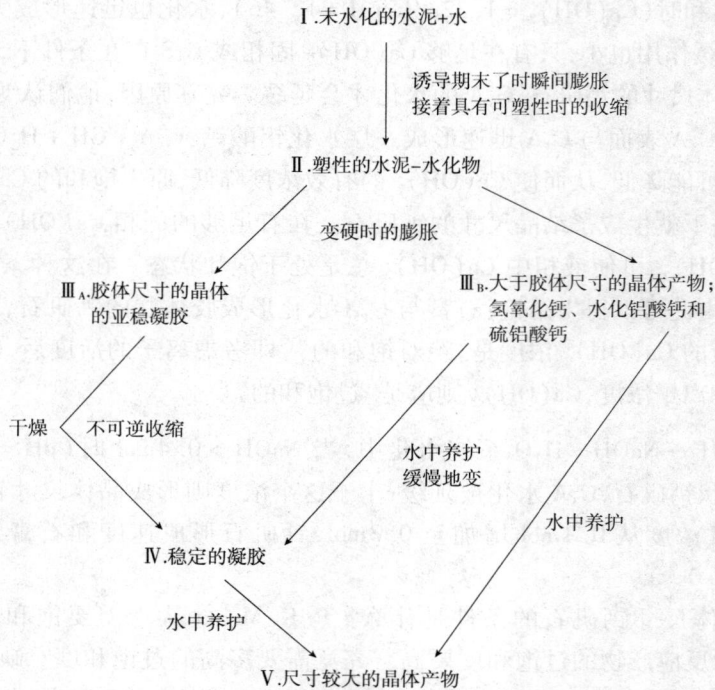

图 2-2-6-1　硅酸盐水泥的凝结硬化过程

§2-6-1　凝结硬化理论

研究塑性水泥浆体如何转变成坚硬水泥石结构的理论,称为水泥凝结硬化理论。

有关水泥凝结硬化理论,历史上曾经有过几种著名的理论。

1. 结晶理论

1882 年雷霞特利(H. Lechateier)提出结晶理论。他认为水泥之所以能产生胶凝作用,是由于水化生成的晶体互相交叉穿插,联结成整体的缘故。按照这种理论,水泥的水化、硬化过程是:水泥中各熟料矿物首先溶解于水,与水反应,生成的水化产物由于溶解度小于反应物,所以就结晶沉淀出来。随后熟料矿物继续溶解,水化产物不断沉淀,如此溶解—沉淀不断进行。也就是认为水泥的水化和普通化学反应一样,是通过液相进行的,即所谓溶解—沉淀过程,再由水化产物的结晶交联而凝结、硬化,其情况与石膏相同。

2. 胶体理论

1892 年,米哈艾利斯(W. Michaelis)又提出了胶体理论。他认为水泥水化以后生成大量胶体物质,再由于干燥或未水化的水泥颗粒继续水化产生"内吸作用"而失水,从而使胶体凝聚变硬。将水泥水化反应作为固相反应的一种类型,与上述溶解—沉淀反应最主要的差别,就是不需要经过矿物溶解于水的阶段,而是固相直接与水反应生成水化产物,即所谓局部化学反应。然后,通过水分的扩散作用,使反应界面由颗粒表面向内延伸,继续进行水化。所以,凝结、硬化是胶体凝聚成刚性凝胶的过程,与石灰或硅溶胶的情况基本相似。

接着,拜依柯夫(А. А. бойков)将上述两种理论加以发展,把水泥的硬化分为三个时期:第一是溶解期,即水泥遇水后,颗粒表面开始水化,可溶性物质溶于水中至溶液达饱和;第二为胶化期,固相生成物从饱和溶液中析出。因为过饱和程度较高,所以沉淀为胶体颗粒,或者直接由固相反应生成胶体析出;第三则为结晶期,生成的胶粒并不稳定,能重新溶解再结晶而产生强度。

3. "凝聚—结晶"三维网状结构学说

列宾捷尔(П. А. Ребиндер)等认为:水泥的凝结、硬化是一个凝聚—结晶三维网状结构的发展过程。认为胶粒在适当的接触点借分子间力而相互联结,逐渐形成三维的凝聚网状结构,导致浆体的凝结。随着水化作用的进行,当微晶体之间依靠较强的化学键接合,直接连生,形成三维的凝聚网状结构时,也同样贯穿于整个浆体,使水泥硬化。这样,水泥浆体中就既有凝聚现象,又有结晶作用,即形成了凝聚—结晶网状结构。事实上,这两种网状结构的形成过程并不能机械地截然分开,凝结是凝聚结晶网状结构形成过程中凝聚结构占主导的一个特定阶段,而硬化过程则表明强得多的晶体结构的发展。

4. 三阶段理论

洛赫尔(F. W. Locher)等人则从水化产物形成及其发展的角度,提出整个硬化过程可分为如图 2-2-6-2 所示的三个阶段。该图概括地表明了各主要水化产物的生成情况,也有助于形象地了解浆体结构的形成过程。

第一阶段,大约在水泥拌水起到初凝时为止,C_3S 和水迅速反应生成 $Ca(OH)_2$ 饱和溶液,并从中析出 $Ca(OH)_2$ 晶体。同时,石膏也很快进入溶液和 C_3A 反应生成细小的钙矾石晶体。在这一阶段,由于水化产物尺寸细小,数量又少,不足以在颗粒间架桥相联,网状结构未能形成,水泥浆呈塑性状态。

第二阶段,大约从初凝起至 24h 为止,水泥水化开始加速,生成较多的 $Ca(OH)_2$ 和钙矾石晶体。同时水泥颗粒上长出纤维状的 $C-S-H$。在这个阶段中,由于钙矾石晶体的长大以及 $C-S-H$ 的大量形成,产

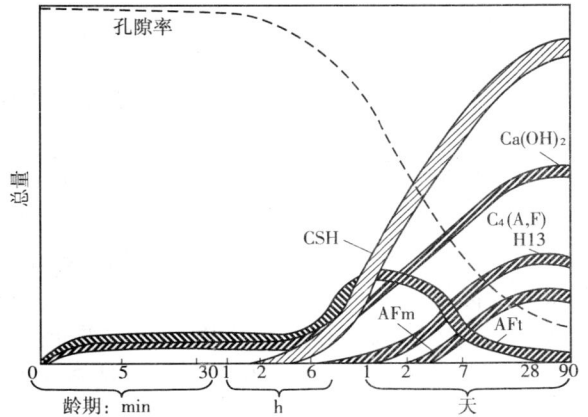

图 2-2-6-2　水泥水化产物的形成和浆体结构发展示意图

生强(结晶的)、弱(凝聚的)不等的接触点,将各颗粒初步联接成网,而使水泥浆凝结。随着接触点数目的增加,网状结构不断加强,强度相应增长。原先剩留在颗粒间空间中的非结合水,就逐渐被分割成各种尺寸的水滴,填充在相应大小的孔隙之中。

第三阶段,是指 24h 以后,直到水化结束。在一般情况下,石膏已经耗尽,所以钙矾石开始转化为单硫型水化硫铝酸钙,还可能会形成 $C_4(A、F)H_{13}$。随着水化的进行,$C—S—H$、$Ca(OH)_2$、$C_3A、C\bar{S}·H_{12}、C_4(A、F)H_{13}$ 等水化产物的数量不断增加,结构更趋致密,强度相应提高。

水泥浆体凝结后,其中的水泥与水继续水化,水化产物进一步增加,孔隙进一步减少,水泥浆体的强度则不断增加。全部水化过程,在适当的温度和湿度条件下要经历很长时间,甚至达几十年。

在水化过程中,水泥浆体结构的发展变化如图 2-2-6-3 所示。

后来,各方面又相继提出了不少论点。例如鲍格(R. H. Bogue)认为,在电子显微镜下看到的大量的球状微粒,由于具有很大的表面能,从而能强烈的互相粘结。按照塞切夫(M. M. Сычев)的见解,则强调了熟料矿物和水化产物的极化特性。在水化过程中,由于物理吸附,大部分非化学结合水转变为薄膜状态,而薄膜结构的有序化所产生的极化效应,就使离子—偶极子或偶极子—偶极子性质的静电效应在硬化过程中起着相当重要的作用。因此认为水泥浆结构的形

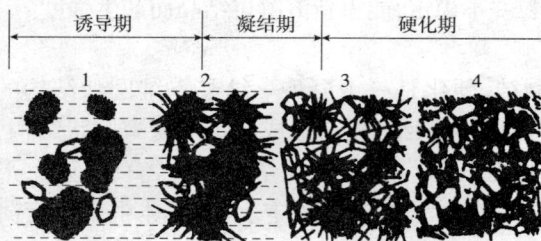

图 2-2-6-3 水泥浆体结构发展示意图

成分为两个阶段进行,初次结构主要是基于静电和电磁性质的粘附接触,而二次结构才是价键性质的结晶并接。还有泰麦斯(F. D. Tamas)等则提出,硅酸盐阴离子结构的变化是硬化时最重要的一个化学现象。水泥的水化硬化是熟料矿物中[SiO]$^{4-}$四面体之间形成硅氧键Si-O-Si,从而不断聚合的过程。硅酸盐阴离子的聚合反应是浆体结构形成的一个重要因素。

由此可见,水泥的凝结硬化过程比石膏、石灰复杂的多。近年来,在水泥研究领域应用了X射线和电子光学技术以及其他近代分析方法。对水泥的认识有了很大的进展,但对一些论点仍有争议。例如:溶解—沉淀过程虽然符合一般化学反应的规律,但在水泥—水系统特别是水泥浆体中,就难以理解溶解、扩散、凝聚过程之间相互没有干扰。因为水泥浆体中的水量有限,生成物难以扩散,在颗粒表面凝聚后,阻止颗粒进一步与水接触,也就不存在溶解的条件。另一种局部化学反应的观点,将反应物质的互相作用局限于物相的界面上,然后通过扩散作用,使反应界面由颗粒表面逐渐深入。近年来,这个观点虽然得到较多研究者的支持,但都还不能完整地说明水化过程。实际上,水化过程在不同情况下会有不同的水化机理;不同的矿物在不同阶段,水化机理也会不完全相同。可以认为,处于水泥颗粒之间的外部产物主要以溶解沉淀反应的方式形成,而在颗粒原始周界内的内部产物则以局部化学反应即固相反应为主。

至于"结晶"和"胶体"两种基本对立的硬化理论,在经过了长时间的争论以后,随着测试技术的进展,也有了进一步讨论的依据。现在比较一致的认识是:水泥水化后生成了许多胶体尺寸的晶体。但对于硬化的本性仍以不同的形式存在不同的意见,甚至对形成浆体结构、产生强度的主要键型还不甚清楚,有关范德华键、氢键或者原子价键等个别所起的作用,则更需进一步的探讨。要更清晰地揭示水泥凝结硬化的过程与实质,更彻底地去解决水泥硬化问题,都有待于未来的研究。

§2-6-2 水泥浆体结构形成

水泥的凝结硬化过程实质上就是水泥浆体的结构形成过程。而硬化水泥石的结构与浆体的初始结构及形成过程有关。所以,控制水泥石结构形成过程是得到优质水泥石的保证。

水泥浆体的结构形成过程,可以用浆体的塑性强度随时间变化来表示。图 2-2-6-4 表示不同水灰比的硅酸盐水泥浆体的塑性强度随时间而变化的试验结果。一般情况下,可概括为三个阶段,即水泥浆悬浮体结构阶段;水泥浆凝聚结构阶段;水泥浆的凝聚—结晶结构阶段。

阶段 1:在时间 t_1 之前,塑性强度 P_m 几乎为零,这时水泥浆处于无塑性强度的悬浮状态;

阶段 2:在 t_1 到 t_2 的时间内,塑性强度缓慢增长,但其值仍然很小,t_2 时,P_m 约为 0.3MPa,这时颗粒之间开始以弱的范德华力结合,从而浆体处于凝聚结构阶段;

阶段 3:在时间 t_2 之后,浆体塑性强度开始迅速发展,t_3 时的 P_m 达 3.4MPa。随后 P_m 呈直线迅速发展,它表明在这个阶段水泥浆内结晶网开始形成和发展而使浆体进入凝聚—结晶结构阶段。

水泥与水拌和以后的早期阶段为水泥浆悬浮体。关于水泥水化的研究表明,C_3S 与水接触后,O^{2-} 离子转化为 OH^-,SiO_4^{4-} 离子转化为 $H_nSiO_4^{(n-4)}$,$Ca^{2+}(S)$ 则变为 $Ca^{2+}(aq)$。此时,原 C_3S 粒子表面形成一个富硅层,为维持电荷平衡,在其表面吸附溶液中的钙离子,从而建立

76

起一个表面双电层,如图 2-2-6-5 所示。

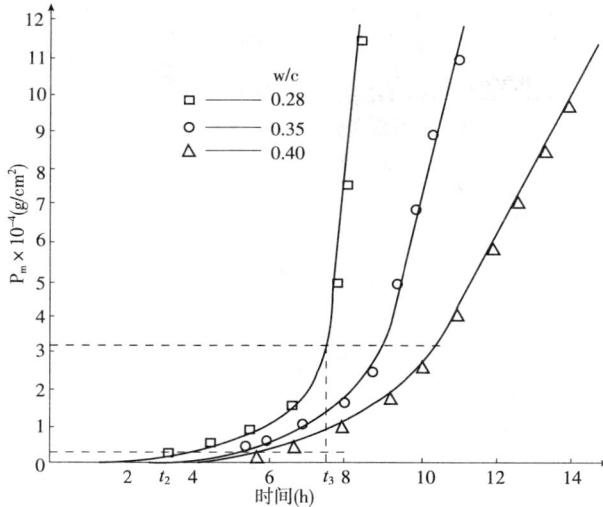

图 2-2-6-4　P_m 随时间变化曲线

　　水泥与水拌和以后的最初几分钟,可看成是一个溶液粗分散体系。固相离子在溶液中互相作用形成的粗分散体系实际上就是水泥浆的初始结构。由于水泥粒子在水作用下的分散和水化,在水泥浆中逐步形成了一些细粒子和胶体尺寸的水化物粒子,因而水泥浆逐渐转变为具有不同尺度的固相离子的悬浮体。随着水化反应的进行,单位体积内固相粒子的数目、形态、分散度也发生变化,水泥浆体的性质也发生变化。

　　A. A 斯诺罗谢利斯基等人通过实验发现,C_3S 的 Zeta 值为负值,并且随着水化龄期的增加其绝对值减少。因此,可以把处于早期水化阶段的新拌水泥浆体看成是带有表面双电层的固相颗粒的分散体系。水泥浆体的特性就决定了这些粒子之间的相互作用。图 2-2-6-6 中表示固相粒子扩散双电层及其 Zeta(ξ)电位变化的情况。图中表明,扩散双电层的厚度及 ξ 电位的降低不仅与表面电荷的数量有关,而且与离子的价数和浓度有关,提高反离子的价数和浓度,可以压缩扩散层的厚度,并使 ξ 电位迅速降低。

　　处于水泥浆溶液中的固体粒子,有两种彼此相反的作用:一种是排斥作用,一种是吸引作用。两个粒子之间引力可用范德华分子引力表示。而斥力则由于颗粒互相接触的情况不同而有所差异,它主要取决于溶液浓度、粒子的数量、温度、粒子的直径及粒子之间的距离。

　　如果粒子之间的排斥力不能克服,则粒子彼此独立成为稳定的悬浮体。如果斥力被克服,则粒子在引力作用下彼此凝聚起来。

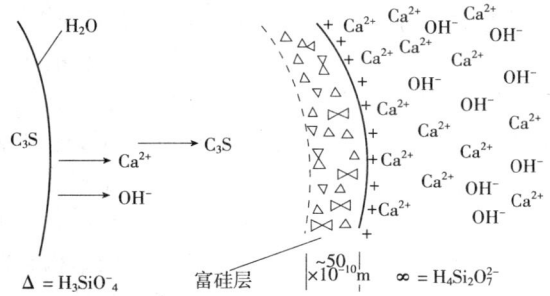

图 2-2-6-5　C_3S 早期水化扩散层的形成

　　当其他条件确定时,两个离子之间总的力 N(斥力与引力之差)及其间的能量 E 主要与两个粒子间的距离 h 有关。这个关系如图 2-2-6-7 所示。

　　利用图 2-2-6-7 可以解释水泥浆体结构形成过程的条件。

　　如果粒子间的距离大于 h_3,它们之间的相互作用几乎为零。这时浆体处于无塑性强度的悬浮体阶段。如果粒子间的距离相互靠近至 h_3 时,就会出现范德华分子力。以后的进一步靠近就要克服电斥力。

当范德华分子引力作用半径大于排斥力作用的半径,也可在 h_2 的位置上凝聚,这种凝聚称为远程凝聚。这时粒子彼此之间在最少亲液的表面以范德华分子力相互连接。这个最少亲液的表面是最少受介质溶剂化层保护的地区。如果这个憎液区段占有表面的很大部分,则会很快凝聚沉淀,并形成比较紧密的凝聚沉淀物。如果这些憎液区段仅仅集中在个别地点,例如棒状或片状粒子的尖部或棱边,那么沿这些凝聚中心粘结,就会导致形成非常疏松的骨架——空间网,这种结构网称之为凝聚结构。

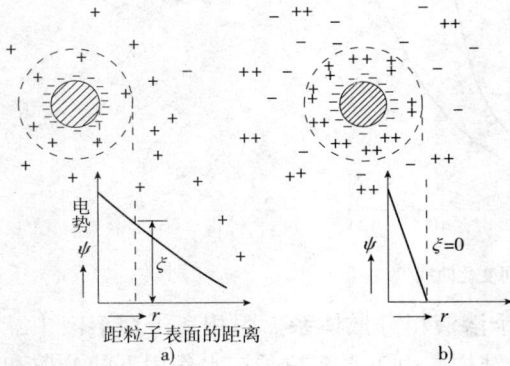

图 2-2-6-6　固相粒子的扩散层及表面电势
a) 单价正离子;b) 二阶正离子

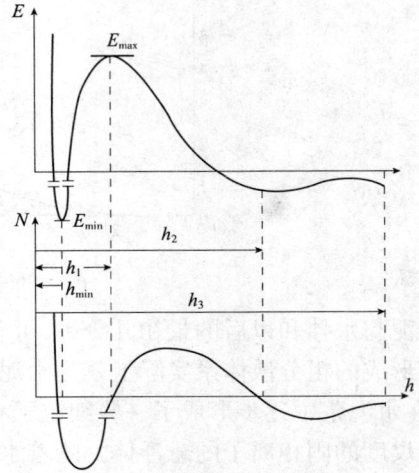

图 2-2-6-7　各种距离上凝聚结构的稳定性

在悬浮体中所形成的凝聚结构有如下特征:这种结构互相联结的力主要是范德华分子引力,因而其强度是不大的。而且在彼此连接的粒子之间有一个残留的薄的溶剂化层。在外力作用下,这种结构的破坏,具有触变复原性能。水泥浆在硬化以前,就具有这种结构特征,所以它能够在外力与自重作用下具有塑性流动的特性,同时使得水泥制品在制备成型过程中,可以使用机械的、物理的和物理化学的方法来改善水泥的初始结构,以便获得优良的水泥制品。

水泥浆体中凝聚结构的形成与水泥的需水性和泌水性有关。为了保证水泥水化过程的进行以及浆体足够的流动性,必需加入足够的水。但加水过多又会产生离析,影响工程性质。

在水泥浆分散体系中,其固体粒子的表面,都存在一个吸附水层和扩散水层。当固相粒子的浓度足够时,它们在分子力的作用下,通过水膜相联结成为一个凝聚空间结构网。如果水泥——水系统中的水量过少,就不足以在固相粒子表面形成吸附水层,同时也由于缺少水分,粒子也不能在热运动下互相碰撞而凝聚,这时水泥浆表现出松散的状态。相反,如果原始加水量过高,则分散的固体粒子所形成的凝聚结构空间网所能占有的体积会大大小于原始的水泥——水体系所占有的空间,这时会出现水分的分离。对于某一确定的水泥浆来说,应该有一个适当的加水范围。在这个范围内,水泥浆能够形成凝聚结构,并且凝聚结构空间网能基本上占满原始的水泥——水体系的空间。

水泥泌水性是与浆体中固相离子的沉淀同时发生的,对于比较干硬的浆体,泌水性则与毛细通道是否上下贯穿有关。由于水泥的泌水过程主要发生在水泥浆体形成的凝聚结构之前,故水泥的泌水量、泌水速率与水泥的粉磨细度、混合材料种类和掺量、水泥的化学组成以及加水量、温度等多种因素有关。

提高水泥细度,不仅可使水泥颗粒均匀地分散在浆体中,减弱其沉淀作用,而且可加速形成浆体的凝聚结构,降低泌水性(见图 2-2-6-8)。

有研究表明:水泥中 C_3A 含量愈多,水泥的保水性愈好(减少泌水性),因为 C_3A 的分散与水化作用较剧烈,使得水泥浆体内分散的胶体粒子数量增加,粒子的表面积增加,形成的凝聚结构的接触点增多。这种有巨大固相表面的松散的凝聚结构网内,能大大增加吸附水的量。在这个松散的凝聚结构网里,粒子之间存在有一个水的薄膜,由于分子力的进一步作用,凝聚结构有进一步紧固密实的趋势,伴随着这个过

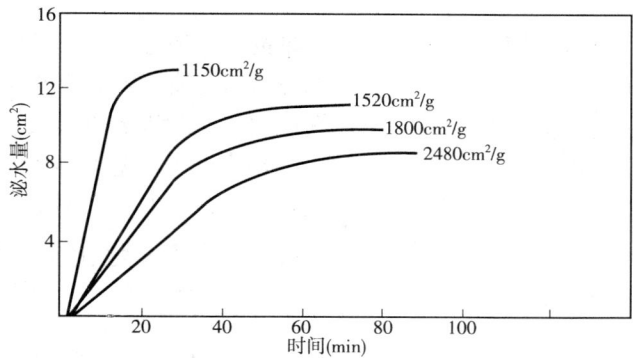

图 2-2-6-8 水泥细度与泌水量的关系

程,水泥浆收缩并产生泌水。当水泥浆进入硬化期以后,已经有连续的结晶网形成。结构网具有足够的强度,同时吸附水的重分布基本结束,虽然还有一部分水被新生成物吸附,但已不能引起强度较高的结晶结构空间网的收缩,这时泌水现象也就停止。

从制备优质的水泥石的观点来看,希望水泥浆的流动性好,而又需水量少、保水性好、泌水量少,同时具有比较密实的凝聚结构。因为只有这样,才能有效地发展结晶结构并获得密实度高、强度大的水泥石。但是从上述分析来看,流动性好与需水量少是矛盾的;保水性好与结构密实也是矛盾的。因此,往往要采用一些工艺措施或采用加入外加剂的方法来调整这些矛盾。譬如用高频振动,可以使水泥在需水量较少的情况下获得较好的流动性;同时,也因为振动活化,使水泥粒子分散度提高,这时能使浆体保水性提高,又会得到结构比较密实的水泥浆。又如在水泥浆中加入某些表面活性物质,如木质磺酸钙,也可以调整上述过程。

§2-6-3　水泥浆体的流变性质

水泥浆体和水泥混凝土的流动特性,通常称为工作性或和易性。它是评定水泥浆体和水泥混凝土混合料的一个综合性指标。

一、流变学简介

流变学是研究物体中的质点因相对运动而产生流动和变形的科学。它以时间为基因,综合地研究物体的弹性应变、塑性变形和粘性流动以及它的粘性、塑性、弹性的演变。由于流变学能够表述材料的内部结构和宏观力学特性之间的关系,所以它已被广泛用于材料领域。

为了直观明显地描述物体的流变性质,流变学习惯于用流变模型及对应的流变曲线或流变方程来描述。流变学的基本模型有三种,即虎克(Hooke)弹性模型、牛顿(Newton)粘性模型及圣·维南(St. Venant)塑性模型。通过三种模型之间的串并联又可以引伸发展较为复杂的三种基本的流变方程和模型,即马克斯韦尔(Maxwell)模型、开尔文(Kelvin)模型以及宾汉姆(Bihgham)模型。下面将分别介绍这些流变模型及相应的流变方程。

1. 虎克(Hooke)弹性模型

假定有一种理想的弹性体,当其在外力作用下,变形的大小与作用力成正比,外力取消后,

物体能恢复原来的形状。即应力 σ 与剪应变 ε 之间呈线性关系,则流变方程为:

$$\sigma = E \cdot \varepsilon \tag{2-2-6-1}$$

式中:E——弹性模量。

可以用一个完全弹性的弹簧作为理想弹性体的模型,见图 2-2-6-9。

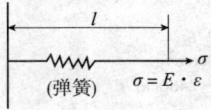

图 2-2-6-9 Hook 模型

当外力超过某一数值时,应力和应变不再服从上述虎克方程,而变形也不再恢复,这个限度叫弹性极限。相应的应力叫极限剪应力 τ_0 或屈服应力。

2. 牛顿(Newton)粘性模型

假定一理想的粘性液体,在外力作用下产生流动时,其剪应力 τ 与流动层间速度梯度 $\dot{\gamma}$ 之比为一常数,则这一流体称为牛顿流体,流变方程为:

$$\tau = \eta \cdot \dot{\gamma} \tag{2-2-6-2}$$

式中:η——粘性系数或称为流体的粘度。

牛顿流体的模型如图 2-2-6-10 所示。它是用一个带孔的活塞在装满粘性液体的圆柱形油壶内运动。

3. 圣·维南(St. Venant)塑性模型(见图 2-2-6-11)

假定一理想塑性体,当使固体产生变形的力超过屈服应力(τ_0)时,在应力保持不变的情况下,物体就会产生塑性流动。如果这个外加的应力等于屈服应力 τ_0 时,物体以匀速流动。其流变方程为:

$$\tau = \tau_0 \tag{2-2-6-3}$$

理想塑性体的模型,可以用滑板模型表示。即相当于静置于桌面上的重物。重物与桌面间存在摩擦力,当作用力超过摩擦力时,重物开始移动。当作用力减少到与动摩擦力相等时,重物即以匀速移动。

严格讲,以上三种理想物体并不存在。大量的物体是介于弹、塑、粘性体之间。所以实际材料的流变性质具有上述三种基本流变性质,只是在程度上有差异。因此我们可以用基本模型元件加以适当组合。

4. 马克斯韦尔(Maxwell)模型

把 Hooke 模型与 Newton 模型串联起来。即得到 Maxwell 模型(见图 2-2-6-12)。

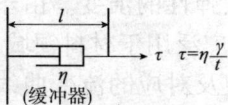

图 2-2-6-10 Newton 模型　　　图 2-2-6-11 St. Venant 模型　　　图 2-2-6-12 马克斯韦尔(Maxwell)模型

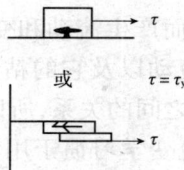

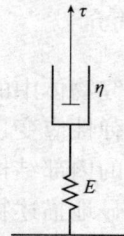

在 Maxwell 模型中,各基元所受的应力相等,而总的变形为各基元变形之和,即:

$$\tau = \tau_e = \tau_v ; \gamma = \gamma_e + \gamma_v$$

其流变方程为:

$$\frac{\tau}{\eta} + \frac{\dot{\tau}}{E} = \dot{\gamma} \tag{2-2-6-4}$$

80

式中： τ,γ ——模型的总应力和总变形；

τ_e、γ_e、τ_v、γ_v ——分别表示弹性基元的应力、变形和粘性基元的应力、变形。

5. 开尔文(Kelvin)模型

把 Hooke 模型与 Newton 模型并联起来所得到的模型(见图 2-2-6-13)。

在开尔文模型中,各基元的变形都相等,而总的应力则等于各基元应力之和。即:

$$\gamma = \gamma_e = \gamma_v ; \tau = \tau_e + \tau_v$$

其流变方程为:

$$\tau = E\gamma + \eta \cdot \dot{\gamma} \tag{2-2-6-5}$$

6. 宾汉姆(Bingham)模型

把 Newton 模型与 St. Venant 模型并联后与 Hooke 模型串联即得宾汉姆模型(见图 2-2-6-14)。

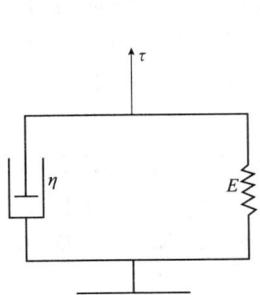

图 2-2-6-13　开尔文(Kelvin)模型　　　图 2-2-6-14　宾汉姆模型

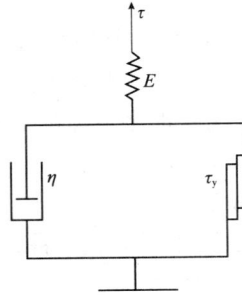

在宾汉姆模型中,当 $\tau < \tau_y$ 时,则并联部分不发生变形,因此:

$$\tau = E\gamma_e ; \gamma_e = \frac{\tau}{E}$$

当 $\tau > \tau_y$ 时,则在并联部分发生与应力 $(\tau - \tau_y)$ 成正比的粘性流动,因此流变方程为:

$$\tau - \tau_y = \eta \frac{d\gamma_v}{dt}$$

因为总的变形 $\gamma = \gamma_e + \gamma_v$,而 γ_e 是常数,因此上式可写成:

$$\tau = \tau_y + \eta \frac{d\gamma}{dt} \tag{2-2-6-6}$$

式中:若 $\tau_y = 0$,则成为牛顿流体公式。

物体的流变特性也可用流变曲线 $[\tau = f(\dot{\gamma})]$ 来描述,常见流体的基本流变曲线类型如图 2-2-6-15 所示。假塑性流体的流动性能随着剪应变速率的增加而增加(即粘度减少),而流胀型流体的流动性能随着剪应变速率的增加而减少(即粘度增加)。

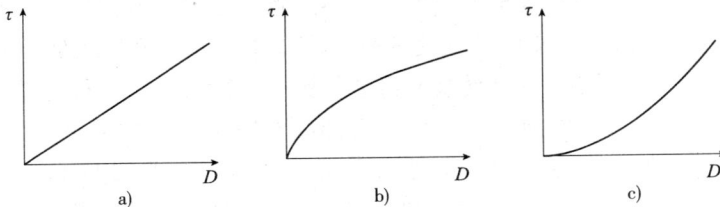

图 2-2-6-15　流变曲线基本类型

a)牛顿流体;b)假塑性流体;c)流胀型流体

二、水泥浆体的流变性质

许多研究证实:水泥浆体属非牛顿流体,其流变性质接近于宾汉姆(Bingham)流体,其流变方程可近似用:

$$\tau = \tau_0 + \eta \cdot \dot{\gamma} \tag{2-2-6-7}$$

式中:τ——剪应力;

τ_0——流动极限剪应力;

η——塑性粘度;

$\dot{\gamma}$——剪应变速率。

水泥浆的流变特性,通常用旋转粘度计测定。旋转粘度计由同轴内筒及外筒构成,流体置于两筒的间隙之间,两筒做相对转动时,由于在筒间隙中流体的粘滞性质使得两筒之间承受扭矩。因此可作出流体旋转层之间的剪应力(τ)与两筒相对旋转速度之间的相关曲线[$\tau = f(D)$],此曲线即可称为水泥浆流体的流变益线。

有些流体只有当剪应力大于某一值(τ_0)后,才开始流动。τ_0称为该流体的流动极限。水泥浆等悬浮流体,一般都具有流动极限。具有流动极限的流变曲线如图2-2-6-16所示。流变方程可写成:$\tau = \tau_0 + \eta D$,水泥浆流变曲线形状类似于塑性流体曲线[图2-2-6-16b)],对宾汉姆流体或牛顿流体($\tau_y = 0$)有:

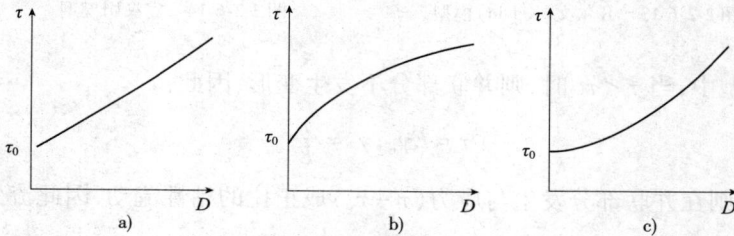

图 2-2-6-16 具有流限 τ_0 的流变曲线类型
a)宾汉姆流体;b)塑性流体;c)流胀型流体流变曲线

$\eta = (\tau - \tau_y)/D = $ 常数,$\tau' = $ 常数,$\tau'' = 0$;

对塑性流体或假塑性流体($\tau_y = 0$),有:

随着 D 增大而 η 减小,$\tau' \neq$ 常数,$\tau'' < 0$;

对流胀型流体有:

随着 D 增大而 η 增大,$\tau' \neq$ 常数,$\tau'' > 0$;

把 $\eta = d\tau/dD$ 定义为流体的粘度。粘度 η 不仅是转动速度 D 的函数,也可能是时间的函数。因此随着增加或减少转速表现出的粘度可能不一致。根据转速先增加后减少所得的流变曲线把流体分为可逆性、触变性及反触变性三种(图2-2-6-17)。触变性是指流体在外力作用下流动性暂时增加,外力除去后,具有缓慢的可逆复原的性能。这是一种等温下凝胶—溶胶可逆互变的现象。在图2-2-6-17中,加速过程中上升曲线在减速过程中的下降曲线中的上方,曲线所包围的面积越大,则流体的触变性也越大。可逆性指上升曲线与下降曲线重合。在图2-2-6-17中的坐标系中,上升曲线在下降曲线的下方,则流体表现出的性质称为反触变性,指流体在外力作用下流动性减少。而当外力除去后,也具有缓慢的可逆复原的性能。

反触变现象是某些粗粒子悬浮体的特性,而触变现象是某些胶体体系的特性。水泥浆随

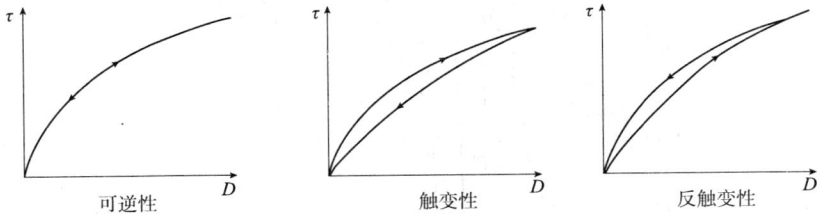

图 2-2-6-17 可逆性、触变性、反触变性流体流变曲线

着水化过程进行而逐渐形成水化物凝胶体,因而,水泥浆的流变特性也从反触变现象过渡到触变现象,这是水泥粒子的水泥浆悬浮体以及凝聚结构转变的过程。

水泥浆体的流变性质在水泥水化反应的休止期内变化不太大。尽管在此期间内水泥的水化过程缓慢,但水化没有停止。因而随着水泥水化时间的延长(指在休止期内),由于水化物的增多,流动性能降低。

影响水泥浆体流动性能的因素除与水化时间有关外,还主要与水泥的成分、细度、水灰比及温度等因素有关。

1. 水泥化学组成对流变特性影响

德国 Odler 教授对不同组成及细度的硅酸盐水泥浆体的流变性能进行了系统研究。

表 2-2-6-1 是 Odler 教授进行流变性能试验时所用水泥的化学组成、烧失量及比表面积。

水泥化学组成及表面积   表 2-2-6-1

水 泥 编 号	1	2	3	4	5	6
ASTMC150 标准	Ⅲ	Ⅲ	Ⅲ	Ⅲ	Ⅲ	Ⅰ
DIN1164 标准	PZ550	PZ550	PZ550	PZ550	PZ550	PZ350
CaO(%)	65.70	63.04	63.69	64.30	65.40	64.05
SiO_2(%)	20.56	20.46	20.64	20.97	20.29	20.95
Al_2O_3(%)	4.90	5.28	5.10	5.28	5.39	5.86
Fe_2O_3(%)	1.09	2.18	2.83	2.14	2.08	2.32
MgO(%)	0.32	1.19	0.99	0.50	0.99	0.64
K_2O(%)	0.88	1.40	1.15	1.02	0.32	0.98
Na_2O(%)	0.0	0.1	0.0	0.4	0.3	0.39
TiO_2(%)	0.20	0.25	0.18	0.23	0.25	0.25
SO_3(%)	3.76	3.35	3.69	3.55	3.36	2.91
烧失量(%)	2.08	2.11	1.25	1.57	1.50	1.15
比表面积(cm^2/g)	4700	6000	6000	4750	4600	3000

表 2-2-6-1 中的 6 种水泥浆体的流变曲线如图 2-2-6-18 所示。

水泥与水拌和后 10min 开始测定,在 1min 内仪器内筒的转速由 0 匀加速到 350r/min,然后立即在 1min 内由 350r/min 匀减速到 0。测定结果表明:水泥浆体的流动性随着水灰比的增大而增大,并且随水泥细度的增加而略有增加,但不明显,而且有时有反常现象。这几种水泥中,化学组成对水泥浆体流动性能影响不明显,但水泥中的 C_3A 含量增加时,水泥浆体的流动性明显降低。

在水灰比较小时,水泥浆体在停止扰动一段时间后,即表现出触变性,但在连续扰动过程中,经常表现出反触变性。

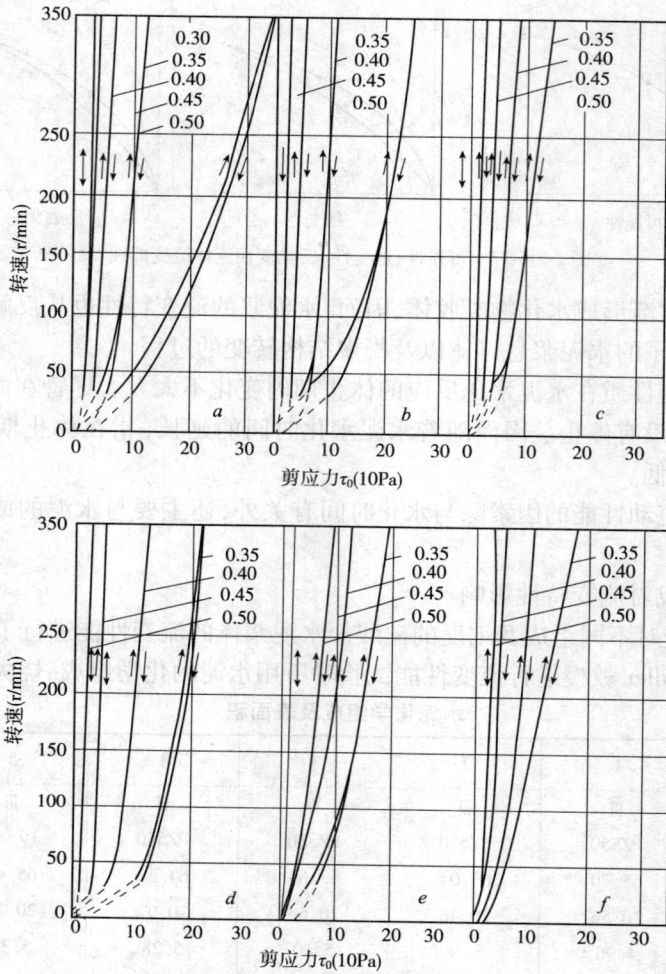

图 2-2-6-18　不同水泥浆体在不同水灰比时的流变曲线
a、b、c、d、e、f 分别对应于 1、2、3、4、5、6 号水泥

根据流变曲线可获得转动速度最大时的剪应力 τ 及计算出表观粘度 η（$\eta = \tau/D$，$D = 350 \text{r/min}$）。图 2-2-6-19 是不同水泥浆体在不同水化时间的最大剪应力 τ 及表观粘度 η。其中曲线 A 是水泥浆体在不停顿的连续测定过程获得的结果（即每 1min 匀加速到 350r/min，然后 1min 内匀减速到停止。2min 一个循环，循环没有间歇），而曲线 B 是水泥浆体在有间歇的测定过程中获得的结果（水泥浆体经 2min 的一个加、减速循环测定后，无扰动静置 18min，然后再进行 2min 的加、减速循环测定，又无扰动静止 18min，…）。

水泥浆体停止扰动将使得其表观粘度增大。这是因为停止扰动时，水泥浆体的水化产物可形成框架结构，使流动性降低，而连续扰动则破坏了框架结构的形成。

2. 水泥熟料矿物组成对流变特性的影响

试验证明，水泥熟料矿物组成对水泥浆流变特性也有影响，但其中最主要的是 C_3A 的含量。水泥熟料中 C_3A 的含量提高时，水泥浆的塑性粘度和极限剪应力也随之提高，当 C_3A 含量高于 4%，水化时间长于 2h 后表现得特别明显。图 2-2-6-20 显示了这种规律[水泥浆的水灰比为 0.5，在常温（25℃）下水化]。

84

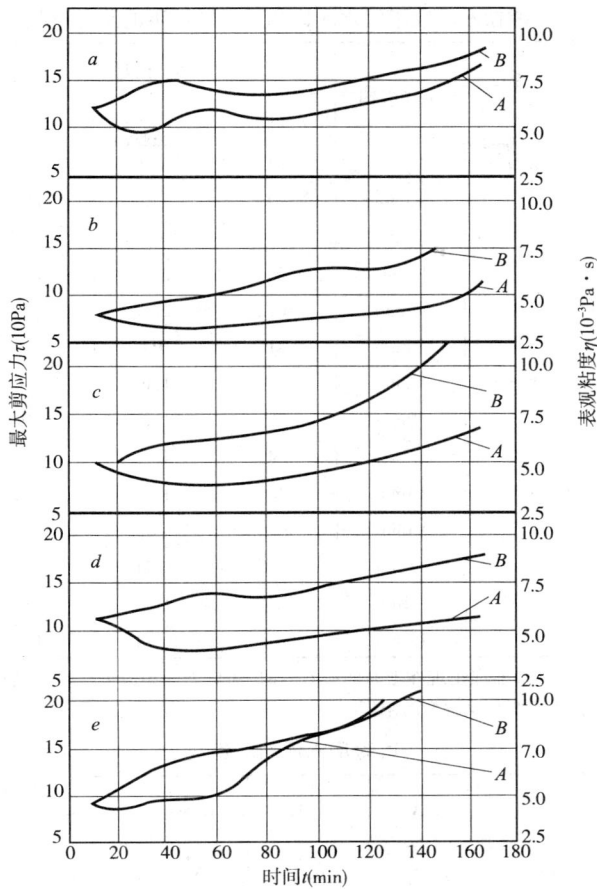

图 2-2-6-19　不同水泥浆体在不同水化时间的最大剪应力 τ 及表观
粘度 η，a、b、c、d、e 相对应于 1、2、3、4、5、号水泥

3. 水灰比对水泥浆流变性能的影响

水灰比越小，则固体的浓度越大，稠度的发展速度也迅速增长。表 2-2-6-2 是硅酸盐水泥浆在不同水灰比和不同水化龄期下的流变参数值。表中试验所用水泥比表面积为 2260 cm^2/g，其化学组成见表 2-2-6-3 所示。

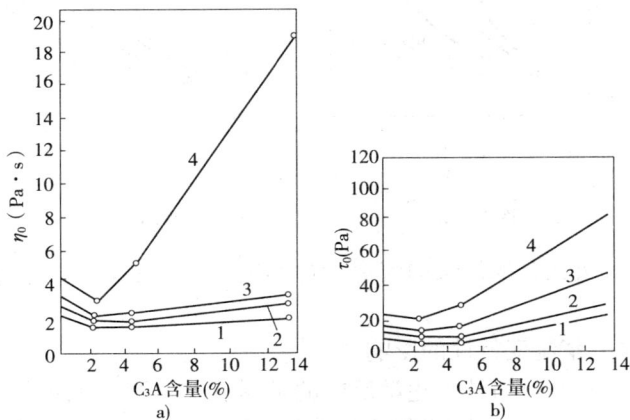

图 2-2-6-20　水泥中 C_3A 含量对浆体流变特性的影响
1-水化 15min；2-水化 45min；3-水化 2h；4-水化 3h

水/灰	水泥容积	最后温度 (℃)	水化龄期	第一循环			第二循环	
				τ_0(Pa)	η(Pa·s)	A	τ_0(Pa)	η(Pa·s)
0.4	0.439	23	15min	81	3.9	0	…	…
			40min	97	5.2	15	97	4.8
			3h	…	…	非常大	128	7.9
0.45	0.410	21	15min	39	2.2	18	39	2.6
			45min	40.5	2.6	22	39	2.6
			2h	81	10	530	82	7
0.5	0.384	16	8min	25	1.6	−9	26	1.7
			30min	25	1.6	−10	26.8	1.5
			2h	34	4.2	133	34	3.2
0.6	0.342	20.5	15min	9	1.2	−3.2	10	1.2
0.7	0.307	19.5	15min	6.4	0.85	−6	7.1	0.85
			45min	5.2	0.74	0	5.2	0.74
			2h	7.7	1.2	29	7.7	0.103
0.8	0.280	17	15min	1.6	0.58	0	1.6	0.61

注:表中 A 为滞后圈面积,当下降曲线出现在上升曲线右方时,滞后圈面积以负号表示;如出现在上升曲线的左方时,以正号表示。A 可用来表达触变与反触变的限度。

试验用水泥熟料组成　　表 2-2-6-3

熟料	C_3S	C_2S	C_3A	C_4AF	$CaSO_4$	MgO	游离 CaO	总碱量 ($Na_2O + K_2O$)
组成(%)	44.8	26.9	13.6	6.7	3.3	2.5	0.93	0.33

图 2-2-6-21 是硅酸盐水泥浆的塑性粘度和极限剪应力随水灰比及水化时间的变化规律。η_0 和 τ_0 是水化 15min 的塑性粘度和极限剪应力。

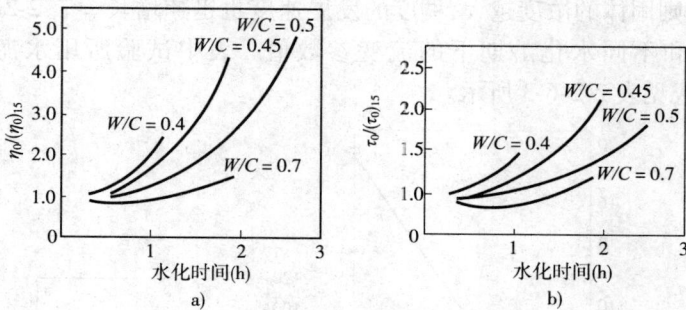

图 2-2-6-21　水灰比对水泥浆流变特性的影响

图中结果表明:水灰比对水泥浆的流变特性影响较大。随水灰比降低,塑性粘度 η_0 和极限剪应力 τ_0 均提高。

4. 水化温度对水泥浆流变特性的影响

水泥浆流变性质的发展,估计与化学反应的进展有关。温度的增加将会增加化学反应的速率。表 2-2-6-4 为水化温度对水泥浆流变特性的影响。表中数据表明:随着水化温度的提高,浆体的流变特性增大。但是在 45min 以前增大不显著,超过 45min 后增长特别快。

水化温度 (℃)	水化龄期 t_h	测试前的 试样温度(℃)	τ_0 (Pa)	η_0 (Pa·s)	滞后圈面积
20.0	15min	23.5	46	2.4	−19.3
	45min	20.8	56	2.3	−28.8
	2h	20.8	89	4.8	320
	3h	20.7	134	10.1	>666
25.0	15min	25.0	44.5	2.4	−24.5
	45min	25.4	56	2.5	−11.9
	2h	25.8	99	5.4	600
	3h	26.0	134	9.3	>730
30.0	15min	28.8	50	2.5	−26.8
	45min	30.5	60	3.2	33.2
	2h	30.8	124	15	630
	3h	31.6		太高,不能测得	
35.0	15min	34.0	48	3.3	−56.3
	45min	35.7	−68	3.5	30.7
	2h	36.5	134	15.7	>1150
	3h	…		太高,不能测得	

由表中结果可看出:水化龄期为 15min 的极限剪应力,在水化温度 20～35℃间并无显著变化。但在 2h 的水化龄期中,水化温度从 20℃ 升至 35℃ 时,极限剪应力从 89Pa 增加到 134Pa。从表中还可看到,塑性粘度 η_0 有相同的增进趋向。水化龄期为 2h 的 η_0 为 4.8Pa·s,而同一龄期 35℃时达到 15.7Pa·s。还可以看出,触变行为的增进也是相似的。35℃时的 A 超过了 1150,而同一龄期在 20℃时的测定结果仅 320。

5. 水泥比表面积对流变性能的影响

增加水泥比表面积,可以加速水化作用。表 2-2-6-5 是比表面积分别为 2260cm²/g、1700cm²/g 的硅酸盐水泥浆体(水灰比为 0.5 和 0.45)的流变特性。

水灰比	水化龄期 t_h	2260cm²/g		1700cm²/g	
		τ_0(Pa)	η_0(Pa·s)	τ_0(Pa)	η_0(Pa·s)
0.5	15min	26	2.3	20	1.9
	45min	29	3.1	22	2.8
	2h	51	3.9	34	3.8
	3h	85	19.5	50	5.8
0.45	15min	77	4.7	…	…
	45min	106	5.3	54	5.6
	2h	(a)	(a)	86	6.8
	3h	(a)	(a)	(a)	(a)

注:(a)表示数值太高,无法测定。

表中数据表明:比表面积较大的水泥在两种水灰比条件下,其极限剪应力和塑性粘度都较高。因为水泥比表面积越大,其水化速度越快,强度形成越快。

§2-7 水泥石结构

硬化水泥浆体是一非均质的多相体系,通常由未水化的水泥熟料颗粒、水化水泥、水和少量的空气以及由水和空隙占有的空气网所组成,因此它是一个固—液—气三相多孔体系。它具有一定的机械强度和孔隙率,而外观和其他性能又与天然石材相似,因此通常又称为水泥石。

水泥石的性质主要取决于各组成成分的性质、它们的相对含量以及它们之间的相互作用。水化水泥的数量决定于水泥的水化程度。水化物的组成和结构,又主要地决定于水泥熟料矿物的性质以及水化硬化的环境。即使水泥品种相同,适当改变水化产物的形成条件和发展情况,也可使孔结构与分布产生一定的差异,从而获得不同的浆体结构,相应使性能有所变化。

§2-7-1 水化物组成与结构

常温下硅酸盐水泥的水化产物按其结晶程度分成两大类,一类是结晶比较差,晶粒大小在胶体尺寸范围内,称其为水化硅酸钙凝胶(简称 C–S–H),它既是微晶质,可以彼此交叉和连生,具有凝胶体的特性。另一类结晶比较完整、颗粒较大的水化物,例氢氧化钙、水化铝酸钙以及水化硫铝酸钙等等。此外,水泥石中一般还包含部分未水化的熟料颗粒和极少量的无定形氢氧化钙、玻璃质、有机外加物等。

水泥石水化物的组成随水化时间而变化,泰勒(Toylor)等人认为,硅酸盐水泥在常温下其水化物的主要组成是 C–S–H、CH、AFt、AFm、CxAHy 等。当水灰比为 0.5 时,水化龄期为 3 个月的水泥石组成如表 2-2-7-1 所示。

水泥石组成 表 2-2-7-1

水泥石组成	体积百分比(%)	结晶程度	形 貌
C–S–H	40	极差	纤维状、网络状、皱箔状等
CH	12	良好	层状或条带状
AFm	16	尚好	层状
UHC(未水化水泥)	8		
孔隙	24		包括凝胶孔、毛细孔等

水泥石的各组成部分是时间的函数。其相对含量主要决定于水泥的水化程度以及水灰比。图 2-2-7-1 中 a)、b)表示当水灰比不同时,水化程度分别为 0.5 和 1.0 两种情况的水泥石的各个组成部分的含量。图中结果是硅酸盐水泥在标准条件下硬化得到的。

一、水泥水化物的凝胶相及其结构

水化物的凝胶相主要指水化硅酸钙凝胶 C–S–H,它的组成和结构非常复杂。人们对它的认识在不断深入,不断变化。

1. C–S–H 的化学组成及物理结构

C–S–H 凝胶是硬化水泥浆体的重要组成部分,它对硬化浆体的性质有着举足轻重的影响。在 C-S-H 凝胶中,除钙硅比 C/S 和水硅比在较大范围内变动外,还存在着不少其他离子,如 Al^{3+}、Fe^{3+}、SO_4^{2-} 等,因此,C-S-H 凝胶的化学组成是不固定的,它可随一系列因素的变化而改变。C-S-H 有很大的比表面积,一般为 $200 \sim 400m^2/g$,甚至可达 $700m^2/g$,因为凝胶结构中有大量的孔隙存在。

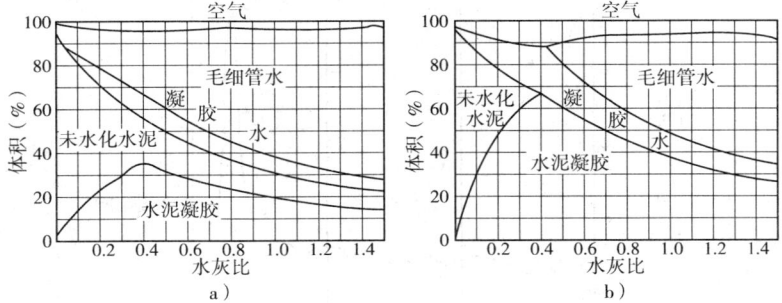

图 2-2-7-1 水泥石各组成百分比
a)水化程度 $\alpha = 0.5$;b)水化程度 $\alpha = 1.0$

影响 C-S-H 凝胶组成的因素主要有水化时间、温度及水灰比。水化时间对 C-S-H 凝胶中 C/S 比的影响,在 C_3S 和 C_2S 的水化物中有差别。在 C_3S 和 C_2S 水化最初形成的水化物中,C/S 比值接近于原始化合物的比值,但后来对 C_3S 来说,C/S 下降很快,随后缓慢下降。也有人认为 C/S 随后又有回升;而对于 C_2S 来说,水化物的 C/S 比值也下降很快,但是随后又略有回升。温度对 C-S-H 凝胶组成的影响不显著。水灰比对 C-S-H 的影响最为显著,图 2-2-7-2 表示 C/S 与 H/S 随水灰比的变化规律。图中可看出,无论是 C/S 还是 H/S,它们均随 W/C 的降低而提高。且 H/S 大约比 C/S 小 0.5 左右。因此,在水化良好的情况下,C-S-H 凝胶的组成可粗略地用下式表示:

$$C_xSH_{x-0.5}$$

式中:x——C/S 的比值。

硅酸盐水泥水化过程中,由于液相中有铝、铁等离子的存在,因此 C-S-H 凝胶体中有少量 Al 离子进入结构代替 Si 离子,即 Al_2O_3 可取代 SiO_2。有资料表明:Al_2O_3 代替 SiO_2 可改善 C-S-H 凝胶的收缩性能。此外,水化过程中,硫酸盐也要进入 C-S-H 凝胶体的结构中,即 SO_3 取代 SiO_2,取代的数量与 C/S 值有关。

C-S-H 结晶程度极差。图 2-2-7-3 为普通成分的硅酸盐水泥经充分水化后的 X 射线衍射(XRD)图。虽然其组成大部分已经是 C-S-H,但只不过能勉强检出三个弱峰(图中用蛋形描出部分)。即使水化时间再长,其结晶度仍然提高不多,例如长达 20 年的 C_3S 浆体,其 X 射线衍射图仍与图 2-2-7-3 非常相近。

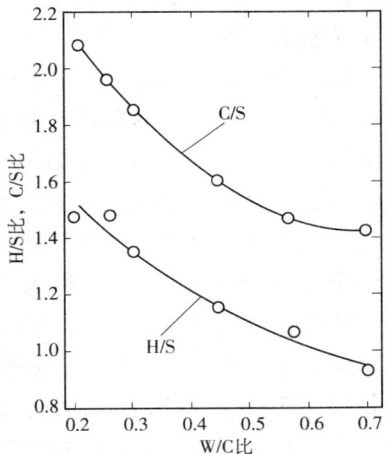

图 2-2-7-2 水灰比对 C-S-H
凝胶组成的影响

2. C-S-H 凝胶的硅酸根聚合度

硅酸盐水泥水化时,首先溶出 Ca^{2+} 离子和单硅酸根离子 $[SiO_4]^{4-}$,C_3S、C_2S 矿物中的硅酸盐阴离子都以孤立的 $[SiO_4]^{4-}$ 四面体存在。随水化过

89

程的进行,硅酸根不断聚合,所以,C－S－H 凝胶是由不同聚合度的硅酸根与钙离子组成的水化物。

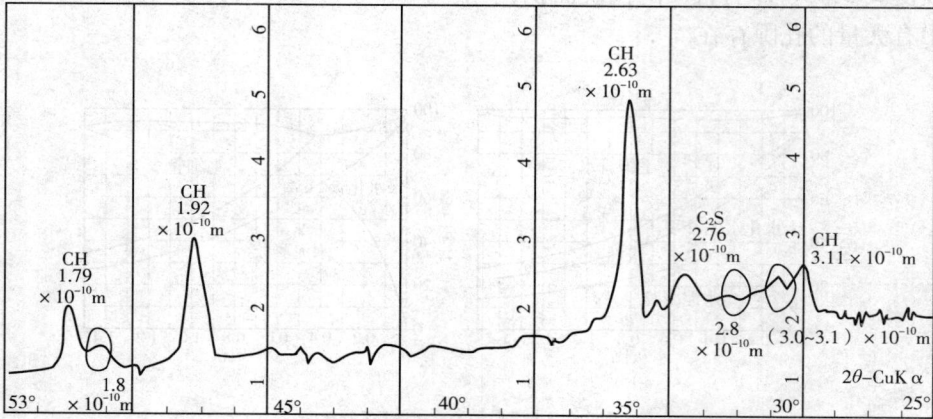

图 2-2-7-3　普通硅酸盐水泥硬化浆体的 XRD 图

有关资料介绍,在长期(1.8~6.3 年)水化的浆体中,硅酸根的单聚物占 9% ~11% ,二聚物占 22% ~30% ,而三聚物和四聚物很少,但其他的多聚物达 44% ~51% 。由此可见,在反应初期,C－S－H 中的硅酸盐主要以二聚物存在。但以后高聚合度的多聚物所占比例相应增多。在完全水化的浆体中,大约有 50% 左右的硅以多聚物存在,而且即使水化反应已经基本结束,聚合作用仍然继续进行。至于多聚物的类别,各方面测定结果较有出入,有的认为以线型的五聚物(Si_3O_{16})居多。

图 2-2-7-4 为伦茨(C. W. Lentz)用三甲基硅烷化法(TMS 法)研究硅酸盐阴离子类别随时间变化的结果。

3. C－S－H 凝胶的形貌

用扫描电镜(SEM)观测时,可以发现水泥浆体中的 C－S－H 有各种不同的形貌,S. 戴蒙德认为至少有以下四种:

第一种为纤维状粒子,称为 I 型 C－S－H (图 2-2-7-5),为水化早期从水泥颗粒向外辐射生长的细长条物质,长约 0.5 ~2 μm,宽一般小于0.2 μm,通常在尖端上有分叉现象。亦可能呈现板条状或卷箔状薄片、棒状、管状等形态。

第二种为网络状粒子,称为 II 型 C－S－H,呈互相联锁的网状构造,如图 2-2-7-6 所示。其组成单元也是一种长条形粒子,截面积与 I 型相同,但每隔 0.5 μm 左右就叉开,而且叉开角度相当大。

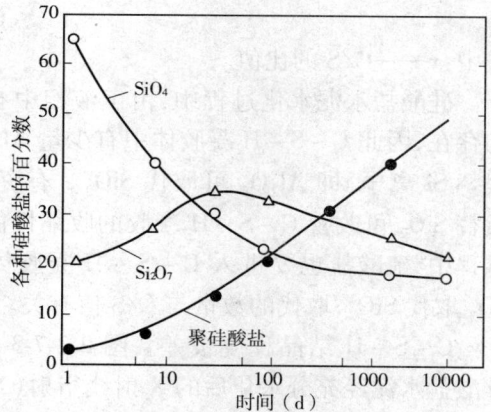

图 2-2-7-4　水泥浆体中硅酸盐阴离子随时间的变化

由于粒子间叉枝的交结,并在交结点相互生长,从而形成连续的三维空间网。

第三种是等大粒子,称 III 型 C－S－H,为小而不规则、三向尺寸近乎相等的颗粒,也有扁平状,一般不大于 0.3 μm。图 2-2-7-7 为在不同水泥浆体中所观测到的几例。通常在水泥水化到一定程度后才出现,在水泥浆体中常占相当数量。

第四种为内部产物,称Ⅳ型 C－S－H,即处于水泥粒子原始周界以内的 C－S－H。由图 2-2-7-8 可见,其外观呈皱纹状,与外部产物保持紧密接触,具有规整的孔隙或紧密集合的等大粒子。典型的颗粒尺寸或孔的间隙不超过 $0.1\mu m$ 左右。

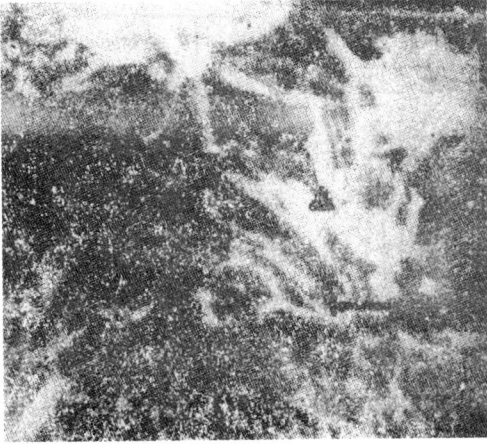

图 2-2-7-5　Ⅰ型 C－S－H 的 SEM 象

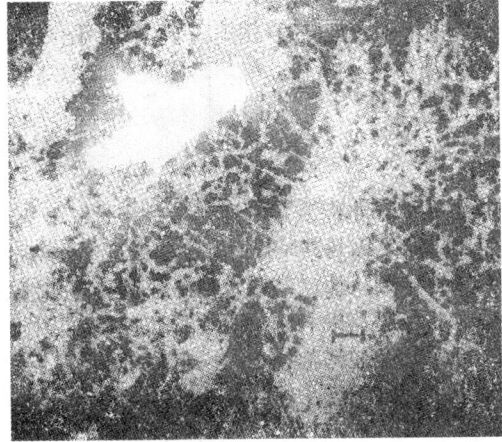

图 2-2-7-6　Ⅱ型 C－S－H 的 SEM 象

图 2-2-7-7　Ⅲ型 C－S－H 的 SEM 象

一般说来,水化产物的形貌与其可能获得的生长空间有很大的关系。C－S－H 除具有上述的四种基本形态外,还可能在不同场合观察到呈薄片状、珊瑚状以及花朵状等各种形貌。另外,据研究,C－S－H 的形貌还与 C_3S 的晶型有关:三方晶型的 C_3S 水化成薄片状;单斜的为纤维状;而三斜的则生成无定形的 C－S－H。

二、水泥水化物的结晶相及其结构

硅酸盐水泥水化物的结晶相主要有:氢氧化钙[$Ca(OH)_2$]、钙矾石($C_3A \cdot 3CaSO_4 \cdot 32H_2O$,也称 AFt),单硫型水化硫铝酸钙($C_3A \cdot CaSO_4 \cdot 12H_2O$,也称 AFm)。

1. 氢氧化钙

氢氧化钙具有固定的化学组成,纯度较高,属三方晶系,其晶胞尺寸为 $a = 3.535 \times 10^{-10}$ m,$C = 4.909 \times 10^{-10}$ m。其晶体构造属于层状(见图 2-2-7-9)。其层状构造为彼此联接的 $[CA(OH)_6]$ 八面体。结构层内为离子键,结构层之间为分子键。氢氧化钙的层状结构决定了它的片状形态。

图 2-2-7-8 Ⅳ型 C-S-H 的 SEM 象

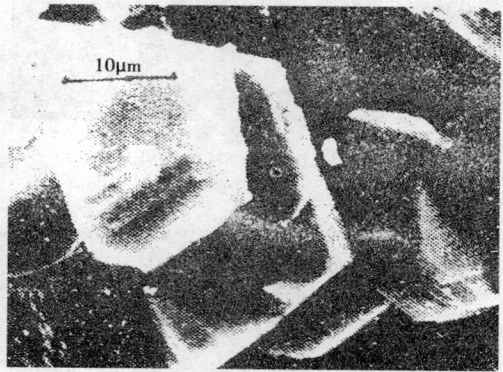

图 2-2-7-9 氢氧化钙的结构

当水化过程到达加速期后,较多的 $Ca(OH)_2$ 晶体即在充水空间中成核结晶析出。其特点是只在现有的空间中生长,如果遇到阻挡,则会朝另外方向转向长大,甚至会绕过水化中的水泥颗粒而将其完全包裹起来,从而使其实际所占的体积有所增加。在水化初期,$Ca(OH)_2$ 常呈薄的六角板状,宽约几十微米,用普通光学显微镜即可清晰分辨;在浆体孔隙内生长的 $Ca(OH)_2$ 晶体(图 2-2-7-10),有时长得很大,甚至肉眼可见。随后,长大变厚成叠片状。$Ca(OH)_2$ 的形貌受到水化温度的影响,对各种外加剂也比较敏感。

2. 钙矾石

钙矾石属三方晶系,为柱状结构。泰勒等人认为:钙矾石基本结构单元柱为 $\{Ca_3[Al(OH)_6] \cdot 12H_2O\}^{3+}$,系由 $Al(OH)_6$ 八面体再在周围各结合三个钙多面体组合而成,如图 2-2-7-11 所示。每一个钙多面体上配以 OH^- 及水分子各四个。柱间的沟槽中则有起电价平衡作用的三个 SO_4^{2-},从而将相邻的单元柱相互联接成整体,另外还有一个水分子存在。所以钙矾石的结构式可以写成:$[Ca_3Al(OH)_6 \cdot 12H_2O](SO_4)_{15} \cdot H_2O$,其中结构水所占的空间达钙矾石总体积的 81.2%;如以重量计,也达 45.9%。

图 2-2-7-12 是扫描电镜测得的钙矾石的立体形貌,图中可清晰地看到表面完好的针状物,针棒状的尺寸和长径比虽有一定变化,但两端挺直,一头并不变细,也无分叉现象。据透射电镜观测,有一些钙矾石以空心管状出现,在组成上可能有一定差别。

钙矾石的特征 X 射线衍射峰为 9.73×10^{-10} m、5.61×10^{-10} m、4.69×10^{-10} m、$3.88 \times$

10^{-10}m、2.772×10^{-10}m、3.564×10^{-10}m、2.209×10^{-10}m。

3. 单硫盐(AFm 相)

AFm 属三方晶系,但呈层状结构,其基本单元层为:$\left[Ca_2Al(OH)_6\right]^+$,层之间则为$\frac{1}{2}SO_4^{2-}$以及三个 H_2O 分子。所以其结构式应为:$\left[Ca_2Al(OH)_6\right](SO_4)_{0.3} \cdot 3H_2O$。

与钙矾石相比,单硫酸盐中的结构水少,占总重的 34.7%;但其比重较大,达 1.95。在水泥浆体中的单硫型水化硫铝酸钙,开始为不规则板状,成簇生长或呈花朵状,再逐渐变为发育良好的六方板状(见图 2-2-7-13)。

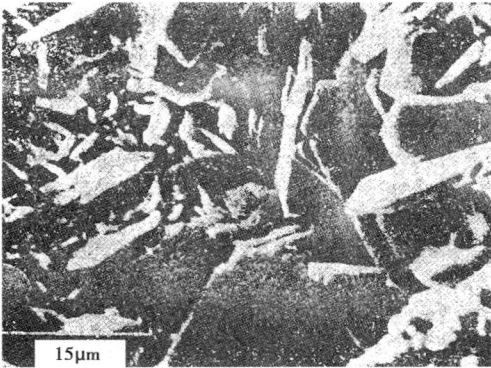

图 2-2-7-10 在孔隙中生长的 $Ca(OH)_2$ 晶体

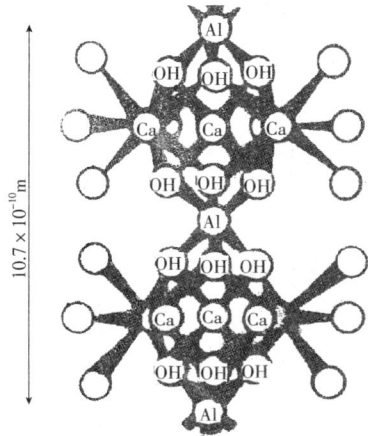

图 2-2-7-11 钙矾石相的结构单元

图 2-2-7-12 钙矾石形貌(SEM)

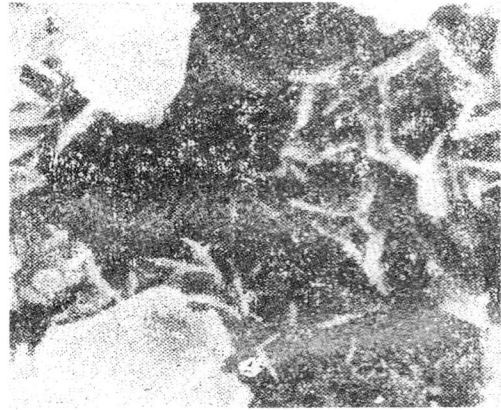

图 2-2-7-13 水泥浆体中的单硫型水化硫铝酸钙相(SEM)×5000

综上所述,水泥水化产物是在水化过程中逐渐形成的,随着水化产物的不断增加,水化产物逐渐充满原来由水占据的空间,固体离子逐渐靠近,构成密集的整体。可将水泥石看成是由水泥凝胶、吸附在凝胶孔内的凝胶水、$Ca(OH)_2$ 等结晶相、未水化水泥颗粒、毛细孔及毛细孔水所组成。在不同时期各水化产物生成发展见图 2-2-7-14。

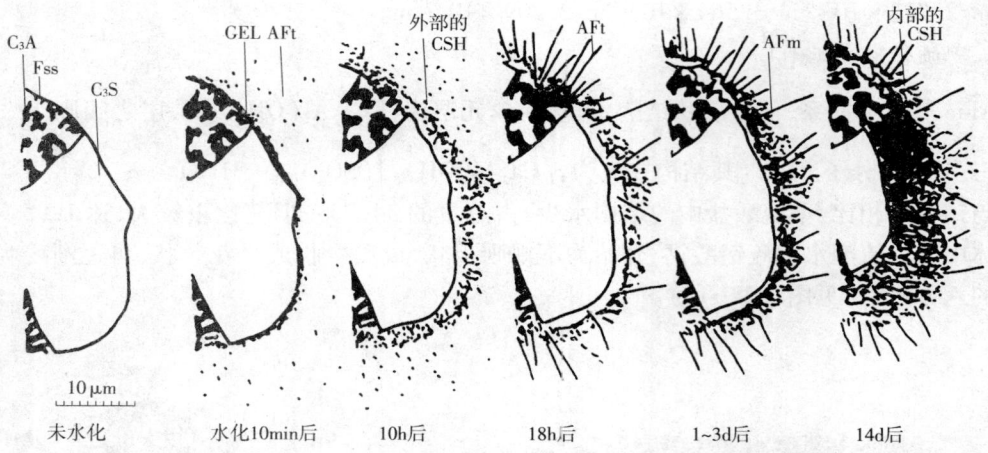

图 2-2-7-14　水化过程中硅酸盐水泥石结构发展示意图

§2-7-2　水泥石的孔结构

水泥石是一个多相多孔体系。水泥石的一个重要特征就是其中的孔隙率以及不同孔径的分布状况。早在第七届国际水泥化学会议上,F. H. Wittman 就提出了孔隙学的概念。孔隙学即研究孔特征或孔结构的理论。孔结构主要指孔隙率、孔径分布以及孔几何学;孔级配指各种孔径的孔互相搭配的情况。孔几何学包括孔的形貌和排列。

在水化过程中,水化产物的体积要大于熟料矿物的体积。据计算每 $1cm^3$ 的水泥水化后约需占据 $2.2cm^3$ 的空间。即约45%的水化产物处于水泥颗粒原来的周界之内,成为内部水化产物;另有55%则为外部水化产物,占据着原先充水的空间。这样,随着水化过程的进展,原来充水的空间减少,而没有被水化产物填充的空间,则逐渐被分割成形状极不规则的毛细孔。

下面我们将分别讨论水泥石中孔的分类、级配及测定方法。

一、水泥石孔的分类及作用

水泥石中孔的分布范围很广,孔径可从 $10\mu m$,一直小到 $0.0005\mu m$。孔隙不仅存在于水泥水化物占有的空间中,而且也存在于 C－S－H 凝胶粒子的内部。凝胶孔尺寸极为细小,用扫描电镜也难以分辨。关于水泥石中孔的分类方法很多,并有许多观点也不一致。例如,鲍维斯等人认为凝胶粒子的直径约 100×10^{-10} m 左右,其中有28%的胶孔,孔的尺寸约 $(15 \sim 30) \times 10^{-10}$ m。弗尔德曼等则强调有层间孔存在,并确定水力半径(孔容积与表面积的比值)在 $(0.95 \sim 2.78) \times 10^{-10}$ m 之间。而 1976 年

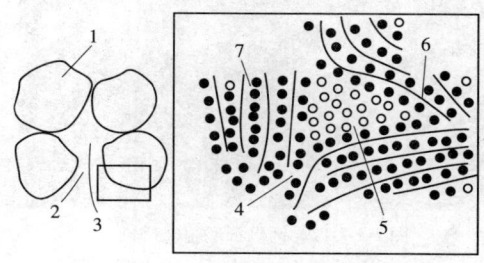

图 2-2-7-15　C－S－H 凝胶的孔结构模型
1-凝胶颗粒;2-窄通道;3-胶粒间孔;4-窄通道;5-微晶间孔;6-单层水;7-微晶内孔

日本近腾连一和大门正机通过试验,并综合了 Brunauer、Powers、Dubinin、Mikhail、Feldman 等人的观点,提出了 C－S－H 凝胶的孔结构模型(见图 2-2-7-15)。

Ю. M. 布特等人对水泥石的孔结构也曾做过大量的研究,它们把水泥石的孔径按大小分

为四级,一是凝胶孔($< 100 \times 10^{-10}$ m),二是过渡孔[($10^2 \sim 10^3$) $\times 10^{-10}$ m],三是毛细孔[($10^3 \sim 10^4$) $\times 10^{-10}$ m],四是大孔($> 10^4 \times 10^{-10}$ m)。

Jawed 等人通过对水泥石中孔结构研究后,给出了水泥石中不同类型的孔尺寸及来源、相应的测试方法、对水泥石性质的主要影响(见表2-2-7-2)。

水泥石中的孔 表2-2-7-2

孔 分 类		尺 寸	测定方法	来 源	作 用
大孔		$> 5 \times 10^4 \times 10^{-10}$ m	光学显微镜	气泡,未充分凝结硬化,不正确的养护,水灰比过大	影响结构强度
毛细孔	大孔 Macropores	$> 500 \times 10^{-10}$ m	压汞法	水泥浆体中水填充的孔隙	控制渗透性及耐久性
	间隙孔 Mesopores	$(26 \sim 500) \times 10^{-10}$ m	压汞法 气体吸附法	浆体中水填充的孔隙,较小的孔与 CSH 凝胶有关	干燥时可产生很大的毛细压力
	微孔 Micropores	$< 26 \times 10^{-10}$ m	气体吸附法	与 CSH 凝胶有关	在干湿循环过程中可能分解

P. K. Metha 的试验表明:小于 1320×10^{-10} m 的孔对混凝土的强度和渗透性没有什么影响。他将孔分为四级:即小于 45×10^{-10} m;$(45 \sim 500) \times 10^{-10}$ m;$(500 \sim 1000) \times 10^{-10}$ m;大于 1000×10^{-10} m。认为 1000×10^{-10} m 作为毛细孔的下限是适宜的,大于 1000×10^{-10} m 的孔隙率对混凝土性质有很大的影响。所谓毛细孔,根据 Dubinin 等人的意见,即微孔势能明显大于重力场势能的孔。在通常孔情况下,毛细孔只通过凝胶孔而相互连接,而当孔隙率较高时,毛细孔成为通过凝胶的连续的、相互连接的网状结构。T. C. Powers 关于毛细孔隙率的简便计算公式为:

$$p_0 = 1 - \frac{CV_c}{V}\left[1 - m + m(1 + W_n^0/C)\frac{V_g}{V_c}\right] \tag{2-2-7-1}$$

$$p_0 = 1 - \frac{m\left[(1 + W_n^0/C)\frac{V_g}{V_c} - 1\right] + 1}{1 + \frac{W_0 C}{V_c}} \tag{2-2-7-1'}$$

式中:C——水泥在原来状态下的重量,g;

m——成熟度因子,等于水泥已水化的部分;

V_c——水泥比容(干重),cm^3/g;

W_n^0——非蒸发水量,(D 干燥处理的试体剩余水),g;

V_g——水泥凝胶比容(干重),cm^3/g;

V——试体或一部分水泥浆体的体积;

W_0——新拌水泥浆中水的重量,并校正了析水量。

这样测定的水泥浆体孔隙率是总孔隙率,包括开口孔隙率和封闭孔孔隙率。

毛细管孔隙率对硬化水泥浆体强度及渗透性影响见图2-2-7-16 及图2-2-7-17 所示。

从图2-2-7-16 可看出:当毛细孔隙率低于 40% 以后,抗压强度随孔隙率的下降而急剧增长。由图2-2-7-17 可知:当毛细孔隙率大于 25% 时,约相当于 $W/C = 0.53$,渗透系数随孔隙率的增加而急剧增加;而当孔隙率低于 20% 时,约相当于 $W/C = 0.45$,则可以几乎不透水。孔隙率在10%以下时,相当于 $W/C \leqslant 0.4$,可认为基本上不渗水。

二、孔级配

关于孔的级配研究,国内外已有不少文章发表。主要研究不同尺寸孔的级配对水泥浆体或混凝土宏观行为的影响,以及改善孔级配的途径。

美国加州大学伯克利分校教授 P. K. Metha 发表报告提出,增加 1320×10^{-10} m 以下的孔不会降低混凝土的渗透性。Metha 又发表文章介绍火山灰材料对混凝土孔级配改善的作用,见图 2-2-7-18。

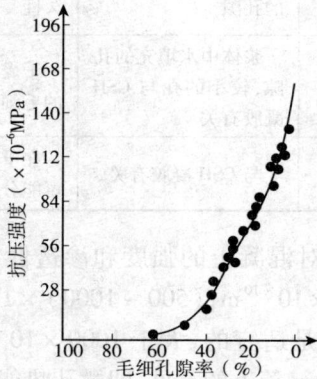

图 2-2-7-16 水泥浆体毛细管孔隙率对强度的影响

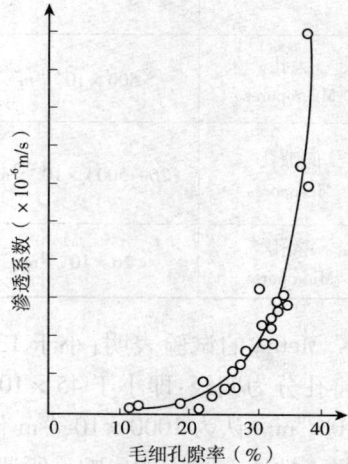

图 2-2-7-17 毛细孔孔隙率与渗透性的关系

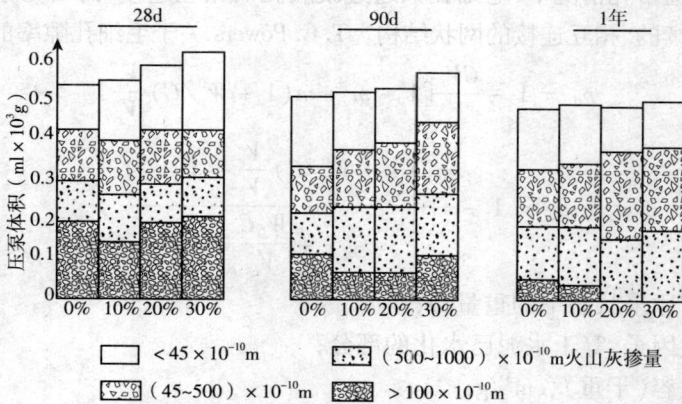

图 2-2-7-18 掺不同火山灰的硬化水泥浆体孔级配的变化

图中,水泥浆体养护 28d,以火山灰掺量 10% 的强度最高,其大于 1000×10^{-10} m 的孔最少。1 年后,以火山灰掺 20% 时强度最高,此时无大于 1000×10^{-10} m 的孔,而小于 500×10^{-10} m 的孔最多;1 年后火山灰掺 20% 和 30% 时,都无大于 1000×10^{-10} m 的孔,因此抗渗性最好。该图还说明,随龄期的增长而大孔减少,小孔增多。而掺入火山灰后,随龄期的增长,新生水化物填充孔隙,不仅使总孔隙率降低,而且大孔也减少。

1977 年以色列 Q. z. Cebeci 曾经提出区分球形孔和管形孔的级配。它假设混凝土中存在两种孔,均匀孔经的管形孔和墨水瓶状孔。清华大学研究生李庆华测试了水泥浆体试件受力至破坏后孔级配的变化,同时采用了 Cebeci 的方法区分孔形状的变化,分析各级不同形状孔参与破坏的情况,按其对强度的影响,将过渡孔分成小于 200×10^{-10} m、$(200 \sim 500) \times 10^{-10}$ m、大于 500×10^{-10} m 三级。研究表明,当阈值孔径在 1000×10^{-10} m 左右时,大于 500×10^{-10} m 的孔对硅酸盐水泥浆体的强度起主要支配作用;当阈值孔径下降到 500×10^{-10} m 时,硅酸盐水泥浆体的强度主要受小于 200×10^{-10} m 的管形孔的控制,原因是小于 200×10^{-10} m 的孔以管形为主;而 $(200 \sim 500) \times 10^{-10}$ m 孔以球形为主。加入外加剂可改变 $(100 \sim 200) \times 10^{-10}$ m 孔的孔隙率和孔形状。

三、水泥石的内比表面积

水泥石内部固相表面的性质以及其比表面的大小对水泥石的物理力学性质如强度、抗渗性、抗冻性,特别是它与周围介质的相互作用和吸附性能等有重大影响。

水泥石的内比表面积,一般采用气体吸附方法测定。常用的气体是水蒸气和氮气。用水蒸气进行测定时,将经过一定方法干燥过的样品在不同蒸气压下,测定对蒸气平衡时的吸附量。再根据 BET 公式计算出在固相表面上形成单分子吸附层所需的水蒸气量,然后按式 2-2-7-2 算出硬化水泥浆体的比表面积:

$$S = a \frac{V_m N}{M} \qquad (2\text{-}2\text{-}7\text{-}2)$$

式中:S——比表面积,cm^2/g;

$\quad a$——每 1 个吸附气体分子的覆盖面积,cm^2,水蒸气:$a = 11.4 \times 10^{-10} m^2$($25℃$),氮气:$a = 16.2 \times 10^{-10} m^2$($-195.8℃$);

$\quad N$——阿佛加德罗常数(6.02×10^{23});

$\quad M$——被吸附气体的分子量;

$\quad V_m$——在每克被测固体表面形成单分子吸附层所需气体量,g。

用此法测得硬化水泥浆体的比表面积约为 $210 m^2/g$,与未水化的水泥相比,提高达三个数量级。如此巨大的比表面积所具有的表面效应,必然是决定浆体性能的一个重要因素。水泥矿物组成的不同对其比表面积略有影响,如表 2-2-7-3 所示。

用水蒸气吸附法测得的水化水泥的比表面积   表 2-2-7-3

编 号	水泥的计算组成(%)				硬化水泥的表面积(m^2/g)	
	C_3S	C_2S	C_3A	C_4AF	S_c	S_g
A	45.0	27.7	13.4	6.7	219	267
B	48.5	27.9	4.6	12.9	200	253
C	28.3	57.5	2.2	6.0	227	265
D	60.6	11.6	10.3	7.8	193	249
平均					210	258
E	100	0	0	0	210	293
F	0	100	0	0	279	299

表中 S_c 表示按硬化水泥浆整体所测得的比表面积,其中包括一定数量的 $Ca(OH)_2$、AF_t 或 AFm、C_3AH_{13} 等结晶相,但它们的尺寸相对于 $C-S-H$ 凝胶来说都较大,因此在 S_c 中所占的比例就很小。而 S_g 则为 $C-S-H$ 凝胶的比表面积,故比 S_c 要大。纯 C_3S 水化后的 S_c 小于 $\beta-C_2S$ 的,也是由于产物中 $Ca(OH)_2$ 含量较多的缘故。如只计算 $C-S-H$ 凝胶的比表面积,则都接近 $300 m^2/g$,两者基本一致。

还要注意的是,用不同方法所测得的比表面积可能相差很大。例如,当用氮气作为吸附气体时,则所得结果就只有水蒸气吸附法的 1/5 ~ 1/3。有人认为这是由于氮分子截面积较大,当孔径太小或者入口太狭时无法进入所致。

四、水泥石孔分布测定

目前常用于测定水泥石孔结构的方法有:汞压力法、等温吸附法,X 射线小角度散射法等。

1. 汞压力法

汞压力法主要根据压入孔系统中的水银数量与所加压力之间的函数关系,计算孔的直径和不同大小孔的体积。

汞压力测孔法最适合于平均半径为 15×10^{-10} m ~ 100μm 范围的孔。

图 2-2-7-19 为高压测孔法所得水中养护 11 年的三种水灰比的水泥浆体孔级配曲线。曲线均有双峰现象。汞压力法所用试样需进行干燥,而干燥有可能引起结构不可逆变化。但测定结果与冰冻蔓延法(未经干燥)结果相符。

2. 等温吸附法

气体吸附在固体表面,随着相对气压的增加,会在固体表面形成单分子层和多分子层。加上固体中的细孔产生的毛细管凝结,可计算固体比表面积和孔径。

用氮气吸附曲线或环已烷解吸曲线计算孔径分布,目前已做到水灰比从 0.35 ~ 0.7 的水泥浆体,可能由于分子大小的缘固,用环已烷和氮气测出的结果

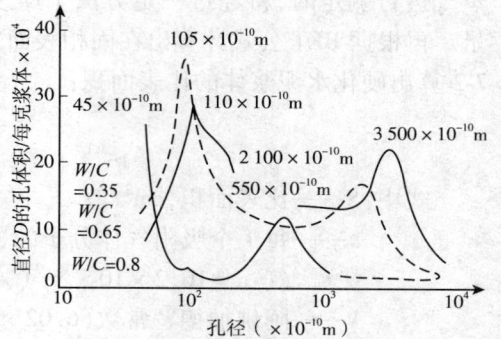

图 2-2-7-19 水泥浆体孔级配曲线

有差别:用氮气时,孔峰在 22×10^{-10} m($W/C = 0.35$)和 32×10^{-10} m($W/C = 0.70$)(图 2-2-7-20),而环已烷吸附所测孔峰在 45×10^{-10} m 处(图 2-2-7-21),由后者计算出的比表面积和总孔隙率均比氮气吸附所得的为小。由吸附法所计算的最大孔径只有 300×10^{-10} m,故不表现双峰。

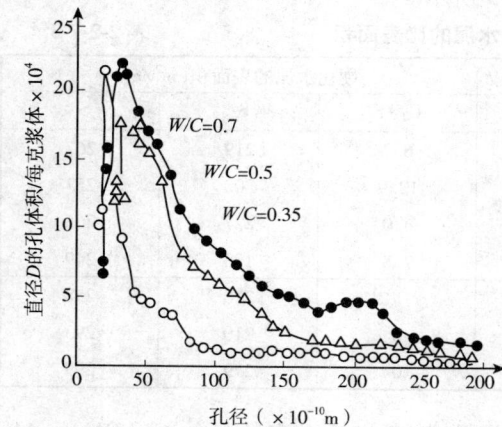

图 2-2-7-20 N$_2$ 吸附法测定水泥浆体孔径分布结果

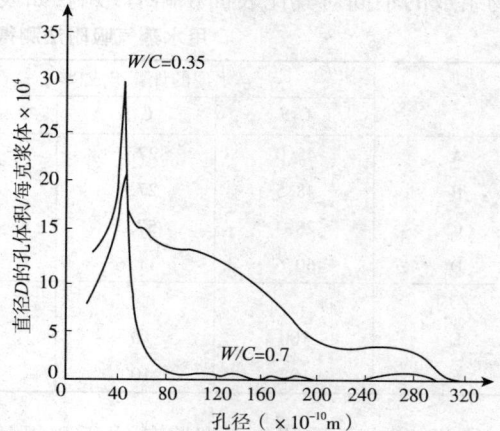

图 2-2-7-21 用环已烷吸会得到的成熟水泥浆体孔径分布

用不同气体对浆体进行吸附法测孔,与水灰比的关系有差别。如图 2-2-7-22 所示,用水蒸气和异丙醇以及环已烷测得的总比表面积与 W/C 无关,但孔经分布不同,而 N$_2$ 吸附和甲烷吸附结果则随 W/C 的增加而增加,W/C 超过 0.6 以后又无明显影响。

吸附法,尤其是氮气吸附的方法,通常用于测定 $(5 \sim 350) \times 10^{-10}$ m 的孔。

3. 小角度 X 射线散射法

小角度 X 射线散射法缩写为 SAXS(Small angle X-Ray scattering),此法可在常压下测定材料 $(20 \sim 300) \times 10^{-10}$ m 的细孔孔径分布。用 SAXS 测定材料比表面积或孔结构,不要求对试样进行去气和干燥处理,因而可测定任意湿度下试样的孔结构。图 2-2-7-23 为用小角度 X 射线散射法测定的水化 28 天的水泥浆体孔径分布曲线。

由图 2-2-7-23 可见,水泥浆体的最可几孔峰约在 $(40 \sim 50) \times 10^{-10}$ m 处,受水灰比影响不明显。但水灰比大时,则在 $(10 \sim 300) \times 10^{-10}$ m 范围内有较大的总孔隙率(图中曲线与横坐标范围的面积积分)。

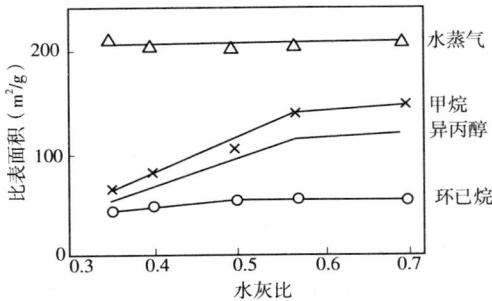

图 2-2-7-22 用不同的吸附剂所测结果　　图 2-2-7-23 用 SAXS 法测定的水泥浆体孔径分布曲线

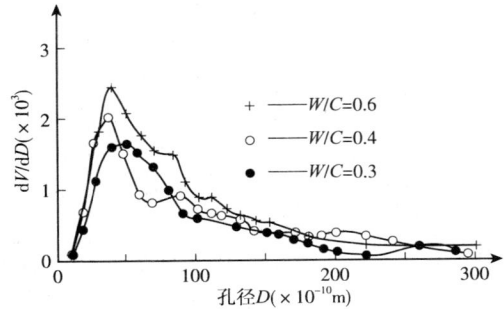

与汞压力法相比较,二者所测孔分布在较大孔处较接近,而在小孔处,则 SAXS 法所测孔穴比汞压力法所测结果大得多。原因是汞难以进入大量封闭孔和墨水瓶孔的陷入部分;水灰比越低,汞越难进入,则所测不出的孔孔径越大。而 SAXS 法在大孔区域由于干涉效应和仪器精度所限,会产生较大误差。所以 SAXS 法适于测 300×10^{-10} m 以下的孔。

五、影响水泥石孔分布的因素

影响水泥石孔分布的因素很多,主要有水化龄期、水灰比、水泥的矿物组成、养护制度及外加剂等。

1. 水化龄期对孔分布的影响

随着水化龄期的增长,总孔隙率减少,凝胶孔(约小于 100×10^{-10} m)增多,大于 100×10^{-10} m 的孔隙减少,IO. B. 齐霍夫斯基等人曾经研究过不同矿物组成的各种硅酸盐水泥在标准条件下,水泥石孔结构形成过程的动力学。表 2-2-7-4 为水化龄期对水泥石孔分布的影响,表中水泥矿物组成见表 2-2-7-5。

水化龄期对水泥石孔分布的影响　　　　　　　　表 2-2-7-4

水泥	硬化期(24h)	总孔隙(cm^3/g)	孔隙半径分布(%)			
			$>10^4 \times 10^{-10}$ m	$(10^3 \sim 10^4)$ $\times 10^{-10}$ m	$(10^2 \sim 10^3)$ $\times 10^{-10}$ m	$(40 \sim 10^2)$ $\times 10^{-10}$ m
1	1	0.1102	7.4	19.9	53.5	19.2
	7	0.0555	16.2	15.7	26.7	41.4
	28	0.0401	23.7	9.7	21.4	45.2
	90	0.0322	8.4	7.4	30.9	53.2
	180	0.0237	8.0	4.2	32.9	54.9
	365	0.0226	10.3	7.1	42.0	40.6

水泥	硬化期 (24h)	总孔隙 (cm³/g)	孔隙半径分布(%)			
			$>10^4 \times 10^{-10}$ m	$(10^3 \sim 10^4)$ $\times 10^{-10}$ m	$(10^2 \sim 10^3)$ $\times 10^{-10}$ m	$(40 \sim 10^2)$ $\times 10^{-10}$ m
2	1	0.1266	4.6	20.6	58.9	15.9
	7	0.0600	5.0	20.8	45.1	29.1
	28	0.0430	8.1	9.1	51.6	31.2
	90	0.0313	9.3	4.5	45.9	40.3
	180	0.0229	6.5	5.7	47.6	40.2
	365	0.0220	4.1	10.9	45.4	39.6
3	1	0.1272	2.7	14.5	68.9	13.9
	7	0.0878	11.6	5.7	53.2	31.7
	28	0.0510	8.8	12.5	36.9	41.8
	90	0.0426	9.4	5.9	33.2	51.3
	180	0.0368	8.5	9.7	31.4	50.4
	365	0.0346	6.6	11.3	45.4	39.6
4	1	0.1432	6.6	23.4	57.3	12.7
	7	0.0921	13.2	18.8	48.3	19.7
	28	0.0418	24.9	5.3	22.0	47.8
	90	0.0380	7.9	2.1	40.6	49.4
	180	0.0305	6.6	9.2	40.6	44.3
	365	0.0246	6.9	7.7	45.5	39.9

由表 2-2-7-4 知,当水化龄期超过 3 个月以后,由于水化结晶度提高,凝胶孔的百分率稍有降低,毛细孔的百分率稍有增加的趋势。

2. 水灰比对水泥石孔分布的影响

随着水灰比的增大,总孔隙率增加,水灰比对总孔隙率的影响如图 2-2-7-24 所示。图中测定的试样经 18 个月的正常养护。

改变 W/C 时,除改变总孔隙率外,对孔级配也有影响。W/C 低时,最可几孔径也小,阈值孔径(或最大孔径)也小。如前所述,当水灰比降低到 0.4 以下时,几乎就消除了大于 1500×10^{-10} m 以上的大孔。见图 2-2-7-19 所示,对比如表 2-2-7-6。

3. 水泥矿物组成对水泥石孔分布的影响

水泥单矿物硬化体(标准条件下硬化 28d)的孔分布试验结果见表 2-2-7-7 所示。

由表中结果可看出:对于硬化 28d 的浆体的总孔隙率及毛细孔的百分率按下述顺序增加:C_3S → C_4AF → $\beta - C_2S$ → C_3A,而凝胶孔则按上述顺序减少。孔分布的这一特征与它们 28d 强度值的顺序也是一致的。

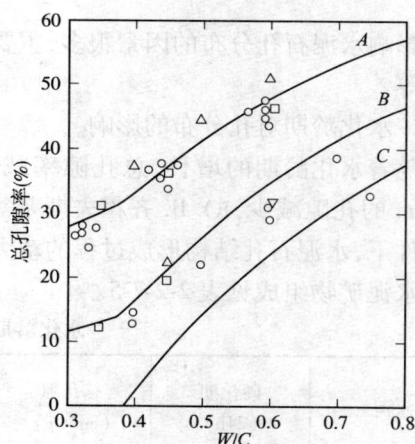

图 2-2-7-24 总孔隙率与水灰比(W/C)的关系,图中曲线 A 是总孔隙率,曲线 B 自由水所占的孔隙,曲线 C 是毛细孔隙

水泥矿物组成　　　　　　表 2-2-7-5

水泥	矿物含量（%）			
	C_3S	$\beta - C_2S$	C_3A	C_4AF
1	63.1	14.7	4.4	13.1
2	23.4	57.4	4.5	12.2
3	18.7	51.5	12.2	13.4
4	62.1	10.8	9.6	13.1

水灰比对孔结构的影响　　　　表 2-2-7-6

水灰比	最可几孔径（$\times 10^{-10}$m）	最大孔径（$\times 10^{-10}$m）	孔隙率（%）
0.80	110 3500	>10	~55
0.65	105 2100	<10	~40
0.35	45 550	10	<10

4. 掺外加剂对水泥石孔分布的影响

水泥砂浆中加入减水剂可以提高其流动性，降低水灰比，从而提高强度。加入减水剂后，可使总孔隙率减少，同时可使孔分布中最可几孔径的尺寸减小。

例如矿渣硅酸盐水泥加 NC 早强剂后，（1000 ~ 55000）$\times 10^{-10}$m 的有害孔从 27% 下降到 17%，而小于 1000×10^{-10}m 的孔从 67% 增加到 72%。

图 2-2-7-25 为水泥中加入 $CaCl_2$ 养护 7d 后浆体孔结构的变化。固定水灰比为 0.35，得到最大孔径小于 1500 $\times 10^{-10}$m 试样，研究孔径（32 ~ 1500）$\times 10^{-10}$m 的孔，即过渡孔。图中实线为第一次压汞值，虚线为第二次压汞值。

图 2-2-7-25 中 a) 为不加任何外加剂的纯水泥试样，b)、c)、d) 分别为加入 $CaCl_2$ 为 0.35,0.83,1.5（占水泥重量百分比）的试样。由图可见，随着 $CaCl_2$ 量的增加，大于 500 $\times 10^{-10}$m 的孔减少，阈值孔径显著下降。b) 所示，加入 0.5% 的 $CaCl_2$ 后，不但阈值孔径大大降低，而且大于 500×10^{-10}m 的孔体积也明显下降。同时（250 ~ 500）$\times 10^{-10}$m 孔级的球形孔明显增加。但是，大于 250 $\times 10^{-10}$m 的孔中球形孔的孔总体积并没有减少很多。比较 d) 图与 b)、c) 图，可看出 $CaCl_2$ 掺量不同，其孔结构也有所变化。

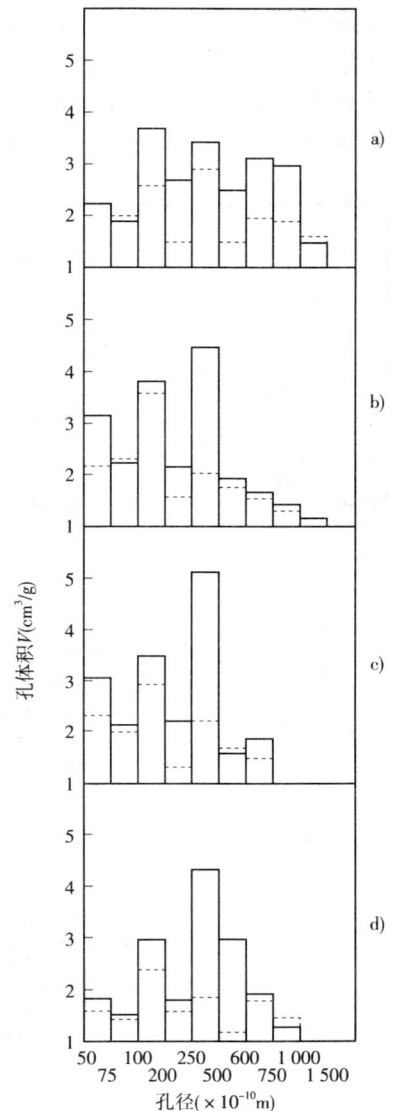

图 2-2-7-25　加入 $CaCl_2$ 的水泥浆体孔结构变化

5. 养护条件对水泥石孔分布的影响

对于水泥浆体来说，养护条件不同时，硬化后孔结构会有不同程度的差别，尤其是在初期。如图 2-2-7-26 所示。

图中为两种养护制度，一种是低温（5℃）成型并养护 6h，升温至 43℃，恒温 10h 再降至室温；另一种是常温成型后立即降至 5℃，养护 6h 后再以与第一种相同的制度继续进行养护。在这两种制度下养护的试样抗压强度分别为 52.0MPa 和 83.0MPa；对其进行汞压力测孔分析，结果表明，常温成型而低温初养的试样阈值孔径为 500×10^{-10}m，而低温成型试样阈值孔

径为 1500×10^{-10} m;前者大于 250×10^{-10} m 孔中的管形孔比例比后者的减少近一半;大于 500×10^{-10} m 的孔减少约 60%。这说明,常温下成型后比低温下成型水化速度快,立即降温后使初始水化物成核,起到晶种作用,从而使初始水化物分布状况发生变化,水化物优先填充管形孔。

水泥熟料单矿物的孔分布　　　　　　　　表 2-2-7-7

矿物	总孔隙(cm³/g)	孔分布(%)			
		$>10^4$ $\times 10^{-10}$ m	$(10^4 \sim 10^3)$ $\times 10^{-10}$ m	$(10^3 \sim 10^2)$ $\times 10^{-10}$ m	$(10^2 \sim 10)$ $\times 10^{-10}$ m
C_3S	0.078	9.1	4.6	44.4	41.9
$\beta - C_2S$	0.144	3.6	21.9	65.4	18.1
C_3A	0.220	12.9	57.8	19.2	10.1
C_4AF	0.104	6.0	32.5	50.0	11.5

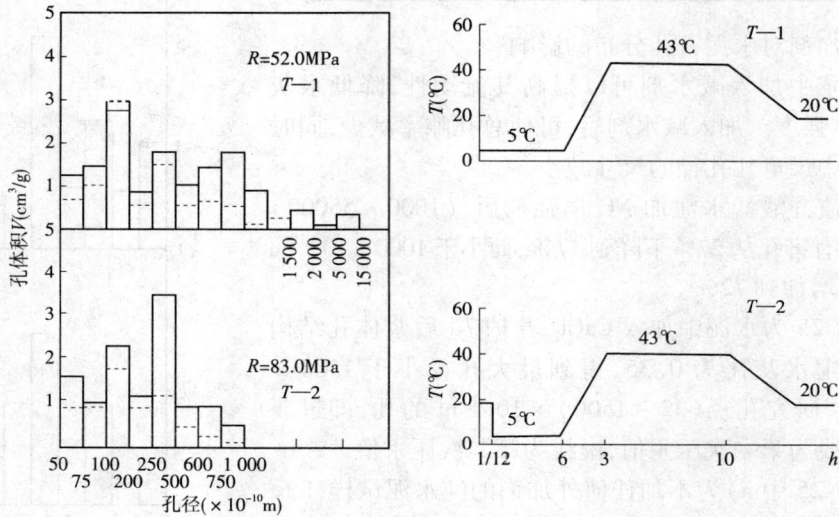

图 2-2-7-26　养护条件不同时孔径分布变化

§2-7-3　水泥石中的水及其形态

一、分类

水可以以多种形式存在于水化水泥浆体中。根据水与固相组份的相互作用以及水从水化水泥浆体中失去的难易程度,可将水泥石中的水分为结晶水、吸附水以及自由水。

1. 结晶水

又称化学结合水,根据其结合力的强弱,又分为强结晶水和弱结晶水两种。

强结晶水又称晶体配位水,以 OH^- 离子状态存在,并占有晶格上的固定位置,和其他元素有确定的含量比,结合力强。只有在较高温度下晶格破坏时才能将其脱去,例如在 $Ca(OH)_2$ 中就是以 OH^- 形式存在的强结晶水。

102

弱结晶水则是以中性水分子 H_2O 形式存在的水,在晶格中也占据固定位置,由氢键和晶格上质点的剩余键相结合,但不如强结晶水牢固,脱水温度不高,在 $100 \sim 200℃$:以上即可脱去,而且也不会导致晶格的破坏。当晶体为层状结构时,此种水分子常存在于层状结构之间,此时又称层间水。层间水在矿物中的含量不定,随外界的温、湿度而变,温度升高、湿度降低时会使部分层间水脱出,使相邻层之间的距离减小,从而会引起某些物理性质的相应变化。

2. 吸附水

以中性水分子的形式存在,但并不参与组成水化物的晶体结构,而是在吸附效应或毛细管力的作用下被机械的吸附于固相粒子表面或孔隙之中。故可按其所处的位置,分为凝胶水和毛细孔水两种。

凝胶水又包括凝胶微孔内所含水分及胶粒表面吸附的水分,由于受凝胶表面强烈吸附而高度定向。结合强弱可能有相当差别,脱水温度有较大的范围。凝胶水的数量大体上正比于凝胶体的数量。鲍维斯认为凝胶水占凝胶体积的28%,基本上是个常数。

毛细孔水仅受到毛细管力的作用,结合力较弱,脱水温度也较低。在数量上取决于毛细孔的数量。

3. 自由水

又称游离水,存在于粗大孔隙内,与一般水的性质相同。

除了上述三种基本类型以外,还有层间水和沸石水,它们的性质介于结晶水和吸附水之间。层间水一般存在于层状结构的硅酸盐水化物的结构层之间,这种水与 C – S – H 结构有关。已认为,在 C – S – H 层间单分子水为氢键所牢固固定。层间水仅在强裂干燥时(即,在11%相对湿度以下时)才会失去。当失去层间水时,C – S – H 结构明显收缩。沸石水则存在于晶格孔穴中,由氢键联系,一部分和阳离子配位,但不影响晶格结构。最典型的是存在于各种沸石矿物格架中的水,沸石水的脱水温度是连续的,从80℃到400℃。

水泥石中水的形态复杂,很难定量加以区分。因此,T. C. 鲍威斯从实用观点出发,把水泥中的水分为两类,即蒸发水与非蒸发水。凡是在 P 干燥或 D 干燥条件下可以蒸发的水叫蒸发水,而不能蒸发的水叫非蒸发水。吸附水和一部分弱结晶水属于蒸发水,而一部分强结晶水和化合水(结构水)属于非蒸发水。结晶水根据其在水化物中结合的牢固程度分别属于不同类型的水。见表2-2-7-8所示。

水泥水化物中不可蒸发的水分子数　　　　　　　　　　　　表 2-2-7-8

水 化 产 物	可蒸发的水分子数	不可蒸发的水分子数
$Ca(OH)_2$		H_2O
$3CaO.2SiO_2.3H_2O$	$0.2H_2O$	$2.8H_2O$
$3CaO.Al_2O_3.3CaSO_4.31H_2O$	$22H_2O$	$9H_2O$
$4CaO.Fe_2O_3.19H_2O$	$6H_2O$	$13H_2O$
$4CaO.Al_2O_3.19H_2O$	$6H_2O$	$13H_2O$
$3CaO.Al_2O_3.6H_2O$	0	$6H_2O$

因此,水泥石中非蒸发水的含量,不仅与水化物的数量有关,而且与水化物的类型有关,而水化物的类型又主要与水泥热料矿物组成有关,T. C. 鲍威斯根据实验结果,认为可用下式表

明硅酸盐水泥硬化浆体中不可蒸发水的含量与熟料矿物水化部分的数量。

$$\frac{W_n}{C} = 0.187(C_3S) + 0.158(C_2S) + 0.665(C_3A) + 0.213(C_4AF) \qquad (2-2-7-3)$$

式中：　　　　　　C——水泥用量；

C_3S、C_2S、C_3A、C_4AF——相应为熟料中的计算矿物组成。

上述关系式对于水灰比不低于 0.44，水泥比表面约为 1700 ~ 2000cm^2/g（按瓦格纳法测定）以及水化程度不太充分的水泥硬化浆体来说是近似准确的。

试验表明，蒸发水的体积可概略地作为浆体内孔隙体积的量度；含量越大，则在一定干燥条件下出现的毛细孔隙就越多。而非蒸发水量则与水化产物的数量多少存在着一定的比例关系，由于一定的水泥在完全水化后，有一个确定的非蒸发水量，因此在不同龄期实测的非蒸发水量可以作为水泥水化程度的一个表征值。又因为在非蒸发水量与固相表面形成单分子层的吸附量 V_m 之间有良好的线性关系，所以据此也可计算出比表面积的大小。

另外，蒸发水与非蒸发水的数量在相当程度上受到干燥方法的影响。各种干燥方法的效果见表 2-2-7-9。其中，用干冰（−79℃）干燥的即通常所称的 D 干燥法；用高氯酸镁的则称为 P−干燥法。由表中明显可见：在较为强烈的干燥条件下，蒸发水的数量会增加，而非蒸发水则相应减少。不过在毛细孔水、凝胶水脱出的同时，硫铝酸钙、六方晶系的水化铝酸钙以及 C−S−H 等也会失去结合不牢的部分结晶水。因此，所测得的非蒸发水并不一定是真正的结晶水，仅仅是一个近似值而已。

干燥方法对硅酸盐水泥浆体中剩留水量的影响表　　　　　表 2-2-7-9

干燥方法	蒸气压（Pa,25℃）	剩留水的相对数量
$Mg(ClO_4)_2 \cdot (2~4)H_2O$	1.07	1.0
P_2O_3	0.003	0.8
浓硫酸	<0.4	1.0
干冰（−79℃）	0.07	0.9
50℃加热	—	1.2
105℃加热	—	0.9

二、用非蒸发水的含量表征水化程度

对于一定的水泥来说，它完全水化后，有一个确定的不可蒸发水的含量，而对不同水化程度的水泥也有与之相应的非蒸发水的含量。因此非蒸发水的含量可以作为水泥水化程度的一个表征值。

美国硅酸盐水泥协会研究与发展实验室 T.C. 鲍维斯曾用不同水灰比制备水泥浆试体，放在饱和的潮湿空气中养护，直到完全水化为止。接着测定了各种试体的可蒸发水和非蒸发水的含量，其结果如图 2-2-7-27。对于图 2-2-7-27 中的水泥，有下列关系式成立：

$$W_t/C = W_o/C + 0.058m$$

$$W_e/C = W_t/C - 0.227m$$

$$W_e/W_t = 1 - 0.227mW_t/C$$

图 2-2-7-27 中，横坐标为试体总含水量 W_t/C，即蒸发水和非蒸发水的总量，纵坐标为可蒸发水的含水量 W_e/C。图中可见：当 W_t/C 超过 0.437 时，所有测得数据都在一条直线 AB 上。若求出完全水化的试样的总含水量 W_t/C，并减去可蒸发水的 W_e/C 的数值。可以得到一个差值，这个差值在直线 AB 所有各点上都等于 0.227，这个数值就是非蒸发水 W/C 可能的最大数值。这就是试验用水泥已经完全水化时的非蒸发水含量。当 $W_t/C <$ 0.437 时，即使在潮湿条件下，水泥也只有一部分能水化，W_t/C 越低，不能水化的水泥越多。图中在完全水化和未水化的两个极值之间，还标有不同水化程度的直线。因此，在 OB 线上的每一个点都可以相应地读出一个最可能的水化程度。

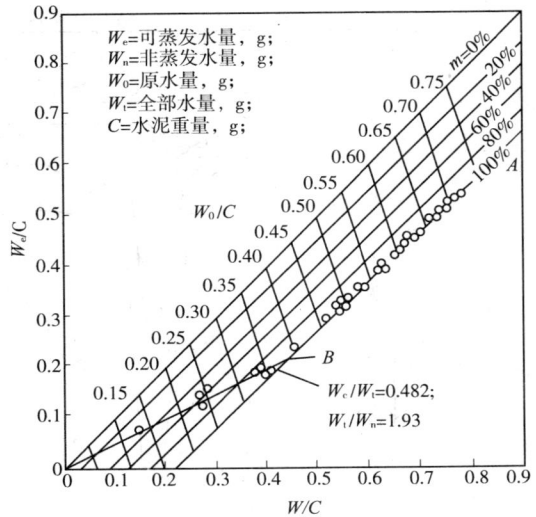

图 2-2-7-27　湿养条件下水泥石中各种水的关系

根据上述试验结果，当已知水灰比 W_0/C，并测定了不可蒸发水的含量时，就可以求出水泥的水化程度。

三、水泥石中水的转移与相变

水泥石中水的转移与温度和湿度有关。若将处于水饱和状态的水泥石置于湿度为 100% 的环境中，然后随着环境中湿度的降低，则该水泥石中处于毛细孔中的水开始蒸发，即向干燥的大气中转移。有试验表明：当湿度从 100% 降至 30% 时，水泥石中的毛细管水与湿度成正比地减少并开始伴随凝胶水的转移，当湿度从 30% 进一步降至 1% 时，水泥石中的凝胶水大量向毛细孔中转移并向外蒸发。这时，水泥石收缩明显。

水泥石中结晶水和结构水，只有当温度显著提高时才能失去。不同形态水的失去与温度、湿度的关系见表 2-2-7-10。

水泥石失水与温度、湿度的关系　　　　　　　　　　　　　表 2-2-7-10

序号	失水的湿度或温度范围	失水量(%)(累计值)	失去水的主要类别
1	相对湿度 30% ~ 100%	14.5	毛细孔水
2	相对湿度 1% ~ 30%	16.3	凝胶水
3	相对湿度 1%，脱水温度 200℃	17.3	结晶水
4	脱水温度 200 ~ 525℃	18.7	结构水

图 2-2-7-28 是用差热分析方法测定相变温度的一个实例。

水泥石中的水与固相互相作用力不同，其相变温度相差很大，塞茨(Setzer)等人用差热分析研究了水泥石的相变温度。他们认为可分为四类，见表 2-2-7-11 所示。

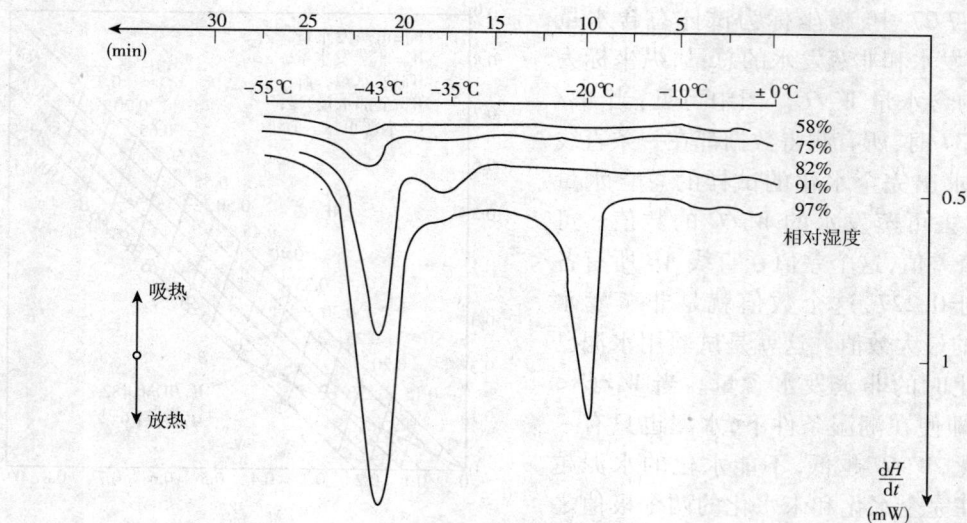

图 2-2-7-28　水泥石在负温下的相变

水泥石中水的相变温度

表 2-2-7-11

水 的 类 型	孔径($\times 10^{-10}$m)	相变温度(℃)
毛细孔水(自由水)	>1000	0
过渡孔水	约100	<0
凝胶孔水	30~100(相对湿度为60%~90%)	-43
强吸附水	层厚≤2.5 单分子层	~ -160

§2-8　水泥石的工程性质

水泥石的工程性质主要指水泥石的强度、抗变形性能以及耐久性,在本节中,我们将分别加以讨论。

§2-8-1　强　　度

水泥石的强度是指它抵抗破坏与断裂的能力。在水泥质量评定过程中,强度是重要指标。通常,将 28 天以前的强度称为早期强度,28 天以后的强度称为后期强度。

研究水泥浆体强度发展的作用,除孔隙率、孔径分布、密度、粘结等以外,还必须了解由于应力引起的孔隙周围的应力集中及其他不均匀性,应力集中取决于孔隙及粒子的大小和形状,此外,外部荷载及湿度变化所引起的外部体积变化也影响强度形成和发展。

一、强度理论

水泥石能硬化并具有强度,其原因有许多论述。具有代表性的理论如下:

1.脆性材料断裂理论

106

该理论认为:水泥石的强度主要取决于水泥石的弹性模量、表面能以及裂缝大小,其抗断裂的能力可以用葛里菲斯(Griffith)公式来表述:

$$\sigma = \sqrt{\frac{2E\gamma}{\pi C}} \qquad (2-2-8-1)$$

式中:σ——断裂应力;

E——弹性模量;

γ——单位面积的材料表面能;

C——裂缝长度。

由于 C–S–H 凝胶所具有的比表面积如此巨大,在浆体组成中所占比例又最多,所以总的表面能应该是决定浆体强度的一个重要因素。但另一方面,从硬化水泥浆体在水中的稳定性以及它有如刚性凝胶的特性等方面考虑,可能还存在着其他形式的化学胶结,如 O–Ca–O 键、氢键或 Si–O–Si 键等。因此,可认为硬化水泥浆体形成强度时,既有范德华力,也有化学键。

2. 结晶理论

该理论认为:硬化水泥浆体是由无数钙矾石的针状晶体和多种形貌的 C–S–H、以及六方板状的氢氧化钙和单硫型水化硫铝酸钙等晶体交织在一起而构成的。它们密集连生交叉结合、接触,形成牢固的结晶结构网。水泥石的强度主要决定于结晶结构网中接触点的强度与数量。А. Ф. 巴拉克(А. Ф. Полак)曾提出下列方程:

$$f = \bar{f}F \qquad (2-2-8-2)$$

式中:f——水泥石多孔体的强度;

$\bar{f}$——结晶接触点的强度;

F——断裂面上结晶接触点的面积。

3. 孔隙率理论

大量的试验表明:水泥石的强度发展决定于孔隙率,或者更准确地说决定于水化生成物充满原始充水空间的程度。

T. C. 鲍威斯(T. C. Powers)建立的水泥石的强度与胶空比的关系如下:

$$f = AX_A^n \qquad (2-2-8-3)$$

式中:f——水泥石抗压强度;

A、n——经验常数,与水泥熟料矿物组成有关;

X_A——水化水泥在水泥石体积中填充的程度,它介于 0~1 之间。

$$X_A = \frac{凝胶体的体积}{凝胶体体积 + 毛细孔体积}$$

根据大量的试验结果,水泥浆体的强度 S 与胶空比(X)又有如下关系:

$$S = S_0 X^n \qquad (2-2-8-4)$$

式中:S_0——毛细孔隙率为零(即 X = 1)时的浆体强度;

n——实验常数,与水泥种类以及实验条件有关,波动于 2.6~3.0 之间。

典型的强度与胶空比曲线如图 2-2-8-1 所示。

水泥石抗拉(或抗折)强度远远低于其抗压强度,一般抗拉强度是抗压强度的 $\frac{1}{10} \sim \frac{1}{7}$。

近年来,不少学者相继提出以下强度与水泥石孔隙率的半经验公式:

$$\sigma = \sigma_o(1 - P)^B \qquad \text{(Balshin)} \qquad (2\text{-}2\text{-}8\text{-}5)$$

$$\sigma = \sigma_o \exp(-CP) \qquad \text{(Ryshkewitch)} \qquad (2\text{-}2\text{-}8\text{-}6)$$

$$\sigma = D. \ln(P_o/P) \qquad \text{(Schiller)} \qquad (2\text{-}2\text{-}8\text{-}7)$$

$$\sigma = \sigma_0(1 - E.P) \qquad (2\text{-}2\text{-}8\text{-}8)$$

式中: σ——水泥石抗压强度;

σ_o——水泥石假想能达到的最大抗压强度;

P——孔隙率;

P_o——最大孔隙率,即孔隙率为 P_o 时,强度值为零;

B,C,D,E——均为常数。

二、影响水泥石强度的因素

1. 水泥矿物组成及含量

水泥熟料矿物组成不同,其水泥的水化速度、水化产物本身的强度、形态与尺寸以及彼此构成网状结构时各种键的比例均不相同。水泥矿物组成中,硅酸盐矿物的含量是决定水泥强度的主要因素,28 天强度基本上依赖于 C_3S 含量。图 2-2-8-2 表示 C_3S 和 C_2S 的含量对强度发展的影响。图 2-2-8-3 表示 C_3S 含量对水泥各龄期强度的影响。

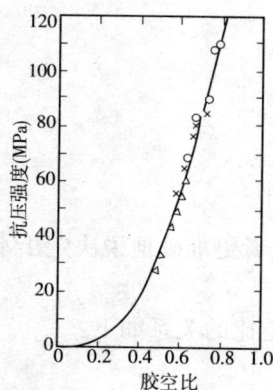

图 2-2-8-1 水泥浆体抗压强度与胶空比的关系

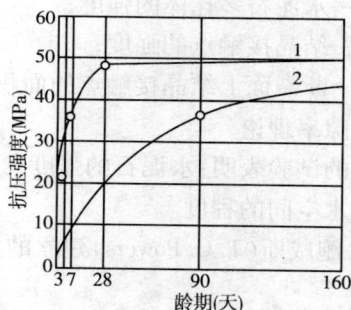

图 2-2-8-2 C_3S、C_2S 的相对含量对强度发展的影响
1-C_3S=65.7% ~71.3% 、2-C_3S=26.0% ~31.0% 、
C_2S=6.2% ~11.80% ;C_2S=47.1% ~59.7% ;

C_3A 主要对极早期的强度有利,C_4AF 不仅对水泥的早期强度有相当贡献,而且也有助于后期强度的发展。

2. 水灰比和水化程度

在熟料矿物组成大致相近的条件下,水泥浆体的强度主要与水灰比和水化程度有关。水灰比越大,产生的毛细孔隙越多,胶空比越小。一般情况下,水泥浆体抗压强度与水灰比之间有很好的线性关系(见图 2-2-8-4)。

随着水化程度的提高,凝胶体积不断增加,毛细孔隙率相应减少。从表 2-2-8-1 可明显看出,毛细孔等相对体积随水化程度的变化以及水灰比所产生的影响。

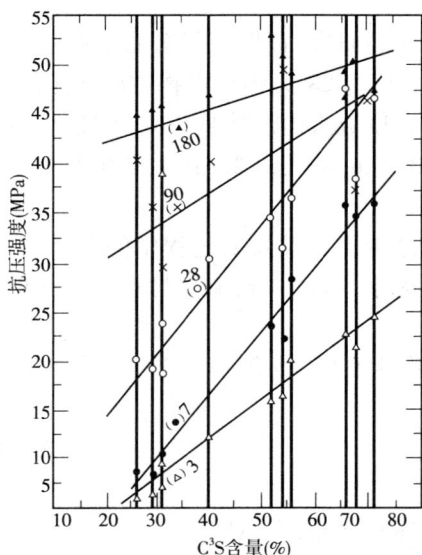

图 2-2-8-3　C_3S 含量与水泥强度的关系

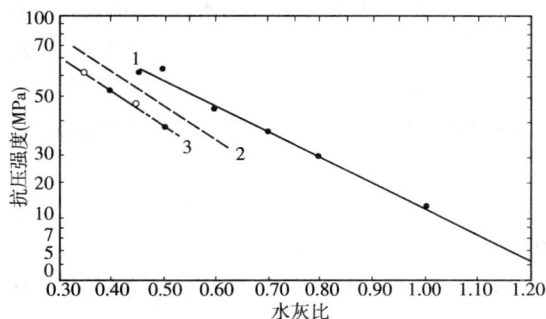

图 2-2-8-4　水泥浆体抗压强度与水灰比的关系
1、2、3——分别采用不同来源的研究数据

水灰比和水化程度对水泥浆体组成的影响　　　　　　　　　　表 2-2-8-1

组　　成	相对体积(%)					
	$W/C=0.40$			$W/C=0.70$		
	水化程度 α(%)					
	0	50	100	0	50	100
未水化水泥	44.4	22.2	0	31.4	15.7	0
凝胶	0	48.9	97.8	0	34.4	69.0
毛细孔	56.6	28.9	2.2	68.6	49.9	31.0
合　计	100.0	100.0	100.0	100.0	100.0	100.0
凝胶中固相	0	35.2	70.4	0	24.8	49.7
凝胶孔	0	13.7	27.4	0	9.6	19.3
总孔隙率	55.6	42.6	29.6	68.6	59.8	50.3

　　由表列数据可知:当水化程度相同时,浆体的孔隙率决定于水灰比,孔隙率随水灰比的增大而提高。

　　3. 孔结构

　　在 1980 年第七届国际化学会议上,捷克的 J. Jamber 发表了水化产物孔隙率、孔径分布与混凝土强度的文章。他指出,不同水化产物尽管孔隙率相同,但强度不同,而且相差很大。这是因为不同水化产物中孔的分布不同所致。当孔隙率相等时,孔径小,强度则大。表 2-2-8-2 是 J. Jamber 得出的强度与孔径的试验结果。

强度、平均孔径(半径)　　　　　　　　　　表 2-2-8-2

平均孔半径($\times 10^{-10}$m)	抗压强度(MPa)	平均孔半径($\times 10^{-10}$m)	抗压强度(MPa)
100	>140.0	1000	<10.0
250	40.0 左右	5000~10000	<5.0

美国的 Mehta 教授通过对希腊 Santcrin 火山灰水泥的研究,证明孔径分布对强度、干缩、抗硫酸盐性能以及碱—骨料反应都有显著影响。Mehta 认为 28 天强度以掺 10% 火山灰的为最高,这时水泥石中大于 1000×10^{-10} m 的孔最少;1 年强度以火山灰掺量 20% 为最高,这时在水泥石中大于 1000×10^{-10} m 的孔没有,而小于 500×10^{-10} m 的孔最多;新生水化产物填充孔缝,改变孔级配,随龄期增长,大孔减少,小孔增加。

1986 年 Samber 从实用的角度出发,综合水泥石孔结构形成及发展过程中的孔径分布、孔形状以及孔在空间的排列方式等因素与总孔体积建立关系,再建立孔隙率与水泥石强度关系数学模型。

假设在水泥硬化过程中,水泥石内无微裂缝以及次生孔缝,则每一状态下硬化水泥石孔隙率:

$$P = P_o - \Delta V_{hP} \tag{2-2-8-9}$$

式中:P——总孔隙率;

ΔV_{hp}——水化产物体积与混合料中未水化水泥所占体积之差,即 $\Delta V_{hp} = V_{hp} - V_{hc}$,这一差值对应于水化过程中单位混合料中固相水化体积的增加。

P_o——"理论"初始水化孔隙率:

$P_o = V_w + V_v$,

其中:V_w——拌和水体积之和;

V_v——混合料振捣后单位含气体体积;

孔隙率与强度的关系(考虑孔结构的主要因素):

$$S = K \frac{\sqrt{P_o - P}}{\dfrac{W}{C} \cdot P} \tag{2-2-8-10}$$

式中:P——试验时样品总孔隙率;

P_o——初始孔隙率;

K——系数,其值取决于水泥品种、活性、养护条件、水泥单位用量以及试样种类(尺寸)。

试验结果与计算值比较见图 2-2-8-5。

孔径对强度的影响,Jambor 认为:(1)孔径随孔隙率降低而减小,平均孔径取决于水化产物种类及体积,进而平均孔径可以明显地表征水泥石"成熟"度及复合材料孔结构和稳定性;(2)相同孔隙率时,强度随孔径的增大而降低;(3)水泥石中对强度最不利的影响产生于"工艺"孔,尤其是大孔径,尽管其含量很少。

除了上述影响水泥石强度的因素以外,养护条件(温度和湿度)、拌和及成型条件、龄期以及试验方法等均影响水泥石强度的形成与发展。

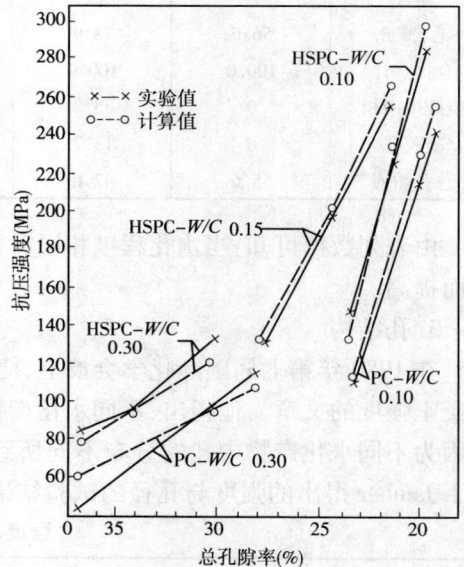

图 2-2-8-5　不同水泥品种不同 $\dfrac{W}{C}$ 条件下水泥石总孔隙率与强度的关系

§2-8-2 变 形

一、弹性模量

水泥石的应力—应变曲线近似于一条直线,见图2-2-8-6。

对于弹性体的应力—应变关系,根据虎克定律:

$$\sigma = \varepsilon \cdot E \qquad (2\text{-}2\text{-}8\text{-}11)$$

式中:σ——应力;

$\quad\varepsilon$——应变;

$\quad E$——弹性模量。

水泥石的应力—应变曲线在应变较小时基本成线性关系,而当应变较大时,不再成线性关系。

弹性模量一般也用来描述水泥石的刚性。Helmuth和Turk用共振法测定的水化良好的水泥石的动态弹性模量在20000~30000MPa之间。

水泥石的弹性模量与水泥石的孔隙有很大关系,Helmuth和Turk发现:水泥石的弹性模量E与水泥石的毛细孔(孔径$>100 \times 10^{-10}$m)孔隙率P有如下关系:

$$E = E_o(1 - P)^3 \qquad (2\text{-}2\text{-}8\text{-}12)$$

式中:E_o——在P为0时水泥石的弹性模量值,$E_o \approx 30000$MPa。

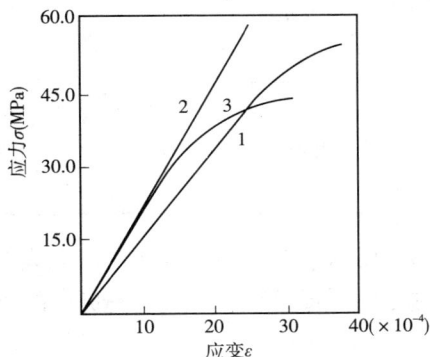

图2-2-8-6 水泥石应力应变曲线
1-水泥浆体;2-细粒砂岩;3-水泥砂浆

二、收缩变形

1. 化学收缩

水泥在水化过程中,由于无水的熟料矿物转变为水化物,所以水化后的固相体积比水化前要大得多,水泥完全水化后水化凝胶约是水化总水泥体积的2.2倍。但对于水泥—水体系的总体积来说,却是要缩小,发生缩小的原因是水化前后反应物和生成物的密度不同。

水化前的矿物成份用B表示,水用W表示,水化生成物用H表示,则水化反应可写成:

$$B + W = H$$

体积用V表示,则$V_B < V_H$,但$V_B + V_W > V_H$。

所以,水泥浆体在水化后,体积要缩小。表2-2-8-3是几种熟料矿物在水化前后体积变化的情况。

熟料矿物在水体系中体积的变化表   表2-2-8-3

反 应 式	克分子量 (g)	密度 (g/cm³)	体系绝对体积 (cm³)		固相绝对体积 (cm³)		绝对体积的变化 (%)	
			反应前	反应后	反应前	反应后	体系	固相
$2C_3S + 6H_2O$ $= C_3S_2H_3 + 3Ca(OH)_2$	456.6 108.1 342.5 222.3	3.15 1.00 2.71 2.23	253.1	226.1	145.0	226.1	-10.67	$+55.39$

反 应 式	克分子量 （g）	密度 （g/cm³）	体系绝对体积 （cm³）		固相绝对体积 （cm³）		绝对体积的变化 （%）	
			反应前	反应后	反应前	反应后	体系	固相
$2C_2S + 4H_2O$ $= C_3S_2H_3 + Ca(OH)_2$	344.6 72.1 342.5 74.1	3.26 1.00 2.71 2.23	177.8	159.6	105.7	159.6	−10.2	+50.99
$C_3A + 3CaSO_4 \cdot 2H_2O$ $+ 26H_2O$ $= C_3A \cdot 3CaSO_4 \cdot 32H_2O$	270.18 516.51 450.40 1237.09	3.04 2.32 1.00 1.79	761.91	691.11	311.51	691.11	−9.29	+121.86
$C_3A + 6H_2O = C_3AH_6$	270.18 108.10 378.28	3.04 1.00 2.52	196.98	150.11	88.88	150.11	−23.79	+68.89

根据单矿物的缩减作用研究表明,水泥熟料中各单矿物的缩减作用,无论就绝对数值或相对速度而言,其大小都按下列顺序排列:

$$C_3A > C_4AF > C_3S > C_2S$$

因此,水泥熟料的缩减量大小,常与 C_3A 的含量成线性关系。此外,对硅酸盐水泥来讲,每 100g 水泥的缩减总量约为 $7 \sim 9 cm^3$。如果每 m^3 混凝土中水泥用量为 250kg,则体系中缩减量将达 $20L/m^3$,可见,由于水泥缩减作用所产生的孔隙,也会达到相当可观的数值,它会影响水泥石的抗冻性和抗水性以及耐久性。

2. 失水收缩

水泥石在湿润时要发生轻微的膨胀,在干燥失去水份时要产生收缩。对于水化程度很好的水泥石,在干燥失去水份时收缩量可达 2% 以上,水泥石在第一次干燥时的收缩量大部分是不可恢复的。进一步的干湿循环会使不可恢复的收缩量有所增加,但经几次干湿循环后,每次干燥产生的收缩将变为可恢复的(见图 2-2-8-7)。

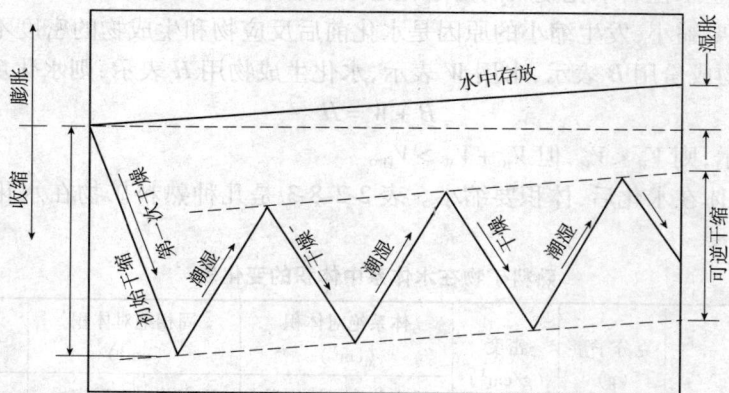

图 2-2-8-7 干缩和湿胀示意图

浆体失水时,首先是毛细孔中的水蒸发,并形成凹月面,在水分蒸发过程中,退到毛细孔中的凹月面曲率半径减小,从而使毛细孔水在液面下所受到的张力增加。致使固相产生弹性压缩变形,这是造成干缩的主要原因之一。

同时,由于水泥凝胶具有巨大的比表面积,胶粒表面上由于分子排列不规整而具有较高的表面能,表面上所受到的张力极大,致使胶粒受到相当大的压缩应力。吸湿时,由于分子的吸附,胶粒表面张力降低,压缩应力减小,体积增大,而干燥时则相反。

水养护后的浆体在相对湿度为 50% 的空气中干燥时,其收缩值约为 $(2000 \sim 3000) \times 10^{-6}$,完全干燥时约为 $(5000 \sim 6000) \times 10^{-6}$。混凝土中由于集料的限制作用,干缩要小得多,完全干燥时的收缩量仅为 $(600 \sim 900) \times 10^{-6}$ 左右。

3. 碳化收缩

水泥石与 CO_2 作用产生的收缩称为碳化收缩。

空气中 CO_2 含量虽然很低(仅占 0.03%),但如果有一定的湿度,水泥石中的氢氧化钙与 CO_2 作用,生成碳酸钙和水,出现不可逆的碳化收缩。图 2-2-8-8 为在不同相对湿度下,由于干燥和碳化所造成的体积收缩。

产生碳化收缩的机理尚未完全清楚,可能是由于空气中的二氧化碳与水泥石中的水化物,特别是与 $Ca(OH)_2$ 的不断作用,引起水泥石结构的解体所致。

相对湿度较小时,碳化收缩减小,有资料表明,相对湿度小于 25%,CO_2 与水化物之间反应几乎停止。因此,适当的湿度将导致产生最大的碳化收缩。

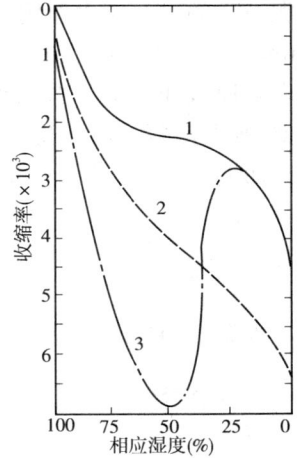

图 2-2-8-8　水泥砂浆的碳化收缩
1-在无 CO_2 的空气中干燥;2-干燥与碳化同时进行;3-先干燥再碳化

4. 徐变(蠕变)

在持续的荷载作用下,水泥石的变形随时间而变化的规律如图 2-2-8-9 所示,试件是采用硅酸盐水泥在标准条件下养护 28 天的水泥石,32MPa 的恒定荷载持续作用 21 天,然后卸掉荷载。

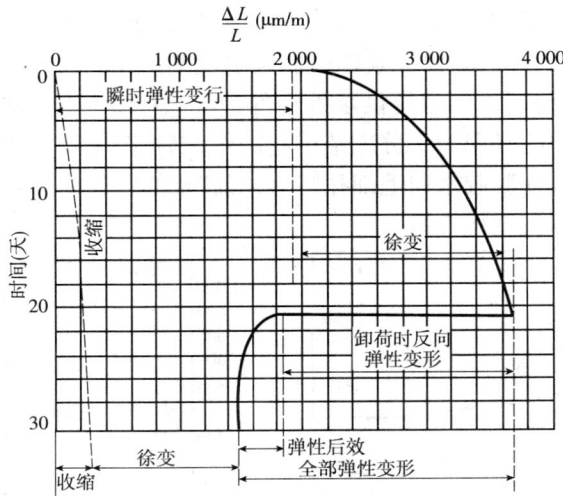

图 2-2-8-9　水泥石加荷与卸荷的变形曲线

从图中可以看出,加荷载后立即产生一个瞬时弹性变形,之后随着时间的增长,变形逐渐增大,这种在恒定荷载作用下依赖时间而增长的变形称为徐变或蠕变。卸载后立即产生一个瞬时弹性变形,随后,反向变形随时间而增长并趋于稳定的过程,称为弹性后效。

水泥石的徐变与下述结构因素有关:一是与水泥石凝聚——结晶结构网接触点的性质有关,以分子力互相作用的接触点,在应力作用下容易产生位移和偏转,因而表现出较大的徐变值。因此一般来说,发达的晶体结构有较小的徐变值。二是与硬化水泥浆体中的晶体与凝胶的比值有关,晶胶比愈大,徐变值愈小,因为凝胶在应力作用下,容易产生缓慢的流变。此外,水泥石中的水在应力作用下,由高应力区向低应力区转移,这种转移也会引起水泥石的变形。Power 认为,徐变主要与凝胶水的转移有关。如果水泥石处于饱和状态,当应力消除后,水分可以复原,这时,由于水分转移引起的变形也可以恢复,但是,如果水泥石处于干燥状态,水分蒸发,则变形就不能恢复,这时,徐变和干燥收缩互相联系起来,互相促进,加大了水泥石的变形。而 Feldmann 等人则认为徐变主要与水化硅酸钙的层间水的转移有关。

§2-8-3 抗冻性及抗渗性

水泥石的抗冻性及抗渗性是评价耐久性的重要指标。

一、抗冻性

在寒区使用水泥时,其耐久性在很大程度上取决于抵抗冻融循环的能力。

硬化水泥石的抗冻性主要与水泥石中水分(可以是水泥石中的固有水分)及由水泥石外通过渗透而进入水泥石的水分的结冰及由此而产生的体积变化有关。水在结冰时,体积约增加9%,因此硬化水泥浆体中的水结冰会使孔壁承受一定的膨胀应力,如其超过浆体的抗拉强度,就会引起微裂等不可逆的结构变化,从而在冰融化后不能完全复原,所产生的膨胀仍有部分残留。

水泥石经受冻融过程时体积变化如图 2-2-8-10 所示。图中曲线表明:随着冰冻要发生体积膨胀,而在融解时曲线是不可逆的,并且留下了永久变形(不可恢复的膨胀约占总值的30%)。再次冻融时,原先形成的裂缝又由于结冰而扩大,如此经过反复的冻融循环,裂缝越来越大,导致更为严重的破坏。当水泥浆体中加入引气剂时,可使膨胀趋势减低,因为引气量逐渐增加时,引入气孔之间为水压力提供了外逸的边界,含10%引气剂的水泥浆在冰冻时呈现收缩(见图 2-2-8-11)。这是因为水分冻结引起的体积膨胀力为气泡的压缩所平衡,而压缩的气泡又作用于凝胶体并使凝胶水向毛细孔转移,凝胶水的转移伴随着体积的缩小。因此,通过引气的方法也可提高水泥石抗冻性。

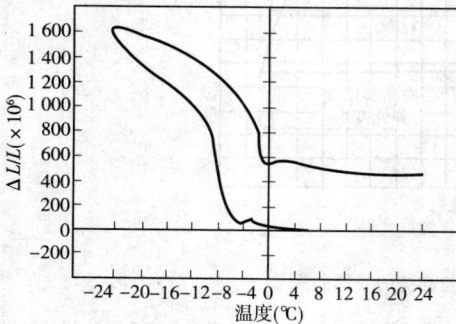

图 2-2-8-10 冻融过程中水泥石体积变化

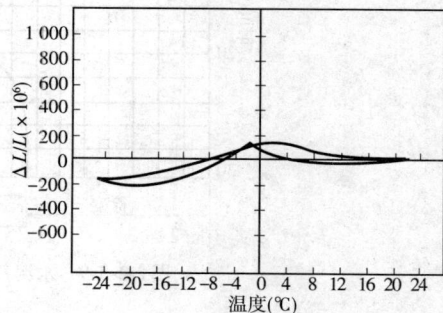

图 2-2-8-11 加引气剂的水泥浆在冰冻时的体积变化

硬化水泥石中可以结冰的水分是可蒸发水,对于饱水的水泥石来说,其中可蒸发水的成冰量是温度的函数。表2-2-8-4列有在标准条件下硬化的水泥石中,可蒸发水的成冰量与温度的关系。

水泥石中水分冻结与温度的关系 表2-2-8-4

温度(℃)	成冰的水量与水泥质量之比	成冰率(以−30℃成冰率为100%)	温度(℃)	成冰的水量与水泥质量之比	成冰率(以−30℃成冰率为100%)
0	0	0	−5.0	0.131	62
−0.5	0.045	21	−6.0	0.137	65
−1.5	0.075	36	−8.0	0.147	70
−2.0	0.093	44	−12.0	0.168	80
−3.0	0.109	52	−16.0	0.181	86
−4.0	0.122	58	−30.0	0.210	100

有关结冰时的破坏机理主要有静水压和渗透压两种理论。静水压理论认为:毛细孔内结冰并不直接使浆体胀坏,而是由于水结冰体积增加时,未冻水被迫向外流动,从而产生危害性的静水压力,导致水泥石破坏。而渗透压理论则认为:凝胶水要渗透入正在结冰的毛细孔内,是引起冻融破坏的原因。当毛细孔水部分结冰时,水中所含的碱以及其他物质等溶质的浓度会增大,但在凝胶孔内的水并不结冰,溶液浓度不变。因而产生浓度差,促使凝胶孔内的水向毛细孔扩散,其结果产生渗透压,造成一定的膨胀压力。另外,类似于土壤中冰棱镜的形成,毛细管效应也是多孔体膨胀的主要原因。按照Litvan发展的理论,水泥浆体中C−S−H中层间和凝胶孔中吸附的水在0℃时不能结冰,据估计凝胶孔中的水在−78℃以上不会结冰,因此,当水泥石浆体处于结冰环境时,凝胶孔中的水以过冷态的液态水存在,从而使毛细管中处于低能状态结冰的水与凝胶孔中处于高能状态的过冷水之间形成热力学不平衡。冰和过冷水两者熵的差别迫使后者迁入低能位置,使其结冰,这个过程会产生内部压力和系统膨胀。

水泥石的抗冻性与水泥石的毛细孔有关,毛细孔愈细,则抗冻性愈好。

硅酸盐水泥比掺混合材水泥的抗冻性要好,增加熟料中的C_3S含量,抗冻性可以改善。水灰比对抗冻性的影响见图2-2-8-12,实践证明:当水灰比小于0.4时,硬化浆体的抗冻性好。当水灰比大于0.55时,抗冻性将显著降低。此外,水泥浆体的抗冻性又与遭受冰冻前的养护龄期有关(见图2-2-8-13)。图中表明:硬化时间越长,受冻后其膨胀值越小。因此,工程上应防止水泥石过早受冻。

采用树脂浸渍混凝土,可提高水泥石抗冻性。试验证明:当水泥石的充水程度小于85%~90%时,一般也不会有冻害的问题。

二、抗渗性

水泥石的抗渗性指抵抗各种有害介质进入内部的能力。

抗渗性是评价耐久性的重要指标之一。对于某些水泥制品,如输油、输水及输气用的水泥压力管等其抗渗性均有一定要求。

水泥石的抗渗性主要与孔结构有关。水泥石是一个多孔体,在水压作用下。多孔体的渗水量可用达西(Darcy)公式表示:

$$\frac{dg}{dt} = k \cdot A \cdot \frac{\triangle h}{L} \tag{2-2-8-13}$$

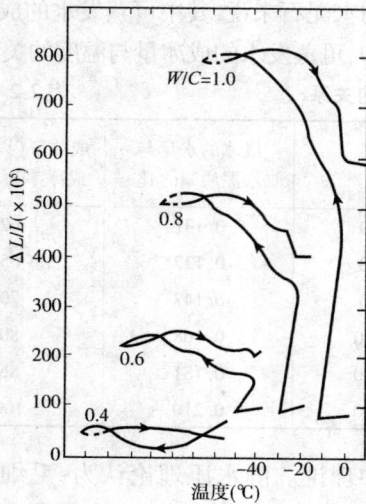

图 2-2-8-12　水灰比对一次冻融循环
后浆体长度变化的影响

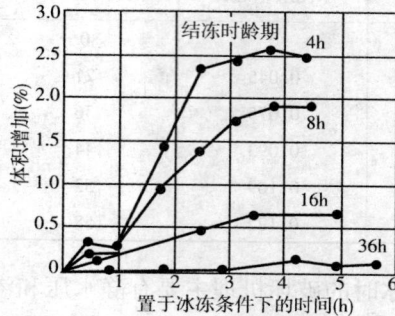

图 2-2-8-13　冰冻开始龄期对体积膨胀的影响

式中:$\dfrac{\mathrm{d}g}{\mathrm{d}t}$——渗水速度,$\mathrm{cm}^3/\mathrm{s}$;

A——多孔体的横截面面积,cm^2;

Δh——作用在试件表面上的水压差,cm 水柱;

L——多孔体的厚度,cm;

k——渗透系数,cm/s。

由上式可知,当试件尺寸和两侧压力差一定时,渗水速率和渗透系数成正比,所以通常用渗透系数 k 表示抗渗性的优劣。

而渗透系数 k 又可用下式表示:

$$k = C \cdot \frac{\varepsilon r^2}{\eta} \tag{2-2-8-14}$$

式中:ε——总孔隙率;

r——孔的水力半径(孔隙体积/孔隙表面积);

η——流体的粘度;

C——常数。

水泥石的渗透系数与其水化龄期及孔隙率有关,如表 2-2-8-5 所示。

水泥石的渗透性　　　　　　　　　　　　　　　　　　　　表 2-2-8-5

龄期 (d)	孔隙率 (%)	渗透系数 k (cm/s)	龄期 (d)	孔隙率 (%)	渗透系数 k (cm/s)
新拌浆体	67	1.15×10^{-3}	5	53	5.9×10^{-9}
1	63	3.65×10^{-5}	7	52	1.38×10^{-9}
2	60	3.05×10^{-6}	12	51	1.95×10^{-10}
3	57	1.91×10^{-7}	24	48	4.6×10^{-11}
4	55	2.3×10^{-8}			

116

孔隙率对渗透性的影响如图 2-2-8-14 所示。经验表明,当管径小于 $1\mu m$ 时,所有的水都吸附于管壁作定向排列,很难流动。至于水泥凝胶则由于胶孔尺寸更小,据鲍维斯的测定结果,其渗透系数仅为 $7 \times 10^{-16} m/s$。因此,凝胶孔的多少对抗渗性实际上无影响。

水灰比对渗透性的影响见图 2-2-8-15 所示。

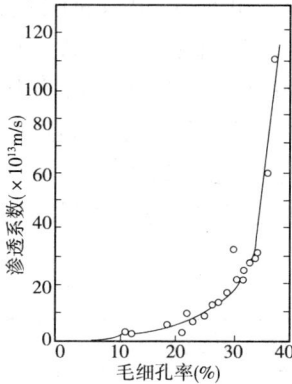

图 2-2-8-14 硬化浆体的渗透系数和毛细孔隙的关系

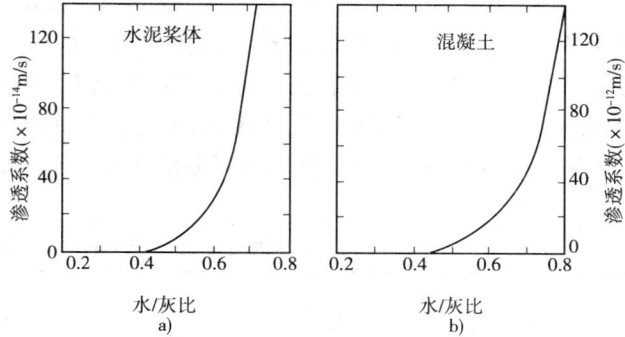

图 2-2-8-15 硬化水泥浆体与混凝土的渗透系数和水灰比的关系

由图 2-2-8-15 可知:渗透系数随水灰比的增大而提高。当水灰比较小时,水泥石中的毛细孔常被水泥凝胶所堵隔,不易连通,因此渗透系数较小。当水灰比较大时,不仅使总孔隙率提高,而且可使毛细孔径增大并基本连通,从而使渗透系数显著提高。因此,降低毛细孔的数量(特别是连通的毛细孔)是提高水泥石抗渗性的最有效的措施。

渗透系数除了与孔结构、水灰比有关外,它还与水泥浆体硬化龄期、水化程度有关。随着水化反应龄期增长、水化产物的增多,毛细管系统变得更加细小曲折,致使渗透系数随龄期而变小。

§2-8-4 抗腐蚀性

一、侵蚀分类

由于水介质与水泥石的互相作用,会发生一系列的化学、物理及物理化学的变化,这种作用有时会使水泥石遭受破坏。水介质对水泥的侵蚀作用可以分为三类,见表 2-2-8-6 所示。

水介质对水泥石的侵蚀作用分类 表 2-2-8-6

类 别	侵蚀类型	侵 蚀 特 点
第一类侵蚀	溶出侵蚀(淡水侵蚀)	由于水的浸析作用,将已硬化了的水泥石中的固相组分逐渐溶解带走,使水泥石结构遭到破坏
第二类侵蚀	离子交换侵蚀(包括:碳酸、有机酸及无机酸侵蚀、镁盐侵蚀等)	水泥石的组分与水介质发生了离子交换反应,反应生成物或者是容易溶解的物质为水所带走,或者是生成了一些没有胶结能力的无定型物质,破坏了原有水泥石结构
第三类侵蚀	硫酸盐侵蚀	侵蚀性介质与水泥石互相作用并在混凝土的内部气孔和毛细管内形成难溶的盐类时,如果这些盐类结晶逐渐积聚长大,体积增加,会使混凝土内部产生有害应力

二、侵蚀机理

1. 溶出性侵蚀

雨水、雪水以及多数河水和湖水均属于软水（重碳酸盐含量低的水，以 CaO 计含量 10 mg/L为一暂时硬度）。当水泥石与这些水长期接触时，水泥石中的氢氧化钙将很快溶解，每升水可达 1.3g。在静水及无水压情况下，由于周围的水易为氢氧化钙所饱和，使溶解作用中止。但在流水及压力水作用下，氢氧化钙将不断溶解流失，不但使水泥石变得疏松，而且使水泥石的碱度降低。而水泥水化物（水化硅酸钙、水化铝酸钙等）只有在一定的碱度环境中（见表 2-2-8-7）才能稳定存在，所以氢氧化钙的不断溶出又导致了其他水化产物的分解溶蚀，最终使水泥石破坏。

水泥各水化产物 CaO 极限浓度 表 2-2-8-7

水 化 产 物	CaO 极限浓度（g/L）	
	起	止
$CaO \cdot SiO_2 \cdot aq$	0.031	0.052
$3CaO \cdot SiO_2 \cdot aq$	接近饱和溶液	
$1.7CaO \cdot SiO_2 \cdot aq$	接近饱和溶液	
$2CaO \cdot SiO_2 \cdot aq$	接近饱和溶液	
$2CaO \cdot Al_2O_3 \cdot 8H_2O$	0.16	0.36
$3CaO \cdot Al_2O_3 \cdot 6H_2O$	0.415	0.56
$4CaO \cdot Al_2O_3 \cdot 19H_2O$	1.06	1.08
$4CaO \cdot Fe_2O_3 \cdot 19H_2O$	1.06	—
$2CaO \cdot Fe_2O_3 \cdot 8H_2O$	0.64	1.06
$3CaO \cdot Al_2O_3 \cdot 3CaSO_4 \cdot 31H_2O$	0.045	

2. 离子交换侵蚀

溶解于水中的酸类和盐类可以与水泥石中的氢氧化钙起置换反应，生成易溶性盐或无胶结力的物质，使水泥石结构破坏。最常见的是碳酸、盐酸及镁盐的侵蚀。

（1）碳酸侵蚀：

雨水、泉水及地下水中常含有一些游离的碳酸（CO_2），当含量超过一定量时，将使水泥石结构破坏。其反应历程如下：

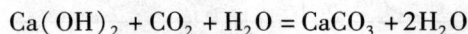

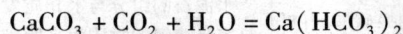

$$Ca(OH)_2 + CO_2 + H_2O = CaCO_3 + 2H_2O$$
$$CaCO_3 + CO_2 + H_2O = Ca(HCO_3)_2$$

反应生成物（碳酸氢钙）易溶于水，若水中碳酸较多，并超过平衡浓度，反应向右进行，使氢氧化钙转变为碳酸氢钙而溶失。

（2）盐酸等一般酸侵蚀：

工业废水、地下水等常含有盐酸、硝酸、氢氟酸以及醋酸、蚁酸等有机酸，均可与水泥石中

118

氢氧化钙反应,生成易溶物,如:

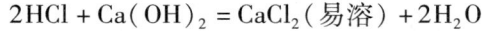

$$2HCl + Ca(OH)_2 = CaCl_2(易溶) + 2H_2O$$

（3）镁盐侵蚀:

海水及地下水中常含有氯化镁等镁盐,均可与水泥石中氢氧化钙反应,生成易溶、无胶结力物质。

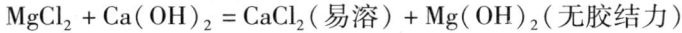

$$MgCl_2 + Ca(OH)_2 = CaCl_2(易溶) + Mg(OH)_2(无胶结力)$$

3. 硫酸盐侵蚀

当水泥石与含硫酸或硫酸盐的水接触时,将产生有害膨胀应力。其反应历程为:

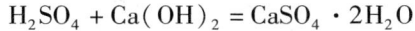

$$H_2SO_4 + Ca(OH)_2 = CaSO_4 \cdot 2H_2O$$

二水石膏不但可在水泥石中结晶产生膨胀,也可以和水泥石中的水化铝酸钙反应生成水化硫铝酸钙（膨胀性更大）。

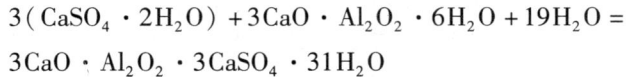

$$3(CaSO_4 \cdot 2H_2O) + 3CaO \cdot Al_2O_2 \cdot 6H_2O + 19H_2O =$$
$$3CaO \cdot Al_2O_2 \cdot 3CaSO_4 \cdot 31H_2O$$

生成物水化硫铝酸钙,由于含有大量结晶水,体积膨胀 1.5 倍左右,对水泥石具有严重破坏作用。

几种常见盐类晶体转化产生的膨胀率见表 2-2-8-8。

综上所述,水泥石腐蚀的主要原因为:侵蚀性介质以液相形式与水泥石接触并具有一定浓度和数量;水泥石中存在有引起腐蚀的组分氢氧化钙和水化铝酸钙;水泥石本身结构不致密,有一些可供侵蚀介质渗入的毛细通道。

盐类晶体转化膨胀率　　　　　　　　　　　　　　表 2-2-8-8

盐类晶体转化	转化温度（℃）	膨胀率（%）
NaCl $\longrightarrow$ NaCl $\cdot$ 2H$_2$O	0.15	130
Na$_2$CO$_3$ $\longrightarrow$ Na$_2$CO$_3$ $\cdot$ 10H$_2$O	33.0	148
Na$_2$SO$_4$ $\longrightarrow$ Na$_2$SO$_4$ $\cdot$ 10H$_2$O	32.3	311
MgSO$_4$ $\longrightarrow$ MgSO$_4$ $\cdot$ 6H$_2$O	73.0	145
MgSO$_4$ $\cdot$ 6H$_2$O $\longrightarrow$ MgSO$_4$ $\cdot$ 10H$_2$O	47.0	11

三、环境水侵蚀分级

GB 50212—91《建筑防腐施工及验收规范》对气态、固态、液态介质及其对建筑结构的侵蚀性进行了分级和分类。侵蚀性水的分类和侵蚀性分级见表 2-2-8-9。

侵蚀性水的分类和侵蚀性分级（GB 50212—91）　　　　　　表 2-2-8-9

类 别	介 质 名 称	指 标	钢筋混凝土	素混凝土
水 1	氢离子浓度（pH 值）	1 ~ 3	强	强
水 2		3 ~ 4.5	中	中
水₃		4.5 ~ 6	弱	弱
水 4	侵蚀性二氧化碳（mg/L）	>40	弱	弱

类　别	介 质 名 称	指　标	钢筋混凝土	素 混 凝 土
水 5	硫酸盐 SO_4^{2-} 含量(mg/L)	>4000	强	强
水 6		1000~4000	中	中
水 7		250~1000	弱	弱
水 8	氯盐 Cl^- 含量(mg/L)	>5000	中	弱
水 9		500~5000	弱	无
水 10		<500	无	无
水11	镁盐 Mg^{2+} 含量(mg/L)	>4000	强	强
水12		3000~4000	中	中
水13		1500~3000	弱	弱
水14	铵盐 NH_4^+ 含量(mg/L)	>100	强	中
水15		800~1000	中	弱
水16		500~800	弱	无
水17	苛性碱 N_a^+ 或 K^+ 含量(mg/L)	50000~100 000	弱	弱
水18		<50 000	无	无

通过对环境水进行水质分析,并对照标准中所规定的允许数值,从而判断侵蚀的严重程度。一般可根据侵蚀的不同类型,按如下特征来判断天然水的侵蚀:

溶出侵蚀——按重碳酸盐浓度(暂时硬度);

碳酸侵蚀——按游离碳酸含量;

铵盐侵蚀——按铵(NH_4^+)离子含量;

一般酸盐侵蚀——按氢离子含量(pH 值);

镁盐侵蚀——按镁离子(Mg^{2+})含量;

硫酸盐侵蚀——按硫酸盐(SO_4^{2-})含量。

各国侵蚀标准的规定在繁简程度上各不相同,表 2-2-8-10 为国际标准化组织(ISO)、欧洲标准(CEB),德国标准(DIN)及欧洲水泥协会(Cemb)在 1981 年推荐的侵蚀物质允许极限值。

液体和固体介质中侵蚀物质含量 表 2-2-8-10

侵 蚀 程 度			弱	中　等	强
液体介质	pH 值	ISO	6.5~5.0	5.0~4.0	<4.0
		CEB DIN	6.5~5.5	5.5~4.5	<4.5
		Cemb	6.5~5.5	5.5~4.0	<4.0
	腐蚀性 CO_2 (mg/L)	ISO	15~30	30~100	>100
		CEB DIN	15~30	30~60	>60
		Cemb	15~30	30~100	>100

120

侵 蚀 程 度			弱	中　　等	强
液体介质	NH_4^- （mg/L）	ISO	50～100	100～500	>500
		CEB DIN	15～30	30～60	>50
		Cemb	15～30	30～100	>100
	Mg^{2+} （mg/L）	ISO	1000～1500	1500～3000	>3000
		CEB DIN	100～300	300～1500	>1500
		Cemb	100～300	300～3000	>3000
	SO_4^{2-} （mg/L）	ISO	250～500	500～1000	>1000
		CEB DIN	200～600	600～3000	>3000
		Cemb	200～600	600～6000	>6000
固体介质	SO_4^{2-}（mg/kg·固体）	ISO	<600	600～1000	>1000
		CEB DIN	2000～5000	>5000	—
		Cemb	2000～6000	>6000	—

四、防止侵蚀的方法

1. 根据腐蚀环境特点,合理选用水泥品种

选用硅酸三钙含量低的水泥,使水化产物中 $Ca(OH)_2$ 含量减少,以提高耐淡水溶析的作用。选用铝酸三钙含量低的水泥,则可降低硅酸盐类的腐蚀作用。选用掺混合材水泥,也可提高水泥的抗腐蚀能力。

2. 提高水泥石的紧密度

水泥水化所需含水量仅为水泥质量的 10%～15%,而实际用水量则高达水泥质量的 40%～70%,多余的水分蒸发后形成连通的孔隙,腐蚀介质就容易渗入水泥石内部,还可能在水泥石的孔隙间产生结晶膨胀,加速水泥石腐蚀。所以,应通过各种途径提高密实度,防止侵蚀性介质渗入。

3. 敷设耐蚀保护层

使用各种不透水的沥青层、沥青毡、不透水的水泥砂浆、沥青砂浆薄层或沥青混凝土薄层等覆盖在混凝土表面,以隔离侵蚀介质与混凝土的接触。

第三章　混合水泥

由硅酸盐水泥熟料与不同掺入量的各种混合材料配制而成的水泥称为混合水泥。它通常指普通硅酸盐水泥、矿渣硅酸盐水泥、火山灰质硅酸盐水泥、粉煤灰硅酸盐水泥和复合硅酸盐水泥。

§3-1 普通水泥

一、定义

由硅酸盐水泥熟料、少量混合材、适量石膏共同磨细而制成的水硬性胶凝材料称为普通硅酸盐水泥,简称普通水泥,代号为 P·O。

国家标准《硅酸盐水泥、普通硅酸盐水泥》(GB 175—1999)规定:普通水泥中所掺混合材料,其掺量按水泥质量百分比计大于 5%,不超过 15%,其中非活性混合材不得超过 10%,窑灰(用回转窑生产硅酸盐水泥熟料时,随气流从窑尾排出的灰尘,经收尘设备收集所得的干燥粉末)不得超过 5%。

二、材料组成及结构

1. 硅酸盐水泥熟料

凡以适当成分的生料烧至部分熔融,所得以硅酸钙为主要成分的产物称为硅酸盐水泥熟料(简称熟料)。

2. 石膏

天然石膏:必须符合 GB 5483 的规定。

工业副产品石膏:工业生产中以硫酸钙为主要成分的副产品。采用工业副产品石膏时,必须经过试验,证明它对水泥性能无害。

3. 活性混合材

它是一种矿物材料,磨成细粉,与石灰(或石灰和石膏)拌和在一起,加水后在常温下能生成具有胶凝性的水化产物,并能在水中硬化。常用的活性混合材有粒化高炉矿渣、火山灰质混合材料和粉煤灰等。粉煤灰应符合 GB 1596,火山灰质混合材应符合 GB 2847,粒化高炉矿渣应符合 GB 203。

4. 非活性混合材

掺入水泥中不与水泥成分起化学反应或化学反应极小,主要起填充作用,可调节水泥标号,降低水化热及增加水泥产量。这类材料主要有磨细石英砂、石灰石、粘土、缓凝矿渣及炉渣等。系其活性指标不符合要求的潜在水硬性或火山灰性的水泥混合材料,以及砂岩和石灰石。石灰石中的三氧化二铝含量不得超过 2.5%。

5. 窑灰

从水泥回转窑窑尾废气中收集下的粉尘。其质量必须符合 ZBQ 12001 的规定。

三、水化硬化过程

由于普通硅酸盐水泥掺加的混合材料数量少,其矿物组成、水化、凝结、硬化过程与硅酸盐水泥相近。实际上它属于掺混合材料的硅酸盐水泥。

四、技术性质及技术标准

按国际(GB 175—1999)普通硅酸盐水泥分为 32.5、32.5R、42.5、42.5R、52.5、52.5R 等 6

个强度等级,各强度等级规定龄期的抗压及抗折强度不得低于表2-3-1-1。其他技术性能要求见表2-3-1-2。

普通硅酸盐水泥强度技术标准(GB 175—1999)　　　　表2-3-1-1

强 度 等 级	抗压强度(MPa)不小于		抗折强度(MPa)不小于	
	3d	28d	3d	28d
32.5	11.0	32.5	2.5	5.5
32.5R	16.0	32.5	3.5	5.5
42.5	16.0	42.5	3.5	6.5
42.5R	21.0	42.5	4.0	6.5
52.5	22.0	52.5	4.0	7.0
52.5R	26.0	52.5	5.0	7.0

注:强度按GB/T 17671试验。

普通硅酸盐水泥技术要求(GB 175—1999)　　　　表2-3-1-2

技术性能	细度(80μm 方孔筛)筛余量(%)	凝结时间		安定性(沸煮法)	强度(MPa)	水泥中MgO(%)	水泥中SO_8(%)	烧失量(%)	碱含量(%)
		初凝(min)	终凝(h)						
指标	≤10	≥45	≤10	必须合格	见表2-3-1-1	≤5.0	≤3.5	≤5.0	参见表2-2-2-2
试验方法	GB 1345	GB 1346		GB 1346 GB 750	GB/T 17671	GB 176			

五、用途

由于普通水泥的技术性能与硅酸盐水泥相近,所以其特性及应用范围可与硅酸盐水泥归为同类,见表2-3-1-3。

普通水泥的特性及应用范围　　　　表2-3-1-3

水泥品种	特　性		使 用 范 围	
	优点	缺点	适用于	不适用于
硅酸盐水泥普通水泥	1.早期强度高; 2.凝结硬化快; 3.抗冻性好; 4.硅酸盐水泥和普通水泥在相同标号下,前者3天到7天的强度高3%~7%	1.水化热较高; 2.抗水性差; 3.耐酸碱和硫酸盐类的化学浸蚀差	1.一般地上工程和不受侵蚀性作用的地下工程以及不受水压作用的工程; 2.无腐蚀性水中的受冻工程; 3.早期强度要求较高的工程; 4.在低温条件下需要强度发展较快的工程。但每日平均气温在4℃以下或最低气温在−3℃以下时,应按冬季施工规定办理	1.水利工程的水中部分; 2.大体积混凝土工程; 3.受化学浸蚀的工程

§3-2 矿渣水泥

一、定义

凡由硅酸盐水泥熟料和粒化高炉矿渣、适量石膏磨细制成的水硬性胶凝材料称为矿渣硅酸盐水泥,简称矿渣水泥,代号 P·S。

水泥中粒化高炉矿渣掺加量按质量百分比计为 20% ~ 70%。允许用石灰、窑灰、粉煤灰和火山灰质混合材料中的一种材料代替矿渣,代替数量不得超过水泥质量的 8%,替代后水泥中粒化高炉矿渣不得少于 20%。

二、粒化高炉矿渣矿物组成及结构

由冶炼生铁的副产品——高炉矿渣经淬水,急冷成粒,称为粒化高炉矿渣。矿渣的化学成分见表 2-3-2-1。

矿渣的化学成分 表 2-3-2-1

名　称	含　量(%)	特　性
氧化钙(CaO)	30 ~ 50	含量高,则活性大,但过高,则活性反而变小。因为 CaO 含量过高,熔融矿渣粘度下降,矿渣结晶能力增大,易出现晶相,影响活性
氧化铝(Al_2O_3)	7 ~ 20	含量高,则活性大,但有研究表明:Al_2O_3 含量增高到 13% 以上时,只能提高所配水泥早期强度
氧化硅(SiO_2)	30 ~ 40	对促进玻璃体结构的形成有帮助。但 SiO_2 的含量过多,得不到足够的 CaO、MgO 来与其化合,所以,导致矿渣活性降低
氧化镁(MgO)	1 ~ 18	在矿渣中大多数都呈稳定的化合状态存在。不会使水泥安全性不良
氧化亚锰(MnO)	1 ~ 3	是有害的组成,会使矿渣活性降低,因此 MnO 与硫化物所生成的 MnS,当与水作用时会引起体积膨胀,在水泥石中产生内应力,影响强度。同时,MnO 还能使熔融矿渣的粘度下降,增加结晶程度
FeO、TiO_2、BgO、K_2O、Na_2O、Cr_2O_3、V_2O_5 等	少量	这些氧化物对矿渣活性的作用与存在形式及其含量有关

根据矿渣的主要化学组成。按下式计算并判断矿渣的酸碱性。

$$碱性系数(M_o) = \frac{\% CaO + \% MgO}{\% SiO_2 + \% Al_2O_3}$$

$M_o > 1$　碱性矿渣;

$M_o = 1$　中性矿渣;

$M_o < 1$　酸性矿渣。

熔融的矿渣缓慢冷却时,会析出许多结晶态矿物,除 C_2S 具有胶凝性外,其他基本不具有水硬活性。而经过水淬处理急冷的矿渣,其结构以玻璃体为主。因为急冷过程中,液相粘度很快加大,晶核来不及形成,并且晶体成长受到阻碍,质点排列规律性不严格,它处于不均衡和热力学不稳定的状态,因而具有较高的活性。

磨细的粒化矿渣单独与水拌和时,反应极慢,得不到足够的胶凝性能。但在 $Ca(OH)_2$ 溶液中,水化作用显著,在饱和的 $Ca(OH)_2$ 溶液中反应更快。表 2-3-2-2 为同一矿渣在各种条件下所得的强度。

粒化矿渣在不同配比时的强度 表 2-3-2-2

编号	配 比 （%）				28 天抗压强度（MPa）	编号	配 比 （%）				28 天抗压强度（MPa）
	矿渣	石灰	水泥熟料	石膏			矿渣	石灰	水泥熟料	石膏	
1	100	—	—	—	0	4	47.7	—	47.7	4.6	47.7
2	92.6	—		7.5	0	5	74.5	—	15	10.5	64.0
3	80	20			18.8						

表中数据表明:矿渣的活性是"潜在"的,需由石灰等物料来激发,因而被称为"激发剂"。常用的激发剂有两类:碱性激发剂和硫酸盐激发剂。碱性激发剂一般为石灰或水化时能够析出的 $Ca(OH)_2$ 的硅酸盐水泥熟料。掺入后能形成 $Ca(OH)_2$ 的碱性溶液,造成矿渣玻璃溶解的条件。另外,从化学角度看,$Ca(OH)_2$ 与矿渣中的活性 SiO_2 和活性 Al_2O_3 化合,生成水化铝酸钙和水化硅酸钙等。

硫酸盐激发剂一般为二水石膏、半水石膏、无水石膏或以 $CaSO_4$ 为主要成份的化工废渣,如磷石膏,氟石膏等。但只有在一定的碱环境中,再加入一定数量的石膏,矿渣的活性才能较为充分地发挥出来。并得到较高的胶凝强度。因为,碱性环境促使矿渣分散、溶解,并形成水化硅酸钙和水化铝酸钙;另外,$Ca(OH)_2$ 存在使石膏能与矿渣中的活性 Al_2O_3 化合,生成水化硫铝酸钙。

图 2-3-2-1 为采用不同激发剂时粒化矿渣以结合水量表示的水化程度,概括地说明了各种激发剂的作用特性。

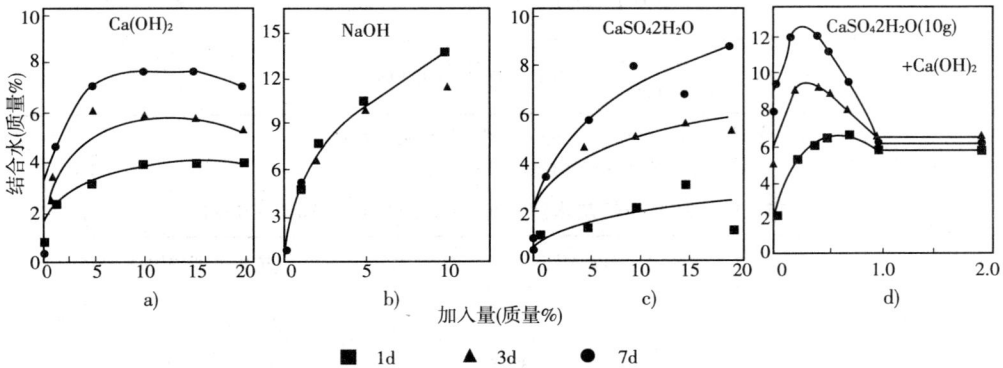

图 2-3-2-1 粒化矿渣在采用不同激发剂时的结合水量

用于配制矿渣水泥的粒化高炉矿渣必须符合国际 GB 203 的各项技术要求。

三、水化硬化过程

矿渣水泥的水化硬化过程,较硅酸盐水泥更为复杂,但基本上可以归纳如下:矿渣水泥调水后,首先是熟料矿物水化,生成水化硅酸钙、水化铝酸钙、水化铁酸钙、氢氧化钙、水化硫铝酸钙或水化硫铁酸钙等水化产物,这与硅酸盐水泥的水化基本相同。这时所生成的氢氧化钙和掺入的石膏就分别作为矿渣的碱性激发剂和硫酸盐激发剂,并与矿渣中的活性组分相互作用,生成水化硅酸钙、水化硫铝酸钙或水化硫铁酸钙。

在矿渣水泥石结构中,纤维状的水化硅酸钙和钙矾石是主要组成,而且水化硅酸钙凝胶较硅酸盐水泥远为致密。研究表明,矿渣颗粒在硬化早期大部分象核心一样参与结构形成过程,钙矾石即在矿渣四周,围绕表面长成。所以,如果熟料和矿渣比表面积比例恰当,将使熟料矿物所产生的水化物恰恰能配到矿渣颗粒的表面,获得较好的水泥石结构。

四、技术性质和技术标准

矿渣水泥的密度一般为 $2.8 \sim 3.1 g/cm^3$,堆积密度约为 $1000 \sim 1200 kg/m^3$,较硅酸盐水泥略小,且颜色较淡。矿渣水泥的凝结时间一般比硅酸盐水泥要长,初凝一般为 $2 \sim 5h$,终凝 $5 \sim 9h$,标准稠度与普通水泥相近,温度对其强度发展影响较敏感。

矿渣水泥干缩性大,保水性差,泌水性大,抗硫酸盐类侵蚀以及溶出性侵蚀能力较强;由于矿渣水泥中 C_3S、C_3A 含量小,所以早期强度低,水化热比普通水泥小得多;由于矿渣加入,使矿渣水泥耐热性较强。

按国标《矿渣硅酸盐水泥、火山灰质硅酸盐水泥及粉煤灰硅酸盐水泥》(GB 1344—1999)的规定,矿渣水泥、火山灰水泥、粉煤灰水泥分别分为 32.5、32.5R、42.5、42.5R、52.5、52.5R 等 6 个强度等级,其技术性质的要求列于表 2-3-2-3 和表 2-3-2-4。

矿渣、火山灰及粉煤灰水泥技术要求(GB 1344—1999)　　　　表 2-3-2-3

技术性能	细度 (80μm 方孔筛) 筛余量(%)	凝结时间		安定性 (沸煮法)	强度 (MPa)	水泥中 MgO (%)	水泥中 SO_3(%)		水泥中碱含量 (按 Na_2O + $0.658K_2O$ 计)
		初凝 (min)	终凝 (h)				矿渣水泥	火山灰、粉煤灰水泥	
指标	≤10	≥45	≤10	必须合格	见表 2-3-2-4	≤5.0①	≤4.0	≤3.5	供需双方商定②
试验方法	GB 1345	GB 1346		GB 1346 GB 750	GB/T 17671	GB 176			

注:①如果水泥经压蒸安定性试验合格,则水泥中 MgO 含量允许放宽到 6.0%;
②若使用活性骨料需要限制水泥中碱含量时,由供需双方商定。

矿渣、火山灰及粉煤灰水泥强度技术要求(GB 1344—1999)　　　　表 2-3-2-4

强度等级	抗压强度(MPa)不小于		抗折强度(MPa)不小于	
	3d	28d	3d	28d
32.5	10.0	32.5	2.5	5.5
32.5R	15.0	32.5	3.5	5.5
42.5	15.0	42.5	3.5	6.5
42.5R	19.0	42.5	4.0	6.5
52.5	21.0	52.5	4.0	7.0
52.5R	23.0	52.5	4.5	7.0

五、用途

由于矿渣水泥的材料组成、水化硬化过程均不同于硅酸盐水泥,其特点及应用范围可归于表 2-3-2-5。

矿渣水泥的特点及应用范围　　　　　　　　　　表 2-3-2-5

水泥品种	特　性		使 用 范 围	
	优　点	缺　点	适 用 于	不 适 用 于
矿渣水泥	1. 对硫酸盐类浸蚀的抵抗能力及抗水性较好; 2. 耐热性好; 3. 水化热低; 4. 在蒸气养护中强度发展较快; 5. 在潮湿环境中后期强度增进率较大	1. 早期强度低,凝结较慢,在低湿环境中尤甚; 2. 耐冻性较差; 3. 干缩性大,有泌水现象	1. 地下、水中及海水中的工程以及经常受高水压的工程; 2. 大体积混凝土工程; 3. 蒸气养护的工程; 4. 受热工程; 5. 代替普通硅酸盐水泥用于地上工程,但应加强养护。亦可用于不常受冻融交替作用的受冻工程	1. 对早期强度要求高的工程; 2. 低温环境中施工而无保温措施的工程

§3-3　火山灰水泥

一、定义

凡由硅酸盐水泥熟料和火山灰质混合材料、适量石膏磨细制成的水硬性胶凝材料称为火山灰质硅酸盐水泥,简称火山灰水泥。代号 P·P。

水泥中火山灰质混合材掺加量按质量百分比计为 20% ~ 50%。

二、火山灰质材料的种类及化学成分

凡是天然的或人工的以氧化硅、氧化铝为主要成分的矿物质材料、本身磨细加水拌和并不硬化,但与气硬性石灰混合后再加水拌和,则不但能在空气中硬化,而且能在水中继续硬化者,称为火山灰质混合材料。

火山灰质混合材主要有天然的和人工的两种。天然的火山灰质混合材主要有火山灰、浮石、沸石岩、凝灰岩以及硅藻土、硅藻石、蛋白石。人工的火山灰质混合材主要有烧粘土、烧页岩、碎粘土砖瓦以及煤渣、粉煤灰、煤矸石渣。

根据火山灰质材料与石灰结合的性质可分为三种类型,即含水硅酸质混合材料、铝硅玻璃质混合材料和烧粘土质混合材料。

含水硅酸质混合材料以无定型的二氧化硅为主要活性成分,并含有结合水,形成 $SiO_2 \cdot nH_2O$ 的非晶质矿物,它与石灰的反应能力强,活性好。但拌和成塑性浆体时的需水量大,对硬化体的性能影响明显,而且干缩大。几种常见的含水硅酸质混合材见表 2-3-3-1。

名称	来源	化学成分举例(%)					
		SiO_2	Al_2O_3	Fe_2O_3	CaO	MgO	烧失量
硅藻土	硅藻土类微生物在水中死后的残骸沉积而成	68.78	14.98	4.30	1.90	0.78	6.57
硅藻石	同硅藻土,但生成年代较久	76.50	7.70	3.20	1.90	1.90	7.90
蛋白石	由硅藻石微粒经硅质胶结材料胶结而成	88.92	4.28	2.03	0.41	0.44	2.43
硅质渣	粘土经提取氧化铝后的残渣	79.10	4.70	4.70	0.30	0.30	13.80

铝硅玻璃质混合材以氧化硅为主要成分,并还含有一定数量的氧化铝和少量的碱性氧化物($Na_2O + K_2O$)。这种混合材是由高温溶体经过不同程度的急速冷却而成。其活性决定于化学成分和冷却速度,并与玻璃体含量直接有关。

烧粘土质混合材主要为脱水粘土矿物,如脱水高岭土($Al_2O_3 \cdot 2SiO_2$)等。其化学成分以氧化硅和氧化铝为主,其中氧化铝的含量与活性大小有明显关系,烧粘土、煤矸石、沸腾炉渣等均属此类混合材。

三、水化硬化过程

火山灰水泥拌水后,首先是水泥熟料矿物水化,然后是熟料矿物水化过程中释放出来的 $Ca(OH)_2$ 与混合材中的活性组分发生反应,生成水化硅酸钙和水化铝酸钙,因而减少了熟料水化的生成物——氢氧化钙的含量,加速了水泥熟料的水化。二次水化产物的组成和结构,又与熟料矿物水化所析出的 $Ca(OH)_2$ 数量有关,所以火山灰水泥前后两种反应是互相制约和互为条件的。

一般情况下,火山灰质混合材料与水泥熟料矿物水化物的水化反应,可用下列方程表示:

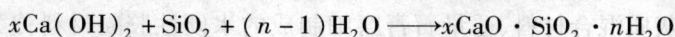

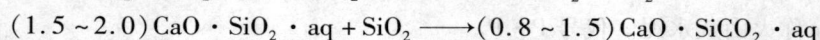

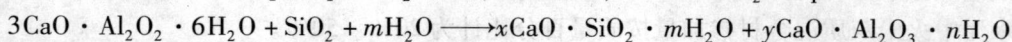

$$x Ca(OH)_2 + SiO_2 + (n-1) H_2O \longrightarrow x CaO \cdot SiO_2 \cdot n H_2O$$

$$(1.5 \sim 2.0) CaO \cdot SiO_2 \cdot aq + SiO_2 \longrightarrow (0.8 \sim 1.5) CaO \cdot SiCO_2 \cdot aq$$

$$3 CaO \cdot Al_2O_2 \cdot 6 H_2O + SiO_2 + m H_2O \longrightarrow x CaO \cdot SiO_2 \cdot m H_2O + y CaO \cdot Al_2O_3 \cdot n H_2O$$

式中:$x \leqslant 2, y \leqslant 3$。

$$x Ca(OH)_2 + Al_2O_3 + m H_2O = x CaO \cdot Al_2O_3 \cdot n H_2O$$

式中:$x \leqslant 3$。

$$3 Ca(OH)_2 + Al_2O_3 + 2 SiO_2 + m H_2O = 3 CaO \cdot Al_2O_3 \cdot 2 SiO_2 \cdot n H_2O$$

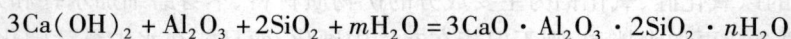

所以,火山灰水泥水化后,最终产物主要是以 $C-S-H(I)$ 为主的水化硅酸钙凝胶,其次是水化铝酸钙及其与水化铁酸钙形成的固溶体,以及水化硫铝酸钙。提高水化温度时,还可能有水化石榴子石 $3 CaO \cdot Al_2O_3 \cdot x SiO_2 \cdot (6-2x) H_2O$。在硬化的火山灰水泥浆体中,游离氧化钙的数量比硬化的硅酸盐水泥浆体中要少得多,且随着养护时间的增长而逐渐减少。

四、技术性质及技术标准

火山灰水泥的密度比硅酸盐水泥小,一般为 $2.7 \sim 2.9 / cm^3$。火山灰水泥的需水量与混合材料的种类和掺入量有关。火山灰水泥的强度发展较慢,尤其是早期强度较低;温湿度对硬化过程影响较大,干燥环境易出现裂缝,低温时,凝结硬化显著变慢;干缩率随所掺混合材比表面积的增加而提高,由于火山灰水泥水化生成的水化硅酸钙凝胶较多,所以水泥石较致密,从而提高了火山灰水泥的抗渗性、耐水性以及抗硫酸盐性。按国标(GB1344 – 92)《矿渣硅酸盐水泥、火山灰质硅酸盐水泥、粉煤灰硅酸盐水泥》,火山灰水泥的标号、技术性质以及各标号不同龄期的抗压、抗折强度指标与矿渣水泥相同。见表2-3-2-3、表2-3-2-4所示。

五、特点及用途

火山灰水泥的特点及用途见表2-3-3-2所示。

火山灰水泥的特点及应用范围 表2-3-3-2

水泥品种	特　性		使　用　范　围	
	优　点	缺　点	适　用　于	不　适　用　于
粉煤灰火山灰水泥	1. 对硫酸盐类浸蚀的抵抗能力强; 2. 抗水性好; 3. 水化热较低; 4. 在湿润环境中后期强度的增进率较大; 5. 在蒸汽养护中强度发展较快	1. 早期强度低,凝结较慢,在低温环境中尤甚; 2. 耐冻性差; 3. 吸水性大; 4. 干缩性较大	1. 地下、水中工程及经常受高水压的工程; 2. 受海水及含硫酸盐类溶液浸蚀的工程; 3. 大体积混凝土工程; 4. 蒸汽养护的工程; 5. 远距离运输的砂浆和混凝土	1. 气候干热地区或难于维持20~30天内经常湿润的工程; 2. 早期强度要求高的工程; 3. 受冻工程

§3-4　粉煤灰水泥

一、定义

凡由硅酸盐水泥熟料和粉煤灰、适量石膏磨细制成的水硬性胶凝材料称为粉煤灰硅酸盐水泥,简称粉煤灰水泥,代号P·F。

水泥中粉煤灰掺加量按质量百分比计为20% ~40%。

二、粉煤灰的矿物组成及结构

粉煤灰也属于 $CaO—Al_2O_3—SiO_2$ 系统。由于煤的种类、细度以及燃烧条件的不同,粉煤灰的化学成分也有较大波动。表2-3-4-1是我国一百多个以烟煤、无烟煤为燃料的电厂粉煤灰的化学成分范围及平均值。世界上其他一些国家的粉煤灰化学组成见表2-3-4-2。

我国电厂粉煤灰化学成分(%) 表2-3-4-1

项目	烧失量	SiO_2	Al_2O_3	Fe_2O_3	CaO	MgO	SO_3	Na_2O	K_2O
范围	1.1 ~26.5	31.1 ~60.8	11.9 ~35.6	1.4 ~37.5	0.7 ~9.6	0.1 ~1.9	0 ~1.8	0.1 ~1.1	0.3 ~2.9
平均值	7.1	51.1	27.6	7.8	2.9	0.4		0.4	1.2

项目	化学组成（%）								
	SiO_2	Al_2O_3	Fe_2O_3	CaO	MgO	SO_3	K_2O	Na_2O	烧失量
澳大利亚	9~63	4~33	1~30	0.2~33	0.1~24	<0.1~14.5	0.1~0.2	0.1~5.6	<0.1~15.2
比利时	47~54	25~29	6~10	1.4~3.9	1.2~2.0	0.3~0.6	2.2~3.3	0.7~1.1	1.3~9.3
巴西	52~75	9~33	2~14	0.5~2.4	0.4~1.4	<0.1~2.0	0.2~2.8	0.2~1.4	<0.1~3.4
保加利亚	40~60	12~32	5~16	4~12	1~9	0.9~9.6			0.5~19.7
德国	2~77	2~30	1~16	1~41	1.5~23	0.2~27	0.1~4.7	0.2~10	0~20.1
法国	14~59	6~33	4~17	1~59	1~5	0.1~15.1	0.7~6.0	0.1~0.9	0.3~15.2
英国	43~55	22~34	6~13	1.2~7.6	1.2~2.3	0.1~1.6	1.0~3.8	0.1~4.0	1.2~12.7
印度	37~67	18~29	3~22	1.3~11	0.8~5.2	<0.1~2.9			0.3~16.6
日本	53~63	25~28	2~6	1~7		0.1~0.8	1.8~3.2	0.8~2.4	0.1~1.2
波兰	35~50	6~36	5~12	2~35	1~4	0.1~8.0	1~2.7	1~2	1~10
罗马尼亚	39~53	18~29	7~16	3~13	1~4	0.5~5.9	0.3~2.2	0.1~1.8	0.2~4.5
前苏联	36~63	11~40	4~17	1~32	0~5	0.1~2.5	1.1~3.6	0.5~1.2	0.5~22.5
匈牙利	41~60	16~34	5~17	1~11	1~7	0.5~7.0	0.0~2.2	0.2~2.5	1~5.0
美国	23~58	13~25	4~17	1.2~29	1.0~7.5	0.3~8.3	0.4~3.2	0.4~7.3	0.4~4.9

　　粉煤灰的矿物组成主要是铝硅玻璃体、少量的石英和莫来石（$3Al_2O_3 \cdot 2SiO_2$）等结晶矿物以及未燃尽的碳粒。硅铝玻璃体的含量一般在70%以上,是粉煤灰具有活性的主要组成部分。在其他条件相同时,玻璃体含量越多,活性越高。

　　粉煤灰中玻璃体的形态和大小及表面情况,对粉煤灰的性能有密切关系。扫描电镜观测表明:在玻璃体中,有光滑的球形玻璃体粒子(见图2-3-4-1),有形状不规则的小颗粒(孔隙少),有疏松多孔的未燃炭粒。球形颗粒在水泥浆体中可起润滑作用,所以粉煤灰中如果圆滑的球形颗粒占多数,其需水性小,活性高。一般认为,粒径范围在5~30μm的颗粒,其活性较好。

　　粉煤灰中未燃尽煤的含量,通常可用烧失量表示。烧失量过大,说明燃烧不充分,且碳粒粗大、多孔,掺入水泥后往往增加需水量,降低强度。并且未燃尽的煤遇水后在表面形成一层憎水薄膜,阻碍水分向内部浸透,影响$Ca(OH)_2$,与活性氧化物作用,降低活性。更因其在空气中不断氧化挥发,并吸收水分,使体积膨胀,影响稳定性。

　　用于配制粉煤灰水泥的粉煤灰,其质量必须符合GB 1596的要求。

三、水化硬化过程

　　粉煤灰水泥的凝结硬化过程与火山灰水泥也极为相似,但也有其特点。粉煤灰水泥加水拌和后,首先是水泥熟料矿物水化,析出的$Ca(OH)_2$,通过液相扩散到粉煤灰球形玻璃体的表面。在表面上,发生化学吸附与侵蚀,并与玻璃体中的活性SiO_2和活性Al_2O_3,生成水化硅酸

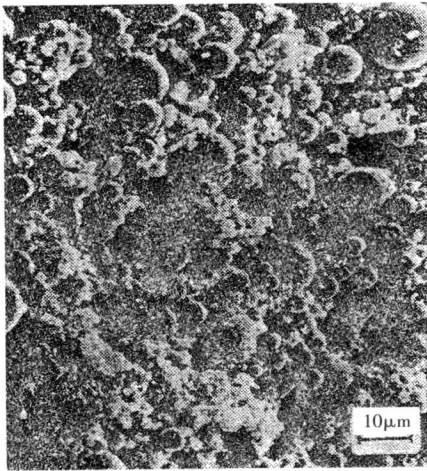

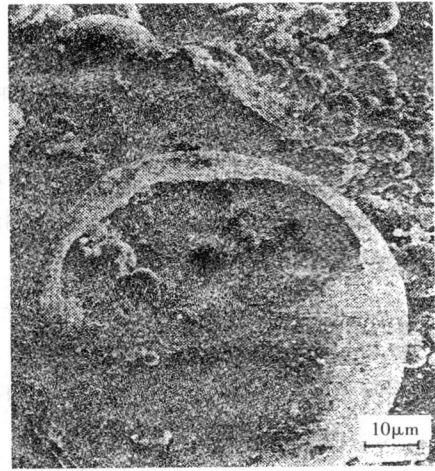

图 2-3-4-1　粉煤灰的扫描电镜照片

钙和水化铝酸钙。当有石膏存在时,还有水化硫铝酸钙结晶产生。大部分水化物开始以凝胶状出现,随龄期增长,逐步转化成纤维状晶体,其数量不断增多,相互交叉连接,使强度不断增长。球形玻璃体比较稳定,其表面又相当致密,不易水化。水化 28d 时,才能见到玻璃体的表面开始初步水化,略有凝胶出现;90d 后,才能形成大量水化硅酸钙凝胶体。这种规律可从表2-3-4-3 的数据中看出。粉煤灰水泥的后期强度可以超过硅酸盐水泥,见表 2-3-4-4。

粉煤灰掺入量对水泥强度的影响　　　　　　　　　　　　　表 2-3-4-3

粉煤灰掺入量(%)	细度(%)	抗折强度(MPa)			抗压强度(MPa)		
		3d	7d	28d	3d	7d	28d
0	6.0	6.3	7.0	7.2	32.1	41.5	55.5
25	5.6	4.7	5.7	6.5	23.1	29.1	44.0
35	5.6	4.2	5.3	6.4	18.5	27.9	42.0

粉煤灰水泥和硅酸盐水泥的后期强度　　　　　　　　　　　表 2-3-4-4

粉煤灰掺量(%)	抗折强度(MPa)						抗压强度(MPa)					
	3d	7d	28d	3月	6月	1年	3d	7d	28d	3月	6月	1年
硅酸盐水泥	6.4	7.6	8.7	9.1	9.4	9.4	29.8	38.1	46.5	53.8	57.0	55.2
粉煤灰水泥(30%电收尘收下的粉煤灰)	3.9	5.1	7.3	9.6	10.1	10.7	16.4	23.5	37.3	52.3	65.7	66.5

四、粉煤灰水泥的技术性质和技术标准

粉煤灰水泥实质上也是一种火山灰水泥。但由于粉煤灰的化学组成和物理结构特征与其他火山灰质材料有一定差别,使粉煤灰水泥具有一系列的性能特点,因此,我国将其另列为一

131

个品种。

粉煤灰水泥早期强度低,但后期可赶上和超过硅酸盐水泥,粉煤灰水泥内含很多球状玻璃颗粒,所以需水量小;粉煤灰水泥的干缩变形小、抗裂性好、水化热较低以及抗淡水和硫酸盐侵蚀的能力较高。

按国标(GB 1344—92)《矿渣硅酸盐水泥、火山灰质硅酸盐水泥、粉煤灰硅酸盐水泥》,粉煤灰水泥的标号、技术性质以及各标号不同龄期的抗压、抗折强度指标与矿渣水泥相同,见表2-3-2-3、表2-3-2-4。

五、粉煤灰水泥特点及用途

根据粉煤灰水泥的性能,其特点及应用范围基本上与火山灰水泥相同,粉煤灰水泥尤其适用于大体积混凝土以及地下和海港工程。

如前所述,硅酸盐水泥、普通硅酸盐水泥、矿渣硅酸盐水泥、火山灰质硅酸盐水泥和粉煤灰硅酸盐水泥等5种水泥是目前土建工程中,应用最广的品种,现将5种水泥的主要组成和特性汇总如表2-3-4-5所示。

5 种水泥的主要组成和特性汇总表

表 2-3-4-5

名　　称	硅酸盐水泥		普通硅酸盐水泥	矿渣硅酸盐水泥	火山灰质硅酸盐水泥	粉煤碳硅酸盐水泥
简称	硅酸盐水泥		普通水泥	矿渣水泥	火山灰水泥	粉煤灰水泥
	Ⅰ 型	Ⅱ 型				
代号	P·Ⅰ	P·Ⅱ	P·O	P·S	P·P	P·F
主要成分	硅酸盐熟料不加混合材	硅酸盐水泥熟料,掺加≤5%石灰石或粒化矿渣	硅酸盐熟料,掺加 6%～15%混合材料	硅酸盐熟料,掺加 20%～70%粒化矿渣	硅酸盐熟料,掺加 20%～50%火山灰质混合材	硅酸盐熟料,掺加 20%～40%粉煤灰
密度(g/cm³)	3.00～3.15		3.00～3.15	2.80～3.10	2.80～3.10	2.80～3.10
堆积密度(kg/m³)	1000～1600		1000～1600	1000～1200	900～1000	900～1000
标号和型号	425、525、525R 625、625R、725 等 6 个标号		325、425、425R 525、525R、625、625R 等 7 个标号	275、325、425 425R、525、525R、625 等 7 个标号	275、325、425、425R、525、525R、625 等 7 个标号	275、325、425、425R、525、625 等 7 个标号
特性 1. 硬化	快		较快	慢	慢	慢
2. 早期强度	高		较高	低	低	低
3. 水化热	高		高	低	低	低
4. 抗冻性	好		好	差	差	差
5. 耐热性	差		较差	好	较差	较差
6. 干缩性				较大	较大	较小
7. 抗掺性	较好		较好	差	较好	较好

第四章 其 它 水 泥

§4-1 道 路 水 泥

一、定义

以适当成分的生料烧至部分熔融,所得以硅酸钙为主要成分和较多量的铁铝酸钙的硅酸盐熟料称为道路硅酸盐熟料。由道路硅酸盐水泥熟料、0~10%活性混合材料掭适量石膏磨细制成的水硬性胶凝材料,称为道路硅酸盐水泥(简称道路水泥)。

二、技术性质与技术标准

1.技术性质

1)化学组成要求

在道路水泥或熟料中含有下列有害成分须加以限制。

(1)氧化镁 道路水泥中氧化镁含量不得超过5.0%。

(2)三氧化硫 道路水泥中三氧化硫不得超过3.5%。

(3)烧失量 道路水泥中烧失量不得大于3.0%。

(4)游离氧化钙含量 道路水泥熟料中的游离氧化钙,旋窑生产不得大于1.0%,立窑生产不得大于1.8%。

(5)含碱量 国标(GB 13693—92)规定,如用户提出要求时,由供需双方商定。但按《水泥混凝土路面施工及验收规范》(GBJ 97—94)规定:碱含量不得大于0.6%。

2)矿物组成要求

(1)铝酸三钙 道路水泥熟料中铝酸三钙的含量不得大于5.0%。

(2)铁铝酸四钙含量 道路水泥熟料中铁铝酸四钙含量不得小于16.0%。

铝酸三钙(C_3A)和铁铝酸四钙(C_4AF)的含量,先按 GB 176 方法求出三氧化二铝(Al_2O_3)、三氧化二铁(Fe_2O_3)的含量,然后按下列公式求得。

$C_3A = 2.65(Al_2O_3 - 0.64Fe_2O_3)$,%;

$C_4AF = 3.04Fe_2O_3$,%;

3)物理力学性质

(1)细度 按国标 GB 1345 水泥细度检验方法,80μm 筛的筛余量不得大于10%;

(2)凝结时间 按国标 GB 1346 试验方法,初凝不得早于1h,终凝不得迟于10h;

(3)安定性 按国标 CB 1346 试验方法,安定性用沸煮法必须合格;

(4)干缩性 按国标 GB 751 水泥胶砂干缩性试验方法,28 天干缩率不得大于0.10%;

(5)耐磨性 按行业标准 JC/T 421 水泥胶砂耐磨性试验,磨损率不得大于3.60kg/m²;

(6)强度 道路水泥分为425、525 和625 三个标号,各标号3 天和28 天强度不得低于表

2-4-1-2 所列数值。

2. 技术标准

道路水泥按国标《道路硅酸盐水泥》（GB 13693—92），各项指标的技术标准汇总列如表 2-4-1-1。各标号的抗压、抗折强度指标见表 2-4-1-2。

道路水泥技术标准（GB 13693—92） 表 2-4-1-1

熟料矿物成分（%）		氧化镁 MgO（%）	三氧化硫 SO₃（%）	烧失量 （%）	游离氧化钙（%） （熟料中）		碱含量 （%）
铝酸三钙 C₃A	铁铝酸四钙 C₄AF				旋窑	立窑	
≤5.0	≥16.0	≤5.0	≤3.5	≤3.0	≤1.0	≤1.8	0.6①

细度（80μm） 筛余量	凝结时间（h）		安定性 （沸煮法）	干缩率 （28天）（%）	耐磨性 （kg/m²）	强度（MPa）
	初凝	终凝				
≤10	≥1	≤10	合格	≤0.10	3.60	见表 2-4-1-2

注：①国标（GBJ 97—94）规定。

道路水泥各龄期强度表 表 2-4-1-2

标　号	抗压强度（MPa）		抗折强度（MPa）	
	3 天	28 天	3 天	28 天
425	22.0	42.5	4.0	7.0
525	27.0	52.5	5.0	7.5
625	32.0	62.5	5.5	8.5

三、道路水泥的特点及应用范围

道路水泥是一种专用水泥。这种水泥强度高，特别是抗折强度高，耐磨性好，干缩性小，抗冲击性好、抗冻性和抗硫酸性好。它适用于道路路面、机场跑道道面、城市广场等工程。由于道路水泥具有干缩性小、耐磨、抗冲击等特性，可大大减少水泥混凝土路面的裂缝和磨耗等病害，减少维修，延长路面使用年限。

§4-2　快硬硅酸盐水泥

一、定义

凡以适当成分的生料，烧至部分熔融，所得以硅酸钙为主要成分的硅酸盐水泥熟料，加入适量石膏，磨细制成具有早期强度增进率较高的水硬性胶凝材料，称为快硬硅酸盐水泥（简称快硬水泥）。快硬水泥以 3 天抗压强度来表示标号。

二、技术性质与技术标准

按我国现行国标《快硬硅酸盐水泥》（GB 199—90）有关规定，其化学性质及物理力学性质分述如下：

134

1. 化学性质

（1）氧化镁含量　熟料中氧化镁含量不得超过5.0%。如水泥压蒸安定性试验合格，则熟料中氧化镁的含量允许放宽到6.0%。

（2）三氧化硫含量　水泥中三氧化硫含量不得超过4.0%。

2. 物理力学性质

（1）细度　筛析方法，80μm方孔筛筛余量不得超过10%。

（2）凝结时间　初凝不早于45min，终凝不得迟于10h。

（3）安定性　沸煮法检验必须合格。

（4）强度　快硬水泥以3d抗压强度表示标号，共有三个标号，各龄期强度要求见表2-4-2-1所示。

快硬硅酸盐水泥各龄期强度表（GB 199—90）　　　　　　　　表2-4-2-1

强度（MPa）	强度类别及龄期　　标　号	抗压强度（MPa）			抗折强度（MPa）		
		1d	3d	28d[①]	1d	3d	28d[①]
强度（MPa）	325	15.0	32.5	62.5	3.6	5.0	7.2
	375	17.0	37.5	57.5	4.0	6.0	7.6
	425	19.0	42.6	62.5	4.5	6.4	8.0

注：①28d强度仅为供需双方参考指标。

三、快硬水泥的特点及应用范围

快硬水泥的比表面积较大，一般控制在3300～4500cm²/g，其水化活性大，因为硅酸三钙（50%～60%）和铝酸三钙（8%～14%）含量高。快硬水泥水化热较高，而且早期干缩率较大。由于水泥石强度高，而且比较致密，所以不透水性和抗冻性往往优于普通水泥。

由于快硬水泥比面大，在储存和远输过程中易风化，一般储存期不应超过1个月，应及时使用。

快硬水泥主要用于检修工程、早期强度要求高的工程、冬季施工工程以及混凝土预制构件。快硬水泥适用于配制干硬性混凝土，水灰比应控制在0.40以下。

§4-3　高铝水泥

一、定义

凡以铝酸钙为主、氧化铝含量约50%的熟料，磨细制成的水硬性胶凝材料，称为高铝水泥，又称为钒土水泥。

二、高铝水泥的矿物组成及水化反应

1. 高铝水泥的矿物组成

高铝水泥的主要化学成分为CaO（32%～44%）、Al_2O_3（33%～60%）、SiO_2（3%～11%）、

Fe_2O_3(4% ~ 12%)、FeO(0% ~ 11%)及少量的 MgO(<2%)、TiO_2(1% ~ 3%),$K_2O + Na_2O$(<1%)等。

（1）铝酸一钙（$CaO \cdot Al_2O_3$ 简写 CA），是高铝水泥中最主要的矿物,其特点是凝结正常、硬化迅速,是高铝水泥强度的主要来源。

（2）二铝酸一钙（$CaO \cdot 2Al_2O_3$ 简写 CA_2），水化硬化慢,早期强度低,但后期强度能不断提高。

（3）七铝酸十二钙（$12CaO \cdot 7Al_2O_3$ 简写 $C_{12}A_7$），水化极快、凝结迅速但强度不高。

（4）铝方柱石（$2CaO \cdot Al_2O_3 \cdot SiO_2$ 简写 C_2AS），胶凝性能差。此外,高铝水泥有时还会有少量 C_2S 存在。

2. 高铝水泥的水化反应

铝酸一钙的水化反应随温度的不同可形成性能差异很大的水化产物。

当温度低于 20℃时

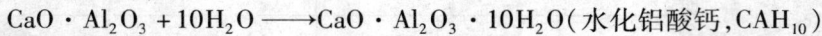

$CaO \cdot Al_2O_3 + 10H_2O \longrightarrow CaO \cdot Al_2O_3 \cdot 10H_2O$（水化铝酸钙,$CAH_{10}$）

当温度在 20 ~ 30℃时

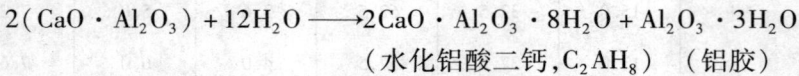

$2(CaO \cdot Al_2O_3) + 12H_2O \longrightarrow 2CaO \cdot Al_2O_3 \cdot 8H_2O + Al_2O_3 \cdot 3H_2O$

（水化铝酸二钙,C_2AH_8）　（铝胶）

当温度高于 30℃时

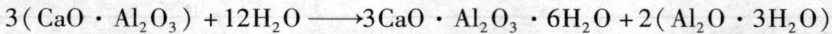

$3(CaO \cdot Al_2O_3) + 12H_2O \longrightarrow 3CaO \cdot Al_2O_3 \cdot 6H_2O + 2(Al_2O \cdot 3H_2O)$

此时形成的 C_3AH_6 属立方晶系,基本上是等尺寸的晶体,又常有较多的晶体缺陷,故强度较低,因而高铝水泥不宜在高于 30℃的条件下养护。

在较低温度下形成的 CAH_{10} 或 C_2AH_8 均属六方晶系,其晶体呈片状或针状,互相交错攀附,重迭结合,可形成坚强的结晶联生体,使水泥石具有较高的强度。加之氢氧化铝胶体填充于晶体骨架的空隙,从而形成了十分致密的结构。

三、高铝水泥的技术性质及技术标准

（1）密度　高铝水泥的密度为 3. 20 ~ 3. 25g/cm³,松堆密度为 1000 ~ 1300kg/m³,紧堆密度为 1600 ~ 2000kg/m³。

（2）细度　高铝水泥的细度,0. 080mm 方孔筛筛余不得超过 10%,比表面积不得低于 2400cm²/g。

（3）凝结时间　根据国家标准（GB 201—81）规定,初凝不得早于 40min,终凝不得迟于 10h。

温度低于 25℃时,对凝结时间影响不明显,超过 25℃,凝结变慢。

加入 $Ca(OH)_2$、NaOH、Na_2CO_3 及 Na_2SO_4 等,可加速高铝水泥的凝结。高铝水泥中加入 15% ~ 60% 硅酸盐水泥,会发生闪凝。这是由于硅酸盐水泥水化析出的 $Ca(OH)_2$ 与铝酸钙水化析出的 $Al_2O_3 \cdot aq$ 很快形成 C_3AH_6,使起缓凝作用的 $Al_2O_3 \cdot aq$ 薄膜破坏而发生闪凝。

（4）强度　高铝水泥的强度发展很快,以 3d 强度指标为标号,我国 GB 201—81 规定,高铝水泥分为四个标号,各标号各龄期的强度不得低于表 2-4-3-1 的要求,而且 28 天的强度不得低于 3d 强度的指标。

高铝水泥各龄期强度指标 表2-4-3-1

强度(MPa)	强 度 类 别 及 龄 期 标 号	抗压强度(MPa)		抗折强度(MPa)	
		1d	3d	1d	3d
	425	35.3	41.7	3.9	4.4
	525	45.1	51.5	4.9	5.4
	625	54.9	61.3	5.9	6.4
	725	64.7	71.1	6.9	7.4

高铝水泥的最大特点是强度发展非常迅速,24h内几乎可达到最高强度。另一特点是在低温下(5℃～10℃)也能很好硬化,而在高温下(＞30℃)养护,则强度剧烈下降,这是与硅酸盐水泥截然相反的。

降低高铝水泥混凝土的水灰比,可使长期强度下降的幅度变小(见图2-4-3-1)。力求使实用的水灰比低于理论上充分水化所需的水灰比,以便晶型转化时析出的大量游离水能与未水化的水泥水化结合,有效地弥补由晶型转化所引起的孔隙率增加的不良后果。因此,一般高铝水泥混凝土的水灰比不应超过0.4。

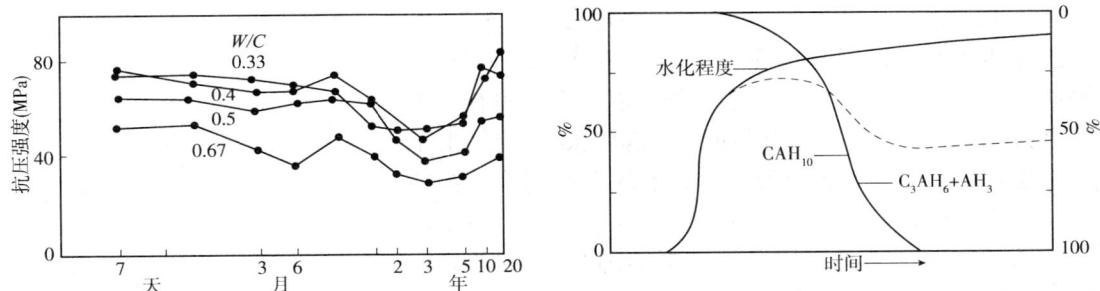

图2-4-3-1 高铝水泥混凝土抗压强度与水灰比的关系

在高铝水泥中掺入适量的石灰石粉或粉煤灰,或者采用石灰石作为集料,可以缓和晶型转变的影响。这是因为水化铝酸钙与石灰石反应所生成的水化碳铝酸钙比较稳定的缘故。

(5)抗腐蚀性 高铝水泥的抗硫酸盐及抗海水腐蚀的性能优于抗硫酸盐硅酸盐水泥。因为高铝水泥水化可使浆体液相碱度降低[不析出游离$Ca(OH)_2$],并与硫酸盐介质所形成的水化硫铝酸钙晶体分布比较均匀的缘故。另外,水化时还生成铝胶,使浆体结构致密,抗渗性好。

四、高铝水泥的特点及用途

1. 特点

(1)快硬高强,1d的强度可达80%以上,3d几乎达到100%。

(2)低温硬化快,在5～10℃时,1d强度仅较正常养护时(20℃)的强度约低30%,3d的强度与正常养护时接近。

(3)耐热性好,在于热处理过程中强度下降较少。加热到900℃时,强度下降30%;1300℃时,下降50%,在继续受热情况下,仍有良好体积稳定性。

(4)耐蚀性好,在3%的硫酸盐溶液内,高铝水泥6个月的抗折强度仅较在淡水内降低4%。

(5)抗冻性与不透水性均好。

2.用途

（1）用于紧急抢修工程及需要很快使用的军事工程。

（2）要求一定早期强度的特殊工程。

（3）冬季施工的工程。

（4）抵抗硫酸盐浸蚀及冻融交替的工程。

（5）制作耐热砂浆、耐热混凝土和配制膨胀水泥。

高铝水泥不宜用作结构工程，也不得与其他水泥混合使用。

§4-4 膨胀水泥及自应力水泥

一、定义

在水化硬化过程中，以其体积膨胀量来补偿水泥混凝土收缩的一类水泥，统称为膨胀水泥。而在水化硬化过程中，体积膨胀量用以使水泥混凝土产生预应力的一类水泥，则称为自应力水泥。

膨胀水泥混凝土在硬化过程中产生一定数值的膨胀，以克服或弥补普通水泥混凝土在空气中硬化时出现的干缩。在钢筋混凝土的膨胀过程中，由于钢筋和混凝土之间有一定的握裹力，所以，混凝土必然要和钢筋一起膨胀，使钢筋由于混凝土膨胀受到拉应力而伸长。混凝土的膨胀则因受钢筋的限制而受到相应的压应力（见图 2-4-4-1）。以后，即使经过干缩，但仍不致使膨胀的尺寸全部抵消，尚有一定的剩余膨胀，不但能减轻开裂现象而且更重要的是外界因素对混凝土所产生的拉应力，可以为预先具有的压应力所抵消，从而将混凝土的实际拉应力减小至极低的数值，有效地改善了混凝土抗拉强度差的缺陷。因为这种预先具有的压应力是依靠水泥自身的水化而产生的，所以称为"自应力"，并以"自应力值"（MPa）来表示混凝土中所产生压应力的大小。

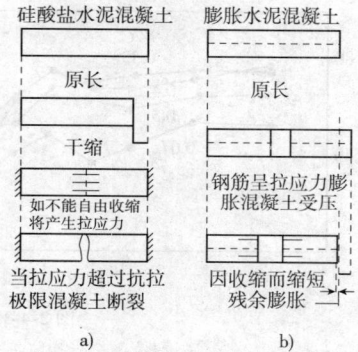

图 2-4-4-1 膨胀水泥混凝土预加应力的示意图
a）硅酸盐水泥混凝土；b）膨胀水泥混凝土

膨胀水泥在水化过程中，有相当一部分能量用于膨胀，转变成所谓的"膨胀能"，一般，膨胀能越高，可能达到的膨胀值越大，膨胀的发展规律，通常也是早期较快，以后渐趋缓慢，逐渐稳定，在达到"膨胀稳定期"后，膨胀基本停止。另外，在没有受到任何限制的条件下，所产生的膨胀一般称为"自由膨胀"，此时并不产生自应力，当受到单向、双向或三向限制时，则为"限制膨胀"，这时才有自应力产生，限制越大，可能达到的自应力值越高。

二、分类及技术性质

膨胀水泥可根据膨胀值不同分为：收缩补偿水泥和自应力水泥两类。前者膨胀能较低，限制膨胀时所产生的压应力大致能抵消干缩所引起的拉应力，主要用以减少或防止混凝土的干缩裂缝。而后者所具有的膨胀能较高，足以使干缩后的混凝土仍有较大的自应力，用于配制各种自应力混凝土。

现介绍几种常用的膨胀及自应力水泥。

(一)硅酸盐膨胀水泥和自应力水泥

凡以适当成分的硅酸盐水泥熟料、膨胀剂和石膏,按一定比例混合粉磨而制得的水硬性胶凝材料,称为硅酸盐膨胀水泥。我国生产的硅酸盐膨胀水泥,其大致配比为:普通硅酸盐水泥占77%~81%,高铝水泥占12%~14%,二水石膏占7%~9%,硅酸盐自应力水泥配比则为普通硅酸盐水泥占69%~73%、高铝水泥占12%~15%、二水石膏掺量占15%~18%。

硅酸盐膨胀水泥和自应力水泥水化时产生膨胀的原因,主要是由于高铝水泥中铝酸盐和石膏遇水化合,生成钙矾石。因此,高铝水泥和石膏可认为是膨胀组分,而硅酸盐水泥则为强度组分。

有关标准 JC 218—79 规定:硅酸盐自应力水泥的比表面积不应低于 $3400cm^2/g$,初凝不早于 30min,终凝在 8h 以内,抗压强度在 24.5~54MPa 之间,混凝土或砂浆的自由膨胀率小于3%,膨胀稳定期不迟于28d。其膨胀、自应力值和抗压强度在 7d 内几乎达最高值,依自应力值可分为2.0、2.9、3.9MPa 三级。由于在限制条件下所形成的浆体结构相当致密,所以常具有良好的抗渗性和抗冻性,抗硫酸盐能力也有所提高。

(二)明矾石膨胀水泥

凡以硅酸盐水泥熟料、天然明矾石、石膏和粒化高炉矿渣(或粉煤灰),按适当比例磨细制成的、具有膨胀性能的水硬性胶凝材料,称为明矾石膨胀水泥。

明矾石水泥的配合比为:硅酸盐水泥熟料占50%~63%,明矾石占12%~15%,硬石膏占9%~11%,粉煤灰或矿渣占15%~20%,该水泥的初凝时间为1.5~4.0h,终凝2.5~6.0h:1天的自由膨胀≥0.15%,28d 为0.5%~1.2%;1d 抗压强度为30~40MPa,7d 为40~60MPa,28d 达61~80MlPa。该水泥用于补偿收缩、防渗、补强等工程以及接缝、梁柱和管道接头等。

(三)铝酸盐自应力水泥

铝酸盐自应力水泥是以高铝水泥熟料和二水石膏为组成材料,采用混合粉磨或分别粉磨混匀而成,一般的配比为:高铝水泥熟料占60%~66%,二水石膏占34%~40%。

部标准(JC 214—78)规定,水泥的初凝时间不早于 30min,终凝不迟于3h,1:2 软练砂浆7d 的自应力值大于3.4MPa,28d 应大于4.4MPa;而抗压强度分别要求在 29.4 和 34.3MPa 以上。制品的抗渗、气密性好,质量比较稳定。但成本高,膨胀稳定期较长。

(四)硫铝酸盐膨胀水泥和自应力水泥

由硫铝酸钙熟料和不同量的二水石膏共同粉磨可制得膨胀水泥和自应力水泥。

硫铝酸盐膨胀水泥根据水泥膨胀率值分为微膨胀硫铝酸盐水泥和膨胀硫铝酸盐水泥两类(ZBQ 11007—87),其技术指标见表2-4-4-1所示。

硫铝酸盐膨胀、自应力水泥在水化初期,形成的钙矾石起着凝结和产生强度的作用,随后使浆体更为致密。在水泥石已有一定强度时,继续生成钙矾石,就会引起膨胀,产生自应力。同时,由于铝胶和水化硅酸钙凝胶的存在,水泥石极为致密,具有良好的气密佳和抗渗性。

膨胀硫铝酸盐水泥品质指标(摘自 ZBQ 11007—87)　　　　　　表 2-4-4-1

项　　目	品　质　指　标
游离氧化钙	水泥中不允许出现游离氧化钙
比表面积	不得低于 $400m^2/kg$

项　目			品　质　指　标					
凝结时间			初凝不得早于30min，终凝不得迟于3h					
强度 （MPa）	强度类别 及龄期 类型　　标　号		抗压强度（MPa）			抗折强度（MPa）		
			1d	3d	28d	1d	3d	28d
	微膨胀水泥	525	31.4	41.2	51.5	4.9	5.9	6.9
	膨胀水泥	525	27.5	39.2	51.5	4.4	5.4	8.4
膨胀率	微膨胀水泥		水泥净浆试体1d自由膨胀率不得小于0.05%，28d不得大于0.5%					
	膨胀水泥		水泥净浆试体1d自由膨胀不得小于0.01%，28d不得大于1.00%					

第三篇　水泥混凝土

第一章　概　　述

水泥混凝土是一种家喻户晓的建筑材料,混凝土的发展虽只有100多年,如今已成为世界范围内应用最广、用量最大、几乎随处可见的建筑材料。它不仅广泛用于工业与民用建筑、道路与桥梁、海工与大坝、原子能与军事等工程中,而且在输油输气管道、大型贮罐、船舶以及工业窑炉中的应用也日益增多。据估计到本世纪末,全世界水泥混凝土年用量将达100亿吨。

§1-1　发展历史及研究动态

一、发展历史

水泥混凝土材料的发展在历史上可以追溯到很古老的年代。相传数千年前,我国劳动人民及埃及人就用石灰与砂混合配制成的砂浆砌筑房屋,后来罗马人又使用石灰、砂及石子配制成混凝土,并在石灰中掺入火山灰配成用于海岸工程的混凝土。这类混凝土强度不高,使用范围有限。

1824年阿斯普丁(J. Aspdin)发明了波特兰水泥,使混凝土胶结材料发生了质的变化,大大提高了混凝土强度,并改善了其他性能。此后混凝土的生产技术迅速发展,用量巨增,使用范围日益扩大。特别是近几十年内,混凝土材料经历了许多重大变革。

1850年法国人朗波特(Lambot)发明用钢筋加强混凝土,并首次制成了钢筋混凝土船,弥补了混凝土抗拉及抗折强度低的缺陷。1918年艾布拉姆斯(D. A. Abrams)发表了著名的水灰比理论。

1928年法国佛列西涅发明了预应力钢筋混凝土施工工艺,并提出了混凝土收缩和徐变理论,使混凝土技术出现了一次飞跃,为钢筋混凝土结构在大跨度桥梁等结构物中的应用开辟了新的途径。

利用膨胀水泥生产的收缩补偿混凝土和自应力混凝土广泛用于工业与民用建筑、路面、贮罐自应力管、防水防渗结构、管道接头等方面。

1960年前后各种混凝土外加剂不断涌现,特别是减水剂、流化剂的大量应用,不仅改善了混凝土的各种性能,而且为混凝土施工工艺的发展变化创造了良好条件,如泵送混凝土、流态自密实混凝土等都与高效减水剂的研制成功与应用有关。

混凝土的有机化又使混凝土这种结构材料走上了一个新的发展阶段,如聚合物混凝土及树脂混凝土,不仅其抗压、抗拉、抗冲击强度都有大幅度提高,而且具有高抗腐蚀性等特点,因而在特种工程中得到了广泛应用。

二、研究动态

尽管混凝土的发展非常迅速,但其性能与使用要求之间仍存在着差距。美国国家材料顾问局(NMAB)在 80 年代提出的"美国水泥混凝土研究发展的现状"报告中,提出了各种用途的混凝土要求改进的性能,现摘引于表 3-1-1-1 中。

混凝土的主要用途与要求改进的性能(根据 NMAB—361)　　表 3-1-1-1

主要用途 ＼ 要求改进的性能	估计水泥用量（%）	抗压强度	抗折、抗拉强度	粘结力	体积稳定性	外观均匀	低比重	流动性	弹性模量	抗冲击性	延性	能量吸收	断裂韧性	早期强度	快凝性	低热	低渗透率	抗冻性	抗盐类侵蚀	低热胀系数	耐磨性	防玷污	低导温性	耐热性	低成本
工厂预制:大块	4	√			√	√		√		√				√			√						√		
砌块	0.2	√			√	√		√		√							√						√		
管	2	√	√		√	√		√					√	√	√										
板	2		√		√	√		√					√	√	√						√				
梁	2	√	√		√				√		√			√								√			
瓦	0.5	√			√	√		√		√											√				
轧(挤)品	0.2	√	√		√		√	√		√				√											
纤维增强	2		√							√	√	√							√	√					
船	0.1				√		√			√		√					√								
轨枕	0.5	√			√					√				√							√				
现浇:基础	40 *	√							√									√							√
柱	8	√									√														
板	15	√			√												√	√			√				
公路	15	√			√												√	√			√	√			
渠道	2.5	√			√										√		√	√			√				
隧洞	2	√			√												√	√							
桥梁	1.5													√			√	√					√		
坝	0.7	√														√	√	√							
海工	1.1	√														√	√	√	√						
原子能工程	0.1	√			√				√							√			√					√	
饰面	0.5	√		√	√	√															√	√			
砂浆	4.5	√		√	√												√		√						
油井	1.4	√		√										√	√									√	
抢修	0.1			√										√	√										
屋面	0.1		√		√		√										√						√		
高架铁路	0.5		√			√				√				√							√				
火箭基地	(大量)	√	√							√			√	√	√									√	

注: * 基础耗用水泥用量占总数 40%,可能偏高,原文水泥用量累计数超过 100%

从上表可以看出,当代混凝土的性能差距是十分明显的,许多性能急需改进,其中以抗拉强度、抗折强度、体积稳定性和各种耐久性,如抗冻性、耐溶蚀性、抗冲击性等最为迫切。此外,高流动性、低渗透率与低热膨胀系数也需改善。

1983 年,英国伦敦皇家学会组织国际著名学者讨论水泥混凝土工艺问题,提出了 9 个课题;1984 年美国材料研究学会中以高强度水泥材料的发展为主题,讨论了若干问题;1986 年在巴西召开的第八届国际水泥化学会议,根据国内外有关混凝土的研究状况,可归纳出以下 14 个方向性课题。

(1)水泥混凝土在硬化过程中的水化产物,尤其是结晶相互发展与水泥混凝土性能之间关系的研究。

(2)水泥基材中各相界面研究,首先是水泥浆与集料、增强材料之间的界面研究。

(3)水泥基材中孔结构研究,包括孔隙率、孔径分布、孔几何学以及低孔隙率与高孔隙率、低渗透系数、低比重的混凝土的研究。

(4)混凝土耐久性的系统研究,包括各种抗性以及水泥浆与集料、增强材料之间的适应问题。

(5)混凝土体积稳定性与变形行为的系统研究,包括收缩、徐变、膨胀等对体积稳定性的影响。

(6)高强、超高强和特高强混凝土的水泥基材的研究与探索。

(7)混凝土和易性的系统研究,包括水泥浆与新拌混凝土的流变学和易性指标与测试技术的研究。

(8)混凝土高效外加剂的研究。

(9)工业废渣的利用,包括大量掺加粉煤灰以及利用废渣作集料研究。

(10)高效率混凝土工艺及其节能的研究,包括流态、泵送、节能等研究。

(11)开发水泥基材料的使用范围,发挥其能耗低、成本低的优越性,取代金属、木材及聚合物等。

(12)混凝土补强方法以及聚合物改性、纤维增强混凝土研究。

(13)混凝土测试技术与评价标准研究。

(14)混凝土工业技术经济分析方法研究。

随着混凝土科学技术的发展,可以预见将来混凝土有可能达到下列水平:

(1)强度 混凝土的抗压强度可望达到 100～200MPa,并且在用途、设计方法与应用技术上将有相应变革。

(2)耐久性 混凝土的安全使用期将从现在的 50～120 年延长到 300～500 年。

(3)轻型 由于强度与耐久性大幅度提高,以及聚合物、人工或天然轻质材料的使用,混凝土建筑物的自重将随之大幅度下降。

(4)能耗与劳动强度 高流态混凝土可自流平,可以不用或少用振捣,改变养护制度方法,至少节能 50%～80%。

(5)开辟新用途 高强和超高强混凝土代替钢铁,预应力混凝土代替钢材、铝合金等结构材料,开发多种高分子材料、金属材料与水泥混凝土形成的复合材料,使混凝土性能得到较大改进以满足各方面的需要。

§1-2 定义、分类及特点

一、混凝土的定义

混凝土是指由水泥、石灰、石膏类无机胶结料和水或沥青、树脂等有机胶结料的胶状物与集料按一定比例拌和,并在一定条件下硬化而成的人造石材。

一般混凝土指水泥混凝土而言。它由水泥、水及砂石集料配制而成，其中水泥和水起胶凝作用；集料起骨架填充作用，水泥与水发生反应后形成坚固的水泥石，将集料颗粒牢固地粘结成整体，使混凝土具有一定强度。

混凝土的组成及各材料的大致比例见表 3-1-2-1。

混凝土组成及各组分材料绝对体积比   表 3-1-2-1

组成成分	水 泥	水	砂	石	空 气
占混凝土总体积的(%)	10～15	15～20	20～33	35～48	1～3
	22～35		66～78		1～3

此外，常在混凝土中加入各种外加剂以改善混凝土性能。所以外加剂已成混凝土的第五种组分，但用量一般只占水泥重量的 1%～2%，最多不超过 5%。

二、分类

目前混凝土的品种日益增多，其性能和应用也各不相同。一般可按胶结材、集料品种、混凝土用途及施工工艺进行分类。见表 3-1-2-2 所示。

混凝土的不同分类方法   表 3-1-2-2

分类方法		名 称	特 性
按胶结料分类	无机胶结料 / 水泥类	水泥混凝土	以硅酸盐水泥及各种混合水泥为胶结料。可用于各种混凝土结构
	石灰类	石灰混凝土	以石灰、天然水泥、火山灰等活性硅酸盐或铝酸盐与消石灰的混合物为胶结料
	石膏类	石膏混凝土	以天然石膏及工业废料石膏为胶结料。可做天花板及内隔墙等
	硫磺	硫磺混凝土	硫磺加热熔化，然后冷却硬化。可作粘结剂及低温防腐层
	水玻璃	水玻璃混凝土	以纳水玻璃或钾水玻璃为胶结料。可做耐酸结构
	碱矿渣类	碱矿渣混凝土	以磨细矿渣及碱溶液为胶结料。是一种新型混凝土，可做各种结构
	有机胶结料 / 沥青类	沥青混凝土	用天然或人造沥青为胶结料。可做路面及耐酸、碱地面
	合成树脂加水泥	聚合物水泥混凝土	以水泥为主要胶结料，掺入少量乳胶或水溶性树脂。能提高混凝土的抗拉、抗弯强度及抗渗、抗冻、耐磨性能
	树脂	树脂混凝土	以聚酯树脂、环氧树脂、尿醛树脂等为胶结料。适用在侵蚀介质中使用
	以聚合物单体浸渍	聚合物浸渍混凝土	以低粘度的聚合物单体浸渍水泥混凝土。然后以热催化法或辐射法处理，使单体在混凝土孔隙中聚合能改善混凝土的各种性能

分类方法		名　称	特　　性
按集料分类	重集料	重混凝土	用钢球、铁矿石、重晶石等为集料,混凝土密度大于 2500kg/m³,用于防射线混凝土工程
	普通集料	普通混凝土	用普通砂、石做集料,混凝土密度为 2100～2400kg/m³,可做各种结构
	轻集料	轻集料混凝土	用天然或人造轻集料,混凝土密度小于 1900kg/m³,依其密度大小又分为结构轻集料混凝土及保温隔热轻集料混凝土
	无细集料	大孔混凝土	用轻粗集料或普通粗集料配制而成,其混凝土密度 800～1850kg/m³,适于做墙板或墙体
	无粗集料	细颗粒混凝土	用水泥与砂配制而成,可用于钢丝网水泥结构
按用途分类		水工混凝土	用于大坝等水工构筑物,多数为大体积工程,要求有抗冲刷、耐磨及抗大气腐蚀性、依其不同使用条件可选用普通水泥、矿渣或火山灰水泥及大坝水泥等
		海工混凝土	用于海洋工程(海岸及离岸工程)要求具有抗海水腐蚀性、抗冻性及抗渗性
		防水混凝土	能承受 0.6MPa 以上的水压,不透水的混凝土可分普通防水混凝土及掺加外剂防水混凝土与膨胀水泥防水混凝土,要求有高密实性及抗渗性,多用于地下工程及贮水构筑物
		道路混凝土	用于路面的混凝土,可用水泥及沥青做胶结料,要求具有足够的耐候性及耐磨性
		耐热混凝土	以铬铁矿、镁砖或耐火砖碎块等为集料,以硅酸盐水泥、矾土水泥及水玻璃等为胶结料的混凝土,可在 350～1700℃高温下使用
		耐酸混凝土	以水玻璃为胶结料,加入固化剂和耐酸集料配制而成的混凝土:具有优良的耐酸及耐热性能
		防辐射混凝土	能屏蔽 X、γ 射线及中子射线的重混凝土,又称屏蔽混凝土或重混凝土,是原子能反应堆、粒子加速器等常用的防护材料
		结构混凝土	用于各种建筑结构物
按施工工艺分类	现浇类	普通现浇混凝土	用一般现浇工艺施工的塑性混凝土
		喷射混凝土	用压缩空气喷射施工的混凝土,多用于井巷及隧道衬砌工程,又分干喷及湿喷两种工艺
		泵送混凝土	用混凝土泵浇灌的流动性混凝土
		灌浆混凝土	先铺好粗集料,以后强制注入水泥砂浆的混凝土,适用于大型基础等大体混积凝土工程
		真空吸水混凝土	用真空泵将混凝土中多余的水分吸出,从而提高其密度的一种工艺,可用于屋面、楼板、飞机跑道等工程
按施工工艺分类	预制类	振压混凝土	振动加压工艺用于制作混凝土板类构件
		挤压混凝土	以挤压机成型,用于长线台座法的空心楼板,T 型小梁等构件生产
		离心混凝土	以离心机成型,用于混凝土管、电杆等管状构件的生产

分类方法		名　称	特　　　　　性
按配筋方式分类	无筋类	素混凝土	用于基础或垫层的低标号混凝土
	配筋类	钢　筋 混凝土	用普通钢筋加强的混凝土,其作用最广
		钢丝网混凝土	用钢丝网加强的无粗集料混凝土,又称钢丝网砂浆,可用于制作薄壳、船等薄壁构件
		纤维混凝土	用各种纤维加强的混凝土,常用的为钢纤维混凝土,其抗冲击、抗拉、抗弯性能好,可用于路面、桥面、机场跑道护面、隧道补砌及桩头、桩帽等
		预应力混凝土	用先张法、后张法或化学方法使混凝土预压,以提高其抗拉、抗弯强度的配筋混凝土。可用于各种工程的构筑物及建筑结构、特别是大跨度桥梁等

三、特点

混凝土的用途如此广泛,是因为它具有如下重要的优点:

(1)原料丰富、价格低廉,可就地取材。

(2)抗压强度高,耐久性好。

(3)工艺简单,用途广泛,适应性强。

(4)可改造性强,为了适应工程的需要,可采用一些新材料、新配方和新施工方法改变混凝土的性能。

混凝土的缺点主要是:

(1)抗拉强度低,韧性差。

(2)体积不稳定、强度/重量比低。

第二章　普通水泥混凝土

普通水泥混凝土是以通用水泥为胶结材料,用普通砂石材料为集料,并以普通水为原材料,按专门设计的配合比,经搅拌、成型、养护而得到的复合材料。现代水泥混凝土中,为了调节和改善其工艺性能和力学性能,还加入各种化学外加剂和磨细矿质掺合料。

§2-1　普通水泥混凝土的材料组成

§2-1-1　水　泥

一、品种和标号的选择

配制普通水泥混凝土用水泥,一般可采用硅酸盐水泥、普通水泥、矿渣水泥、火山灰水泥或粉煤灰水泥,有特殊需要时可采用快硬水泥、抗硫酸盐水泥、大坝水泥或其他水泥。选用水泥时,应注意其特性对混凝土结构强度和使用条件是否有不利影响,常用水泥的选用参见表3-2-1-1。

选用水泥标号时,应以能使所配的混凝土强度达到要求、收缩小、和易性好和节约水泥为原则,以其软练胶砂强度(MPa)表示时,对于30号以下的混凝土宜为混凝土标号的1.2~2.2倍;对于30号以上的混凝土宜为混凝土标号的1.0~1.5倍。如果用高标号水泥配制低强度等级的混凝土,从强度考虑,少量水泥就能满足要求,但为满足和易性和耐久性的要求,就要额外增加水泥用量;造成水泥的浪费。如果用低标号水泥配制高强度等级混凝土,一方面会加大水泥用量造成浪费,另一方面需要减少用水量以保证混凝土的强度,给施工造成困难。因此必须正确选用水泥标号。

常用水泥的选用参考表   表 3-2-1-1

项次	混凝土结构环境条件或特殊要求	优先使用	可以使用	不得使用
1	地面以上不接触水流的普通环境中	硅酸盐水泥 普通水泥	矿渣水泥 火山灰水泥 粉煤灰水泥	
2	干燥环境中	硅酸盐水泥 普通水泥	矿渣水泥	火山灰水泥 粉煤灰水泥
3	受水流冲刷或冰冻	硅酸盐水泥 普通水泥	矿渣水泥	火山灰水泥 粉煤灰水泥
4	处于河床最低冲刷线以下	矿渣水泥 火山灰水泥 粉煤灰水泥	硅酸盐水泥 普通水泥	
5	严寒地区露天或寒冷地区水位升降范围内	硅酸盐水泥 普通水泥	矿渣永泥	火山灰水泥 粉煤灰水泥
6	严寒地区水位升降范围内	硅酸盐水泥 普通水泥		矿渣水泥 火山灰水泥 粉煤灰水泥
7	厚大体积结构施工时要求水化热低	矿渣水泥 粉煤灰水泥	普通水泥 火山灰水泥	硅酸盐水泥 快硬水泥
8	要求快速脱模	硅酸盐水泥 快硬水泥	普通水泥	
9	低温环境施工要求早强	硅酸盐水泥 快硬水泥	普通水泥	
10	蒸气养护	矿渣水泥 火山灰水泥 粉煤灰水泥	硅酸盐水泥 普通水泥	
11	要求抗渗	普通水泥 火山灰水泥 粉煤灰水泥	硅酸盐水泥	不宜使用 矿渣水泥
12	要求耐磨	硅酸盐水泥 普通水泥	矿渣水泥 快硬水泥	火山灰水泥 粉煤灰水泥
13	接触侵蚀性环境中	根据侵蚀介质种类、浓度等具体条件,按有关规定或通过试验选用		

二、工程应用注意事项

（1）水泥应符合现行国家标准，并附有制造厂的水泥品质试验报告等合格证明文件。水泥进场后，应按其品种、强度等级、证明文件以及出厂时间等情况分批进行检查验收。对用于重要结构的水泥或水泥品质有怀疑时，应进行复查试验，为快速鉴定水泥的现有强度等级，也可用促凝压蒸法进行复验。

（2）袋装水泥在运输储存时，应防止受潮，堆垛高度不宜超过 10 袋。不同强度等级、品种和出厂日期的水泥应分别堆放。

（3）散装水泥的储存，应尽可能采用水泥罐或散装水泥仓库。

（4）水泥如受潮或存放时间超过 3 个月，应重新取样检验，并按其复验结果使用。

§2-1-2 集 料

集料性能对于所配制的混凝土的性能有很大的影响，为了保证混凝土的质量，一般来说对集料技术性能的要求主要有：具有稳定的物理性能与化学性能，不与水泥发生有害反应；有害杂质含量尽可能少，坚固耐久，具有良好的颗粒形状，表面与水泥石粘结牢固；有适宜的颗粒级配和模数。

一、细集料

粒径小于 4.75mm 的集料为细集料，混凝土用细集料一般应采用级配良好、质地坚硬、颗粒洁净的河砂或海砂，河砂和海砂不易得到时，也可用山砂或用硬质岩石加工的机制砂。各类砂应分批检验，各项指标合格时方可采用。

（一）有害杂质含量

集料中含有妨碍水泥水化，或能降低集料与水泥石粘附性，以及能与水泥水化产物产生不良化学反应的各种物质，称为有害杂质。

砂中常含有的有害杂质，主要有泥土和泥块、云母、轻物质、硫酸盐和硫化物以及有机质等。

1. 含泥量和泥块含量

砂石中含泥量是指粒径小于 0.080mm 的颗粒的含量；泥块是指原颗粒粒径大于 1.18mm，经水洗手捏后变成小于 0.6mm 的颗粒。泥块主要有三种类型：①纯泥块：由纯泥组成粒径大于 1.18mm 的团块；②泥砂团或石屑团：由砂或石屑与泥混成粒径大于 1.18mm 的团块；③包裹型的泥：是包裹在石子表面的泥。这三种存在的形式中，包裹型的泥是以表面覆盖层的型式存在，它妨碍集料与水泥净浆的粘结，影响混凝土的强度和耐久性。我国现行标准（GB/T 14684—2001）对混凝土用砂的含泥量和泥块含量限值规定如表 3-2-1-2。

含泥量及泥块含量指标 表 3-2-1-2

项目	指标			项目	指标		
	Ⅰ类	Ⅱ类	Ⅲ类		Ⅰ类	Ⅱ类	Ⅲ类
含泥量（按质量计），%	<1.0	<3.0	<5.0	泥块含量（按质量计），%	0	<1.0	<2.0

注：Ⅰ类用于 C60 以上混凝土；Ⅱ类用于 C30～C60 及有抗冻、抗渗或有其他要求的混凝土；Ⅲ类用于小于 C30 的混凝土和砂浆。

2. 云母含量

某些砂中含有云母。云母呈薄片状,表面光滑,且极易沿节理裂开,因此它与水泥石的粘附性极差。砂中含有云母,对混凝土拌和物的和易性和硬化后混凝土的抗冻性和抗渗性都有不利的影响。白云母似乎较黑云母更为有害。按标准规定,砂中云母含量不得大于2%。对于有抗冻性、抗渗性要求的混凝土,则应通过混凝土试件的相应试验,确定其有害量。

3. 轻物质含量

砂中的轻物质是指相对密度小于2.0的颗粒(如煤和褐煤等)。规范规定,轻物质含量不宜大于1%。轻物质的含量用相对密度为1.95～2.00的重液进行分离测定。

4. 有机质含量

天然砂中有时混杂有有机物质(如动植物的腐殖质、腐殖土等),这类有机物质将延缓水泥的硬化过程,并降低混凝土的强度,特别是早期强度。

为了消除砂中有机物的影响,可采用石灰水淘洗,或在拌和混凝土时加入少量消石灰。此外,亦可将砂在露天摊成薄层,经接触空气和阳光照射后也可消除有机物的不良影响。

5. 硫化物和硫酸盐含量

在天然砂中,常掺杂有硫铁矿(FeS_2)或石膏($CaSO_4 \cdot 2H_2O$)的碎屑,如含量过多,将在已硬化的混凝土中与水化铝酸钙发生反应,生成水化硫铝酸钙结晶,体积膨胀,在混凝土内产生破坏作用。所以,规范规定,其含量(折算为SO_3)不得超过砂重的1%。对无筋混凝土,砂中硫化物和硫酸盐含量可酌情放宽。

我国现行标准(GB/T 14684—2001)对混凝土用砂的有害杂质含量规定如表3-2-1-3。

有害杂质含量(GB/T 14684—2001)　　　　　　　　　　　　表3-2-1-3

项目	指标			项目	指标		
	Ⅰ类	Ⅱ类	Ⅲ类		Ⅰ类	Ⅱ类	Ⅲ类
云母(按质量计),%　<	1.0	2.0	2.0	硫化物及硫酸盐(按SO_3质量计),%　<	0.5	0.5	0.5
轻物质(按质量计),%　<	1.0	1.0	1.0	氯化物(以氯离子质量计),%　<	0.01	0.02	0.06
有机物(比色法)	合格	合格	合格				

(二)砂的粗细程度和颗粒级配

砂的粗细程度和颗粒级配应使所配制混凝土应当达到保证设计强度等级和节约水泥。

砂的粗细程度是指不同粒径的砂粒,混合在一起后的总体的粗细程度。在相同重量条件下,粗砂的表面积较小,细砂的表面积较大,试验表明当砂的粒度为2.5～5mm时,砂的总表面积为1600m^2/m^3。粒度为0.05～0.16mm时,总表面积为160 000m^2/m^3。在混凝土中,砂的表面需由水泥浆包裹,砂的表面积越小,则需要包裹砂粒表面的水泥浆越少,从而在保证混凝土质量的前提下节省水泥,因此配制混凝土用粗砂比用细砂省水泥。

砂的颗粒级配,表示砂的大小颗粒搭配的情况。在混凝土中砂粒之间的空隙是由水泥浆所填充,为了达到节约水泥和提高强度的目的,就应当尽量减小砂粒之间的空隙。如图可以看到:如果是同样粒径的砂,空隙最大[图3-2-1-1a)];两种粒径的砂搭配起来,空隙减小[图3-2-1-1b)];三种粒径的砂搭配,空隙就更小了[图3-2-1-1c)]。因此,要想减小砂粒间的空隙,必须有大小不同粒径的颗粒搭配。控制砂的粗细程度和颗粒级配有很大的技术经济意义,因而它是评定砂质量的重要指标。

砂按细度模数分为粗、中、细三种规格,其细度模数见表 3-2-1-4。

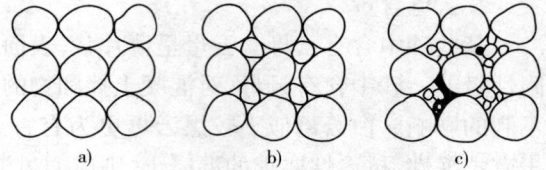

图 3-2-1-1　集料颗粒级配

砂的规格(GB/T 14684—2001)　　　　表 3-2-1-4

规格	粗砂	中砂	细砂
细度模数	3.7 ~ 3.1	3.0 ~ 2.3	2.2 ~ 1.6

砂的级配应符合表 3-2-1-5 或图 3-2-1-2 中任何一个级配区所规定的级配范围。

砂颗粒级配(GB/T 14684—2001)　　　　表 3-2-1-5

筛孔尺寸(mm)	级 配 区			筛孔尺寸(mm)	级 配 区		
	1	2	3		1	2	3
	累计筛余(%)				累计筛余(%)		
9.50	0	0	0	0.6	85 ~ 71	70 ~ 41	40 ~ 16
4.75	10 ~ 0	10 ~ 0	10 ~ 0	0.3	95 ~ 80	92 ~ 70	85 ~ 55
2.36	35 ~ 5	25 ~ 0	15 ~ 0	0.15	100 ~ 90	100 ~ 90	100 ~ 90
1.18	65 ~ 35	50 ~ 10	25 ~ 0				

注:①砂的实际颗粒级配与表中所数字相比,除 4.75mm 和 0.6mm 筛档外,可以略有超出,但超出总量应小于 5%。
　　②1 区人工砂中 0.15mm 筛孔的累计筛余可以放宽到 100 ~ 85,2 区人工砂中 0.15mm 筛孔的累计筛余可以放宽到
　　　100 ~ 80,3 区人工砂中 0.15mm 筛孔的累计筛余可以放宽到 100 ~ 75。

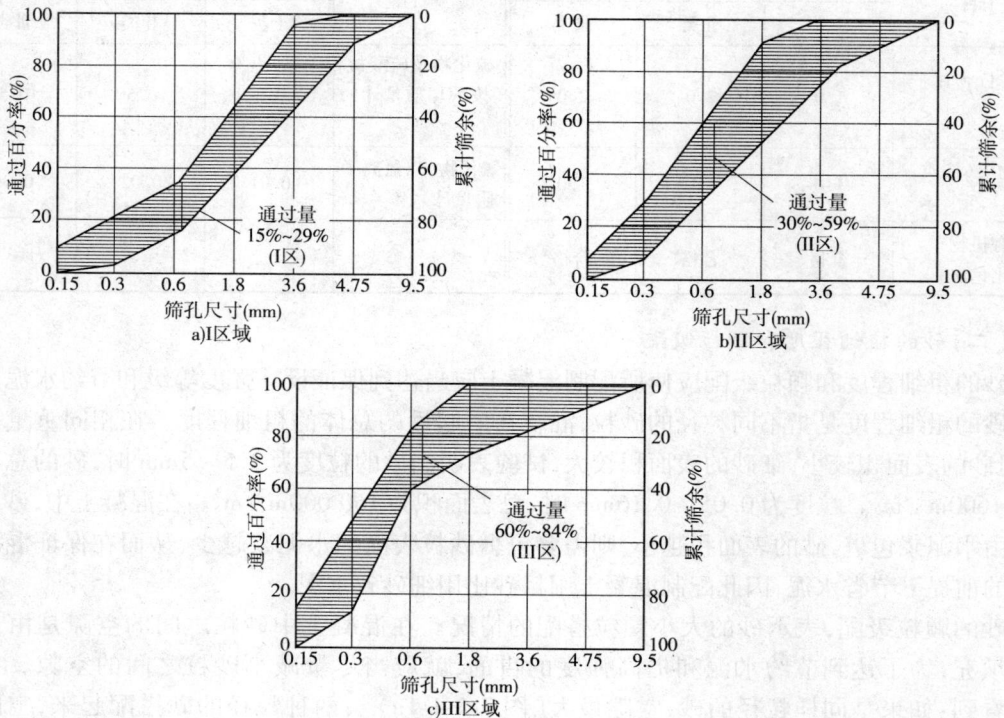

图 3-2-1-2　水泥混凝土用砂级配范围曲线

1 区砂属于粗砂范畴,用 1 区砂配制混凝土时,应较 2 区砂采用较大的砂率。否则,新拌混凝土的内摩擦阻力较大、保水差、不易捣实成型。2 区砂是由中砂和一部分偏粗的细砂组成,3 区砂系由细砂和一部分偏细的中砂组成。当应用 3 区砂配制混凝土时,应较 2 区砂采用较小的砂率,因应用 3 区砂所配制成的新拌混凝土粘性略大,比较细软,易振捣成型,而且由于 3 区砂的级配细、比面大,所以对新拌混凝土的工作性影响比较敏感。

（三）压碎值和坚固性

1. 压碎值

采用机制砂或山砂时,或所采用河砂或海砂的软弱颗粒较多时,应进行压碎指标试验。对 C30 以上的混凝土和要求抗冻、抗渗的混凝土,砂的压碎指标不应大于 35%;对 C30 以下的混凝土,砂的压碎指标不应大于 50%。

2. 坚固性

当对河砂或海砂的坚固性有怀疑时,应用硫酸钠进行坚固性试验,试验时循环 5 次,砂的总质量损失不应大于:Ⅰ 类 8%,Ⅱ 类 8%,Ⅲ 类 10%。

二、粗集料

粒径大于 4.75mm 的集料称为粗集料。普通混凝土常用的粗集料有卵石（砾石）和碎石。卵石是由自然条件的作用而形成的,根据产源可分为河卵石、海卵石及山卵石。碎石是将天然岩石或大卵石破碎、筛分而得的,表面粗糙且带棱角,与水泥石粘结比较牢固。

普通混凝土用粗集料的主要技术要求如下:

（一）强度和坚固性

1. 强度

为保证混凝土的强度要求,粗集料必须具有足够的强度。对于碎石和卵石的强度采用岩石立方强度和压碎指标两种方式表示。

当对粗集料石质抗压强度有争议或有严格要求时,应进行石质抗压强度试验。碎石或卵石的岩石试件（边长为 5cm 的立方体或直径与高均为 5cm 的圆柱体）在含水饱和状态下的抗压极限强度与混凝土设计强度之比,对于大于或等于 C30 的混凝土,不应小于 2;对于小于 C30 的混凝土,不应小于 1.5。同时,在一般情况下,火成岩试件的抗压极限强度不宜低于 80MPa,变质岩不宜低于 60MPa,水成岩不宜低于 30MPa。

碎石和卵石的压碎指标见表 3-2-1-6。

压碎指标（GB/T 14685—2001）　　　　　　　　　　　　　　　　表 3-2-1-6

项　　目	指　　标		
	Ⅰ 类	Ⅱ 类	Ⅲ 类
碎石压碎指标,%　　<	10	20	30
卵石压碎指标,%　　<	12	16	16

注:Ⅰ 类适用于强度等级大于 C60 的混凝土;Ⅱ 类适用于强度等级 C30 ~ C60 及有抗冻、抗渗或其他要求的混凝土;Ⅲ 类适用于强度等级小于 C30 的混凝土。

2. 坚固性

为保证混凝土的耐久性,用作混凝土的粗集料应具有足够的坚固性,以抵抗冻融和自然因素的风化作用。

当混凝土结构物处于表 3-2-1-7 所列条件下时,应对碎石或卵石进行坚固性试验,混凝土用粗集料的坚固性用硫酸钠溶液法检验,试样经 5 次循环后,其质量损失应符合表 3-2-1-7 内的规定。

坚固性指标(GB/T 14685—2001) 表 3-2-1-7

项 目	指 标		
	Ⅰ类	Ⅱ类	Ⅲ类
质量损失,% <	5	8	12

（二）有害杂质含量

粗集料中常含有一些有害杂质,如粘土、淤泥、硫酸盐及硫化物和有机物等,它们的危害作用与在细集料中相同。其含量不应超过表 3-2-1-8 的规定。

碎石和卵石杂质含量(GB/T 14685—2001) 表 3-2-1-8

项 目	指 标		
	Ⅰ类	Ⅱ类	Ⅲ类
针片状颗粒(按质量计),% <	5	15	25
含泥量(按质量计),% <	0.5	1.0	1.5
泥块含量(按质量计),% <	0	0.5	0.7
硫化物及硫酸盐(按 SO_3 质量计),% <	0.5	1.0	1.0
有机物(比色法)	合格	合格	合格

（三）最大粒径及颗粒级配

1. 最大粒径

粗集料中公称粒级的上限称为该粒级的最大粒径。集料的粒径越大,其表面积相应减少,因此所需的水泥浆量相应减少,在一定的和易性和水泥用量条件下,则能减少用水量而提高混凝土强度。

粗集料最大粒径对混凝土强度的影响还与混凝土的水泥用量等因素有关,当混凝土的水泥用量少于 $170kg/m^3$ 时,采用较大粒径的集料对混凝土强度有利,尤其在大体积混凝土中,采用大粒径集料对于减少水泥用量,降低水泥水化热也有明显的意义。但对于普通配合比的结构混凝土,尤其是高强混凝土,当粗集料的最大粒径超过 40mm 后,由于减少用水获得的强度提高被较少的粘结面积及大粒径集料造成的不均性的不利影响所抵消,因而并没有什么好处。

粗集料最大粒径应按混凝土结构的情况及施工方法选取,但最大粒径不得超过结构最小边尺寸的 1/4 和钢筋最小净距的 3/4;在二层或多层密布钢筋结构中,不得超过钢筋最小净距的 1/2;同时最大粒径不得超过 100mm。

泵送混凝土的粗集料的最大粒径,除应符合上述规定外,对碎石不宜超过输送管径的 1/3;对于卵石不宜超过输送管径的 1/2.5,同时应符合混凝土泵制造厂的规定。

对于混凝土实心板,允许采用最大粒径为 1/2 板厚的颗粒级配,但最大粒径不得超过 50mm。

2. 颗粒级配

粗集料应具有良好的颗粒级配,以减少空隙率,增强密实性,从而可以节约水泥,保证混凝土拌和物的和易性及混凝土的强度。特别是配制高强混凝土,粗集料级配尤为重要。

粗集料的颗粒级配,可采用连续级配或连续级配与单粒级配合使用。在特殊情况下,通过试验证明混凝土无离析现象时,也可采用单粒级。粗集料的级配范围应符合表 3-2-1-9 的要求。连续级配矿质集料的要求级配范围,可按级配理论计算;亦可参考表中规定的连续粒级的矿质混合料。当连续粒级不能配合成满意的混合料时,可掺加单粒级集料配合。连续级配矿质混合料的优点是所配制的新拌混凝土较为密实,特别是具有优良的工作性,不易产生离析,故为经常采用的级配。但连续级配与间断级配矿质混合料相比较,配制相同强度的混凝土,所需要的水泥用量较高。

间断级配矿质混合料的级配要求,可根据粒子理论计算,亦可参考各种经验的级配。间断级配矿质混合料的最大优点是它的空隙率低,可以制成密实高强的混凝土,而且水泥用量小,但是间断级配混凝土拌和物容易产生离析现象,适宜于配制稠硬性拌和物,并须采用强力振捣。

（四）颗粒形状及表面特征

粗集料的颗粒形状大致可以分为蛋圆形、棱角形、针状及片状。一般来说,比较理想的颗粒形状是接近球形或立方体形,而针状、片状颗粒较差,当针、片状颗粒含量超过一定界限时,使集料空隙增加,不仅使混凝土拌和物和易性变差,而且还会使混凝土的强度降低。所以混凝土粗集料中针、片状颗粒的含量应有限制,应当符合规范中的相关规定。表中所指的针状颗粒是指长度大于其平均粒径的 2.4 倍;片状颗粒是指其厚度小于其平均粒径的 0.4 倍。

碎石和卵石颗粒级配范围（GB/T 14685—2001）　　　　　　　　表 3-2-1-9

级配类型	公称粒径(mm)	下列筛孔(mm)累计筛余百分率/(%)											
		2.36	4.75	9.5	16.0	19	26.5	31.5	37.5	53.0	63.0	75.0	90
连续级配	5 ~ 10	95 ~ 100	80 ~ 100	0 ~ 15	0	—	—	—	—	—	—	—	—
	5 ~ 16	95 ~ 100	85 ~ 100	30 ~ 60	0 ~ 10	0	—	—	—	—	—	—	—
	5 ~ 20	95 ~ 100	90 ~ 100	40 ~ 80	—	0 ~ 10	0	—	—	—	—	—	—
	5 ~ 25	95 ~ 100	90 ~ 100	—	30 ~ 70	—	0 ~ 5	0	—	—	—	—	—
	5 ~ 31.5	95 ~ 100	90 ~ 100	70 ~ 90	—	15 ~ 45	—	0 ~ 5	0	—	—	—	—
	5 ~ 40	—	95 ~ 100	70 ~ 90	—	30 ~ 60	—	—	0 ~ 5	0	—	—	—
单粒级	10 ~ 20	—	95 ~ 100	85 ~ 100	—	0 ~ 15	0	—	—	—	—	—	—
	16 ~ 31.5	—	95 ~ 100	—	85 ~ 100	—	—	0 ~ 10	0	—	—	—	—
	20 ~ 40	—	—	95 ~ 100	80 ~ 100	—	—	0 ~ 10	0	—	—	—	—
	31.0 ~ 63	—	—	—	95 ~ 100	—	75 ~ 100	45 ~ 75	—	0 ~ 10	0	—	—
	40 ~ 80	—	—	—	95 ~ 100	—	—	70 ~ 100	—	30 ~ 60	0 ~ 10	0	

集料表面特征主要指集料表面的粗糙程度及孔隙特征等。集料的表面特征主要影响集料与水泥石之间的粘结性能,从而影响混凝土的强度,尤其是抗弯强度,这对高强混凝土更为明显。一般情况下,碎石表面粗糙并且具有吸收水泥浆的孔隙特征,所以它与水泥石的粘结能力较强;卵石表面圆润光滑,因此与水泥石的粘结能力较差,但混凝土拌和物的和易性较好。当混凝土的水泥用量与用水量相同的情况下,一般来说碎石混凝土比卵石混凝土的强度高 10% 左右。

（五）碱活性检验

当水泥混凝土中碱含量较高时,应采用下列方法鉴定集料与碱发生潜在有害反应,即水泥混凝土碱—硅酸盐反应和碱—硅酸反应的可能性。

（1）用岩相法检验（GB/T 14685—2001）确定哪些集料可能与水泥中的碱发生反应。当集料中下列材料含量为1%或更少时即有可能成为有害反应的集料，这些材料包括下列形式的二氧化硅：蛋白石、玉髓、鳞石英、方石英；在流纹岩、安山岩或英安岩中可能存在的中性重酸性（富硅）的火山玻璃，某些沸石和千枚岩等。

（2）用砂浆长度法检验（GB/T 14685—2001）集料产生有害反应的可能性。如果用高碱硅酸盐水泥制成的砂浆长度膨胀率3个月低于0.05%或者6个月低于0.10%即可判定为非活性集料。超过上述数值时，应通过混凝土试验结果作出最后评定。

§2-1-3 混 合 材 料

混合材料包括粉煤灰、火山灰质材料、粒化高炉矿渣等，应由生产单位专门加工、进行产品检验并出具产品合格证书，其技术条件应分别符合 GB 1596—79、GB 2847—81、GB 203—78 等标准的规定。使用单位对产品的质量有怀疑时，应对其质量进行复查，混合材料技术条件如下所述。

一、掺用于混凝土的粉煤灰技术条件

（1）烧失量不得超过8%；
（2）含水量不得超过1%；
（3）三氧化硫的含量不得超过3%；
（4）0.08mm 方孔筛筛余不得超过8%；
（5）水泥胶砂需水量比不得超过105%。

二、火山灰质材料作混合材料的技术条件

（1）人工的火山灰质混合材料烧失量不得超过10%；
（2）三氧化硫含量不得超过3%；
（3）火山灰性试验必须合格；
（4）水泥胶砂28天抗压强度不得低于62%。

三、粒化高炉矿渣作混合材料的技术条件

（1）粒化高炉矿渣质量系数$(CaO + MgO + Al_3O_3)/(SiO_2 + MnO + TiO_2)$不得小于1.2（式中化学成分均为质量百分数）。

（2）钛化合物含量（以 TiO_2 计），不得超过10%，氟化物含量（以 F 计）不得超过2%，锰化合物含量（以 MnO 计）不得超过4%。

冶炼锰铁所得粒化高炉渣，其锰化物的含量（以 MnO 计）不得超过15%；硫化物的含量（以 S 计）不得超过2%。

（3）高炉矿渣的淬冷的块状矿渣，经直观挑选，不得大于5%，其最大尺寸不得大于100mm。

（4）不得混有任何外来夹杂物。金属铁的含量应严格控制。

154

§2-1-4 拌 和 水

水是混凝土的主要组成材料之一,拌和用的水质不纯,可能产生多种有害作用,最常见的有:①影响混凝土的凝结;②有损于混凝土强度发展;③降低混凝土的耐久性、加快钢筋的腐蚀和导致预应力钢筋的脆断;④使混凝土表面出现污斑等。为保证混凝土的质量和耐久性,必须使用合格的水拌制混凝土。

一、混凝土拌和用水的类型和应用

混凝土拌和用水水源,可分为饮用水、地下水、海水以及经适当处理或处置后的工业废水。符合国家标准的生活用水,可以用来拌制混凝土,不需再进行检验。地表水或地下水,首次使用,必须进行适用性检验,合格才能使用。海水只允许用来拌制素混凝土,不宜用于拌制有饰面要求的混凝土、耐久性要求高的混凝土、大体积混凝土和特种混凝土。混凝土工厂的洗刷水要依水中有害物含量确定适用于配制哪种混凝土,同时要注意其所含水泥和外加剂品种对拌制混凝土性能的影响。工业废水必须经过检验,经处理合格后方可使用。

二、混凝土拌和水的技术要求

按我国现行标准《混凝土拌和用水标准》(JGJ 63—89)规定,混凝土拌和用水根据其对混凝土(或砂浆)物理力学性能的影响和有害物质含量,控制质量。具体要求如下:

(1)有害物质含量控制　混凝土拌和用水中的有害物质含量应符合表 3-2-1-10 的规定。

(2)对混凝土凝结时间的影响　用待检验水与蒸馏水(或符合国家标准生活用水)进行水泥凝结时间试验,两者的初凝时间差及终凝时间差,均不得大于 30min。待检验水拌制的水泥浆的凝结时间尚应符合水泥国家标准的规定。

(3)对混凝土强度的影响　用待检验水配制水泥砂浆或混凝土,并测定其 28 天抗压强度(若有早期强度要求时,需增做 7 天抗压强度),其强度值不应低于蒸馏水(或符合国家标准的生活用水)拌制的相应砂浆或混凝土抗压强度的 90%。

混凝土拌和用水质量要求　　　　　　　　　　　　表 3-2-1-10

项目	素混凝土	钢筋混凝土	预应力混凝土	项目	素混凝土	钢筋混凝土	预应力混凝土
pH 值,不小于	4	4	4	氯化物(以 Cl 计)(mg/L)不大于	3500	1200	500 *
不溶物(mg/L)不大于	5000	2000	2000	硫酸盐(以 SO_4^{2-} 计)(mg/L)不大于	2700	2700	600
可溶物(mg/L)不大于	10000	5000	2000	硫化物(以 S^{2-} 计)(mg/L)不大于	—	—	100

注:使用钢丝或热处理的预应力混凝土中氯化物含量不得超过 350mg/L。

§2-2　普通水泥混凝土的和易性

路桥结构物在施工过程中使用的是尚未凝结硬化的水泥混凝土,即新拌混凝土。新拌混凝土是不同粒径的矿质集料粒子的分散相在水泥浆体的分散介质中的一种复合分散系,它具有弹性、粘性、塑性等特性。

新拌混凝土在运输、浇筑、振捣和表面处理等工序,在很大程度上制约着硬化后混凝土的生能,因此,研究其特性具有十分重要的意义。

§2-2-1　流　变　特　性

凡是在适当的外力作用下,物质能流动和变形的性能称为该物质的流变性。对水泥混凝土而言,研究水泥浆、砂浆和混凝土混合料粘、塑、弹性的演变,以及硬化混凝土的强度、弹性模量和徐变等问题。

一、流变学三种基本模型

研究材料的流变特性时,要研究材料在某一瞬间的应力和应变的定量关系,这种关系常用流变方程来表示。而一般材料的流变方程的建立,都基于三种理想材料的基本模型(或称流变基元)的基本流变方程上,三种基本模型见第二篇第二章第六节。

弹性、粘性、塑性和强度是四个基本流变性质,根据这些基本性质可以导出其他性质。虎克固体具有弹性和强度,但没有粘性。圣维南固体具有弹性和塑性,但没有粘性。牛顿液体具有粘性,但没有弹性和强度。严格地说,以上三种理想物体并不存在。大量的物体是介于弹、粘、塑性体之间。所以实际材料的流变性质具有所有上述四种基本流变性质,只是在程度上有差异。因此各种材料的流变性质可用具有不同的弹性模型 E、粘性系数 η、和表示塑性的屈服应力 τ_y 的流变基元以不同的形式组合成的流变模型来研究。

最简单的流变模型可由流变基元串联或并联而成。若用 H、N、stv 分别表示上述三种流变基元,用符号"|"表示并联,"—"表示串联,则可用不同的符号表示出各种流变模型的结构式。

二、混凝土的流变方程

新拌混凝土在外力作用下要发生弹性变形和流动,应力小时为弹性变形,应力大于某一限度(屈服值)时产生流动,但由于屈服值很小,所以由流动方面的特征所支配。

新拌混凝土的流变特性可用宾汉姆(Bingham)模型来研究。宾汉姆模型的结构式为:

$$M = (N|stv) - H \qquad\qquad (3\text{-}2\text{-}2\text{-}1)$$

即牛顿液体模型与圣维南固体模型并联后共同与胡克固体模型串联。

显然,当 $\tau < \tau_y$ 时,并联部分不发生变形,因此:

$$\tau = E \cdot \gamma_e \quad \text{或} \quad \gamma_e = \frac{\tau}{E}$$

当 $\tau > \tau_y$ 时,并联部分发生与应力 $(\tau - \tau_y)$ 成正比的粘性流动,则:

$$\tau - \tau_y = \eta \frac{\mathrm{d}\gamma_v}{\mathrm{d}t}$$

因为总的变形 $\gamma = \gamma_e + \gamma_v$,而 γ_e 是常数,因此上式可写成:

$$\tau = \tau_y + \eta \frac{\mathrm{d}r}{\mathrm{d}t} \qquad\qquad (3\text{-}2\text{-}2\text{-}2)$$

以上各式中:τ、γ——模型的总应力和总变形;

τ_e、γ_e、τ_y、γ_v——分别为弹性基元的应力、变形和粘性基元的应力、变形;

E——弹性模量；

t——外力作用的时间。

式(3-2-2-1)称为宾汉姆方程。符合宾汉姆方程的液体称为宾汉姆体，若式(3-2-2-1)中 $\tau_y = 0$，则成为牛顿液体公式。超流动性的新拌混凝土接近于牛顿液体，一般的新拌混凝土接近于宾汉姆体。

牛顿液体和宾汉姆体的流变方程中粘度系数 η 为常数，变形速度 $D(=\dfrac{\mathrm{d}\gamma}{\mathrm{d}t})$ 和剪切应力 τ 的关系曲线（称流动曲线）成直线形状，如图3-2-2-1a、c。但若液体中有分散粒子存在，胶体中凝聚结构比较强，则粘度系数 η 将是 τ 或 D 的函数，则流动曲线形状如图3-2-2-1b、d 所示，分别称为非牛顿液体和一般宾汉姆体。超流动性的混凝土混合料接近于牛顿液体，一般的混凝土混合料接近于一般宾汉姆体。

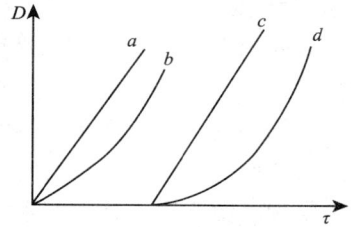

图 3-2-2-1　流动曲线的基本类型
a-牛顿液体；b-非牛顿液体；
c-宾汉姆体；d-一般宾汉姆体

§2-2-2　和　易　性

和易性是指混凝土拌和物易于施工操作（搅拌、运输、浇筑、捣实）并能获得质量均匀，成型密实的性能。和易性是一项综合的技术性质，包括流动性、粘聚性和保水性等三方面的涵义。

流动性是指混凝土拌和物在自重或施工机械振捣的作用下，能产生流动，并均匀密实地填满模板的性能。流动性的大小主要取决于单位用水量或水泥浆量的多少。单位用水量或水泥浆量越多，混凝土拌和物的流动性越大，浇筑时容易填满模型。

粘聚性是指混凝土拌和物在施工过程中其组成材料之间有一定的粘聚力，不致产生分层和离析的现象。混凝土拌和物是由密度不同，颗粒大小不同的固体材料和水组成的混合物，在外力作用下，各组成材料移动的倾向性不同，如果各组成材料配合得不适当，很容易发生分层和离析现象，使硬化后的混凝土成分不均匀，甚至产生"蜂窝""麻面"等质量事故。

保水性是指混凝土拌和物在施工过程中，具有一定的保水能力，不致产生严重的泌水现象，混凝土拌和物在施工过程中，随着较重的集料颗粒下沉，水分因密度比集料小，因而被迫逐渐上升到混凝土拌和物的表面，这种现象叫做泌水。泌水会在混凝土内部形成泌水通道，使混凝土的密实性变差，降低混凝土的质量。

由此可见，混凝土拌和物的流动性、粘聚性和保水性有其各自的内容，它们三者之间既互相联系，又存在着矛盾。因此，和易性就是这三方面性质在某种具体条件下矛盾统一的概念。

§2-2-3　泌水性及含气量

一、混凝土的泌水性

混凝土施工过程中，浇筑后到开始凝结期间，固体颗粒下沉，水上升，并在表面析出水的现象称为泌水。

混凝土的泌水是十分有害的。泌水使混凝土表面含水量增加，产生大量的浮浆，硬化后的混凝土从下而上强度不均匀，面层的强度较下层强度弱。在混凝土表层，产生大量容易剥落的

"粉尘",若在抹面时把泌出的水重新修整,对于路面及桥面混凝土来说,其表面耐磨性很差。同时,上升的水还会聚集在粗集料或钢筋的下方,则形成多孔、脆弱的耐久性差的混凝土,对钢筋混凝土结构而言,削弱了混凝土与钢筋的粘结。若在施工中混凝土是分层浇筑,如不设法除去表面的浮浆,则会损害层与层之间混凝土的粘结,在和模板的交界面上,泌水时会把水泥浆带走,仅留下砂子,出现"砂纹"现象。

如果混合料表面水的蒸发速度比析水速度快,水的蒸发面深入到混合料表面之内,则水面形成凹面。由于表面张力的影响,凹面较凸面所受压力大,同时在固体粒子间的引力作用下发生凝聚。由于表面张力产生的压力差与曲面的曲率半径成反比,所以颗粒愈细,凝聚的倾向愈强。在混合料表面尚未充分硬化时,由于这种引力作用下,便产生收缩,称为塑性收缩,如果引力作用不均匀,便产生裂纹,称为塑性收缩裂纹。

混合料的泌水特性通常用下列特征数表示:泌水量,指混合料单位面积上平均泌水量;泌水率,指泌水量对混合料含水量之比;泌水速度,指析出水的速度;泌水容量,指混合料单位厚度平均泌水深度。假设,混合料的体积为 $V(cm^3)$,断面积为 $A(cm^2)$,高度为 $H(cm)$,含水量为 $W(cm^3)$,析出水量为 $W_b(cm^3)$,析出水深度为 $H_b(cm)$,单位时间的平均泌水量为 Q (cm^3/s)。则:

$$泌水量 = \frac{W_b}{A}(cm^3/cm^2)$$

$$泌水率 = \frac{W_b}{W}(\%)$$

$$泌水速度 = \frac{Q}{A}(cm/s)$$

$$泌水容量 = \frac{H_b}{H} = \frac{W_b}{V}(cm/cm)$$

严重的泌水现象应当避免,但少量的泌水,不一定是有害的。只要在泌水过程中不受到搅乱,任其蒸发,可降低混合料的实际水灰比,防止混合料表面干燥,便于表面修整。

影响泌水的因素主要是水泥的性能。提高水泥的细度可以减少泌水。水泥中掺入火山灰等磨细掺料,可以提高水泥的保水性而减少泌水。多灰混合料比少灰混合料不易泌水。此外采用减水剂,引气剂以减少混合料的单位加水量,也是改善混合料泌水性能的有效措施。

二、混凝土的含气量

混凝土拌和物经振捣密实后单位体积中尚存的空气量称为含气量,一般用体积百分数表示。

影响含气量的主要因素如下:

(1)外加剂的种类和掺量。

(2)水泥、火山灰的细度和用量。粉末越细,使用量越多,空气含量就越少。

(3)细集料的级配和用量。0.15~0.6mm 的细集料赶走空气能力大。

(4)搅拌时间(与混凝土配比、搅拌机的性能有关)。一般在最初的 1~2min 内空气含量急增,3~5min 内最大,以后逐渐减少。

(5)混凝土温度每上升 1℃,空气含量约减少 0.1%。

§2-2-4 和易性的测定方法

各国混凝土研究者做了大量努力,至今尚未有一种能完全定量的量测出符合和易性定义的试验方法,但已提出了一些较简便的试验方法测定新拌混凝土的相对和易性,在一定范围内提供了有用的资料。

(一)坍落度试验(Slump Test)

坍落度试验方法是世界各国广泛应用的现场测试方法,不同国家规定的试验方法在细节上有所不同,但无显著差别,按我国标准《普通混凝土拌和物性能试验方法标准》(GB/T 50080—2002)规定的试验方法如下:将混凝土拌和物按规定方法装入坍落度筒内,装满刮平后,将坍落度筒垂直向上提起,移到混凝土拌和物一侧,混凝土拌和物因自重将会产生坍落现象。然后测量出筒高与坍落后混凝土拌和物试体最高点之间的高度差,用 mm 表示,此值即为混凝土拌和物的坍落度值见图 3-2-2-2。坍落度愈大,表示混凝土拌和物的流动性愈大。

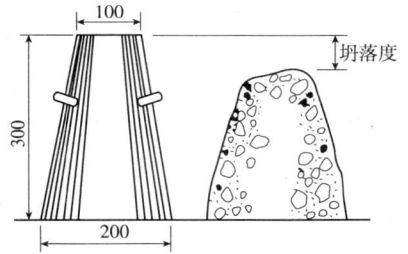

图 3-2-2-2　混凝土拌和物坍落度的测定

为了同时评定混凝土拌和物的粘聚性和保水性,在测定坍落度时,还应观察下列现象:用捣棒在已坍落的混凝土拌和物锥体一侧轻轻敲打,此时如果锥体逐渐下沉,则表示粘聚性良好;如果锥体突然倒坍,部分崩裂或出现离析现象,则表示粘聚性不好。保水性是以混凝土拌和物中稀浆析出的程度来评定。提起坍落度筒以后,如有较多的稀浆从底部析出,锥体部分也因失浆而集料外露,则表明此混凝土拌和物的保水性能不好;如提起坍落度筒以后,没有稀浆或仅有少量稀浆从底部析出,则表示此混凝土拌和物保水性良好。

根据坍落度的不同,可将混凝土拌和物分为:流态混凝土(坍落度大于 80mm)、流动性混凝土(坍落度为 30～80mm)、低流动性混凝土(坍落度为 10～30mm)及干硬性混凝土(坍落度小于 10mm)。坍落度试验只适用集料最大粒径不大于 40mm,坍落度值不小于 10mm 的混凝土拌和物。

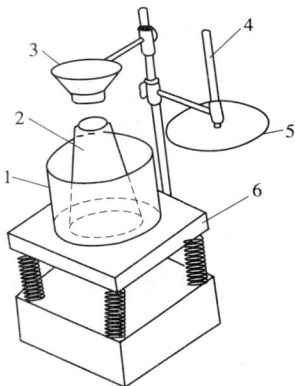

图 3-2-2-3　维勃稠度仪[55]
1-圆柱形容器;2-坍落度筒;3-漏斗;
4-测杆;5-透明圆盘;6-振动台

(二)维勃稠度试验(Vebeeonsistometer test)

当坍落度小于 10mm 的新拌混凝土,可采用维勃仪(稠度仪)以维勃时间来测定混凝土拌和物的稠度,适用于集料粒径不大于 40mm 的混凝土及维勃时间在 5～30s 之间的干稠性混凝土的稠度测定。

我国现行试验法(GB/T 50080—2002)规定:维勃稠度试验方法是将坍落度筒放在直径为 240mm、高度为 200mm 的圆筒中,圆筒安装在专用的振动台上。按坍落度试验的方法将新拌混凝土装入坍落度筒内后再拔去坍落度筒,并在新拌混凝土顶上置一透明圆盘。开动振动台并记录时间,从开始振动至透明圆盘底面被水泥浆布满瞬间止,所经历的时间,以 s 计(精确至 1s),即为新拌混凝土的维勃稠度值,见图 3-2-2-3。

（三）球体贯入度试验（沉球试验）

该法利用直径为152mm，重13.6kg的金属半球体，置于混合料的表面，以自重沉入混合料中，以沉入的深度来评价混合料的稠度。

该试验由凯利（J. W. Kelly）提出，故所用的试验设备得名为凯利球，如图3-2-2-4所示。它可直接用于运输车或模板内的混合料，试验简便而迅速。为了避免边界的影响，试验时混合料的深度不小于200mm，最小的横向尺寸不小于460mm。

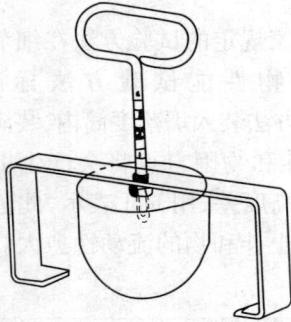

图3-2-2-4　凯利球

（四）流动度试验（Flow Test）

流动度试验是根据测定混凝土受振动后的扩展度以提供稠度指标及其离析趋势。

试验时将一堆成一定形状的混合料置于跳桌上，经过跳动一定的次数后，测定混合料扩展的程度，以鉴定混合料的流动度及离析的程度。

试验用的主要仪器是一个直径为760mm，落差为13mm的跳桌和一只高为127mm，上口直径为171mm、下口直径为254mm的截头圆锥筒。试验时将圆锥筒置于跳桌的中心，混合料分两层装入筒内，捣实的方法类似于坍落度试验，然后脱去锥筒，以每秒一次的速度跳动15次，结果混合料在桌面上扩展。量取混合料扩展后的直径D，则流动度为：

$$F_1 = \frac{D - 254}{254} \times 100 \tag{3-2-2-3}$$

跳动将促使混合料离析，如果混合料粘聚性不好，则较大的集料颗粒就要分离出来，跑向靠近跳桌的边缘。对于很稀的混合料，则水泥浆可能从中心淌开而留下集料。

同样，流动度试验并不能完全反映混合料的工作性，因为具有相同流动度的混合料其工作性可以显著的不同。这种试验在工地上使用还不方便。

（五）密实因素试验（Compacting Factor Test）

这是英国的和易性试验方法，这个方法是测定在标准功作用下混凝土拌和物所达到的捣实程度。

捣实仪由两个截圆锥体漏斗和一个圆柱体量筒组成如图3-2-2-5所示。上漏斗大于下漏斗，漏斗底为可开启的活门，上漏斗装满混凝土后，不经捣实刮去多余的混凝土，开启漏斗底的活门，在重力作用下混凝土下落注满下漏斗，这样得到的混和物减少了上漏斗装料时人为因素的影响，开启下漏斗底门，混凝土落入圆柱筒内，这就获得了在标准捣实状态下的混凝土，同时避免了人为因素的影响，刮去圆筒顶部的混凝土，称其重量，得到这种捣实状态下的混凝土的容重，除以相同混凝土完全捣实状态下的容重，便得到捣实系数。

（六）重塑数试验（Remouiding Test）

利用流动度跳桌进行的另一项试验是鲍尔斯（Powers）研究提出的重塑性试验，以改变混合料试样的形状所做的功来评价混合料的工作性。

重塑仪如图3-2-2-6所示。

一个标准的坍落度筒放在一直径为305mm、高为203mm的圆柱筒内，此圆柱筒固定在跳桌上，跳桌的落差为6.3mm。圆柱筒内有一圆环，直径为210mm、高为127mm，圆环的下缘至圆柱筒底的距离可在67mm到76mm之间调整。

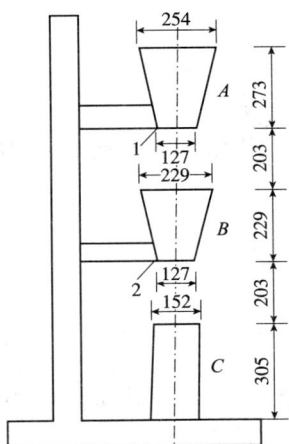

图 3-2-2-5 捣实系数仪
A-上料斗；B-下料斗；C-容重筒；1、2-卸料活门

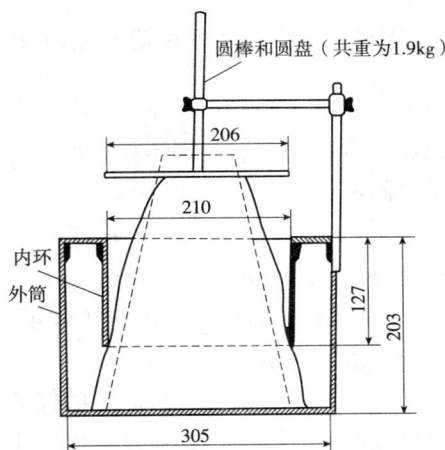

图 3-2-2-6 重塑仪

按标准方法将坍落度筒填满混合料并脱去坍落度筒后，一个重为 1.9kg 的圆盘置于混合料顶部，跳桌以每秒跳一次的速度跳动，直至圆盘到达离圆柱筒底 81mm 时为止所跳动的次数即为重塑数。这时混合料的形状由截头圆锥体变成圆柱体。

（七）工业粘度试验

由前苏联杰索夫（десовА. Е.）所提出的一种试验方法，基本上类似于重塑数试验。以振动台代替跳桌，振动台的频率为 3000 ± 20 次/min，荷载下的振幅为 0.35mm。内环下缘与圆柱筒底的距离随混合料的最大粒径可以调整：最大粒径为 40mm 时，间距 70mm；20mm 时，为50mm；10 及 5mm 时，相应为 30 及 10mm。其试验方法与重塑数试验一样，以振平混合料所需的时间秒计，称为工作度或干硬度。

综上所述，以上介绍的几种试验方法都是在特定的条件下测定混合料的某一方面的性能，而不是工作性的全部。这些试验方法的原理基本上可分为两类：一类是以一定的力作用于混合料，使混合料变形，测定其流动性能，适用于流动性混合料；另一类是以测定密实混合料所做的功为基础，或以时间，或以密实度表示，适用于干硬性混合料。对于测定混合料工作性的更理想的方法，仍然是各国混凝土研究工作者所注意研究的问题。

§2-2-5 影响和易性的因素

影响新拌混凝土和易性的因素，归纳如下：

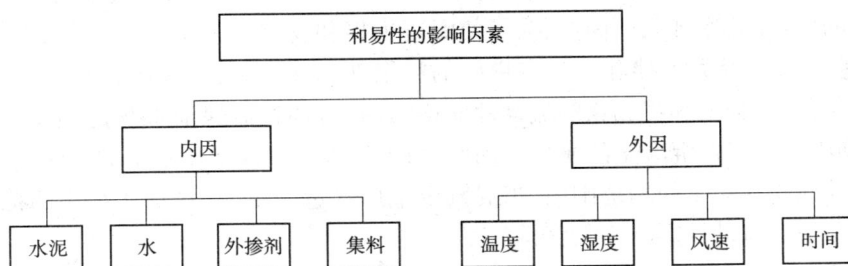

161

一、组成材料质量及其用量的影响（内因）

（一）单位用水量（单位用水量即 $1m^3$ 混凝土中水的重量）

根据混合料的粘度及固体粒子形状、大小、化学组成及掺量等的函数推导出坍落度与单位用水量之间的函数关系：

$$y = KW^n \tag{3-2-2-4}$$

式中：y——混合料的坍落度，cm；

K——由材料特性、搅拌方法等确定的常数；

W——单位用水量，kg/m^3；

n——由流动性试验方法而定的仪器常数，若以坍落度表示流动性时，$n = 10$。

可见，随着单位用水量的增加，混凝土坍落度呈上升的趋势。

根据大量实验，人们总结出"需水性定则"，即如果其他条件不变，即使水泥用量有某种程度的变化，对式中的 K 值没多大影响，因而对流动性没有多大影响。但实际上 K 值多少是有变化的，所以需水量定则是不严密的。但这个定则用于配合比设计中调整强度的步骤时，是相当方便的，即固定单位用水量，上下略微浮动水灰比（如浮动 0.05），而得到既满足混合料工作性的要求，又满足强度要求，同时节约水泥的实验室配合比。

（二）集浆比

集浆比就是单位混凝土拌和物中，集料绝对体积与水泥浆绝对体积之比。水泥浆在混凝土拌和物中，除了填充集料间的空隙外，还包裹集料的表面，以减少集料颗粒间的摩阻力，使混凝土拌和物具有一定的流动性。在单位体积的混凝土拌和物中，如水灰比保持不变，则水泥浆的数量越多，拌和物的流动性愈大。但若水泥浆数量过多，则集料的含量相对减少，达一定限度时，将会出现流浆现象，使混凝土拌和物的粘聚性和保水性变差；同时对混凝土的强度和耐久性也会产生一定的影响。此外水泥浆数量增加，就要增加水泥用量，提高混凝土的单价。相反若水泥浆数量过少，不足以填满集料的空隙和包裹集料表面，则混凝土拌和物粘聚性变差，甚至产生崩坍现象。因此，混凝土拌和物中水泥浆数量应根据具体情况决定，在满足工作性要求的前提下，同时要考虑强度和耐久性要求，尽量采用较大的集浆比（即较少的水泥浆用量）。

（三）水泥浆稠度（水灰比）

在单位混凝土拌和物中，集浆比确定后，即水泥浆的用量为一固定数值时，水灰比即决定水泥浆的稠度。水灰比较小，则水泥浆较稠，混凝土拌和物的流动性亦较小，当水灰比小于某一极限以下时，在一定施工方法下就不能保证密实成型；反之，水灰比较大，水泥浆较稀，混凝土拌和物的流动性虽然较大，但粘聚性和保水性却随之变差。当水灰比大于某一极限以上时，将产生严重的离析、泌水现象。因此，为了使混凝土拌和物能够密实成型，所采用的水灰比值不能过小；为了保证混凝土拌和物具有良好的粘聚性和保水性，所采用的水灰比值又不能过大。在实际工程中，为增加拌和物的流动性而增加用水量时，需保证水灰比不变，同时增加水泥用量，否则将显著降低混凝土的质量。因此，决不能以单纯改变用水量的办法来调整混凝土拌和物的流动性。在通常使用范围内，当混凝土中用水量一定时，水灰比在小的范围内变化，对混凝土拌和物的流动性影响不大。

（四）砂率

砂率是指混凝土中砂的质量占砂、石总质量的百分率水泥砂浆在混凝土拌和物中起润滑作用,可以减少粗集料颗粒之间的摩擦阻力,所以在一定砂率范围内,随着砂率的增加,润滑作用也明显增加,提高了混凝土拌和物的流动性。但砂率过大,即石子用量过少,砂子用量过多,此时集料的总表面过大,在水泥浆量不变的情况下,水泥浆量相对显的少了,减弱了水泥浆的润滑作用,导致混凝土拌和物流动性降低。如果砂率过小,即石子用量过大,砂子用量过少时,水泥砂浆的数量不足以包裹石子表面,在石子之间没有足够的砂浆层,减弱了水泥砂浆的润滑作用,不但会降低混凝土拌和物的流动性,而且会严重影响其粘聚性和保水性,容易产生离析现象。因此,在设计混凝土各组成材料重量之间的比例时,为保证和易性应选择最佳砂率。

最佳砂率是指当用水量及水泥用量一定的条件下,能使混凝土拌和物获得最大的流动性而且保持良好的粘聚性和保水性的砂率;或者是使混凝土拌和物获得所要求的和易性的前提下,水泥用量最少的砂率,如图3-2-2-7所示。

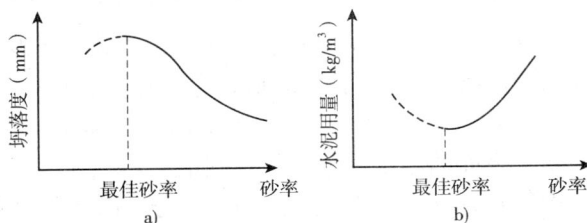

图 3-2-2-7　最佳砂率的确定
a)砂率与塌落度关系(水泥与水用量一定);
b)砂率与水泥用量关系(达到相同的坍落度)

为了保证混凝土拌和物具有所要求的和易性,在最佳砂率范围内,根据不同情况选用不同的砂率。如果石子孔隙率大,表面粗糙,颗粒间摩擦阻力较大,砂率要适当增大些;如石子级配较好,空隙率较小,粒径较大,水泥用量较多并采用机械振捣,应尽量选用较小的砂率,以节省水泥。

由于影响最佳砂率的因素很多,因此不可能用计算方法得出准确的最佳砂率,对于混凝土用量大的工程,应通过试验找出最佳砂率。也可根据集料的品种、规格及混凝土拌和物的水灰比,参照规范选用。

(五)水泥的品种和细度

水泥对和易性的影响主要表现在水泥的需水性上。需水性大的水泥,达到同样的坍落度,需要较多的用水量。一般来说,常用水泥中以普通硅酸盐水泥所配制的混凝土拌和物的流动性和保水性较好。矿渣、火山灰质混合材对需水性都有影响,矿渣水泥所配制的混凝土拌和物流动性较大,但粘聚性差,易泌水。火山灰水泥需水性大,在相同加水量条件下,流动性显著降低,其粘聚性和保水性较好。

水泥颗粒越细,则比表面积增加,为了获得一定的流动性,其需水量也要相应地增加,混凝土拌和物的粘聚性和保水性也相应改善。

总的来说,由于混凝土拌和物中水泥用量相对较少,由于水泥需水性的变化,对混凝土拌和物和易性的影响并不显著。

(六)集料

集料级配良好,其空隙率小,在水泥浆量相同的情况下,填充集料空隙的水泥浆越少,则包裹集料表面的水泥浆层越厚,从而改善了混凝土拌和物的和易性。集料中小于10mm,大于0.3mm的中等颗粒对和易性的影响更大,如果中等颗粒越多,则会导致混凝土拌和物粗涩、松散、和易性差。反之,会使混凝土拌和物离析,同样导致和易性变差。

粗集料的最大粒径较大时,其表面积较小,在同样水泥砂浆量的条件下,可获得较大的流动性。

砂石颗粒圆整,表面光滑,混凝土拌和物的流动性较大;而集料表面粗糙,呈棱角状,就会增加混凝土拌和物的内摩擦力，从而降低了混凝土拌和物的流动性。因此卵石混凝土比碎石混凝土的流动性好。

（七）外加剂

用级配好的集料，有足够的水泥用量和正确用水量的混凝土拌和物，具有良好的和易性，但是级配不良，颗粒形状不好的集料和水泥用量不足引起的贫混凝土和粗涩的混凝土拌和物，掺加外加剂可以使和易性得到改善。

掺加引气剂或减水剂，可以增加混凝土的和易性，减少混凝土的离析和泌水，引气剂产生的大量的不连通的微细气泡，对新拌混凝土的和易性有良好的改善作用，可增加混凝土拌和物的粘性、减少泌水、减少离析并易于抹面。对于贫混凝土，用级配不良的集料或易于泌水的水泥拌制的混凝土，掺加引气剂则更为有利，例如，对于贫混凝土不仅可以改善和易性，还可增加强度。矿渣水泥混凝土泌水严重，掺加引气剂后，混凝土拌和物的粘聚性得到改善，浇筑完毕的混凝土表面的泌水现象亦减少到最小。

掺加粉煤灰可以改善混凝土的和易性，粉煤灰的球形颗粒以及无论是采用超量取代或是等量取代都可使混凝土拌和物中胶凝材料浆体增加，使混凝土拌和物更具有粘性且易于捣实。

二、环境条件和时间的影响（外因）

（一）环境条件

引起混凝土拌和物工作性降低的环境因素，主要有：温度、湿度和风速。对于给定组成材料性质和配合比例的混凝土拌和物，其工作性的变化，主要受水泥的水化率和水分的蒸发率所支配。因此，混凝土拌和物从搅拌到捣实的这段时间里，温度的升高会加速水化率以及水由于蒸发而损失，这些都会导致拌和物坍落度的减小。同样，风速和湿度因素会影响拌和物水分的蒸发率，因而影响坍落度。对于不同环境条件下，要保证拌和物具有一定的工作性，必须采用相应的改善工作性的措施。

（二）时间

混凝土拌和物在搅拌后，其坍落度随时间的增长而逐渐减小，称为坍落度损失。

根据现代研究认为，拌和物坍落度损失的原因，主要是由于拌和物中自由水随时间而蒸发、集料的吸水和水泥早期水化而损失的结果。混凝土拌和物工作性的损失率，受组成材料的性质（如水泥的水化和发热特性、外加剂的特性、集料的空隙等等）以及环境因素的影响。

§2-3 普通混凝土的结构

§2-3-1 宏观堆聚结构

流动性混凝土混合料在浇灌成型的过程中和在凝结以前，由于固体粒子的沉降作用，很少能保持其稳定性，一般都会发生不同程度的分层现象。图3-2-3-1为混凝土外分层形成过程的示意图。a)图表示不同粒径的固体粒子在粘性流体中的沉降距离，如粗集料在水泥砂浆中的沉降。b)图表示分层的开始。c)图表示分层的结果。粗大的颗粒沉积于下部，多余的水分被挤上升或积聚于粗集料的下方。由于外分层，使混凝土沿着浇灌方向的宏观堆聚结构不均匀,其下部强度大于顶部。由于水分的被挤上升,使表层混凝土成为最疏松和最软弱的部分。

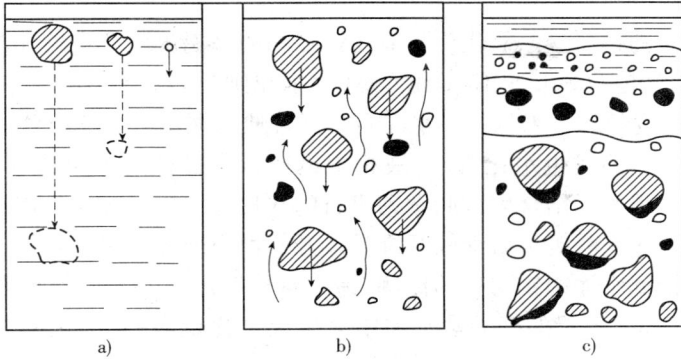

图 3-2-3-1　混凝土外分层形成过程示意图

在混凝土中粗集料的下方还会发生内分层(图3-2-3-2)。莫尚斯基(H. A. Мощавский)将混凝土内分层划分为三个区域,如图示。区域1位于粗集料的下方,如在砂浆中则位于粗砂粒的下方。这个区域称为充水区域,含水量最大,在其蒸发后则形成孔穴,是混凝土中最弱的部分,也是混凝土渗水的主要通道和裂缝的发源地。区域2的砂浆则比较正常,称为正常区。区域3是混凝土中最密实和最强的部位,称为密实区。由于混凝土的内分层,使混凝土具有各向异性的特征,表现为其沿着浇灌方向的抗拉强度较垂直该方向的为低。

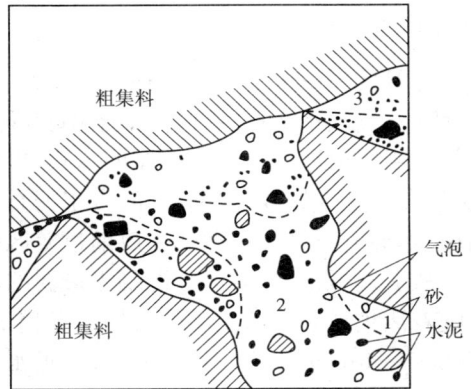

图 3-2-3-2　混凝土的内分层

至于混凝土中起胶结作用的水泥石,我们可以近似地把它看作为匀质而各向同性的材料。但是,严格地讲,由于水泥浆中水泥粒子的沉降,也会引起水泥石上下部位密实度的差异。

§2-3-2　骨料的相结构

集料组分对混凝土的体积密度、弹性模量和尺寸稳定性均产生影响,混凝土性能在很大程度上取决于集料的体积密度与强度等物理性质。就集料自身而言,它的化学成分、矿物组成和孔隙体积大小和分布等物理性质都很重要。除集料孔隙外,粗集料的外形与表面构造也影响混凝土的性能。一般卵石具有球形颗粒外形和光滑的表面构造,碎石则为棱角颗粒和粗糙的表面,粗糙表面具有良好的粘结作用,有利于强度发展。碎石里大都含有一部分针状和扁平颗粒,这些颗粒会对混凝土的和易性与强度产生影响。

一般来说,集料比混凝土的其他二相要更为坚固,不会对普通混凝土的强度产生直接影响。然而粗集料的外形、表面结构与粒径会以间接方式对强度产生影响,粗集料粒径愈大,与水泥石粘结的表面积愈少,并且倾向于生成较弱的水泥石—集料界面,即较弱的过渡区,会减弱混凝土的强度。

165

§2-3-3　硬化浆体结构

水泥熟料是氧化钙、氧化硅、氧化铝与氧化铁之间的高温反应产生的几种矿物的多相混合物,主要熟料矿物成分是 C_3S、C_2S、C_3A 和 C_4AF。水泥则是熟料与少量石膏一起粉磨得到粒径 $1 \sim 100\mu m$ 的具有棱角的粉末颗粒。水泥石是指普通水泥水化后的石体。

水泥与水混合后立即发生水化反应,液相中迅速含有各种离子而达到饱和。几分钟后,钙、硫酸盐、铝和氢氧根离子结合生成叫做钙矾石的水化硫铝酸钙针状晶体。几小时后氢氧化钙棱柱形大晶体和水化硅酸钙很微细的纤维晶体开始填充原先由水与溶解的水泥颗粒所占据的空间。几天之后根据水泥中铝与硫的比例,钙矾石分解形成六方板状形态的单硫型水化硫铝酸钙,在低硫或高 C_3A 含量的硅酸盐水泥中会生成水化铝酸钙,水化铝酸钙也呈六方板状形态。

§2-3-4　混凝土的过渡区

过渡区另一个弱点是它存在微裂缝,微裂缝的数量决定于许多因素,包括集料粒径与级配、水泥用量、水灰比、新鲜混凝土捣实程度、养护条件、环境湿度和混凝土的热历史等。例如大颗粒粗集料周围易形成较厚的水膜,集料粒径愈大生成水膜愈厚,在这种情况下形成的过渡区,当混凝土干燥或冷却收缩时因水泥石与集料之间的差异变形会在过渡区产生裂纹。换句话说,在混凝土受到荷载作用以前过渡区即水泥石和集料的界面上已经存在微裂缝。

从上述可知,过渡区是混凝土最弱的区域。过渡区具有下列性质:①具有较高的孔隙率,并随着离集料表面的距离的增加而迅速下降,集料表面处水泥石孔隙率为40%左右,离集料表面35～40mm 处则为12%左右,接近水泥石本体的数值。材料内的空隙较多,其抵抗机械作用的能力就较差,②水化产物形成大晶体,与紧密交叉排列的水晶体比较,大晶体更容易开裂,裂纹更容易扩展,强度也低。氢氧化钙晶体择优取向形成 C 轴垂直于界面的定向排列结构,造成开裂与裂纹传播的有利条件。此外过渡区存在微裂缝,由于这些原因,过渡区是混凝土中最弱的一环。

捣实的新鲜混凝土体积稍大于混凝土内集料的捣实体积,这种体积上的差别意味着集料颗粒之间并不是点与点之间接触,而是由一薄层水泥浆分开,即集料颗粒覆盖了一层水泥浆。新鲜混凝土与集料捣实体积之差约为3%或更多一些。这一薄层水泥浆具有怎样的结构及它对混凝土有那些影响就是下面要讨论的问题。

在新拌和的混凝土中,集料颗粒包裹着微米厚的水膜,在集料周围形成较高的水灰比。水泥浆中硫酸钙和铝酸钙溶解产生的钙、硫、氢氧根和铝离子结合,首先生成钙矾石和氢氧化钙。由于高水灰比和较小的空间限制,集料周围生成的水化物晶体尺寸可以长得很大,这些大晶体形成了多孔疏松的网状结构,板状氢氧化钙晶体倾向于形成 C 轴垂直于集料表面定向排列。其次,结晶差的 $C-S-H$ 和次生较小的钙矾石和氢氧化钙晶体,开始填充原先由大晶体钙矾石和氢氧化钙形成网构中的空隙,有利于增进其密度和强度。

水泥石与集料颗粒之间的粘结是范德华力所产生的,粘结力的大小即过渡区的强度与该点的孔隙的大小与孔隙体积有关。由于集料颗粒周围的高水灰比过渡区,一般要比水泥石或砂浆本体疏松多孔。集料总有一部分是溶解的,随着水化龄期增加,水泥石的组份和能够结合的集料间的缓慢的化学反应,在过渡区孔隙内生成新的产物,形成紧密的晶网。例如采用硅质材料可生成水化硅酸钙,采用石灰石集料可生成水化碳铝酸盐,这种集料与水泥之间反应能填充过渡区的孔隙降低氢氧化钙的浓度,因而能增进强度。

§2-4 普通混凝土的物理性质

§2-4-1 密实度

普通混凝土具有毛细管—孔隙结构的特点,它与混凝土的一系列物理性质有着密切的关系。这些毛细管—孔隙包括混凝土成型时残留下来的气泡,水泥石中的毛细管孔腔和凝胶孔,以及水泥石和集料接触处的孔穴等。此外,还可能存在着由于水泥石的干燥收缩和温度变形而引起的微裂缝。

混凝土的密实度表示在一定体积的混凝土中,固体物质的填充程度。具体公式详见第1章。

若要精确测定混凝土的密实度,需测定其真实密度,这实际上是非常困难的,因为需要将有代表性的混凝土试样磨成粉末。在实际应用中,采用单位体积混凝土中所有固体组分的体积总和(包括化学结合水和单分子层吸附水)来近似地确定其密实度,已足够精确。即:

$$D = V_w + V_c + V_a \tag{3-2-4-1}$$

式中:V_w——每立方米混凝土中强结合水的绝对体积;

$\quad\quad V_c$——每立方米混凝土中水泥的绝对体积;

$\quad\quad V_a$——每立方米混凝土中集料的绝对体积。

但由于混凝土中水泥水化作用不断进行,所以 V_w 值随着龄期和水泥品种的不同而变化。V_a 又分为粗集料和细集料的绝对体积,即:

$$D = V_c + V_s + V_g + V_w$$

$$D = \frac{m_c}{\rho_c} + \frac{m_s}{\rho_s} + \frac{m_g}{\rho_g} + \frac{\beta m_c}{1000} \tag{3-2-4-2}$$

式中:m_c、m_s、m_g——分别表示每立方米混凝土中水泥、细集料、粗集料的用量,kg;

$\quad\quad \rho_c$、ρ_s、ρ_g——分别表示每立方米混凝土中水泥、细集料、粗集料的密度与表观密度,kg/m³;

$\quad\quad \beta$——表示一定龄期的混凝土中强结合水为水泥重的百分数,见表3-2-4-1。

水泥在不同龄期的结合水系数　　　　　　　　　　　　　　表 3-2-4-1

水泥品种	β 值				
	3d	7d	28d	90d	360d
快硬硅酸盐水泥	0.14	0.16	0.20	0.22	0.25
普通硅酸盐水泥	0.11	0.12	0.15	0.19	0.25
矿渣硅酸盐水泥等	0.06	0.08	0.10	0.15	0.23

对所用材料相同而组织结构不同的混凝土,或者对组织结构相同但所用集料孔隙率不同的混凝土,其密实性可用其容重近似地比较之。也可用 γ 射线和超声波等仪器测试混凝土的

密实度。

混凝土的密实度几乎与混凝土的所有主要技术性能,例如强度、抗冻性、不透水性、耐久性、传声和传热性能等都有密切的联系。但必须指出,混凝土的密实度或孔隙率还不能完全说明混凝土的结构,因为它们还不能反映混凝土中孔隙的特征,如孔隙大小,形状、分布及其封闭程度,而孔隙的这些特征是直接影响上述性能的因素。

§2-4-2　体积稳定性

混凝土在施工及使用过程中会产生非荷载作用下的变形,即化学收缩、碳化收缩、干湿变形及温度变形。

一、化学收缩

由于水泥水化生成物的体积比反应前物质总体积小,从而引起混凝土的收缩,称化学收缩,又称自身收缩。其收缩量随混凝土龄期的延长而增加,其数量大致与时间的对数成正比。混凝土成型后的 40 天内收缩增加较快,以后的收缩逐渐减小并趋于稳定。这种收缩是不可恢复的,它对结构物没有破坏作用,但在混凝土内部可产生微裂缝,对大体积混凝土影响较明显。温度较高、水泥用量较大和水泥细度较细时,其值亦增大。混凝土化学收缩值约为 $(4 \sim 100) \times 10^{-6}$ mm/m。

二、干湿变形

混凝土处于干燥环境中时,混凝土内部吸附在胶体颗粒上的水分蒸发,引起胶体失水产生收缩;另外,在混凝土毛细管内游离水分蒸发,毛细管内负压增大,也使混凝土产生收缩。这种收缩称为干燥收缩。一般条件下,混凝土的极限干缩值为 $(50 \sim 90) \times 10^{-5}$ 左右,即收缩系数 $0.5 \sim 0.9$ mm/m。但实际工程中,混凝土并不处于完全干燥环境,所以设计时,混凝土的线收缩值采用 $(1.5 \sim 2.0) \times 10^{-4}$,即收缩值为 $1.5 \sim 2.0$ mm/m。

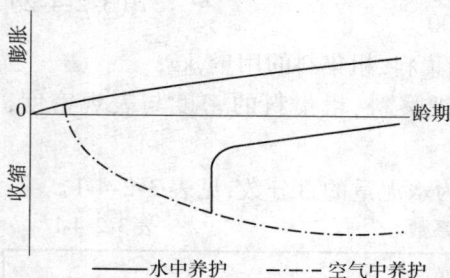

图 3-2-4-1　混凝土的干湿变形

从图 3-2-4-1 中表明,置于水中的混凝土体积稍有膨胀,这是由于水泥石中凝胶体颗粒的吸附水膜增厚所致。混凝土的干缩值比湿胀值大,当空气的相对湿度为 70% 时,混凝土的收缩值为水中膨胀值的 6 倍,相对湿度为 50% 时为 8 倍。

如果将已经干缩的混凝土重新放入水中或潮湿环境中,混凝土还会重新产生湿胀,但不是所有的干缩变形都能恢复,普通混凝土的不可恢复的变形约为干缩变形的 30% ~ 60%。这是由于水泥石中一部分接触较紧密的凝胶体颗粒,在干燥期间失去吸附水膜后,产生新的比较牢固的结合,混凝土再吸水并不能完全破坏这种新的结合。

混凝土的于缩变形进行得很慢,而且是由表面向内部逐渐进行,因此会产生表面收缩大而内部收缩小,导致混凝土表面受到拉力作用,当拉应力超过混凝土的抗拉强度时,在混凝土表面将产生裂缝。此外,在混凝土干缩过程中,集料并不产生收缩,因而在集料与水泥石界面上产生微裂缝,对混凝土强度及耐久性产生不利影响,尤其是对大体积混凝土工程危害更大。混凝土的湿胀变形远比干缩变形小,一般对混凝土没有不良影响。

混凝土的干缩变形与下列因素有关:

(1)水泥浆量是决定干缩变形大小的主要因素。即在水灰比相同的条件下,水泥浆量愈多,混凝土的干缩率愈大,这是因为混凝土的干缩主要产生于水泥浆的干缩。水泥用量一定,干缩率随着水灰比的增大而提高。

(2)水泥的品种与细度对混凝土干缩有很大影响,如火山灰质硅酸盐水泥的干缩率最大。水泥愈细、干缩率愈大。

(3)在混凝土的水灰比、集料与水泥比相同的条件下,干缩率随着砂率的提高而增大。

(4)集料的弹性模量越大,混凝土捣固的越密实,加强养护使混凝土强度正常发展,则干缩率将会减小。

三、温度变形

混凝土与其他材料一样,也具有热胀冷缩的性质。这种变形叫温度变形。在一般温度变化范围内,混凝土长度的变化,可用下式求出:

$$\Delta L = \alpha L \Delta t \qquad (3\text{-}2\text{-}4\text{-}3)$$

式中:ΔL——混凝土结构长度变化,m;

$\quad L$——混凝土结构长度,m;

$\quad \Delta t$——温差,℃;

$\quad \alpha$——混凝土温度变形系数。$\alpha = 10 \times 10^{-6}/℃$。即温度每升降 1℃,每米胀缩 0.00001m 或 0.01mm。混凝土的温度变形系数与钢材接近,这是构成钢筋混凝土结构的条件之一。

为了减少由于温度变形造成的危害,在纵长的混凝土及钢筋混凝土结构物中,每隔一段长度,设置温度伸缩缝,在结构物中设置温度钢筋。在大体积混凝土或钢筋混凝土中,采用低热水泥或人工降温措施等。

§2-4-3 渗 透 性

公路工程的许多与水接触的混凝土结构物,如桥梁下部结构、路面排水设施、涵洞等均需具有良好的抗渗性能,另外,在某些环境条件(如受到某些侵蚀性液体的作用)下,亦能引起水泥石强度的降低,严重的甚至引起混凝土的破坏。因此,混凝土抵抗液体和气体渗透的性能是十分重要的。

混凝土的抗渗性可用抗渗标号或渗透系数来表示,我国目前沿用的表示方法是抗渗标号。混凝土的抗渗标号是以 28 天龄期的标准试件,在标准渗透仪上,逐级加水压,从 0.2MPa 开始,每隔 8h 增加水压 0.1MPa,并随时注意观察试件端面情况,一直加至 6 个试件中有 3 个试件表面发现渗水,混凝土的抗渗标号即以每组 6 个试件中 4 个未发现有渗水现象的最大水压力表示,按下式计算:

$$S = 10H - 1 \qquad (3\text{-}2\text{-}4\text{-}4)$$

式中:S——混凝土抗渗标号;

$\quad H$——第三个试件顶面开始有渗水时的水压力,MPa。

混凝土渗水的主要原因是由于内部的孔隙形成连通的渗水通道。这些孔道除产生于施工振捣不密实外，主要来源于水泥浆中多余水分的蒸发而留下的气孔，水泥浆泌水所形成的毛细管孔道以及粗集料下部界面聚积的水膜。这些渗水通道的多少，主要与水灰比大小有关，因此水灰比是影响抗渗性的一个主要因素。试验表明，随着水灰比的增大，抗渗性逐渐变差，当水灰比大于 0.6 时，抗渗性急剧下降。

提高混凝土抗渗性，可以通过多条途径：掺用引气剂等化学外加剂，在内部产生不连通的气泡，改变了混凝土的孔隙特征，截断了渗水的通道，从而可以显著地提高混凝土的抗渗性。此外，减小水灰比、选择合适的水泥品种、保证施工质量及养护条件等均对提高抗渗性有重要作用。

§2-4-4 热 性 能

一、比热

将 1kg 混凝土材料的温度提高或降低 1K 所吸收或放出的热量称为混凝土的比热。

普通混凝土的比热一般为 840 ~ 1170J/(kg·K)。混凝土的比热随着含水量的增加而显著增加。水的比热为 4.18×10^3 J/(kg·K)，集料的比热为 710 ~ 840J/(kg·K)。

集料对混凝土比热的影响可表示为：[3]

$$C = C_p(1 - W_a) + C_a \cdot W_a \qquad (3\text{-}2\text{-}4\text{-}5)$$

式中：C——混凝土的比热，J/(kg·K)；

C_p——水泥石的比热，J/(kg·K)；

C_a——集料的比热，J/(kg·K)；

W_a——混凝土集料的重量比。

二、导热系数

单位面积（1m²）的混凝土材料当其厚度（1m）的两侧温度差为 1K 时，通过该材料的热量（W），称为该材料的导热系数（λ），单位为 W/(m·K)。

导热系数是混凝土材料的一种非常重要的热物理指标。它表明材料传递热量的一种能力。导热系数 λ 值越小，则混凝土的绝热保温性能越好。普通混凝土及其各组分的导热系数见表3-2-4-2。

影响混凝土导热系数的主要因素是集料种类、集料用量、混凝土的温度及其含水量。

混凝土及其各组分的导热系数 　　　　　　　　　表 3-2-4-2

组成材料名称	导热系数[W/(m·K)]	组成材料名称	导热系数[W/(m·K)]
拌和用水	0.605	集料	1.71 ~ 3.14
空 气	0.026	普通混凝土	2.3 ~ 3.49

三、导温系数

混凝土的导温系数是表示混凝土在冷却或加热过程中，各点达到同样温度的速度。导温系数越大,则各点达到同样温度的速度越快。

导温系数与导热系数成正比,与比热成反比,即:

$$\alpha = \frac{\lambda}{c\gamma} \qquad\qquad (3\text{-}2\text{-}4\text{-}6)$$

式中:α——混凝土的导温系数,m^2/h;

  λ——混凝土的导热系数,$W/(m \cdot K)$;

  c——混凝土的比热,$J/(kg \cdot K)$;

  γ——混凝土的密度,kg/m^3。

影响混凝土导热系数及比热的因素,同样也影响混凝土的导温系数。水泥净浆、砂浆及混凝土的导温系数见表3-2-4-3。

水泥净浆、砂浆、混凝土导温系数比较   表 3-2-4-3

项　　目	水泥净浆	水泥砂浆	混凝土
水灰比	0.30	0.65	0.65
导温系数(m^2/h)	0.0012	0.0023	0.0034

四、热膨胀系数

混凝土的体积随着温度的变化而发生热胀和冷缩。混凝土的体积膨胀率为线膨胀率的3倍。普通混凝土的热膨胀一般为 $10 \times 10^{-6}/℃$ 左右,变化范围大约是 $(6 \sim 13) \times 10^{-6}/℃$。

混凝土是一种多孔材料,其受热膨胀性不仅取决于水泥石和集料,还取决于孔隙中的含水状态。混凝土热膨胀系数可用下式表示:

$$\alpha_c \cong \frac{\alpha_p E_p V_p + \alpha_a E_a V_a}{E_p V_p + E_a V_a} \qquad\qquad (3\text{-}2\text{-}4\text{-}7)$$

式中:α_c——混凝土的热膨胀系数;

  α_p——水泥石的热膨胀系数;

  α_a——集料的热膨胀系数;

  E_p——水泥石的弹性模量;

  E_a——集料的弹性模量;

  V_p——水泥石的体积比;

  V_a——集料的体积比,$V_a = 1 - V_p$。

不同水泥品种、不同集料对混凝土热膨胀系数的影响见表3-2-4-4。

不同水泥品种的净浆与混凝土热膨胀系数   表 3-2-4-4

水泥品种	水泥净浆($\times 10^{-6}$)		混凝土(1:6)($\times 10^{-6}$)	
	气干状态	含水状态	气干状态	含水状态
普通硅酸盐水泥	22.6	14.7	13.1	12.2
矿渣水泥	23.2	18.2	14.2	12.4
高铝水泥	14.2	12.0	13.5	10.6
中热水泥	—	—	—	8.8 ~ 9.4

§2-5　普通混凝土的力学性质

§2-5-1　强度及影响因素

强度是混凝土最重要的力学性质,因为混凝土结构物主要用以承受荷载或抵抗各种作用力。虽然在实际工程中还可能要求混凝土同时具有其他性能,如抗渗性、抗冻性等,甚至这些性能可能更为重要,但是这些性能与混凝土强度之间往往存在着密切关系。一般来说,混凝土的强度愈高,其刚性、不透水性、抵抗风化和某些侵蚀介质的能力也愈高;另一方面,混凝土强度愈高,干缩也较大,同时较脆、易裂。因此,通常用混凝土强度来评定和控制混凝土的质量。

一、混凝土的强度

(一)抗压强度标准值和强度等级

1. 立方体抗压强度

按照标准的制作方法制成边长为 150mm 的正立方体试件,在标准养护条件(温度 20 ± 2℃,相对湿度 95% 以上)下,养护至 28d 龄期,按照标准的测定方法测定其抗压强度值,称为"混凝土立方体试件抗压强度"(简称"立方抗压强度",以 f_{cu} 表示),按式(3-2-5-1)计算,以 MPa 计。

$$f_{cu} = \frac{F}{A}$$
(3-2-5-1)

式中:F——破坏荷载,N;

A——试件承压面积,mm²。

以三个试件为一组作为每组试件的强度代表值。

2. 立方体抗压强度标准值($f_{cu,k}$)

混凝土"立方体抗压强度标准值",按我国现行国标(GBJ 107—87)和(GBJ 10—89)的定义是按照标准方法制作和养护的边长为 150mm 的立方体试件,在 28d 龄期,用标准试验方法测定的抗压强度总体分布中的一个值,强度低于该值的百分率不超过 5%(即具有 95% 保证率的抗压强度),以 N/mm² 即 MPa 计。立方体抗压强度标准值以 $f_{cu,k}$ 表示。

3. 强度等级

混凝土"强度等级"是根据"立方体抗压强度标准值"来确定的。

强度等级表示方法,是用符号"C"和"立方体抗压强度标准值"两项内容表示。例如"C30"即表示混凝土立方体抗压强度标准值 $f_{cu,k} = 30MPa$。

我国现行规范(CBJ 10—89)规定,普通混凝土按立方抗压强度标准值划分为:C7.5、C10、C15、C20、C25、C30、C35、C40、C45、C50、C55 和 C60 等 12 个强度等级。

(二)轴心抗压强度(棱柱强度)

确定混凝土的强度等级是采用立方体试件,但实际工程中,钢筋混凝土结构形式极少是立方体的,大部分是棱柱体型或圆柱体型。为了使测得的混凝土强度接近于混凝土结构的实际情况,在钢筋混凝土结构计算中,计算轴心构件时,都是采用混凝土的轴心抗压强度作为依据。

我国现行标准(GB/T 50081—2002)规定,采用 150mm × 150mm × 300mm 棱柱体作为标准

试件,轴心抗压强度f_{cp}按式(3-2-5-2)计算,以 MPa 计。

$$f_{cp} = \frac{F}{A} \quad\quad\quad (3\text{-}2\text{-}5\text{-}2)$$

式中:F——破坏荷载,N;

　　A——试件承压面积,mm^2。

关于轴心抗压强度与立方体抗压强度间的关系,通过许多组棱柱体和立方体试件的强度试验表明:在立方体抗压强度为 10～55MPa 的范围内,轴心抗压强度与立方体抗压强度之比约为 0.7～0.8。

（三）劈裂抗拉强度（f_{ts}）

混凝土在直接受拉时,很小的变形就要开裂,它在断裂前没有残余变形,是一种脆性破坏。

混凝土的抗拉强度只有抗压强度的 1/20～1/10,并且随着混凝土强度等级的提高,比值有所降低,即当混凝土强度等级提高时,抗拉强度的增加不及抗压强度提高的快。因此,混凝土在工作时,一般不依靠其抗拉强度。在设计一般钢筋混凝土结构时,不是由混凝土承受拉力,而是由钢筋承受拉力,所以常将混凝土的抗拉强度忽略不计。但对抗裂性要求较高的钢筋混凝土结构,混凝土的抗拉强度却是确定结构物抗裂性的主要指标。有时也用它来间接衡量混凝土与钢筋间的粘结强度,及预测由于干湿变化和温度变化而产生的裂缝等。

抗拉强度指标不能以试件直接受拉求得,因为纯拉试验极其困难。我国采用劈裂抗拉强度试验法间接地得出混凝土的抗拉强度,此强度称为劈裂抗拉强度,简称劈拉强度,如图 3-2-5-1。

该方法的原理是在试件的两个相对的表面竖线上,作用着均匀分布的压力,这样就能在外力作用的竖向平面内产生均布拉伸应力,该应力可以根据弹性理论计算得出。这个方法大大地简化了抗拉试件的制作,并且较正确地反映了试件的抗拉强度。

由于混凝土轴心抗拉强度试验的装置设备困难,以及握固设备易引入二次应力等原因,我国现行国标（GB/T 50081—2002）规定,采用 150mm × 150mm × 150mm 的立方体作为标准试件,在立方体试件（或圆柱体）中心平面内用圆弧为垫条施加两个方向相反、均匀分布的压应力（如图 3-2-5-2）,当压力增大至一定程度时试件就沿此平面劈裂破坏,这样测得的强度即为劈拉强度。

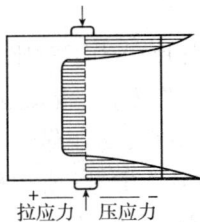

图 3-2-5-1　劈裂试验时垂直于受力
面的应力分布

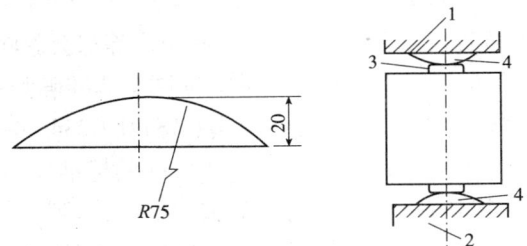

图 3-2-5-2　劈裂抗拉试验装置
1-上压板;2-下压板;3-垫条;4-垫层

$$f_{ts} = \frac{2F}{\pi A} = 0.637\,\frac{F}{A} \quad\quad\quad (3\text{-}2\text{-}5\text{-}3)$$

式中:F——破坏荷载,N;

　　A——试件劈裂面面积,mm^2。

关于劈裂抗拉强度 f_{ts} 与标准立方体抗压强度之间的关系,可用经验公式(3-2-5-4)表达:

$$f_{ts} = 0.35 f_{cu}^{\frac{3}{4}} \qquad\qquad (3\text{-}2\text{-}5\text{-}4)$$

（四）抗弯拉强度

道路路面或机场道面用水泥混凝土,以抗弯拉强度(或称抗折强度)为主要强度指标,抗压强度作为参考强度指标。根据我国《公路水泥混凝土路面设计规范》(JTG D40—2002)规定。道路水泥混凝土抗折强度与抗压强度的关系如表 3-2-5-1。

水泥混凝土弯拉强度与抗压强度的关系(JTG D40—2002) 　　　表 3-2-5-1

弯拉强度(MPa)	3.0	3.5	4.0	4.5	5.0	5.5
抗压强度(MPa)	19.3	24.2	29.7	35.8	41.8	48.4

道路水泥混凝土的抗折强度是以标准方法制备成 150mm × 150mm × 550mm 的梁形试件,在标准条件下,经养护 28 天后,按三分点加荷方式,测定其抗折强度(f_{cf}),按式(3-2-5-5)计算,以 MPa 计。

$$f_{cf} = \frac{FL}{bh^2} \qquad\qquad (3\text{-}2\text{-}5\text{-}5)$$

式中:F——破坏荷载,N;

L——支座间距,mm;

b——试件宽度,mm;

h——试件高度,mm。

（五）混凝土与钢筋的粘结强度(握裹强度)

路桥工程中有许多钢筋混凝土结构,在钢筋混凝土结构中,配有拉筋、压筋及构造钢筋等,要使这类复合材料安全受力,混凝土与钢筋之间必须有适当的粘结强度。

混凝土与钢筋的粘结强度主要是由于混凝土与钢筋之间的摩擦力、钢筋与水泥石之间的粘结力及变形钢筋的表面机械啮合力引起的,混凝土相对于钢筋的收缩也有影响。一般来说,粘结强度与混凝土质量有关,在抗压强度小于 20MPa 时,粘结强度与抗压强度成正比,随着抗压强度的提高,粘结强度增加值逐渐减小。此外,粘结强度还受其他许多因素的影响,如钢筋尺寸及变形钢筋种类;钢筋在混凝土中的位置(水平钢筋或垂直钢筋);加载类型(受拉钢筋或受压钢筋),以及干湿变化、温度变化等都会影响粘结强度值。

目前还没有一种适当的标准试验能准确测定混凝土的粘结强度。为了对比不同混凝土的粘结强度,美国材料试验学会(ASTM C234)提出了一种拔出试验方法,混凝土试件为边长 150mm 的立方体,其中埋入 φ19mm 的标准变形钢筋,试件采用标准方法制做。试验时以不超过 34MPa/min 的速度对钢筋施加拉力,直到钢筋发生屈服;或混凝土劈开;或加荷端钢筋滑移超过 2.5mm。记录出现上述三种任一情况时的荷载值 P,用式(3-2-5-6)求混凝土与钢筋的粘结强度。

$$f_{粘} = \frac{F}{\pi dl} \qquad\qquad (3\text{-}2\text{-}5\text{-}6)$$

式中:$f_{粘}$——粘结强度,MPa;

d——钢筋直径,mm;

l——钢筋埋入混凝土中长度,mm;

F——测定的荷载值,N。

二、影响混凝土强度的因素

混凝土的破坏情况有三种：一是集料破坏，多见于高强混凝土；二是水泥石破坏，这种情形在低强度等级的混凝土中并不多见，因为配制混凝土的水泥标号大于混凝土的强度等级；三是集料与水泥石的粘结界面破坏，这是最常见的破坏形式。所以混凝土强度主要决定于水泥石强度及其与集料的粘结强度。而水泥石强度及其与集料的粘结强度又与水泥强度、水灰比、集料性质、浆集比等有密切关系，此外，还受到施工质量、养护条件及龄期的影响。

（一）材料组成

混凝土的材料组成，即水泥、水、砂、石及外掺材料是决定混凝土强度形成的内因，其质量及配合比对强度起着主要作用。

1. 水泥强度与水灰比

水泥混凝土的强度主要取决于其内部起胶结作用的水泥石的质量，水泥石的质量则取决于水泥的特性和水灰比。

水泥是混凝土中的活性组分，在混凝土配合比相同的条件下，水泥强度越高，则配制的混凝土强度越高。水泥不可避免地会在质量上有波动，这种质量波动毫无疑问地会影响混凝土的强度，主要是影响混凝土的早期强度，这是因为水泥质量的波动主要是由于水泥细度和 C_3S 含量的差异引起的，而这些因素在早期的影响最大，随着时间的延长，其影响就不再是重要的了。

当用同一种水泥（品种及强度等级相同）时，混凝土的强度主要决定于水灰比。因为水泥水化时所需的结合水，一般只占水泥重量的 23% 左右，但混凝土拌和物，为了获得必要的流动性，常需用较多的水（约占水泥重量的 40%～70%），即采用较大的水灰比，当混凝土硬化后，多余的水分就残留在混凝土中形成水泡或蒸发后形成气孔，大大地减少了混凝土抵抗荷载的有效断面，而且可能在孔隙周围产生应力集中。因此，在水泥强度等级相同的情况下，水灰比愈小，水泥石的强度愈高，与集料粘结力愈大，混凝土的强度愈高。但是，如果水灰比太小，拌和物过于干稠，在一定的捣实成型条件下，混凝土拌和物中将出现较多的孔洞，导致混凝土的强度下降。

根据各国大量工程实践及我国大量的实验资料统计结果，提出水灰比、水泥实际强度与混凝土 28 天立方体抗压强度的关系公式：

$$f_{cu,28} = Af_{ce}\left(\frac{C}{W} - B\right) \tag{3-2-5-7}$$

式中：$f_{cu,28}$——混凝土 28 天龄期的立方体抗压强度，MPa；

$\quad\quad f_{ce}$——水泥的实际强度，MPa；

$\quad\quad \dfrac{C}{W}$——灰水比；

$\quad A、B$——石料常数，取决于卵石或碎石。

该经验公式一般只适用于流动性混凝土及低流动性混凝土，对于干硬性混凝土则不适用。对低流动性混凝土，也只是在原材料相同，工艺措施相同的条件下，$A、B$ 才可看作常数。如果原材料或工艺条件改变，则 $A、B$ 也随之改变。因此必须结合工地的具体条件，如施工方法及材料质量等，进行不同水灰比的混凝土强度试验，求出符合当地条件的 $A、B$ 值，这样既能保证混凝土的质量，又能取得较好的经济效果。根据我国建设部标准《普通混凝土配合比设计技术规定》（JGJ/T 55—96）提供的 A、B 系数为：采用碎石，$A = 0.46$，$B = 0.07$，采用卵石，$A = 0.48$，$B = 0.33$。

利用混凝土强度公式，可以根据所采用的水泥强度等级及水灰比来估计所配制的混凝土的强度，也可以根据水泥强度等级和要求的混凝土强度等级来计算应采用的水灰比。

2. 集料特性与水泥浆用量

（1）集料强度、粒形及粒径对混凝土强度的影响：

集料的强度不同，使混凝土的破坏机理有所差别，如集料强度大于水泥石强度，则混凝土强度由界面强度及水泥石强度所支配，在此情况下，集料强度对混凝土强度几乎没有什么影响；如集料强度低于水泥石强度，则集料强度与混凝土强度有关，会使混凝土强度下降。但过强过硬的集料可能在混凝土因温度或湿度变化发生体积变化时，使水泥石受到较大的应力而开裂，对混凝土的强度并不有利。

集料粒形以接近球形或立方形者为好，若使用扁平或细长颗粒，就会对施工带来不利影响，增加了混凝土的孔隙率，扩大了混凝土中集料的表面积，增加了混凝土的薄弱环节，导致混凝土强度的降低。

适当采用较大粒径的集料，对混凝土强度有利。但如采用最大粒径过大的集料会降低混凝土的强度。因为过大的颗粒减少了集料的比表面积，粘结强度比较小，这就使混凝土强度降低；过大的集料颗粒对限制水泥石收缩而产生的应力也较大，从而使水泥开裂或使水泥石与集料界面产生微裂缝，降低了粘结强度，导致混凝土后期强度的衰减。

（2）水泥浆用量由强度、耐久性、和易性、成本几方面因素确定，选择时需兼顾。水泥浆用量不够时，将会导致下列缺陷：

①混凝土、砂浆粘聚性差，施工时易出现离析，硬化后混凝土强度低，耐久性差，耐磨性差，易起粉、翻砂；

②集料间的水泥浆润滑不够，施工流动性差，混凝土、砂浆难于成型密实。

若水泥浆用量过多，则会导致下列质量问题：

①混凝土或砂浆硬化后收缩增大，由此引起干缩裂缝增多；

②一般来说，水泥石的强度小于集料的强度，相对而言，水泥石结构疏松、耐侵蚀性差，是混凝土中的薄弱环节。

有资料表明，在相同水灰比情况下，C35 以上混凝土的强度有随着集灰比的增大而提高的趋势。这可能与集料数量增大吸水量也增大，有效水灰比降低有关；也可能与混凝土内孔隙总体积减小有关；或者与集料对混凝土强度所起的作用得以更好地发挥有关。水泥用量大于 500kg/m^3，而水灰比很小时，混凝土后期强度还会有所衰退，这可能与集料颗粒限制水泥石收缩而产生的应力使水泥石开裂或水泥石集料之间失去粘结有关。

造成水泥用量过少的原因除施工中计量不准外，还有施工中有意减少水泥用量以及施工中拌和不匀，引起局部混凝土、砂浆含水泥量偏少，或配比不当产生离析，离析也会改变水泥在混凝土、砂浆中的分布，使局部水泥量过少。另一种引起水泥量过少的原因则是水泥厂袋装水泥达不到袋标准重（有时一袋水泥少 10kg 左右）。

水泥用量过多除某些错误理解所致外，另一种原因则是没有高标号水泥时采用低标号水泥代替，水泥用量随之加大而引起。

（二）养护的温度与湿度

为了获得质量良好的混凝土，成型后必须在适宜的环境中进行养护。养护的目的是为了

176

保证水泥水化过程能正常进行,它包括控制养护环境的温度和湿度。

周围环境的温度对水泥水化反应进行的速度有显著的影响,其影响的程度随水泥品种、混凝土配合比等条件而异。通常养护温度高,可以增大水泥早期的水化速度,混凝土的早期强度也高。但早期养护温度越高,混凝土后期强度的增进率越小。从图3-2-5-3看出,养护温度在4～23℃之间的混凝土后期强度都较养护温度在32～49℃之间的高。这是由于急速的早期水化,将导致水泥水化产物的不均匀分布,水化产物稠密程度低的区域成为水泥石中的薄弱点,从而降低整体的强度,水化产物稠密程度高的区域,包裹在水泥粒子的周围,妨碍水化反应的继续进行,从而减少水化产物的产量。在养护温度较低的情况下,由于水化缓慢,具有充分的扩散时间,从而使水化产物能在水泥石中均匀分布,使混凝土后期强度提高。一般来说,夏天浇灌的混凝土要较同样的混凝土在秋冬季浇灌的后期强度为低。但如温度降至冰点以下,水泥水化反应停止进行,混凝土的强度停止发展并因冰冻的破坏作用,使混凝土已获得的强度受到损失。

周围环境的湿度对水泥水化反应能否正常进行有显著影响,湿度适当,水泥水化便能顺利进行,使混凝土强度得到充分发展,因为水是水泥水化反应的必要成分。如果湿度不够,水泥水化反应不能正常进行,甚至停止水化,这不仅严重降低混凝土强度(图3-2-5-4),而且使混凝土结构疏松,形成干缩裂缝,增大了渗水性,从而影响混凝土的耐久性。因为水泥水化反应进行的时间较长,因此应当根据水泥品种,在浇灌混凝土以后,保持一定时间的湿润养护环境,尽可能保持混凝土处于饱水状态,只有在饱水状态下,水泥水化速度才是最大的。

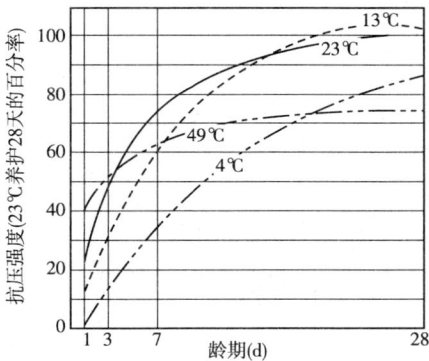

图3-2-5-3　养护温度对混凝土强度的影响　　　图3-2-5-4　潮湿养护对混凝土强度的影响

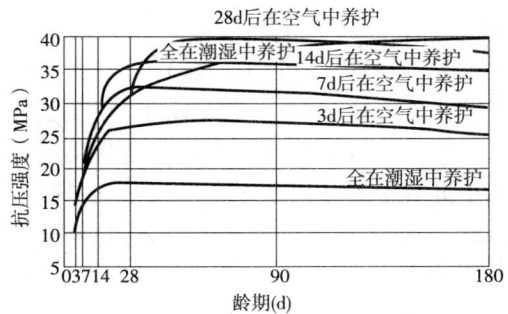

（三）龄期

混凝土在正常养护条件下(保持适宜的环境温度和湿度),其强度将随龄期的增加而增长。一般初期增长比例较为显著,后期较为缓慢,但龄期延续很久其强度仍有所增长。在相同养护条件下,其增长规律如图3-2-5-5。

根据混凝土早期强度推算混凝土后期强度,对混凝土工程的拆模或预计承载应力有重要意义,目前常采用的方法有:

(1)单一龄期强度推算法:根据混凝土早期强度($f_{c,a}$),假定混凝土强度随龄期按对数规律推算后期强度($f_{c,n}$)用式(3-2-5-8)表达:

$$f_{c,n} = f_{c,a} \frac{\lg n}{\lg a} \tag{3-2-5-8}$$

式中:$f_{c,a}$——a 天龄期的混凝土抗压强度,MPa;

$f_{c,n}$——n 天龄期的混凝土抗压强度,MPa。

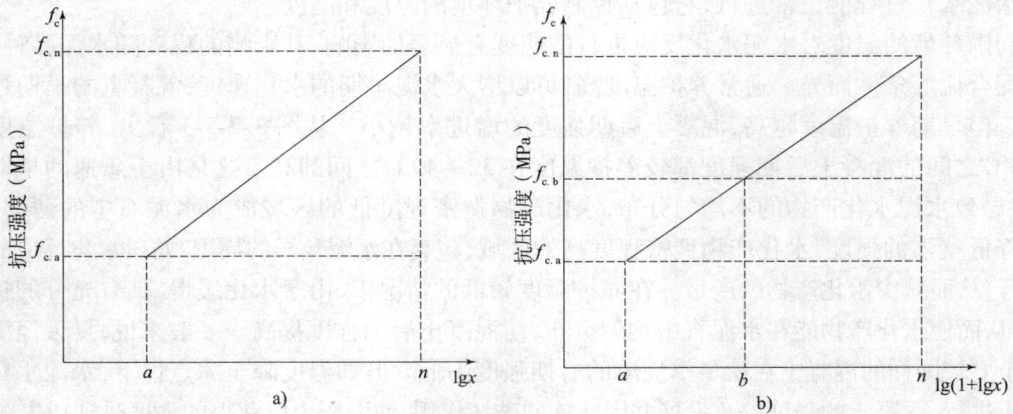

图 3-2-5-5　水泥混凝土的强度随时间的增长

a)龄期为常坐标；b)龄期为对数坐标

根据上式,可以利用混凝土的早期强度,估算混凝土 28d 的强度。因影响混凝土强度的因素很多,上式只能作为参考。

(2)双龄期强度推算法:由于水泥品种、养护条件等的差异,水泥混凝土强度的增长,并不符合对数规律。前苏联的学者们研究了采用两个早期强度($f_{c,a}$ 和 $f_{c,b}$),并假定强度随龄期按 $\lg(1+\lg n)$ 的规律增长,推算后期强度 $f_{c,n}$,表达式如(3-2-5-9):

$$f_{c,n} = f_{c,a} + m(f_{c,b} - f_{c,a}) \tag{3-2-5-9}$$

式中:$m = \dfrac{\lg(1+\lg n) - \lg(1+\lg a)}{\lg(1+\lg b) - \lg(1+\lg a)}$;

$f_{c,a}$、$f_{c,b}$——a 天和 b 天龄期的混凝土抗压强度,MPa;

$f_{c,n}$——n 天龄期的混凝土抗压强度,MPa。

关于混凝土强度预测问题是混凝土工程中重要的研究课题,国内外很多学者曾进行过大量的研究,但由于影响因素较为复杂,并未能得到准确推算方法。目前多根据各地区积累经验数据推算。

(四)试验条件和施工质量

相同材料组成、制备条件和养护条件制成的混凝土试件,其力学强度还取决于试验条件。影响混凝土力学强度的试验条件主要有:试件形状与尺寸、试件湿度、试件温度、支承条件和加载方式等。

混凝土工程的施工质量对混凝土的强度有一定的影响。施工质量包括配料的准确性,搅拌的均匀性,振捣效果等。上述工序如果不能按照有关规程操作,必然会导致混凝土强度的降低。

§2-5-2　不同应力状态下混凝土的破坏过程

混凝土在施荷过程中,其破坏过程分为以下三个阶段:

(一)预裂阶段

由于化学收缩、毛细管收缩及干燥收缩,在水泥石基材中预先就存在着许多微孔和原始裂缝;由于泌水作用、干燥收缩、骨料与基材刚度的不一致,在骨料和基材的界面上也会出现许多尺度更大一些的孔洞和裂缝,构件成型时未排尽的气泡也会成为裂缝扩展的引发元。此外,在大型混凝土构件里,热致裂缝往往是不可忽视的。上述裂缝都是加荷前就存在于材料中的,故称预裂。

(二)慢裂阶段(又称稳定开裂阶段)

当材料开始加荷以后,由于界面区域比较薄弱,裂缝首先从该处引发。随着荷载的增大,这些裂缝在界面上延伸,并有一部分裂缝伸入基材。但由于荷载所提供的能量不够大,材料中的裂缝阻挡单元足以阻挡或滞缓裂缝的扩展,因而裂缝生长缓慢。此阶段一般发生在破坏荷载的85%~90%以下,从外观上看,材料主要发生了弹性变形和部分塑性变形。

(三)快裂阶段(又称不稳定开裂阶段)

当荷载继续增大时,若裂缝前沿的集中应力超过了一定数值,则应力强度因子达到其临界值,$K \geq K_c$;或材料释放的能量达到了增加单位新表面积所需要的表面能数值,即应变能释放率达到其临界值时,$C \geq C_c$(能量判据),则裂缝失去稳定,快速地扩展开来,它们互相贯通,导致整体的破坏。K_c、G_c 就是材料由缓慢稳定开裂到快速失稳开裂这么一个转折点时需要达到的临界值。

§2-5-3 破坏机理和强度理论

一、混凝土裂缝的扩展

混凝土在任何应力状态下,加荷至极限荷载的40%~60%前,不致发生明显的危险的象征。高于这个应力水平时,可以听到内部破坏的声音,加荷至70%~90%的极限荷载时,试块便裂成碎块。

混凝土在压力作用下裂缝的扩展可分为以下几个阶段:

(1)收缩裂缝。这种裂缝在混凝土加荷之前即已存在,是由于水泥石在刚性集料之间的干缩引起的。加荷初期,一些收缩裂缝会由于荷载作用而部分闭合,使混凝土密实起来,因而可以观察到在应力—应变曲线上原点附近的一小段向上弯曲,如图3-2-5-6所示。其结果提高了混凝土的弹性模量和超声脉冲速度。

(2)裂缝受力引发。在加荷初期,在拉应变高度集中的各点上会出现另外的微裂缝。这种微裂缝在一定荷载时的新增数目,随着荷载的增加有如图3-2-5-6中稳定裂缝引发阶段所示的变化规律。

(3)稳定的裂缝扩展。随着荷载的增加,发生裂缝的扩展,但是这时如果保持应力水平不变,则裂缝的扩展也就停止。

(4)不稳定的裂缝扩展。在荷载不变的情况下,裂缝的扩展也会自发进行。这时不管荷载增加与否,均会导致混凝土的破坏。此阶段约为极限应力的70%~90%,并伴随着结构的膨胀,这可从体现变化曲线的反转看出,如图3-2-5-6b)所示。在图中 A 点以下,混凝土表现为准弹性性状;在 B 点以上时,裂缝自发扩展,而破坏则发生于 C 点。

混凝土在压缩疲劳情况下,交变荷载为 10^6 次的疲劳强度(在最小应力为零时)一般为静态抗压强度的55%;在最小应力为零最大应力不超过静态抗压强度40%时,混凝土一般可以经受得起无限次的交变荷载的作用。在长期荷载情况下,当荷载超过抗压强度的40%~60%时,混凝土会发生徐变性状的改变;当荷载约为抗压强度的75%~90%时,混凝土会发生徐变破坏。这些都说明混凝土在不同应力状态下的破坏规律,具有内在的联系。

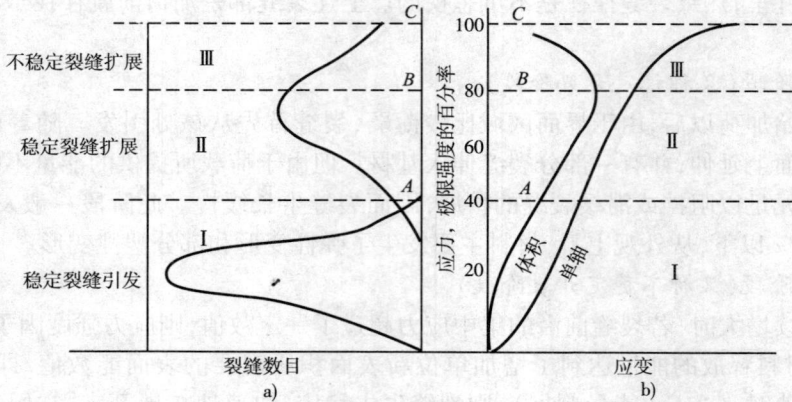

图 3-2-5-6　混凝土裂缝扩展阶段
a)裂缝的引发和扩展;b)应力—应变曲线

在荷载作用下,混凝土中的裂缝扩展会发生在:

(1)水泥石—集料的界面上;

(2)水泥石或砂浆基体内;

(3)集料颗粒内。

在单向压缩的情况下,如果集料颗粒的弹性模量小于连续相,则在集料颗粒上下部位产生拉应力,而在侧边产生压应力。弹性模量低的集料一般强度也低,这样,在集料颗粒内就会发生与荷载作用方向相平行的拉伸破坏面。这种混凝土的强度,显然,随着集料体积率的增加而降低(例如轻集料混凝土)。如果集料颗粒的弹性模量大于连续相,则在集料颗粒上下部位产生压应力,而在侧边产生拉应力。弹性模量高的集料强度也高,这样,裂缝在连续相中或在较大颗粒的侧边界面上发生,而不是通过颗粒。当两相的模量约相等时,在集料颗粒内外裂纹都会发生。

图 3-2-5-7 表示在单向拉伸、单向压缩和双向压缩的情况下,埋于砂浆内的单个集料的理想开裂模型。普通混凝土的试验结果表明:在单向压缩情况下,在集料颗粒的两端会粘附着砂浆小锥体,其取向与压应力方向相一致;在双向压缩的情况下,锥体扩展成围绕集料颗粒的完善的晕轮。但是,对于高强混凝土也可能发生集料颗粒破坏的情况。

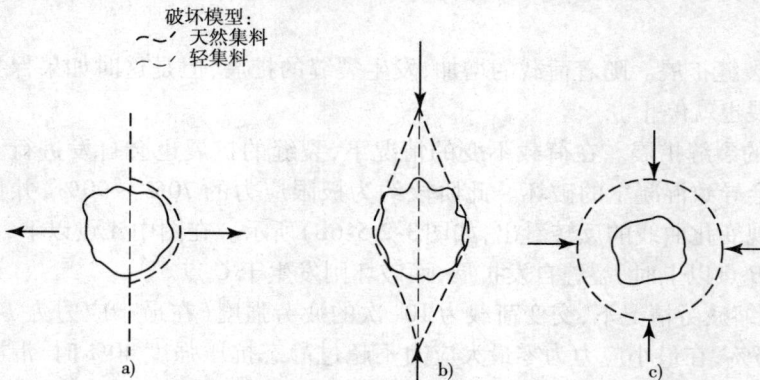

图 3-2-5-7　在混凝土中的破坏途径
a)单向拉伸;b)单向压缩;c)双向压缩

180

二、Griffith 理论

固体材料的理论抗拉强度可近似地用式(3-2-5-10)计算:

$$\sigma_m = \sqrt{\frac{EV}{a_0}}$$

(3-2-5-10)

式中: σ_m ——材料的理论抗拉强度;

E ——弹性模量;

V ——单位面积的表面能;

a_0 ——原子间的平衡距离。

σ_m 可粗略地估计为:

$$\sigma_m \approx 0.1 E_0$$

这样,普通混凝土及其组分水泥石和集料的理论抗拉强度,就可能高达 10^3MPa 的数量级。但实际抗拉强度则远远低于这个理论值。混凝土的这种现象,象其他工程材料一样,可用 A. A. 格雷菲斯脆性断裂理论来加以解释。这就是说,在一定应力状态下混凝土中裂缝到达临界宽度后,处于不稳定状态,会自发的扩展,以至断裂,断裂条件曲线如图 3-2-5-8 所示。而断裂拉应力和裂缝临界宽度的关系基本服从下式:

$$\sigma_c = \sqrt{\frac{2E \cdot \gamma}{\pi(1-\mu^2)c}}$$

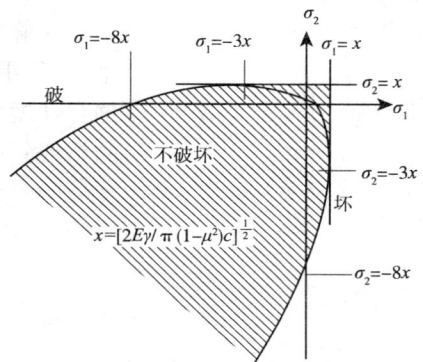

图 3-2-5-8 奥罗万双向应力理论断裂条件曲线

式中: σ_c ——材料的断裂拉应力;

c ——裂缝临界宽度的一半;

μ ——泊松比。

上式可近似地写为:

$$\sigma_c \approx \sqrt{\frac{E \cdot \gamma}{c}}$$

(3-2-5-11)

并与理论抗拉强度计算式对比,可求得:

$$\frac{\sigma_m}{\sigma_c} = \left(\frac{c}{a_0}\right)^{\frac{1}{2}}$$

这个结果也可以这样来解释:裂缝在其两端引起应力集中,将外加应力放大了 $\left(\frac{c}{a_0}\right)^{\frac{1}{2}}$ 倍,使局部区域达到了理论强度,而导致断裂。如 $a_0 \approx 2 \times 10^{-8}$cm,则在材料中存在着一个 c 为 2×10^{-4}cm 的裂缝,就可以使断裂强度降为理论值的百分之一。

三、混凝土的强度理论

混凝土的强度理论有细观力学和宏观力学之分。混凝土强度的细观力学理论,是根据混凝土细观非匀质性的特征,研究组成材料对混凝土强度所起的作用。混凝土强度的宏观力学理论,则是假定混凝土为宏观匀质且各向同性的材料,研究混凝土在复杂应力作用下的破坏条件。虽然两种强度理论目前还不成熟，但是，从发展的观点来讲，前者应为混凝土材料设计的主要理论依据之一，而后者对混凝土结构设计则很重要。

组成材料对混凝土强度有下列几个方面的影响：水泥石的性能、集料的性能、水泥石与集料之间的界面结合能力以及它们的相对体积含量。

长期以来研究混凝土细观力学强度理论的基本观念，都是把水泥石性能作为主要影响因素，并建立一系列的说明水泥石孔隙率或密实度与混凝土强度之间关系的计算公式。

§2-5-4　弹性模量

在应力—应变曲线上任一点的应力 σ 与其应变 ε 的比值，叫做混凝土在该应力下的变形模量。在混凝土及钢筋混凝土结构设计中，静压应力一般在 $(0.3 \sim 0.5)R_a$ 范围内，混凝土的塑性变形占总变形的比例较小，混凝土的变形接近弹性变形，在此情况下的模量叫静弹性模量。

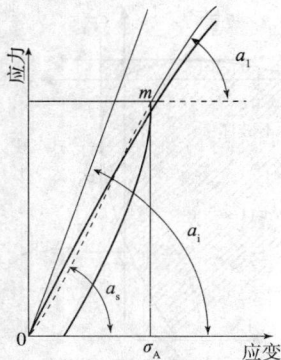

图 3-2-5-9　混凝土的弹性模量

在静力受压弹性模量试验中，使混凝土的应力在 $0.4R_a$ 的水平下，经重复加荷 4~5 次后，测定其应力—应变曲线，进而求出其静弹性模量。混凝土的静弹性模量有三种：应力—应变曲线原点的切线斜率为初始切线弹性模量 E_i，应力—应变曲线 m 点与原点连线的斜率为割线弹性模量 E_s，应力—应变曲线任一点的切线斜率为切线弹性模量 E_t。见图 3-2-5-9。

在混凝土及钢筋混凝土结构计算中，当混凝土的应力在容许应力范围内时，通常使用割线弹性模量，该值在试验中也比较容易测定。

影响静弹性模量的因素有：

①混凝土的强度愈高，静弹性模量愈大，两者存在一定的相关性。当混凝土的强度等级由 C10~C60 时，静弹性模量由 $1.75 \times 10^4 \text{MPa}$ 增至 $3.60 \times 10^4 \text{MPa}$；②混凝土中骨料的弹性模量愈大，骨料与水泥的比例愈大，则混凝土的静弹性模量愈大；③养护条件对混凝土的静弹性模量有影响，在相同强度情况下，早期养护温度较低的混凝土具有较大的弹性模量，因此蒸汽养护混凝土的弹性模量较具有相同强度在标准条件下养护的混凝土小；④混凝土在潮湿状态的弹性模量较干燥状态的大；⑤混凝土后期的弹性模量随龄期的增长而增大。

混凝土的弹性模量主要用于计算钢筋混凝土结构的变形及结构受力分析计算。

§2-5-5　徐　变

混凝土在持续荷载作用下，随时间增长的变形，称为徐变。

混凝土的变形与荷载作用时间的关系如图 3-2-5-10 所示。混凝土在开始加荷的瞬间产生的变形，称为"瞬时变形"，此变形以弹性变形为主，但也包括早期产生的徐变变形在内。此后因荷载持续作用，缓慢地发生徐变变形，在受荷初

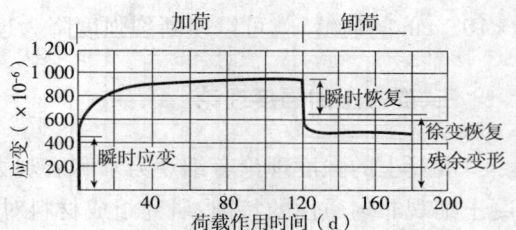

图 3-2-5-10　混凝土的变形与荷载作用时间的关系曲线

期,徐变变形增长较快,以后增长较慢,且逐渐稳定下来。当变形稳定以后,若卸除荷载,此时将产生"瞬时恢复",其方向与瞬时变形方向相反,其数值较瞬时变形稍低。但随着时间的延长,混凝土还会继续产生随时间而减小的恢复,称为"徐变恢复"。最后残留不可恢复的变形称为"残余变形"。

混凝土徐变的机理目前尚有待研究。根据已有研究认为,徐变是由于水泥浆体中凝胶体在外力作用下,粘滞流变和凝胶粒子间的滑移而产生变形,并与水泥浆体内部吸附水的迁移等有关。

混凝土的徐变与许多因素有关,首先是混凝土的龄期,随龄期的增长,徐变减小;在混凝土组成中,减小水灰比,增加集料用量,减少水泥用量,可使混凝土徐变减少。混凝土不论是受压、受拉或受弯时,均有徐变现象。在预应力钢筋混凝土桥梁构件中,由于混凝土的徐变,可使钢筋的预加应力受到损失,因此徐变是预应力混凝土结构极为关注的问题。但是,徐变也能消除钢筋混凝土内的部分应力集中,使应力较均匀地重新分布。对于大体积混凝土,能消除一部分由于温度变形所产生的破坏应力。

对预应力混凝土桥梁构件,为降低徐变可采取下列措施:①选用小的水灰比,并保证潮湿养生条件,使水泥充分水化,形成密实结构的水泥石;②选用级配优良的集料,并用较高的集浆比,提高混凝土的弹性模量;③选用快硬高强水泥,并适当采用早强剂,提高混凝土早期强度;④推迟预应力张拉时间。

§2-5-6 疲 劳 特 性

混凝土承受小于静力强度的应力,经过几万次,乃至几百万次反复作用而发生破坏,这种现象称为疲劳破坏。混凝土持续加荷的应力达到静力强度的 80% ~ 90%,在某个时间以后发生破坏称之为徐变破坏,也是一种疲劳破坏。

疲劳的出现,是由于材料内部存在局部缺陷或不均质,在荷载作用下该处发生应力集中而出现微裂隙;应力的反复作用使微裂隙逐步扩展,从而不断减少承受应力的有效面积,终于在反复作用一定次数后导致破坏。

出现疲劳破坏的重复应力大小,称为疲劳强度 σ_f,它随应力重复作用次数的增加而降低。换言之,引起混凝土板破坏的极限重复荷载作用次数,是随着板所受应力的减小而增多的。因此,设计时所用的混凝土疲劳强度值,实际上就是将极限抗弯拉强度的计算值(σ_s)乘以一个小于 1 的系数,作为计算混凝土路面时的允许抗弯拉强度。

为寻求混凝土的疲劳强度同重复应力作用次数间的定量关系,一般是在室内对小梁试件施加不变的重复应力进行疲劳试验,并把此重复弯拉应力值 σ_f 同该试件在一次荷载作用下的极限弯拉应力 σ_s 值之比值(即 σ_f/σ_a,称作应力比)与试件达到破坏时所经受的重复作用次数 N 点绘成一曲线(见图 3-2-5-11),通过回归分析,得出应力比和作用次数之间关系的疲劳方程。它在半对数坐标纸上 $N = 10^2 \sim 10^7$ 之间一般呈线性关系,其一般形式为:

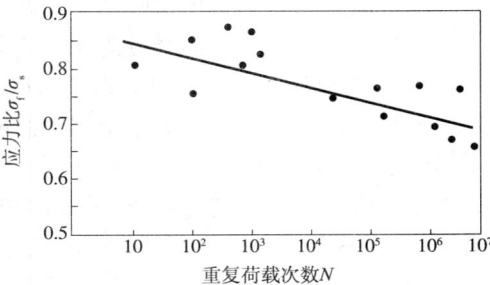

图 3-2-5-11 水泥混凝土疲劳试验曲线

$$\sigma_f/\sigma_a = \alpha - \beta \lg N \qquad (3\text{-}2\text{-}5\text{-}12)$$

同济大学通过室内小梁疲劳试验得 α 和 β 分别为 0.94 和 0.077。

对于不同荷载重复作用次数的疲劳强度 σ_f，可由疲劳方程确定，即：

$$\sigma_f = (0.94 \sim 0.077\lg N)\sigma_a$$

§2-6 普通混凝土的耐久性

路桥工程用混凝土除应具有优良的施工和易性及设计要求的强度以保证汽车的安全行驶外，还应具有经久耐用的性能，以延长道路桥梁的使用年限，减少维护修复的工作量，提高经济效益和社会效益。

对道路和桥梁建筑混凝土，由于无遮盖而裸露大气中，长期受外界环境的侵蚀，如冻融作用、路面混凝土受车辆轮胎的作用、酸碱等物理化学的侵蚀作用及碳化、碱集料反应亦会引起路桥结构的破坏等。

§2-6-1 抗冻性及碳化

一、混凝土的抗冻性

(一)冰害机理及检测方法

混凝土的抗冻性是指混凝土在饱和水状态下，能经受多次冻融循环而不破坏，同时也不严重降低强度的性能。寒冷地区的混凝土结构经常接触水的部位，当气温下降至混凝中水的冰点以下时，水就会结冰，体积增加约9%，当水充满混凝土的孔隙时，水结冰过程中由于体积的增大会对孔壁产生很大的压力，使混凝土产生微小裂缝。一般夏秋浸水，冬天结冰，春天融化，反复循环，使冰冻的破坏作用不断向深度发展。国标《普通混凝土长期性能和耐久性能试验方法》(GBJ 80—85)规定，抗冻性的试验方法，可分为慢冻法和快冻法两种。对于抗冻性要求，我国现行交通行业标准《公路工程水泥混凝土试验规程》(JTJ 053—94)规定为采用"快冻法"。该方法是以 100mm × 100mm × 400mm 棱柱体混凝土试件，经 28d 龄期，于 −17℃ 和 5℃ 条件下快速冻结和融化循环。每 25 次冻融循环，对试件进行一次横向基频的测试并称重。当冻融至 300 次，或相对动弹模量下降至 60% 以下，或质量损失达到 5%，即可停止试验，测定其相对动弹性模型、质量损失率及耐久性指数。

当混凝土相对动弹模量降低至小于或等于 60%；或质量损失达 5% 时的循环次数，即为混凝土的抗冻标号。抗冻标号分为 D25、D50、D100、D150、D200、D250 和 D300 等。

(二)影响混凝土抗冻性的因素及改善措施

影响混凝土抗冻性的因素很多，除外部环境的冻融循环外，主要有以下几个因素：①混凝土的密实度，密实度愈大，抗冻性愈好；②混凝土孔隙构造及数量，开口孔隙愈多，抗冻性愈差；③饱水程度，如果毛细管内达到吸水饱和状态，就能产生冰冻破坏；④水灰比愈大，开口孔隙愈大，对抗冻不利；⑤随着龄期的增加，水泥不断水化，可冻结水逐渐减少，同时，水中溶解的盐的浓度增加，冰点下降，使抗冻性得到改善。

提高混凝土抗冻性的最有效途径是掺用引气剂，在混凝土内部产生互不连通的微细气泡，截断了渗水通道，使水分不易渗入内部。同时气泡有一定的适应变形能力，对冰冻的破坏起一定的缓冲作用。引气量以 4% ~6% 为宜，过多会导致混凝土强度下降。提高抗冻性的其他措施如减小水灰比、使用环境无侵蚀介质、选用硅酸盐水泥、加强养护、严格控制施工质量等。

二、混凝土的碳化

碳化作用是指大气中的二氧化碳在存在水的条件下与水泥水化产物氢氧化钙发生反应，生成碳酸钙和水。因氢氧化钙是碱性，而碳酸钙是中性，所以碳化又叫中性化。

（一）碳化机理

碳化过程是二氧化碳由混凝土表面向内部逐渐扩散深入。碳化引起水泥石化学组成及组织结构的变化，二氧化碳的作用不仅对水泥石中的氢氧化钙发生反应，而且由于氢氧化钙浓度的降低，将要侵蚀和分解水泥石中所有的水化产物，形成硅胶和铝胶，从而对混凝土的化学性能和物理力学性能产生明显的影响，主要是对混凝土的碱度、强度和收缩产生影响。

（1）钢筋混凝土结构中的钢筋处于水泥石的碱性环境中，在钢筋表面生成一层钝化薄膜，钝化膜能保护钢筋免于锈蚀，如果钢筋的碱性环境由于碳化而呈中性，则钝化膜破坏，从而导致钢筋锈蚀；

（2）碳化作用生成碳酸钙、硅胶、铝胶及游离水，从而引起收缩，在混凝土表面产生拉应力，如果拉应力超过混凝土的抗拉强度，则会产生微细裂纹，观察碳化混凝土的切割面，细裂纹的深度与碳化层的深度是一致的。细裂纹的产生导致混凝土抗拉、抗折强度的降低；

（3）碳化作用能产生游离水，有助于水泥的水化作用，因此使混凝土的抗压强度提高。

（二）混凝土碳化的影响因素及改善措施

混凝土的碳化深度随着龄期的延长而增加，碳化的速度受许多因素影响，主要有：

（1）水泥的品种与掺混合材的数量。掺混合材的水泥由于水泥水化生成的氢氧化钙和混合材中的可溶性硅酸、铝酸化合生成次生水化物，其碱度较硅酸盐水泥低，碳化速度较快，而且随混合材掺量的增加而加快；

（2）水灰比。当水灰比小时，水泥石的组织密实，透气性小，因而碳化速度较慢；

（3）环境条件。混凝土的碳化速度随环境条件而异，经常处于气干状态的混凝土碳化较快，而处于干湿交替或潮湿状态下的混凝土碳化较慢，因为混凝土的含水状态关系到其透气性，混凝土孔隙中充水后透气性会减小。相对湿度在50%时碳化最快，相对湿度在100%时碳化停止，相对湿度在25%以下时碳化也停止进行。因为碳化反应只有在适量水的存在下才能进行。因室内碳酸气的浓度一般较室外大，所以室内的混凝土碳化速度较室外快；

（4）外加剂。掺用减水剂或引气剂，可改善混凝土的和易性，减小水灰比，使混凝土碳化速度减缓；

（5）其他如施工质量、集料种类及混凝土表面是否有涂层等皆对碳化速度有一定影响。

为减少碳化作用对混凝土及钢筋混凝土结构的不利影响，可采用以下措施：

（1）在钢筋混凝土结构中，采用适当厚度的混凝土保护层，使碳化深度在建筑物设计年限内达不到钢筋表面，使钢筋免于因混凝土碳化锈蚀；

（2）根据工程所处环境及使用条件，合理选择水泥品种；

（3）使用减水剂，以改善混凝土和易性，提高混凝土密实度；

（4）采用水灰比小、单位水泥用量较大的混凝土配合比；

（5）加强施工质量控制，加强养护，保证振捣质量，减少或避免混凝土出现蜂窝等质量事故；

（6）在混凝土表面刷涂料或水泥砂浆抹面，防止二氧化碳的侵入等。

§2-6-2 碱—集料反应

当水泥碱量较高时,在有水存在的条件下,水泥中的碱与混凝土集料中的某些活性集料发生化学反应,使混凝土发生不均匀膨胀,导致混凝土出现裂缝,强度和弹性模量下降等威胁到工程的安全使用。这就是碱—集料反应。

碱—集料反应已引起世界各国的普遍关注,近年来,我国水泥含碱量的增加、水泥用量的提高,以及含碱外加剂的普遍应用,增加了碱—集料反应破坏的潜在危险,因此,对混凝土用砂石料的碱活性问题,必须引起重视。

一、碱—集料反应的种类和特点

（一）碱—硅酸（集料）反应

指活性集料如蛋白石、玉髓、鳞石英、方石英、流纹岩、安山岩及凝灰岩等与碱起反应而造成的膨胀破坏。这种反应简称为"碱—硅"反应。它有三个明显特点:①混凝土表面产生杂乱的网状裂缝;②活性集料周围出现反应环;③在裂缝及附近孔隙中,有硅酸钠（钾）凝胶,当其失水后可硬化或粉化。

（二）碱—硅酸盐反应

沉积岩或变质岩中某些硅酸盐岩石,如页岩、千枚岩、泥质石英岩等与碱起反应而造成的膨胀破坏。这种反应的特点是:膨胀速度非常缓慢,但却不停顿地进行,最后导致混凝土的严重破坏,在裂缝及附近孔隙中通常有硅酸钠（钾）凝胶,但有些岩石虽产生显著膨胀,但几乎没有凝胶。

（三）碱—碳酸盐反应

集料中某些微晶或隐晶的碳酸盐岩石,如某些方解石质的白云岩和白云石的石灰岩等与水泥中的碱和水起反应,产生体积膨胀破坏。

二、碱—集料反应的必要条件

（1）水泥中含有较高的碱量。只有水泥中的总碱量 R_2O 大于 0.6% 时,才会与活性集料发生碱—集料反应而产生膨胀。水泥中的总碱量以等当量 Na_2O 计,即 $R_2O = Na_2O\% + 0.658 \times K_2O\%$。

（2）混凝土中存在活性集料并超过一定数量。试验证明,在较低的活性氧化硅含量范围内,在含碱量一定的条件下,活性氧化硅含量愈多,膨胀愈大;而当活性氧化硅含量超过一定范围后,膨胀反而趋向减少。

（3）存在水分。在干燥状态下不会发生碱—集料反应。

三、碱—集料反应的机理

（1）碱—硅酸（集料）反应机理。在使用高碱水泥的混凝土中,碱溶液与活性集料中的硅酸发生的反应,生成硅酸碱类:

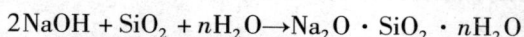

$$2NaOH + SiO_2 + nH_2O \rightarrow Na_2O \cdot SiO_2 \cdot nH_2O$$

硅酸碱类呈胶体状,并从周围介质中吸水膨胀（体积可增大 3 倍）,当其膨胀受到水泥石的限制而发生较大的膨胀压力和渗透压力时,就会使混凝土产生裂缝和崩坏。

(2)碱—硅酸盐反应机理。这类反应所产生的膨胀破坏,是某些层状晶格硅酸盐的晶格膨胀和页状剥落的结果。所谓页状剥落是指一些长而薄的晶体板状物在相邻层之间产生裂缝状的间隙。

(3)碱—碳酸盐反应机理。碱—碳酸盐反应式为:

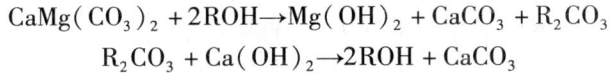

$$CaMg(CO_3)_2 + 2ROH \rightarrow Mg(OH)_2 + CaCO_3 + R_2CO_3$$

$$R_2CO_3 + Ca(OH)_2 \rightarrow 2ROH + CaCO_3$$

式中:R——代表钾和钠,是水泥中的碱分。

经计算,白云石变成水镁石,其体积增加239%,足以造成混凝土的破坏。

§2-6-3 耐 磨 性

道路混凝土在使用过程中,受到车辆反复荷载的磨耗作用,大型桥梁的墩台用水泥混凝土也需要具有抵抗湍流空蚀的能力,因此耐磨性是路面和桥梁用混凝土的重要性能之一。

水泥混凝土的磨损是一个复杂的物理力学过程。当混凝土表面受到移动物体的推压力作用时,混凝土所承受的最大法向正应力虽然在表面上,但最大剪应力却发生在表面以下的次表面层。就通常的车辆磨损条件而言,路面混凝土的主要磨损形式是疲劳磨损和磨粒磨损。就混凝土材料组成而言,普通混凝土的耐磨损能力主要与水泥品种、水泥强度及其与骨料的粘结能力、骨料硬度有关。在硅酸盐水泥的主要矿物中,C_3S 具有最大的抗磨损能力,C_2S 较差,而 C_3A、C_4AF 则很差。道路水泥与同标号水泥比较,其磨损量约低 20% ~ 40%,从而延长道路混凝土的使用寿命,提高行车的安全性。

混凝土耐磨性评价,以试件磨损面上单位面积的磨损量作为评定混凝土耐磨性的相对指标。

按现行试验法(JTJ 053 T0527 - 94),是以 150mm × 150mm × 150mm 立方体试件,养生至27 天龄期,在 60℃烘干恒重,然后带有花轮磨头的混凝土磨耗试验机上,在 200N 负荷下磨削 50 转。按式(3-2-6-1)计算磨损量:

$$G = \frac{m_0 - m_i}{0.0125} \cdot 100 \qquad (3-2-6-1)$$

式中:G——单位面积磨损量,kg/m^2;

m_0——试件的原始质量,kg;

m_i——试件磨损后的质量,kg;

0.0125——试件磨损面积,m^2。

提高混凝土抗磨损能力的措施,应是提高混凝土的断裂韧性,降低脆性,减少原生缺陷,提高硬度及降低弹性模量。

§2-6-4 钢 筋 锈 蚀

道路桥梁用钢筋混凝土结构物长期暴露于空气中或使用于潮湿环境中,其内部钢筋将产生锈蚀,尤其是空气中含有污染成分时,锈蚀更为严重。锈蚀不仅使钢筋有效断面减小,而且会形成程度不等的锈坑、锈斑,造成应力集中,加速结构破坏。若受到冲击荷载、反复交变荷载作用时情况更为严重,甚至出现脆性断裂。

一、钢筋锈蚀的机理

(一)化学腐蚀

钢材的化学腐蚀是由于大气中的氧和工业废气中的硫酸气体、碳酸气体等与钢材表面作用引起的。化学腐蚀多发生在干燥的空气中,可直接形成锈蚀产物(如疏松的氧化铁等),并无电流产生。化学腐蚀一般进展比较缓慢,先使光泽减退而颜色发暗,腐蚀逐步加深。

(二)电化学腐蚀

电化学腐蚀的基本特征是由于金属表面形成了原电池而产生的腐蚀。钢材属铁碳合金,其中还含有很多的杂质元素,就合金组织而言,包括铁素体、渗碳体、珠光体等,这些不同的元素或组织的电极电位不同,如铁的电极电位为 -0.44,锰的电极电位为 -1.10,铁素体的电极电位低于渗碳体的电极电位。电极电位越低,越容易失去电子。

当钢材处于潮湿空气中时,由于吸附作用,钢材表面将覆盖一层薄的水膜,水也属于导体,当水中溶入 SO_3、Cl_2、灰尘等即成为电解质溶液,这样就在钢材表面形成了无数微小的原电池。如铁素体和渗碳体在电解质溶解中变成了原电池的两极:铁素体活泼,易失去电子,成为阳极;渗碳体成为阴极。铁素体失去的电子通过电解质溶液流向阴极,在阴极附近与溶液中的 H^+ 离子结合成为氢气而逸出,O_2 与电子结合形成的 OH^- 离子与 Fe^{2+} 离子结合形成氢氧化铁而锈蚀。

$$阴极:2H^+ + 2e \rightarrow H_2 \uparrow$$
$$阳极:2(OH^-) + Fe^{2+} \rightarrow Fe(OH)_2$$

$Fe(OH)_2$ 进一步氧化为 $Fe(OH)_3$。$Fe(OH)_3$ 及其脱水产物 Fe_2O_3 是褐红色铁锈的主要成分。

电化学腐蚀是最主要的钢材腐蚀形式。钢筋表面污染、粗糙、凹凸不平、应力分布不均、元素或合金组织之间的电极电位差别较大以及提高温度或湿度等均会加速电化学腐蚀。

二、钢筋锈蚀的影响因素及防止措施

混凝土中钢筋的锈蚀受许多因素影响。混凝土的密实度、保护层厚度及完好性、内部结构状态及混凝土的液相组成均属于内因,而周围介质的腐蚀性、周期性的冷热交替作用及冻融循环作用等均属于外因。

欲防止钢筋的锈蚀,可采取如下措施。

(一)提高混凝土本身抗钢筋锈蚀品质

在实际工程中通常是通过严格控制混凝土保护层的厚度以保证设计年限内碳化深度不会到达钢筋表面。控制混凝土的最大水灰比和最小水泥用量,以保证混凝土具有较好的密实度,减缓碳化的进程来实现钢筋的防腐蚀。在混凝土中掺用高效减水剂和阻锈剂亚硝酸钠等,可以降低用水量,提高密实度,从而有效阻止钢筋锈蚀。

另外,在混凝土中掺用优质粉煤灰等掺合料,则能在降低混凝土碱性的同时,提高混凝土的密实度,改善内部孔结构,从而能阻止外界腐蚀介质、氧气及水分的渗入,对防止钢筋锈蚀是十分有利的。

(二)涂敷保护膜

为使金属与周围介质隔离,既不能产生氧化锈蚀反应,也不能形成腐蚀原电池。如在钢筋表面涂刷各种防锈涂料(红丹＋灰铅油、环氧富锌、醇酸磁漆、氯磺化聚乙烯防腐涂料等)、搪瓷、塑料以及喷镀锌、镉、铬、铅等防护层。

（三）制成合金钢

在钢中加入能提高防腐能力的合金元素,如铬、镍、钛、铜等。如在低碳钢或合金钢中加入适量铜可明显提高其防腐蚀能力,给铁合金中加入17%～20%的铬、7%～10%的镍,可制成高镍铬不锈钢。

水中混凝土由于缺乏供氧条件,碳化过程难以进行,所以钢筋不会生锈。

§2-7 普通混凝土的配合比设计

§2-7-1 概 述

混凝土配合比设计就是根据原材料的性能和对混凝土的技术要求,通过计算和试配调整,确定出满足工程技术经济指标的混凝土各组成材料的用量。本节阐述水泥、水、细集料和粗集料四组分的组成设计。

一、普通混凝土配合比设计的基本资料

(1)混凝土设计强度等级;

(2)工程特征(工程所处环境、结构断面、钢筋最小净距等);

(3)耐久性要求(如抗冻、抗侵蚀、耐磨、碱—集料等);

(4)水泥品种和标号;

(5)砂、石的种类,石子最大粒径、密度等;

(6)施工方法等。

二、混凝土配合比表示方法

水泥混凝土配合比表示方法,有下列两种:

(1)单位用量表示法 以每 $1m^3$ 混凝土中各种材料的用量表示(例如水泥:水:细集料:粗集料＝330kg:150kg:706kg:1264kg)。

(2)相对用量表示法 以水泥的质量为1,并按"水泥:细集料:粗集料;水灰比"的顺序排列表示(例如1:2.14:3.83;W/C＝0.45)。

三、混凝土配合比设计的基本要求

混凝土配合比设计,应满足下列四项基本要求:

（一）满足结构物设计强度的要求

不论混凝土路面或桥梁,在设计时都会对不同的结构部位提出不同的"设计强度"要求。为了保证结构物的可靠性,在配制混凝土配合比时,必须要考虑结构物的重要性、施工单位的施工水平等因素,采用一个比设计强度高的"配制强度",才能满足设计强度的要求。配制强度定得太低,结构物不安全;定得太高又浪费资金。

（二）满足施工和易性要求

按照结构物断面尺寸和要求，配筋的疏密以及施工方法和设备来确定和易性（坍落度或维勃稠度）。

（三）满足环境耐久性的要求

根据结构物所处环境条件，如严寒地区的路面或桥梁，桥梁墩台在水位升降范围等，为保证结构的耐久性，在设计混凝土配合比时应考虑允许的"最大水灰比"和"最小水泥用量"。

（四）满足经济的要求

在满足设计强度、工作性和耐久性的前提下，配合比设计中尽量降低高价材料（水泥）的用量，并考虑应用当地材料和工业废料（如粉煤灰等），以配制成性能优越、价格便宜的混凝土。

§2-7-2　设计方法与步骤

普通混凝土配合比设计步骤，首先按照原始资料进行初步计算，得出"初步配合比"；经过试验室试拌调整，提出一个满足工作性要求的"基准配合比"；经过强度复核、调整（如有其他性能要求，应当进行相应的检验），定出满足设计和施工要求并比较经济合理的"试验室配合比"；最后根据现场砂石实际含水率，将实验室配合比，换算为"施工配合比"。

一、初步配合比

（一）确定配制强度 $f_{cu,0}$

在实际施工过程中，由于原材料质量的波动和施工条件的波动，混凝土强度难免有波动，为使混凝土的强度保证率能满足国家标准的要求，必须使混凝土的试配强度高于设计强度等级。试配强度按公式（3-2-7-1）计算。

$$f_{cu,0} = f_{cu,k} + 1.645\sigma \tag{3-2-7-1}$$

式中：$f_{cu,0}$——混凝土配制强度，MPa；

　　$f_{cu,k}$——混凝土立方体抗压强度标准值，MPa；

　　σ——混凝土强度标准差，MPa。

混凝土标准差（σ）值按式（3-2-7-2）计算：

$$\sigma = \sqrt{\frac{\sum_{i=1}^{n} f_{cu,i}^2 - n\mu_{fcu}^2}{n-1}} \tag{3-2-7-2}$$

其中：$f_{cu,i}$——第 i 组混凝土试件立方体抗压强度值，MPa；

　　μ_{fcu}——n 组混凝土试件立方体抗压强度平均值，MPa；

　　n——统计周期内相同等级的试件组数，$n \geq 25$ 组。

混凝土强度标准差（σ）可根据近期同类混凝土强度资料求得，其试件组数不应少于 25 组。对 C20~C25 级混凝土，若强度标准差计算值低于 2.5MPa 时，则计算配制强度时的标准差取用 2.5MPa；对不低于 C30 级混凝土，若计算标准差计算值低于 3.0MPa 时，则计算配制强度时的标准差取用 3.0MPa。

若无历史统计资料时，强度标准差可根据要求的强度等级按表 3-2-7-1 规定取用。

標準差 σ 值表   表 3-2-7-1

强度等级（MPa）	低于 C20	C20 ~ C35	高于 C35
标准差 σ（MPa）	4.0	5.0	6.0

（二）计算水灰比

1. 按混凝土要求强度等级计算水灰比和水泥实际强度

根据已确定的混凝土配置强度 $f_{cu,0}$，由下式计算水灰比：

$$f_{cu,0} = Af_{ce}\left(\frac{C}{W} - B\right) \qquad (3\text{-}2\text{-}7\text{-}3)$$

式中：$f_{cu,0}$——混凝土配制强度，MPa；

    A, B——混凝土强度回归系数，根据使用的水泥和粗、细集料经过试验得出的灰水比与混凝土强度关系式确定，若无上述强度统计资料时，可采用表 3-2-7-2 数值；

    $\dfrac{C}{W}$——混凝土所要求的灰水比；

    f_{ce}——水泥的实际强度，MPa。

在无法取得水泥实际强度时，可采用水泥强度等级按下式计算：

$$f_{ce} = \gamma_c \cdot f_{ce,k}$$

其中：$f_{ce,k}$——水泥强度等级的标准值，MPa；

    γ_c——水泥强度等级值的富余系数。

回归系数选用表（JCJ 55—2000）   表 3-2-7-2

集料类别	A	B
碎石	0.46	0.07
卵石	0.48	0.33

由上得：

$$\frac{W}{C} = \frac{Af_{ce}}{f_{cu,0} + ABf_{ce}} \qquad (3\text{-}2\text{-}7\text{-}4)$$

2. 按耐久性校核水灰比

按式（3-2-7-4）计算所得的水灰比，系按强度要求计算得到的结果。在确定采用的水灰比时，还应根据混凝土所处环境条件，耐久性要求的允许最大水灰比（参见表 3-2-7-3）进行校核。如按强度计算的水灰比大于耐久性允许的最大水灰比，应采用允许的最大水灰比。

普通混凝土的最大水灰比和最小水泥用量（GB 50204—92）   表 3-2-7-3

项次	混 凝 土 所 处 的 环 境 条 件	最大水灰比	最小水泥用量（kg/m³）	
			配筋	无筋
1	不受雨雪影响的混凝土	不作规定	225	200
2	(1)受雨雪影响的露天混凝土； (2)位于水中及水位升降范围内的混凝土； (3)在潮湿环境中的混凝土	0.70	250	225
3	(1)寒冷地区水位升降范围内的混凝土； (2)受水压作用的混凝土	0.65	275	250
4	严寒地区水位升降范围内的混凝土	0.60	300	275

（三）选定单位用水量

每立方米混凝土用水量的确定，应符合下列规定：

1. 干硬性和塑性混凝土用水量的确定

（1）当水灰比在 0.4 ~ 0.8 范围时，根据粗骨料品种、粒径及施工要求的混凝土拌和物稠度，其用水量可按表 3-2-7-4 选取。

干硬性和塑性混凝土的用水量（kg/m³）　　　　表 3-2-7-4

拌和物稠度		卵石最大粒径（mm）			碎石最大粒径（mm）		
项　目	指　标	10	20	40	16	20	40
维勃稠度 （s）	15 ~ 20	175	160	145	180	170	155
	10 ~ 15	180	165	150	185	175	160
	5 ~ 10	185	170	155	190	180	165
坍落度 （mm）	10 ~ 30	190	170	150	200	185	165
	30 ~ 50	200	180	160	210	195	175
	50 ~ 70	210	190	170	200	205	185
	70 ~ 90	215	195	175	230	215	195

注：①本表用水量系采用中砂时的平均取值，采用细砂时，每立方米混凝土用水量可增加 5 ~ 10kg，采用粗砂则可减少 5 ~ 10kg；
②掺用各种外加剂或掺合料时，用水量应相应调整。

（2）水灰比小于 0.4 或大于 0.8 的混凝土以及采用特殊成型工艺的混凝土用水量应通过试验确定。

2. 流动性、大流动性混凝土的用水量应按下式步骤计算

（1）以表 3-2-7-4 中坍落度 90mm 的用水量为基础，按坍落度每增大 20mm 用水量增加 5kg，计算出未掺外加剂时的混凝土的用水量。

（2）掺外加剂时的混凝土用水量可按下式计算：

$$m_{wa} = m_{wo}(1 - \beta) \qquad (3\text{-}2\text{-}7\text{-}5)$$

式中：m_{wa}——掺外加剂混凝土每立方米混凝土中的用水量，kg；

m_{wo}——未掺外加剂混凝土每立方米混凝土中的用水量，kg；

β——外加剂的减水率，%。

（3）外加剂的减水率 β 经试验确定。

注：①流动性混凝土系指拌和物的坍落度为 100 ~ 150mm 的混凝土，大流动性混凝土则指拌和物坍落度等于或大于 160mm 的混凝土。
②流动性混凝土和大流动性混凝土掺用外加剂时应遵守现行国家标准《混凝土外加剂应用技术规范》GBJ 119 的规定。

（四）计算单位水泥用量

（1）按强度要求计算单位用灰量　每立方米混凝土拌和物的用水量（m_{wo}）选定后，即可根据强度或耐久性要求已求得的水灰比（W/C）值计算水泥单位用量。

$$m_{co} = m_{wo} \times \frac{C}{W} \text{或} \ m_{co} = \frac{m_{wo}}{\left(\dfrac{W}{C}\right)} \qquad (3\text{-}2\text{-}7\text{-}6)$$

（2）按耐久性要求校核单位用灰量　根据耐久性要求，普通水泥混凝土的最小水泥用量，依结构物所处环境条件分别规定如表 3-2-7-3。

按强度要求计算得的单位水泥用量，应不低于规定的最小水泥用量。

（五）确定砂率

混凝土砂率的确定应符合下列规定：

（1）坍落度小于或等于60mm，且等于或大于10mm的混凝土砂率，可根据粗骨料品种、粒径及水灰比按表3-2-7-5选取。

混凝土的砂率（%）   表3-2-7-5

水灰比	卵石最大粒径（mm）			碎石最大粒径（mm）		
（*W/C*）	10	20	40	16	20	40
0.40	26～32	25～31	24～30	30～35	29～34	27～32
0.50	30～35	29～34	28～33	33～38	32～37	30～35
0.60	33～38	32～37	31～36	36～41	35～40	33～38
0.70	36～41	35～40	34～39	39～44	38～43	36～41

注：①本表数值系中砂的选用砂率，对细砂或粗砂，可相应地减小或增大砂率；
　　②只用一个单粒级粗骨料配制混凝土时，砂率应适当增大；
　　③对薄壁构件砂率取偏大值；
　　④本表中的砂率系指砂与骨料总量的重量比。

（2）坍落度等于或大于100mm的混凝土砂率，应在表3-2-7-5的基础上，按坍落度每增大20mm，砂率增大1%的幅度予以调整。

（3）坍落度大于60mm或小于10mm的混凝土及掺用外加剂和掺合料的混凝土，其砂率应经试验确定。

（六）计算粗、细集料的单位用量

粗、细集料的单位用量，可用质量法或体积法求得。

（1）质量法　质量法又称假定表观密度法。该法是假定混凝土拌和物的表观密度为一固定值，混凝土拌和物各组成材料的单位用量之和即为其表观密度。在砂率值为已知的条件下，粗、细骨料的单位用量可由式（3-2-7-6）关系式求得：

$$\left.\begin{array}{l} m_{co} + m_{wo} + m_{so} + m_{Go} = \rho_{cp} \\ \dfrac{m_{so}}{m_{so} + m_{Go}} \times 100 = \beta_s \end{array}\right\} \qquad (3\text{-}2\text{-}7\text{-}7)$$

由式（3-2-7-7）得

$$m_{so} = (\rho_{cp} - m_{co} - m_{wo}) \cdot \beta_s$$

$$m_{Go} = \rho_{cp} - m_{co} - m_{wo} - m_{so}$$

式中：m_{co}、m_{wo}、m_{so} 和 m_{Go}——每立方米混凝土的水泥、水、粗骨料和细骨料的用量，kg；

　　　　　　β_s——砂率，%；

　　　　　　ρ_{cp}——每立方混凝土拌和物的湿表观密度，kg/m^3。其值可根据施工单位积累的试验资料确定。如缺乏资料时，可根据集料的表观密度、粒径以及混凝土强度等级，在2260～2450kg范围内选定。表3-2-7-6可供参考。

混凝土假定湿表观密度参考表   表3-2-7-6

混凝土强度等级	C7.5～C15	C20～C30	＞C40
假定湿表观密度（kg/m^3）	2300～2350	2350～2400	2450

（2）体积法　　体积法又称绝对体积法。该法是假定混凝土拌和物的体积等于各组成材料绝对体积和混凝土拌和物中所含空气体积之总和。在砂率值为已知的条件下，粗、细集料的单适用量可由式（3-2-7-7）的关系求得：

$$\frac{m_{so}}{\rho_c} + \frac{m_{wo}}{\rho_w} + \frac{m_{so}}{\rho'_s} + \frac{m_{Go}}{\rho'_G} + 10\alpha = 100$$

$$\frac{m_{so}}{m_{Go} + m_{so}} \times 100 = \beta_s \qquad (3\text{-}2\text{-}7\text{-}8)$$

式中：β_s、m_{co}、m_{wo}、m_{Go} 和 m_{so}——意义同前；

ρ_c、ρ_w——水泥、水的密度，g/cm^3；

ρ'_G、ρ'_s——粗集料、细集料的表观密度，g/cm^3；

α——混凝土的含气量百分率（％），在不使用引气型外加剂时，α 可取为1。

在上述关系式中，可取 $\rho_c = 2.9 \sim 3.1 kg/L$，$\rho_w = 1.0 kg/L$；$\rho'_G$ 和 ρ'_s，应按国标（JGJ 53—92）和（JGJ 52—92）的方法测定。

以上两种确定粗、细集料单位用量的方法，一般认为，质量法比较简便，不需要各种组成材料的密度资料，如施工单位已积累当地常用材料所组成的混凝土湿表观密度资料，亦可得到准确的结果。体积法由于是根据各组成材料实测的密度来进行计算的，所以获得较为精确的结果。

二、试拌调整提出基准配合比

（一）试拌

（1）试拌材料要求　　试配混凝土所用各种原材料，要与实际工程使用的材料相同，粗、细集料的称量均以干燥状态❶为基准。如不是用干燥集料配制，称料时应在用水量中扣除集料中超过的含水量值，集料称量也应相应增加。但在以后试配调整时配合比仍应取原计算值，不计该项增减数值。

（2）搅拌方法和拌和物数量　　混凝土搅拌方法，应尽量与生产时使用方法相同。试拌时，每盘混凝土的数量一般应不少于表3-2-7-7的建议值。如需进行抗折强度试验，则应根据实际需要计算用量。采用机械搅拌时，拌量应不小于搅拌机额定搅拌量的1/4。

混凝土试配用拌和量　　　　　　　　　　　　　　　　　　　　　　表 3-2-7-7

集料最大粒径（mm）	拌和物数量（L）	集料最大粒径（mm）	拌和物数量（L）
≤30	10 ~ 15	40	25 ~ 30

（二）校核工作性，调整配合比

按计算出的初步配合比进行试拌，以校核混凝土拌和物的工作性。如试拌得出的拌和物的坍落度（或维勃稠度）不能满足要求，或粘聚性和保水性能不好时，则应在保证水灰比不变的条件下，相应调整用水量或砂率，直到符合要求为止。然后提出供混凝土强度校核用的"基准配合比"，即 m_{co} : m_{wo} : m_{sa}、m_{Ga}。

---

❶ 干燥状态集料系指含水率小于0.5％的细集料或含水率小于0.2％的粗集料。

三、检验强度,确定试验室配合比

(一)制作试件、检验强度

为校核混凝土的强度,至少拟定三个不同的配合比,其中一个为按上述得出的基准配合比,另外两个配合比的水灰比值,应较基准配合比分别增加及减少0.05(或0.10),其用水量应该与基准配合比相同,但砂率值可增加及减少1%。

制作检验混凝土强度的试件时,尚应检验拌和物的坍落度(或维勃稠度)。粘聚性、保水性及测定混凝土的表观密度,并以此结果表征该配合比的混凝土拌和物的性能。

为检验混凝土强度,每种配合比至少制作一组(三块)试件,在标准养护28d条件下进行抗压强度测试。有条件时可同时制作几组试件,供快速检验或较早龄期(3d、7d等)时抗压强度测试,以便尽早提出混凝土配合比供施工使用。但必须以标准养护28d强度的检验结果为依据调整配合比。

(二)确定试验室配合比

根据"强度"检验结果和"湿表观密度"测定结果;进一步修正配合比,即可得到"试验室配合比设计值"。

1. 根据强度检验结果修正配合比

(1)确定用水量(m_{wb}) 取基准配合比中的用水量(m_{wa}),并根据制作强度检验试件时测得坍落度(或维勃稠度)值加以适当调整。

(2)确定水泥用量(m_{cb}) 取用水量乘以由"强度—灰水比"关系定出的、为达到试配强度($f_{cu,o}$)所必须的灰水比值。

(3)确定粗、细集料用量(m_{sb}和m_{Gb}) 取基准配合比中的砂、石用量,并按定出的水灰比经作适当调整。

2. 根据实测拌和物湿表观密度修正配合比

(1)根据强度检验结果修正后定出的混凝土配合比,计算出混凝土的"计算湿表观密度"(ρ'_{cp}),即:

$$\rho'_{cp} = m_{cb} + m_{sb} + m_{Gb} + m_{wb}$$

(2)将混凝土的实测表观密度值(ρ_{cp})除以计算湿表观密度值(ρ'_{cp})得出"校正系数"δ,即:

$$\delta = \frac{\rho_{cp}}{m_{cb} + m_{sb} + m_{Gb} + m_{wb}} = \frac{\rho_{cp}}{\rho'_{cp}} \tag{3-2-7-9}$$

(3)将混凝土配合比中各项材料用量乘以校正系数δ,即得最终确定的试验室配合比设计值:

$$m'_{cb} = m_{cb} \cdot \delta$$
$$m'_{sb} = m_{sb} \cdot \delta$$
$$m'_{Gb} = m_{Gb} \cdot \delta$$
$$m'_{wb} = m_{wb} \cdot \delta$$

$$m'_{cb} : m'_{sb} : m'_{Gb} : m'_{wb} = 1 : \frac{m'_{sb}}{m'_{cb}} : \frac{m'_{Gb}}{m'_{cb}} : \frac{m'_{wb}}{m'_{cb}} \tag{3-2-7-10}$$

四、施工配合比

试验室最后确定的配合比,是按绝干状态集料计算的。而施工现场砂、石材料为露天堆放,都有一定的含水率。因此,施工现场应根据现场砂、石实际含水率的变化,将试验室配合比换算为施工配合比。

设施工现场实测砂、石含水率分别为 $a\%$、$b\%$。则施工配合比的各种材料单位用量:

$$m_c = m'_{cb}(kg)$$
$$m_s = m'_{sb}(1 + a\%)(kg)$$
$$m_G = m'_{Gb}(1 + b\%)(kg)$$
$$m_w = m'_{wb} - (m'_{sb} \cdot a\% + m'_{Gb} \cdot b\%)(kg)$$

(3-2-7-11)

施工配合比:

$$1 : X : Y = 1 : \frac{m_s}{m_c} : \frac{m_G}{m_c}$$

$$\frac{W}{G} = \frac{m_w}{m_c}$$

施工每盘称量值的换算:

根据确定的混凝土施工配合比,每盘混凝土材料称量值,按式(3-2-7-12)计算:

$$M_i = V \cdot m_i$$

(3-2-7-12)

式中:M_i——i 材料的称量,kg 或 m^3;

m_i——施工配合比中 i 材料的用量,kg/m^3 或 m^3/m^3;

V——每盘搅拌量,m^3。

水泥混凝土配合比设计例题

(以抗压强度为设计指标)

[题目] 钢筋混凝土 T 形梁用混凝土。

[原始资料]

(1)设计强度等级为 C30,强度标准差无历史统计资料,要求混凝土拌和物坍落度为 30 ~ 50mm。钢筋最小净距为 50mm。桥梁所在地区属寒冷地区。

(2)组成材料:42.5R 普通硅酸盐水泥,密度 $\rho_c = 3.10 \times 10^3 kg/m^3$,强度富余系数 $\gamma_c = 1.13$;砂为中砂,表观密度 $\rho_s' = 2.65 \times 10^3 kg/m^3$,现场实测含水量为 5%;碎石最大粒 $d_{max} = 31.5$,表观密度 $\rho_G' = 2.70 \times 10^3 kg/m^3$,现场实测含水量为 1%。

[设计要求]

(1)计算初步配合比。

(2)在对初步配合比进行试拌调整、强度复核的基础上提出试验室配合比。并根据现场材料含水量换算施工配合比。

(一)计算初步配合比

1. 确定混凝土配制强度($f_{cu,o}$)

由题意,混凝土设计强度等级 $f_{cu,k} = 30MPa$,强度标准差无历史统计资料,查表 3-2-7-1,$\sigma = 5.0MPa$,混凝土配制强度:

$$f_{cu,0} = f_{cu,k} + 1.645\sigma = 30 + 1.645 \times 5 = 38.2MPa$$

2. 计算水灰比(W/C)

1)计算水泥 28d 实际强度   由题意,水泥为 42.5R 普通硅酸盐水泥,强度富余系数 $\gamma_c = 1.13$,水泥 28d 实际强度:

$$f_{ce} = \gamma_c \times f_{ce,k} = 1.13 \times 42.5 = 48.0 \text{MPa}$$

2)计算水灰比   由前计算混凝土配制强度 $f_{cu,0} = 38.2 \text{MPa}$,水泥 28 天实际强度 $f_{ce} = 48.0 \text{MPa}$。并由题给条件:粗集料为碎石,查表 3-2-7-2,得:$A = 0.46$,$B = 0.07$,计算水灰比:

$$W/C = \frac{A f_{ce}}{f_{cu,0} + A B f_{ce}} = \frac{0.46 \times 48}{38.2 + 0.46 \times 0.07 \times 48} = 0.56$$

3)耐久性校核

根据混凝土所处的环境条件(寒冷区),查表 3-2-7-3,允许最大水灰比为 0.65,计算水灰比为 0.56,满足耐久性要求,故计算水灰比取 0.56。

3. 确定单位用水量(m_{wo})

由设计坍落度(30 ~ 50mm)和碎石最大粒径(31.5mm)查表 3-2-7-4,确定单位用水量 $m_{wo} = 185 \text{kg/m}^3$。

4. 计算单位水泥用量(m_{co})

由 $W/C = 0.56$,单位用水量 $m_{wo} = 185 \text{kg/m}^3$,混凝土的单位水泥用量

$$m_{co} = \frac{m_{wo}}{W/C} = \frac{185}{0.56} = 330 \text{kg/m}^3$$

耐久性校核:根据混凝土所处的环境条件(寒冷区),查表 3-2-7-3,允许最小单位水泥用量为 275kg/m^3,计算单位水泥用量为 330kg/m^3,满足耐久性要求,故计算单位水泥用量取 330kg/m^3。

5. 确定砂率(p_s)

由碎石最大粒径(31.5mm)和计算水灰比(W/C),查表 3-2-7-5,取砂率 $\rho_s = 33\%$。

6. 计算砂、石用量(m_{so}、m_{Go})

1)用密度法计算

假设混凝土表观密度 $\rho_{cp} = 2400 \text{kg/m}^3$,及前求得的单位用水量(185$\text{kg/m}^3$)和单位水泥用量(330$\text{kg/m}^3$),由式 3-2-7-7 得:

$$\begin{cases} m_{so} + m_{Go} = 2400 - 330 - 185 \\ \dfrac{m_{so}}{m_{so} + m_{GO}} = 0.33 \end{cases}$$

解得:每方混凝土砂用量 $m_{so} = 622 \text{kg/m}^3$,碎石用量 $m_{Go} = 622 \text{kg/m}^3$。

2)用体积法计算

已知:水泥密度 $\rho_c = 3.10 \times 10^3 \text{kg/m}^3$,砂表观密度 $\rho_s' = 2.65 \times 10^3 \text{kg/m}^3$,碎石表观密度 $\rho_G' = 2.70 \times 10^3 \text{kg/m}^3$,$\rho_w = 1 \times 10^3 \text{kg/m}^3$,$\alpha$ 取 1(非引气混凝土)。由式 3-2-7-8 得:

$$\begin{cases} \dfrac{m_{so}}{2.65} + \dfrac{m_{Go}}{2.70} = 1000 - \dfrac{330}{3.10} - 185 - 10 \\ \dfrac{m_{so}}{m_{so} + m_{Go}} = 0.33 \end{cases}$$

解得:每方混凝土砂用量 $m_{so} = 619 \text{kg/m}^3$,碎石用量 $m_{Go} = 1256 \text{kg/m}^3$。

为方便计算,初步配合比可在表中进行计算,见表 3-2-7-8。

(二)配合比室内调整及强度复核

1. 配料

按初步计算配合比(以绝对体积法计算结果为例),拌和 15L 混凝土拌和物,各组成材料

用量计算如下：

水 　　　$185 \times 0.015 = 2.78 kg$

水泥 　　$330 \times 0.015 = 4.95 kg$

砂 　　　$619 \times 0.015 = 9.29 kg$

碎石 　　$1256 \times 0.015 = 18.84 kg$

混凝土配合比计算表 表 3-2-7-8

序号	项目	符号	计算公式	参数取值	计算结果
1	配制强度	$f_{cu,o}$	$f_{cu,k} + 1.645\sigma$	$f_{cu,k} = 30 MPa$ $\sigma = 5 MPa$	38.2 MPa
2	水灰比	W/C	$\dfrac{Af_{ce}}{f_{cu,o} + ABf_{ce}}$	$f_{cu,o} = 38.2 MPa$ $f_{ce} = 48 MPa$ $A = 0.46 \quad B = 0.07$	0.56
3	用水量	m_{wo}	查表	$T = 30 \sim 50 mm$ $d_{max} = 31.5 mm$	$185 kg/m^3$
4	水泥用量	m_{co}	$m_{co} = \dfrac{m_{co}}{W/C}$	$m_{wo} = 185 kg/m^3$ $W/C = 0.56$	$330 kg/m^3$
5	砂率	ρ_s	查表	$W/C = 0.56$ $d_{max} = 31.5 mm$	33%
6	砂用量	m_{so}	$(\rho_{cp} - m_{co} - m_{wo})\rho_s$	$\rho_{cp} = 2400 kg/m^3$ $m_{co} = 330 kg/m^3$ $m_{wo} = 185 kg/m^3$ $\rho_s = 33\%$	$622 kg/m^3$
7	碎石用量	m_{Co}	$\rho_{cp} - m_{co} - m_{wo} - m_{so}$	$m_{so} = 622 kg/m^3$ 余同上	$1262 kg/m^3$

2. 和易性调整

按上述各组成材料用量拌和的混凝土拌和物，经实测其坍落度为 10mm，比设计要求（30~50mm）小，需进行调整。为此，保持水灰比不变，增加 5% 的水泥浆用量，在初步计算配合比的基础上，用密度（计算密度）法重新计算配合比，调整后 15L 混凝土各组成材料用量如下：

水 　　　　　　　$2.78 \times (1 + 5\%) = 2.92 kg$

水泥 　　　　　　$4.85 \times (1 + 5\%) = 5.20 kg$

砂 　　　$(2390 \times 0.015 - 5.20 - 2.92) \times 33\% = 9.20 kg$

碎石 　　$2390 - 5.20 - 2.92 - 9.20 = 18.68 kg$

按上述各组成材料用量再试拌，经实测其坍落度为 40mm，满足设计要求，而且粘聚性、保水性良好，砂率也合适。经和易性调整后每方混凝土各组成材料用量如下：

水 　　　　$(2.92/15) \times 1000 = 195 kg/m^3$

水泥 　　　$(5.20/15) \times 1000 = 347 kg/m^3$

砂 　　　　$(9.20/15) \times 1000 = 613 kg/m^3$

碎石 　　　$(18.68/15) \times 1000 = 1245 kg/m^3$

此配合比和易性满足设计要求，称基准配合比。

3. 密度调整

经实测满足坍落度要求的混凝土拌和物的表观密度 $\rho_{cp}' = 2462kg/m^3$，设计表观密度 $\rho_{cp} = 2390kg/m^3$，密度修正系数 $\delta = 2462/2390 = 1.03$，密度调整后每方混凝土各组成材料用量计算如下：

水泥	$347 \times 1.03 = 357kg/m^3$
水	$195 \times 1.03 = 201kg/m^3$
砂	$613 \times 1.03 = 631kg/m^3$
碎石	$1245 \times 1.03 = 1282kg/m^3$

4. 强度复核

在设计水灰比上加、减0.05，包括设计水灰比成型3个水灰比的立方体强度试件，增加的2个配合比的各组成材料用量用密度（采用实测密度）法计算，计算计算结果见表3-2-7-9。

各配合比各组成材料用量及强度   表3-2-7-9

水灰比	每方混凝土各组成材料用量（kg/m³）				砂率（%）	灰水比	28d 抗压强度（MPa）
	水	水泥	砂	碎石			
0.51	201	394	616	1251	32	1.96	45.3
0.56	201	357	631	1282	33	1.78	39.5
0.61	201	330	657	1274	34	1.64	34.2

按水灰比分别成型立方体抗压强度试件，标准养护至28d，进行抗压强度试验，三个配合比28d抗压强度见表3-2-7-9。

5. 确定试验室配合比

由表3-2-7-9中灰水比和28d抗压强度试验结果，绘制灰水比与抗压强度关系图（如图3-2-7-1）。从纵坐标上找出配制强度 $f_{cu,o} = 38.2MPa$ 的点，引水平线与关系线相交，从交点引垂线与横坐标相交，交点的横坐标值1.76正是满足配制强度要求的灰水比，即水灰比 = 0.57。再由水灰比，用密度（采用实测密度）法计算每方混凝土各组成材料用量，该配合比即为试验室配合比。计算结果如下：

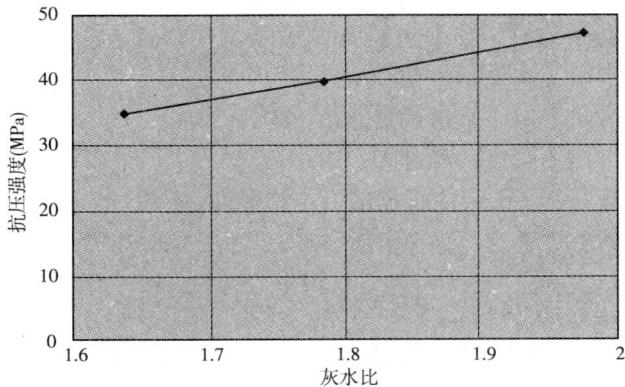

图 3-2-7-1 灰水比与抗压强度关系曲线

水	$201kg/m^3$
水泥	$201/0.5 = 353kg/m^3$

砂　　　　　　$(2462-201-353)\times33\%=630\text{kg/m}^3$

碎石　　　　$2462-201-353-630=1278\text{kg/m}^3$

（三）施工配合比调整

由题中已知条件:砂的实测含水量为5%,碎石为1%,施工配合比调整每方混凝土各组成材料用量计算如下:

水泥　　　　353kg/m^3

砂　　　　　$630\times(1+5\%)=662\text{kg/m}^3$

碎石　　　　$1278\times(1+1\%)=1291\text{kg/m}^3$

水　　　　　$201-(630\times5\%)-(1278\times1\%)=156.7\text{kg/m}^3$

相对配合比例:水泥:砂:碎石:水 $=1:1.875:3.657:0.44$

§2-8　普通混凝土的质量控制

§2-8-1　强度统计方法

一、已知标准差的统计方法

当混凝土生产条件在较长时间内能保持一致,且同一品种混凝土的强度变异性能保持稳定时,应由连续的三组试件代表一个验收批。其强度应同时符合式(3-2-8-1)、式(3-2-8-2)和式(3-2-8-3)或式(3-2-8-4)的要求。

$$m_{fcu}\geqslant f_{cu,k}+0.7\sigma_0 \tag{3-2-8-1}$$

$$f_{cu,min}\geqslant f_{cu,k}-0.7\sigma_0 \tag{3-2-8-2}$$

当混凝土强度等级不高于 C20 时,其强度最小值尚应满足式(3-2-8-3)的要求:

$$f_{cu,min}\geqslant0.85f_{cu,k} \tag{3-2-8-3}$$

当混凝土强度等级高于 C20 时,其强度最小值尚应满足式(3-2-8-4)的要求:

$$f_{cu,min}\geqslant0.90f_{cu,k} \tag{3-2-8-4}$$

式中:m_{fcu}——同一验收批混凝土强度的平均值,MPa;

　　$f_{cu,k}$——设计的混凝土强度标准值,MPa;

　　$f_{cu,min}$——同一验收批混凝土强度的最小值,MPa;

　　σ_0——验收批混凝土强度的标准差,MPa。

验收批混凝土强度标准差 σ_0,应根据前一个检验期(不超过 3 个月)内同一品种混凝土试件强度数据,按式(3-2-8-5)确定:

$$\sigma_0=\frac{0.59}{m}\sum_{i=1}^{m}\Delta f_{cu,i} \tag{3-2-8-5}$$

式中:$\Delta f_{cu,i}$——前一检验期内第 i 验收批混凝土试件中强度最大值与最小值之差,MPa;

　　m——前一检验前内验收批的总批数,$m\not<15$。

二、未知标准差的统计方法

当混凝土生产条件不能满足前述规定,或在前一个检验期内的同一品种混凝土没有足够的数据用以确定验收批混凝土强度的标准差时,应由不少于 10 组的试件代表一个验收批,其强度应同时符合式(3-2-8-6)和式(3-2-8-7)的要求。

$$m_{fcu} - \lambda_1 S_{fcu} \geq 0.9 f_{cu,k} \tag{3-2-8-6}$$

$$f_{cu,min} \geq \lambda_2 f_{cu,k} \tag{3-2-8-7}$$

式中:λ_1, λ_2——合格判定系数,按表 3-2-8-1 取用;

S_{fcu}——验收批混凝土强度的标准差,MPa。

当 S_{fcu} 的计算值小于 $0.06 f_{cu,k}$ 时,取 $S_{fcu} = 0.06 f_{cu,k}$。

混凝土强度的合格判定系数 表 3-2-8-1

试件组数	10 ~ 14	15 ~ 24	>25	试件组数	10 ~ 14	15 ~ 24	>25
λ_1	1.70	1.65	1.60	λ_2	0.90	0.85	

验收批混凝土强度的标准差 S_{fcu} 可按式(3-2-8-8)计算

$$S_{fcu} = \sqrt{\frac{\sum_{i=1}^{n} f_{cu,i}^2 - n m_{fcu}^2}{n-1}} \tag{3-2-8-8}$$

式中:$f_{cu,i}$——验收批第 i 组混凝土试件的强度值,MPa;

n——验收批混凝土试件的总组数。

三、非统计方法

按非统计方法评定混凝土强度时,其所保留强度应同时满足式(3-2-8-9)和(3-2-8-10)的要求:

$$m_{fcu} \geq 1.15 f_{cu,k} \tag{3-2-8-9}$$

$$f_{cu,min} \geq 0.95 f_{cu,k} \tag{3-2-8-10}$$

式中符号含意同前。

§2-8-2 混凝土质量的生产控制

混凝土强度除按规定进行合格评定外,还应对一个统计周期内的相同等级和龄期的混凝土统计计算强度均值(m_{fcu})、标准差(σ)和强度不低于要求强度等级的百分率(P),以确定企业生产管理水平。σ 和 P 应满足表 3-2-8-2 的要求。

(1)混凝土强度标准差按式(3-2-8-11)计算:

$$\sigma = \sqrt{\frac{\sum_{i=1}^{n} f_{cu,i}^2 - N \mu_{fcu}^2}{N-1}} \tag{3-2-8-11}$$

(2)强度等级百分率按式(3-2-8-12)计算:

$$P = \frac{N_0}{N} \cdot 100\% \tag{3-2-8-12}$$

式中:$f_{cu,i}$——统计周期内第 i 组混凝土试件的立方体抗压强度值,MPa;

N——统计周期内相同等级的混凝土试件组数,该值不得少于 25 组;

μ_{fcu}——统计周期内 N 组混凝土试件立方体抗压强度平均值,MPa;

N_0——统计周期内试件强度不低于要求强度等级值的组数。

混凝土生产管理水平（GB 50164—92）

表 3-2-8-2

评定指标	生产场所	优　良		一　般	
	混凝土强度等级	<C20	≥C20	<C20	≥C20
混凝土强度标准差（MPa）	商品混凝土厂和预制混凝土构件厂	≤3.0	≤3.5	≤4.0	≤5.0
	集中搅拌混凝土的施工现场	≤3.5	≤4.0	≤4.5	≤5.5
强度不低于规定强度等级值的百分率（%）	商品混凝土厂、预制混凝土构件厂及集中搅拌混凝土施工现场	≥95		>85	

§2-8-3　混凝土的非破损检验

一、定义

不破坏结构式试件，而通过测定与混凝土性能有关的物理量，来推定混凝土或其结构强度、弹性模量及其他性能的测试技术，称为混凝土的非破损检验技术。

二、分类

混凝土非破损检验法分类见表 3-2-8-3。

混凝土非破损检验法分类

表 3-2-8-3

种　类			测 定 内 容	备　注
混凝土非破损检验方法	表面硬度法	弹簧锤法 摆锤法 射球打击法	对混凝土表面进行打击，以测定凹痕的深度、直径、面积等	近来已不大使用
		回弹法	对混凝土表面进行打击，测定其反弹硬度	运用得最多
	声学和超声法	共振法	振动特性（振动弹性系数、泊松比等）的测定，强度的测定	
		超声波法 冲击波法 表面波法	测定混凝土的强度、内部缺陷，测定混凝土的厚度及振动弹性系数	采用超声法较多，冲击波法和表面波法未被采用
	综合法	超声法与回弹法	测定混凝土强度	能提高测试精度
		超声法与声波衰减率法		正处于研究阶段
		振动弹性系数与对数衰减率法		尚未使用
	电磁法	电磁感应法	测定钢筋位置、保护层厚度	使用很普遍
		微波吸收法	测定混凝土含水率	正处研究阶段
	辐射法	x 射线法 y 射线照相法 γ 线辐射法	内部缺陷探伤，钢筋探测	因 x 射线和中子使用的有限，故尚未实际使用
		中子法	测定混凝土的含水率	

种　类		测定内容	备　注
混凝土局部破损检验方法	取芯法 拔出法 射钉枪法 温莎探针	测定混凝土强度	重新受到重视
其他方法	声发射法	测定材料断裂情况	

三、回弹法

（一）基本原理

用一定冲击动能冲击混凝土表面,利用混凝土表面硬度与回弹值的函数关系来推算混凝土的强度。

（二）$R-N$测强曲线的建立

$R-N$测强曲线的建立,一般根据地区或大型工程、本单位常用混凝土配合比、养护方法等制作 15cm×15cm×15cm 试块,按不同龄期进行回弹和抗压试验。试验时试块放置在压力机上先预压 3~5t,在试块成型两相对侧面分别测 8 个回弹值,将 16 个回弹值中 3 个高的和 3 个低的剔除,取余下的 10 个回弹值的平均数为该试块的回弹值 N_1,计算到 0.1 度。经常使用的是幂函数方程即 $R=A\cdot N^B$。只要经过回归分析便可确定出常数项 A 和回归系数 B,并可绘制出测强曲线。

当仪器非水平方向测试时,测出的平均回弹值应加测试角度 α 的回弹修正值 ΔN_a。

四、超声法

（一）超声法的检验项目

(1)构件混凝土的匀质性、密实度和混凝土的强度。

(2)混凝土内部孔洞的存在和大小范围。

(3)混凝土表面裂缝的深度和施工缝的质量。

(4)混凝土经冻融、化学腐蚀等作用后破坏层的厚度及混凝土强度的变化情况。

(5)混凝土的动弹模量、动力泊松系数、动力剪切模量和衰减系数。

(6)研究加速凝剂的混凝土的结硬过程。

（二）基本原理

通过超声波(纵波)在混凝土中传播的不同来反映混凝土的质量。对于混凝土内部缺陷则利用超声波在混凝土中传播的“声时—振幅—波形”三个声学参数综合判断其内部缺陷情况。

（1）声时　即超声波在混凝土中传播所需的时间。如超声波在传播路径中遇有缺陷时,则要绕过缺陷,那么声时就变长了。

（2）振幅　即接收信号首波振幅。混凝土内部存在缺陷时,超声波在缺陷界面上声阻抗差异显著,产生反射、散射和吸收,使接收波振幅显著降低,振幅变化量可用衰减器作相对测量。

（3）波形　即接收到的波形。混凝土内部存在缺陷时,超声波在内部传播发生变化。直达波、绕射波、反射波等各类波相继被接收。由于这些波的相位不同,因此使正常波形发生畸变。主要观察前几个周期的波形,一般讲,正常混凝土的前几个波形振幅大,无畸变,接收波的包络线呈半圆形[图3-2-8-1a)]。有缺陷混凝土的前几个周期的波形振幅低,可能发生波形畸变,接收波的包络线呈喇叭形[图3-2-8-1b)]。

（三）R—V测强曲线的建立

一般根据地区或大型工程项目,以常用混凝土配合比制作 15cm × 15cm × 15cm 试块,于不同龄期进行超声波检验与抗压试验。取试块侧面为测试面,用对测法并用黄油做耦合剂。每一相对测面测三点。测试时发射换能器与接收换能器应在一条直线上（图3-2-8-2）。

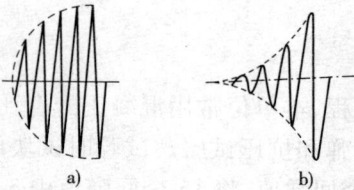

图 3-2-8-1　接收波形
a)正常;b)有缺陷

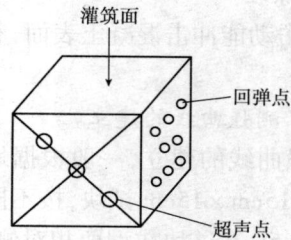

图 3-2-8-2　超声回弹测点示意图

应读取重复最多并稳定的声时值 t_i,并按 $t_i = (t_1 + t_2 + t_3)$ 计算取至小数后一位。试块声速 V_t 为三点的平均值,按式(3-2-8-13)计算。

$$V_i = \frac{l}{t_i}(km/s) \qquad (3-2-8-13)$$

式中：l——试块边长,测量精度取 0.05mm;

V_i——声速值,取至小数点后两位。

第三章　混凝土外加剂

§3-1　概　述

混凝土外加剂技术是半个世纪来发展较快的一项混凝土新技术。据不完全统计,目前全世界混凝土外加剂产品已达四五百种之多,美国、加拿大、德国、前苏联、英国等,在水泥混凝土中外加剂的使用率,一般为50% ~ 80%,其他国家采用外加剂的比例也在与日俱增。外加剂的添加方法也不断更新。应用混凝土外加剂可改善混凝土的性能,节省水泥和能源,提高施工速度和施工质量,改善工艺和劳动条件,具有显著的经济效益和社会效益。

一、定义

在混凝土拌和时或拌和前掺入的、掺量不大于水泥重量5%,并能按要求改变混凝土性能的材料称为混凝土外加剂。

二、分类

混凝土外加剂种类繁多,每种外加剂常常具有一种或多种功能,其化学成分可以是有机物、无机物或二者的复合产品。所以其分类方法也不同。按其使用效果分类见表3-3-1-1 所示。

混凝土外加剂分类 表3-3-1-1

类　　别		使　用　效　果
减水剂	普通减水剂	减水、提高强度或改善和易性
	高效减水剂(流动化剂或称超塑剂)	配制流动混凝土或早强高强混凝土
引气剂		增加含气量,改善和易性,提高抗冻性
调凝剂	缓凝剂	延缓凝结时间,降低水化热
	早强剂(促凝剂)	提高混凝土早期强度
	速凝剂	速凝、提高早期强度
防冻剂		使混凝土在负温下水化,达到预期强度
防水剂		提高混凝土抗渗性,防止潮气渗透
膨胀剂		减少干缩

此外,混凝土外加剂还可按化学成分分为两类。一类为无机物类,包括各种无机盐类、一些金属单质、少量氧化物和氢氧化物等。这类物质大多用作早强剂、速凝剂、着色剂及加气剂等。另一类为有机物类,此类中绝大部分属于表面活性剂的范畴,有阴离子、阳离子、百离子型以及高分子型表面活性剂等。

三、混凝土外加剂作用及适用范围

各类外加剂都有各自的特殊功能,并且适用范围也相当广泛。现分别介绍如下:

(一)普通减水剂

主要功能:
(1)在保证混凝土工作性及强度不变条件下,可节约水泥用量;
(2)在保证混凝土工作性及水泥用量不变条件下,可减少用水量,提高混凝土强度;
(3)在保持混凝土用水量及水泥用量不变条件下,可增大混凝土流动性。

适用范围： $\begin{cases} (1)用于日最低气温+5℃以上的混凝土施工； \\ (2)各种预制及现浇混凝土、钢筋混凝土及预应力混凝土； \\ (3)大模板施工、滑模施工、大体积混凝土、泵送混凝土以及流动性混凝土。 \end{cases}$

（二）高效减水剂

主要功能： $\begin{cases} (1)在保证混凝土工作性及水泥用量不变条件下，可大幅度减少用水量 \\ \quad（减水率大于12\%），可制备早强、高强混凝土； \\ (2)在保持混凝土用水量及水泥用量不变条件下，可增大混凝土拌和物 \\ \quad 流动性，制备大流动性混凝土。 \end{cases}$

适用范围： $\begin{cases} (1)用于日最低气温0℃以上的混凝土施工； \\ (2)用于钢筋密集、截面复杂、空间窄小及混凝土不易振捣的部位； \\ (3)凡普通减水剂适用的范围高效减水剂亦适用； \\ (4)制备早强、高强混凝土以及流动性混凝土。 \end{cases}$

（三）早强剂及早强减水剂

主要功能： $\begin{cases} (1)缩短混凝土的热蒸养时间； \\ (2)加速自然养护混凝土的硬化。 \end{cases}$

适用范围： $\begin{cases} (1)用于日最低温度-3℃以上时，自然气温正负交替的亚寒地区 \\ \quad 的混凝土施工； \\ (2)用于蒸养混凝土、早强混凝土。 \end{cases}$

（四）引气剂及引气减水剂

主要功能： $\begin{cases} (1)改善混凝土拌和物的工作性，减少混凝土泌水离析； \\ (2)增加硬化混凝土的抗冻融性。 \end{cases}$

适用范围： $\begin{cases} (1)有抗冻融要求的混凝土，如公路路面、飞机跑道等大面积易受冻部位； \\ (2)集料质量差以及轻集料混凝土； \\ (3)提高混凝土抗渗性可用于防水混凝土； \\ (4)改善混凝土的抹光性； \\ (5)泵送混凝土。 \end{cases}$

（五）缓凝剂及缓凝减水剂

主要功能：降低热峰值及推迟热峰出现的时间。

适用范围： $\begin{cases} (1)大体积混凝土； \\ (2)夏季和炎热地区的混凝土施工； \\ (3)用于日最低气温5℃以上的混凝土施工； \\ (4)预拌混凝土、泵送混凝土以及滑模施工。 \end{cases}$

（六）防冻剂

主要功能：混凝土在负温条件下，使拌和物中仍有液相的自由水，以保证水泥水化，使混凝土达到预期强度。

适用范围：冬季负温（0℃以下）混凝土施工。

（七）膨胀剂

主要功能：使混凝土体积在水化、硬化过程中产生一定膨胀，以减少混凝土干缩裂缝，提高抗裂性和抗渗性能。

适用范围： $\begin{cases} (1)补偿收缩混凝土，用于自防水屋面、地下防水及基础后浇缝、防水堵漏等； \\ (2)填充用膨胀混凝土，用于设备底座灌浆、地脚螺栓固定等； \\ (3)自应力混凝土，用于自应力混凝土压力管。 \end{cases}$

§3-2 减 水 剂

减水剂是在混凝土坍落度基本相同的条件下,能减少拌和用水的外加剂。

一、分类

按塑化效果分类 $\begin{cases} 普通减水剂(亦称塑化剂) \\ 高效减水剂(亦称超塑化剂) \end{cases}$

按引气量分类 $\begin{cases} 引气减水剂 \\ 非引气减水剂 \end{cases}$

按对混凝土凝结时间及早期强度影响分类 $\begin{cases} 标准型减水剂 \\ 缓凝型减水剂 \\ 早强型减水剂 \end{cases}$

按原材料及化学成分分类 $\begin{cases} 木质素磺酸盐类减水剂 \\ 聚烷基芳基磺酸盐类减水剂(俗称煤焦油系减水剂) \\ 糖蜜类减水剂 \\ 腐殖酸类减水剂及其他 \end{cases}$

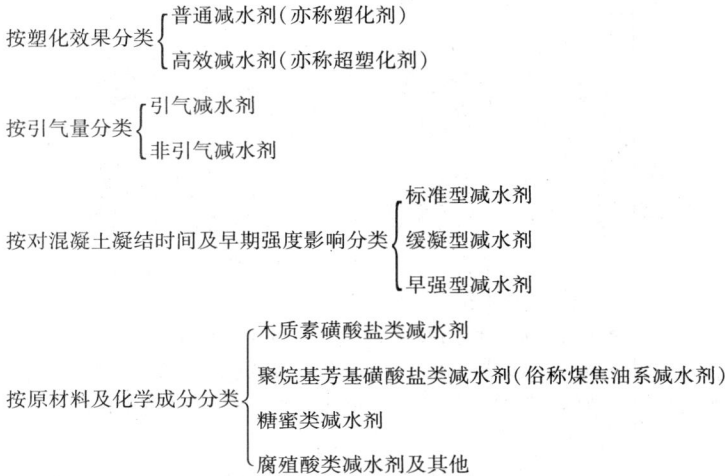

二、减水剂作用机理

减水剂都是表面活性剂,因此,它们的作用机理主要是表面活性作用。

表面活性剂就是分子中具有亲水和憎水两个基团的有机化合物,加入水溶液后,这些化合物能降低水的表面张力(水—气相)和界面张力(水—固相),起表面活性作用。主要是通过吸附—分散作用、润滑作用和湿润作用。

（一）吸附—分散作用

未掺减水剂的水泥浆体呈絮凝状结构,包裹着不少拌和水,从而降低了混凝土的和易性见图3-3-2-1。

产生这种絮凝结构的原因很多,可能是由于水泥矿物(C_3A、C_4AF、C_3S、C_2S 等)在水化过程中所带电荷不同,产生异性电荷相吸而引起的,也可能是因为水泥颗粒在溶液中的热运动,在某些边棱角处相互碰撞、相互吸引而形成的;或因水泥矿物水化后溶剂化水膜产生某些综合作用等。由于种种原因,在

图 3-3-2-1 水泥浆体结构示意图
a)未掺减水剂;b)掺减水剂

这些絮凝状结构中,包裹很多拌和水,从而降低了新拌混凝土的工作性。施工中为了保持新拌混凝土所需的工作性,就须相应增加拌和水用量,这样就会促使水泥石结构中形成过多的孔隙,从而严重影响硬化混凝土的一系列物理—力学性质。

掺减水剂的水泥浆体呈均匀的分散结构。因为减水剂的憎水基团定向吸附于水泥颗粒表面,亲水基团指向水溶液,构成单分子或多分子吸附相膜,使得水泥胶粒表面带有相同符号的

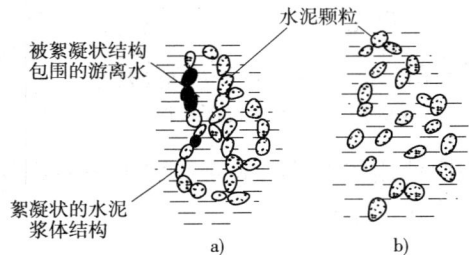

电荷,在电性斥力作用下,促使水泥浆絮凝结构分散解体,释放出自由水,从而提高拌和物的流动性[见图3-3-2-1b)]。在和易性相同情况下,可减少拌和用水量,提高水泥石的密实性,改善水泥石孔结构,提高混凝土的强度、抗渗性、抗冻融、抗碳化等性能。

（二）润滑作用

减水剂在水泥颗粒表面吸附定向排列,其亲水端极性很强,带有负电,很容易与水分子中氢键产生综合作用,再加上水分子间的氢键缔合,在水泥颗粒表面形成一层稳定的溶剂化水膜,阻止了水泥颗粒间直接接触,从而起到了润滑作用,见图3-3-2-2。

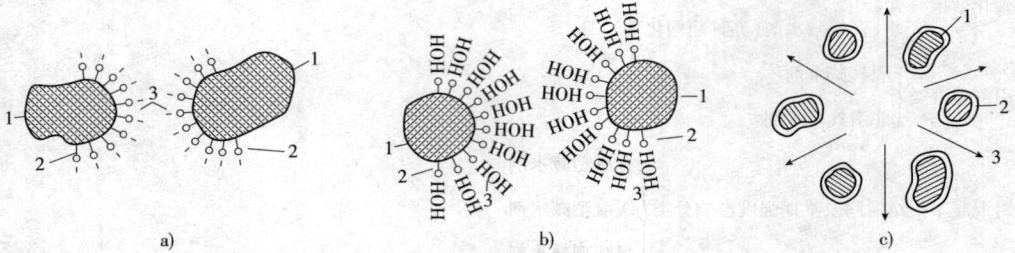

图 3-3-2-2　减水剂对水泥颗粒分散作用

a)水泥颗粒间减水剂定向排列产生电性斥力;1-水泥颗粒;2-减水剂;3-电性斥力;

b)水泥颗粒表面由于减水剂与水缔合形成溶剂化水膜;1-水泥颗粒;2-减水剂;3-溶剂化水膜;

c)减水剂的定向排列电性斥力与水缔合作用,使絮凝结构中的游离水释放出;1-水泥颗粒;

2-溶剂化水膜;3-游离水释放出

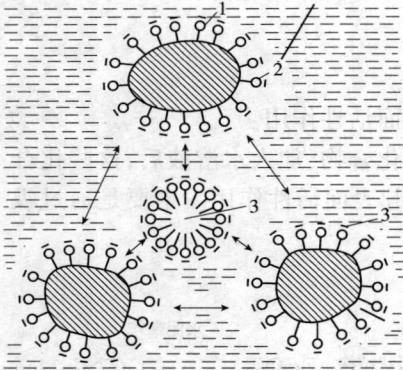

图 3-3-2-3　减水剂形成微气泡的润滑作用

1-水泥颗粒;2-减水剂;3-极性气泡

另外,减水剂的掺入,一般伴随着一定量的微细气泡。这些气泡被减水剂定向吸附的分子膜所包围,与水泥颗粒吸附膜电荷的符号相同。因而,气泡与气泡,气泡和水泥颗粒间也因具有电性斥力而使水泥颗粒分散,从而增加了水泥颗粒间的滑动能力(如滚珠轴承作用),见图3-3-2-3所示。

（三）湿润作用

掺加减水剂后,由于体系界面张力降低使水泥颗粒更容易被水湿润,从而使和易性得以改善。另外,水分子向水泥颗粒内毛细管的渗透作用加强,从而使水化速度加强。

由于减水剂所起的吸附—分散、润滑和湿润作用,所以只使用较少量减水剂,就能使新拌混泥凝土的工作性显著地改善,同时并对硬化后的混凝土也带来一系列优点。

三、减水剂对混凝土性能的影响

（一）对新拌混凝土性质的影响

1. 和易性

保持水泥用量和水灰比不变的情况下,塑性混凝土坍落度可增大 5 ~ 15cm。但随着时间的推移,掺减水剂混凝土坍落度会明显损失。

减水剂品种及掺量对水泥浆流动度的影响见表3-3-2-1。

减水剂品种	下列不同掺量(%)时,水泥浆的流动度(mm)									备　注
	0	0.20	0.25	0.30	0.50	0.75	1.00	1.50	2.00	
木　钙	126	189	—	207	197	169	170	—	152	砂浆流动度:CON－A 掺量为‰, $W/C=0.44$ $C:S=1:2.5$ 净浆流动度: CON－A 掺量为‰, $W/C=0.29$
UNF－Ⅱ	126	—	—	164	173	196	205	199	204	
CON－A	120	—	—	147	170	159	174	—	173	
木　钙	69	72	74	92	140	190	258	239	233	
UNF－6	72	—	—	79	224	240	244	238	244	

注:本表引自中国建筑科学研究院混凝土所试验资料。

2. 水化热

掺入减水剂后,28d 内水泥的总发热量与不掺者大致相同,但大多数减水剂能推迟水泥水化热峰值出现的时间。其原因是减水剂被水泥颗粒表面吸附,所形成的单分子或多分子膜,起抑制水泥初期水化速度之故。

普通木质素类减水剂及缓凝型减水剂可降低水泥水化热,防止因混凝土内外温差引起的裂缝,见表 3-3-2-2 所示。

掺减水剂水泥的水化热(J/g)　　　　　　　　　　　表 3-3-2-2

减水剂品种	掺量(%)	龄　期			水泥品种
		1 天	2 天	3 天	
木　钙	0	128.9	195.9	233.6	普通水泥
	0.25	73.3	180.9	234.8	
NNO	0	111.3	189.2	238.8	
	1.0	90.2	199.2	223.9	
MF	0	178.2	223.7	243.7	
	0.5	164.8	205.5	221.4	
FDN	0	175.0	240.3	273.4	
	0.5	170.8	242.0	275.1	
UNF－Ⅱ	0	—	179.9	212.2	矿渣水泥
	0.5	—	168.5	196.9	
木　钙	0	106.8	163.7	201.8	
	0.25	64.5	148.2	203.9	

注:摘自"M 型减水剂应用技术"PDN、UNF－Ⅱ减水剂鉴定资料。

3. 含气量

某些品种的减水剂也能增加混凝土的含气量,见表 3-3-2-3。

掺减水剂混凝土的含气量　　　　　　　　　　　表 3-3-2-3

减水剂品种	掺量(水泥重%)	含气量(%)	减水剂品种	掺量(水泥重%)	含气量(%)
不　掺	0	1.4	MF	0.5	5.7
SN－Ⅱ	0.75	1.3	M 型	0.25	3.6

减水剂品种	掺量（水泥重%）	含气量（%）	减水剂品种	掺量（水泥重%）	含气量（%）
FDN	0.75	2.1	NC	2	4
UNF－Ⅱ	0.75	1.8	MSF	2	4
建－1	0.5	4.6			

（二）对水泥水化进程的影响

掺入减水剂后对水泥水化速度、水化热等的影响见图3-3-2-4。

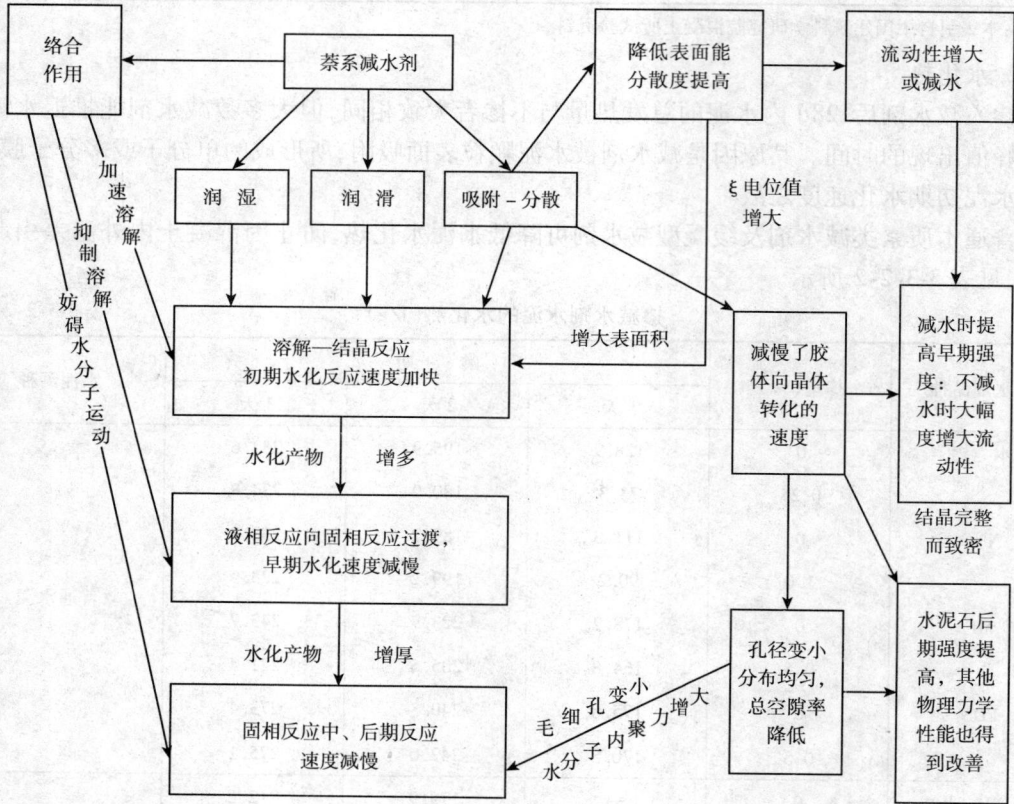

图 3-3-2-4　减水剂对水泥过程的影响示意图

普通木质素类减水剂及缓凝型减水剂都有不同程度的缓凝作用，能延缓混凝土的初、终凝时间，见表3-3-2-4所示。同时，也能降低水泥水化热，防止因内外温差产生裂缝。

各种减水剂对混凝土性能的影响　　　　　　　　　　　　表 3-3-2-4

项　目	减　水　剂　类　型				
	普通型	高效型	早强型	缓凝型	引气型
泌水率比（%）	56.3 (26~61)				
含气量（%）	2.4 (1.25~3.6)	1.5 (1.3~2.4)	2~4	1.1	3~5

210

项 目		减 水 剂 类 型				
		普通型	高效型	早强型	缓凝型	引气型
减水率(%)		9.8 (6~14.6)	14 (8.9~23)	11 (8~13.6)	7.1 (5~13)	15 (12~17)
凝结 时间 差(h: min)	初凝	+1:21 (+0:47~+2:00)	+0:03 (-0:18~+0:45)	+0:28 (-0:30~+1:45)	+2:04 (+1:30~+2:38)	
	终凝	+1:16 (+0:20~+1:30)	-0:21 (-0:21~0:15)	+0:17 (-0:45~1:20)	+3:10 (+2:00~+4:00)	
抗压 强度 比 (%)	1 天	117 (78~154)	154 (119~158)	177 (111~221)	—	—
	3 天	116 (100~138)	140 (112~166)	174 (111~204)	123 (100~163)	125
	7 天	114 (101~140)	129 (113~156)	152 (122~163)	126 (81~153)	132
	28 天	112 (100~130)	118 (101~134)	121 (107~145)	122 (100~140)	130
	90 天	111 (101~125)	124 (114~137)	124 (101~159)	128 (100~144)	
60 天收缩 增大值 (mm/m)		<0.1	<0.1	<0.1	<0.1	<0.1

注:①表中数据系平均值,括弧内系变化范围;

②凝结时间:(+)表示延缓,(-)表示提前;

③本表引自城乡建设部"混凝土减水剂质量标准和试验方法"编写组资料。

(三)对硬化混凝土物理力学性能的影响

1.强度

混凝土中掺入水泥重 0.2%~0.5% 的普通减水剂,在保持和易性不变的情况下,能减水 8%~20%,提高强度 10%~30%。高效减水剂提高混凝土强度的效果更明显。如掺入水泥重量 0.5%~1.5% 的高效减水剂能减水 15%~25%,使混凝土强度提高 20%~50%。

混凝土强度与减水剂掺量之间呈非线性关系,少数情况下也显示出线性关系(在低掺量,水泥活性高时)。

2.耐久性

混凝土中掺入减水剂(例如引气减水剂)后,由于减水增强作用及引入一定数量独立微小气泡,使混凝土的耐久性特别是抗冻性有明显提高。

四、常用的几类混凝土减水剂简介

(一)木质素系减水剂

木质素磺酸盐系减水剂的主要成分为木质素磺酸钙。木质素磺酸钙应用较普遍,它是由提取酒精后的木浆废液,经蒸发、磺化浓缩、喷雾干燥所制成的一种棕黄色粉状物,简称

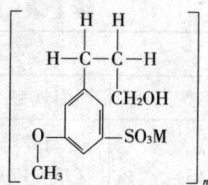

图 3-3-2-5　木质素磺酸盐结构单元

n 为 20—40；M 为 Na^+ 或 K^+ 等离子

M 剂。M 剂中木质素磺酸钙约占 60%，含糖量低于 12%，灰分占 14%，氧化钙占 8%，水不溶物含量占 2.5%，木质素磺酸钙为阴离子表面活性剂，其基本结构为苯甲基丙烷衍生物，其结构式如图 3-3-2-5 所示。

木质素磺酸盐类外加剂掺量为水泥质量的 0.2% ~ 0.3%，减水率为 5% ~ 15%，28 天抗压强度可提高 10% ~ 15%；在混凝土工作性和强度相近条件下，可节约水泥 5% ~ 10%；当水泥用量不变，强度相近条件下，塑性混凝土的坍落度可增加 50 ~ 120mm。这类减水剂适用于日最低气温 +5℃ 以上的各种预测及现浇混凝土、钢筋混凝土及预应力混凝土、大体积混凝土、泵送混凝土、防水混凝土、大模板混凝土及滑模施工用混凝土。

（二）萘系减水剂

萘系减水剂为芳香族磺酸盐类缩合物。此类减水剂主要成分为萘或萘的同系物磺酸盐与甲醛的缩合物，属阴离子表面活性剂，其结构单元通式如图 3-3-2-6。

根据式中 R（烷基链）和 n（核体）数的不同，而其性能稍有差异，国内现生产的有 MF（β - 萘磺酸甲醛缩合物的钠盐）、MF（甲基萘磺酸甲醛缩合物钠盐）及 FDN、JN、UNF、SN - 2 等均属此类。

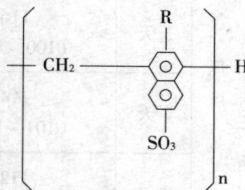

图 3-3-2-6　聚烷基芳基磺酸盐类减水剂结构单元

这类减水剂均为高效减水剂。常用量为水泥质量的 0.5% ~ 1%，减水率为 10% ~ 25%；28 天抗压强度可提高 15% ~ 50%；当水泥用量相同和强度相近时，可使坍落度 20 ~ 30mm 的低塑性混凝土的坍落度增加 100 ~ 150mm；在混凝土工作性和强度相近条件下，可节约水泥 10% ~ 20%。该类外加剂除适用于普通混凝土之外，更适用于高强混凝土、早强混凝土、流态混凝土、蒸氧混凝土及特种混凝土。

（三）水溶性树脂（密胺树脂）类减水剂

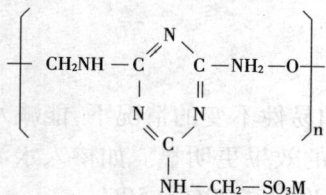

图 3-3-2-7　三聚氰胺甲醛树脂结构单元

该类减水剂是一种水溶性的聚合物树脂，全称为磺化三聚氰胺甲醛树脂，属阴离子系早强、非引气型高效减水剂。如国产三聚氰胺甲醛树脂磺酸盐类（SM）减水剂即属此类，其结构通式如图 3-3-2-7 所示。

这类减水剂由三聚氰胺、甲醛和亚硫酸钠缩聚而成。SM 在水泥碱性介质中，离解成阴离子吸附于水泥颗粒表面，形成凝胶化膜阻止或破坏水泥颗粒间产生的凝聚结构，从而加强水泥的分散作用。

这类外加剂其掺量为水泥质量的 0.5% ~ 1.0%，减水率为 10% ~ 27%；28 天强度提高 30% ~ 50%；当水泥用量相同和强度相近时，可使塑性混凝土的坍落度增加 150mm 以上。该外加剂对蒸气养护的适应性优于其他减水剂；适用于蒸氧混凝土、高强混凝土、早强混凝土及流态混凝土。

（四）其他类减水剂

1. 糖蜜类减水剂

主要成分为蔗糖化钙、葡萄糖化钙及果糖化钙等，属缓凝型减水剂。这类减水剂可不同程度地延缓水泥矿物组分中 C_3A、C_3S 等的水化速度和结晶过程；能显著降低水化热，从而可使混凝土中的内部裂缝减少或得到控制;能提高混凝土的中、后期强度,可节省水泥用量 10% ~15% 。

2. 腐殖酸盐减水剂

腐殖酸俗名胡敏酸,是一种高分子羟基芳基羧酸盐,属阴离子表面活性剂。

五、技术性质及技术标准

国家标准《混凝土外加剂》(GB 8076—99)对混凝土外加剂的性能指标见表 3-3-2-5。

掺外加剂混凝土性能指标(GB 8076—99)　　　　　　表 3-3-2-5

试验项目		外加剂品种																	
		普通减水剂		高效减水剂		早强减水剂		缓凝高效减水剂		缓凝减水剂		引气减水剂		早强剂		缓凝剂		引气剂	
		一等品	合格品	一等品	合格品	一等品	合格品	一等品	合格品	一等品	合格品	一等品	合格品	一等品	合格品	一等品	合格品	一等品	合格品
减水率(%,不大于)		8	5	12	10	8	5	12	10	8	5	10	10	—	—	—	—	6	6
沁水率比(%,不大于)		95	100	90	95	95	100	100		100		70	80	100		100	110	70	80
含气量(%)		≤3.0	≤4.0	≤3.0	≤4.0	≤3.0	≤4.0	<4.5		<5.5		<3.0		—		—		≥3.0	
凝结时间之差(min)	初凝	+90~		-90~		-90~		>+90		>+90		-90~		-90~		>+90		-90~	
	终凝	+120		+120		+120		—		—		+120		+90		—		+120	
抗压强度比(%,不小于)	1d	—	—	140	130	140	130	—				—		135	125	—		—	
	3d	115	110	130	120	130	120	125	120	110		115	110	130	120	100	90	95	80
	7d	115	110	125	115	115	110	125	115	110		110		110	105	100	90	95	80
	28d	110	105	120	110	105	100	120	110	110	105	100		100	95	100	90	90	80
收缩率比(%,不大于)	28d	135		135		135		135		135		135		135		135		135	
相对耐久性(不小于)		—		—		—		—		—		80	60	—		—		80	60
对钢筋锈蚀作用		应说明对钢筋有无锈蚀																	

注:①除含气量外,表中所列数据为掺外加剂混凝土与基准混凝土的差值或比值。

　　②凝结时间指标,"-"号表示提前,"+"号表示延缓。

　　③相对耐久性指标一栏中,80 和 60 表示 28d 龄期的掺外剂混凝土试件冻融循环 200 次后,动弹性模量保留值≥80%,或≥60%。

　　④对于可以高频振捣排除的、由外加剂引入的气泡的产品,允许用高频振捣,达到某类型性能指标要求的外加剂,可按本表进行命名和分类,但须在产品说明书和包装上注明"用于高频振捣的××剂"。

§3-3 引 气 剂

引气剂是一种能使混凝土在搅拌过程中产生大量微小气泡,从而改善其和易性与耐久性的外加剂。

一、分类

引气剂分类见表3-3-3-1。

引气剂分类 表3-3-3-1

序 号	类 型	品 种
1	松香树脂类	松香热聚物 PC—2 型引气剂、松香皂、CON – A 型以及固省牌微沫剂等;
2	烷基苯磺酸盐类	各种合成洗涤剂,例十二烷基苯磺酸钠;
3	脂肪醇类	脂肪醇硫酸钠(FS),高级脂肪醇衍生物(801-2);
4	非离子型表面活性剂	烷基酚环氧乙烷缩合物(OP);
5	木质素磺酸盐类	木质素磺酸钙

二、作用机理

引气剂一般都是阴离子表面活性剂,它的憎水基是由非极性分子组成长碳链。在水—气界面上,憎水基向空气一面定向吸附,在水泥—水界面上,水泥或其水化粒子与亲水基相吸附,憎水基背离粒子,形成憎水化吸附层,并力图靠近空气表面。由于这种离子向空气表面靠近和引气剂分子在空气—水界面上的吸附作用,将显著降低水的表面张力,使混凝土拌和过程中形成大量微细气泡。这些气泡有定向吸附层,相互排斥且均匀分布,而且阴离子表面活性剂在含钙溶液中,作为钙盐而沉淀,吸附于气泡膜,使气泡更趋稳定。因此,混凝土在拌和时引入的空气泡,能以较稳定的形式存在,又能使这些气泡的直径比较小而且均匀。

三、引气剂对混凝土性能的影响

1. 改善和易性

当掺入引气剂时,相互独立的、微小的空气泡就被引入混凝土中,这宛如滚珠轴承的作用,将显著改善混凝土拌和物的和易性,并减少泌水和离析。

2. 增加混凝土含气量,提高抗冻性

掺引气剂能使混凝土的含气量增加至 3% ~ 6%。引气剂所引入的气泡的直径约为 0.025 ~ 0.25mm。这种微气孔,对于硬化混凝土,由于气泡彼此隔离,切断毛细孔通道,使水分不易渗入,可减缓其水分结冰膨胀的作用,提高混凝土的抗冻性。在水泥用量及坍落度不变的条件下能使混凝土的抗冻性提高 3 倍左右。

掺引气剂混凝土的含气量随引气剂掺量的增加而增大,但当达到某一限值后,就不再随之增大。

3. 强度有所降低

由于气泡的存在,混凝土的强度及弹性模量有所降低。一般地,混凝土的含气量每增加

1%,抗压强度降低 4%～6%,抗折强度降低 2%～3%。各种引气剂对混凝土强度的降低情况不同。在引气量相同情况下,引入的气泡细小,分布均匀,则强度降低就少一些,甚至不降低。

国内目前应用最多的引气剂有:松香热聚物、松香皂和烷基苯磺酸钠等,此外还有烷基磺酸钠等。引气剂的掺量一般为水泥重的(0.5～1.5)/10000。也可与减水剂、促凝剂等复合使用,以取得较好效果。

四、技术性质及技术标准

国家标准《混凝土外加剂》(GB 8076—87)对混凝土外加剂的性能指标见表 3-3-2-5。

§3-4 早 强 剂

早强剂指能提高混凝土早期强度并对后期强度无显著影响的外加剂。

一、分类

早强剂种类繁多,按其化学成分可分为无机盐类、有机物类以及复合早强剂。

1. 无机早强剂

主要是一些盐类。可分为氯化物系、硫酸盐系等,例如氯化钠($NaCl$)、氯化钙($CaCl_2$)、硫酸钠(Na_2SO_4)、硫代硫酸钠等。

2. 有机早强剂

常用的有三乙醇胺、三异丙醇胺、乙酸钠、甲酸钙等。

3. 复合早强剂

用无机和有机物复合而成。

早强剂种类及掺量见表 3-3-4-1。

常用早强剂掺量　　　　　　　　　　　　　　　　　　表 3-3-4-1

早 强 剂		掺 量 ($C \times \%$)
氯盐早强剂	氯化钙($CaCl_2$)	0.5～1
	氯化钠($NaCl$)	0.5～1
	氯化铁($FeCl_2 \cdot 6H_2O$)	1.5
	三乙醇胺 TEA[$N(C_2H_6OH)_3$]	0.05
	$NaCl$ + TEA	0.5 + 0.05
	$NaCl$ + TEA + 亚硝酸钠($NaNO_2$)	0.5 + 0.05 + 1
	$NaCl$ + TEA + $NaNO_2$ + 萘系减水剂	0.5 + 0.02 + 0.5 + 0.75
	$FeCl_2 \cdot 6H_2O$ + TEA	0.5 + 0.05
硫酸钠早强剂	硫酸钠(Na_2SO_4)	2
	Na_2SO_4 + TEA	2 + 0.05
	Na_2SO_4 + TEA + $NaNO_2$	2 + 0.03 + 1
	Na_2SO_4 + $NaCl$	2 + 0.5
	Na_2SO_4 + $NaCl$ + TEA	3 + 1 + 0.05

早 强 剂		掺 量（C×%）
早强减水剂	MSF	5
	MZS	3
	NC	3
	NSZ	1.5
	UNF－4	2

注：摘自中国建筑科学研究院等编的"混凝土外加剂应用技术规范"编制说明。

二、作用机理

不同的早强剂其作用原理也不完全相同，现就代表性的氯化钙、硫酸钙以及三乙醇胺分述如下：

1. 氯盐系

氯盐属于强电解质，溶解于水后将全部电离成离子，氯离子吸附于水泥熟料硅酸三钙（C_3S）和硅酸二钙（C_2S）的表面，增加水泥颗粒的分散度，加速水泥初期水化反应；由于溶液中大量的钙离子与氯离子的存在，加速了水化物晶核的形成及成长。

氯化钙与铝酸三钙（C_3A）作用，生成不溶性的水化氯铝酸钙和固溶体（$C_3A \cdot CaCl_2 \cdot 10H_2O$），氯化钙与氧化钙作用生成不溶于氯化钙溶液的氧氯化钙（$3CaO \cdot CaCl_2 \cdot 12H_2O$），这些综合作用使水泥浆体中固相比例增大，促使水泥凝结硬化，早期强度提高。

氯化钠与硅酸钙水化产物氢氧化钙[$Ca(OH)_2$]作用生成氯化钙，当有石膏（$CaSO_4$）存在时，氯化钙能加速 C_3A 和石膏的反应，生成硫铝酸钙（钙矾石 $C_3A \cdot 3CaSO_4 \cdot 31H_2O$），当硫酸根耗尽时，$C_3A$ 与氯化钙形成氯铝酸钙，上述复盐的生成，发生体积膨胀，促使水泥石密实，加速凝结硬化，使早期强度提高。

2. 硫酸盐系

硫酸钠溶解于水中与水泥水化时的氢氧化钙作用，生成氢氧化钠与硫酸钙，此硫酸钙的颗粒很细，活性比外掺硫酸钙要高，因而与 C_3A 反应生成水化硫铝酸钙的速度要快得多，而氢氧化钠是一种活化剂，能提高 C_3A 和石膏的溶解度，加速硫铝酸钙的形成，增加水泥石中硫铝酸钙的数量，导致水泥凝结硬化和早期强度的提高。

3. 三乙醇胺系

三乙醇胺不改变水泥的水化生成物，但促使 C_3A 与石膏之间形成硫铝酸钙的反应，而且与无机盐类材料复合使用时，不但能催化水泥本身的水化，而且能在无机盐类与水泥的反应中起催化作用，所以在早期，三乙醇胺复合早强剂的早强效果大于单掺早强剂。

三、早强剂对混凝土性能的影响

1. 缩短凝结时间，提高早期强度

早强剂能明显提高混凝土的早期强度，对后期强度无不利影响。

2. 改变混凝土的抗硫酸盐侵蚀性

氯化钙会降低混凝土的抗硫酸盐性，而硫酸钠则能提高混凝土的抗硫酸盐侵蚀性。

3. 提高混凝土的抗冻融能力

硫酸钠系早强外加剂能提高混凝土的抗冻性,其中,掺早强高效减水剂和早强减水剂提高的幅度更大。如成型后的试件水养 7 天后进行冻融循环试验,不掺外加剂的基准混凝土冻融 25 次后强度下跌,冻融 42 次后破坏;掺早强剂的混凝土冻融 50 次后强度下跌,冻融 82 次后破坏;掺早强减水剂和早强高效减水剂的混凝土冻融 100 次后强度仍在增长,外观完整。硫酸钠系早强外加剂掺量比常用掺量增加一倍时,混凝土的抗冻性进一步提高。

4. 提高混凝土弹性模量

国家建材局苏州混凝土水泥制品研究院对金星系列早强外加剂的性能进行了系统研究,结果表明系列早强外加剂对混凝土的收缩无不良影响,与基准混凝土基本一致。掺早强高效减水剂混凝土的弹性模量提高 15% 左右。

5. 加速钢筋锈蚀

氯盐会加速混凝土中钢筋的锈蚀,目前趋势是掺量减小,使用限量日益严格。

四、技术性质及技术标准

国家标准《混凝土外加剂》(GB8076 – 87)对混凝土外加剂的性能指标见表 3-3-2-5。

§3-5 缓 凝 剂

能延缓混凝土凝结时间,并对其后期强度无不良影响的外加剂称缓凝剂。

一、分类

缓凝剂的分类及适宜掺量见表 3-3-5-1。

缓凝剂的分类及适宜掺量

表 3-3-5-1

类 别	品 种	掺量(占水泥重%)
木质素磺酸盐	木质素磺酸钙	0.3 ~ 0.5
羟基羧酸	柠檬酸	0.03 ~ 0.10
	酒石酸	0.03 ~ 0.10
	葡萄糖酸	0.03 ~ 0.10
糖类及碳水化合物	糖蜜	0.10 ~ 0.30
	淀粉	0.10 ~ 0.30
无机盐	锌盐、硼酸盐、磷酸盐	0.10 ~ 0.20

二、作用机理

缓凝剂的作用机理主要是缓凝剂分子吸附于水泥表面,使水泥延缓水化反应而延缓凝结。对于羟基羧酸类主要是水泥颗粒中 C_3A 成分首先吸附羟基羧基分子,使它们难以较快生成钙钒石结晶而起了缓凝作用。磷酸盐类缓凝剂溶于水中生成离子,被水泥颗粒吸附生成溶解度很小的磷酸盐薄层,使 C_3A 的水化和钙钒石形成过程被延缓而起了缓凝作用。有机缓凝剂通常延缓 C_3A 的水化。

三、缓凝剂对混凝土性能的影响

缓凝剂能延长混凝土的凝结时间,使新拌混凝土在较长时间内保持塑性,有利于浇筑成型和提高施工质量及降低水泥初期水化热。但掺量过大,会引起强度降低。

四、技术性质及技术标准

国家标准《混凝土外加剂》(GB 8076—87)对混凝土外加剂的性能指标见表 3-3-2-5。

§3-6 防 冻 剂

在一定的负温条件下,能显著降低冰点,使混凝土液相不冻结或部分冻结,保证混凝土不遭受冻害。同时保证水与水泥进行水化反应,并在一定时间内获得预期强度的外加剂。

一、分类

防冻剂分类见表 3-3-6-1。

防 冻 剂 分 类　　　　　　　　　　　　　　表 3-3-6-1

类　　别	主　要　品　种
氯盐防冻剂	$CaCl_2$、$NaCl$ 及 $CaCl_2 + NaCl$
氯盐阻锈防冻剂	氯盐与阻锈剂、早强剂、减水剂等的复合剂如 $NaCl + NaNO_2$,$CaCl_2 + NaNO_2$ 等
非氯盐防冻剂	亚硝酸盐、硝酸盐、碳酸盐及其与无氯早强剂、减水剂等的复合剂

二、作用机理

加入防冻剂,因为化学作用使其冰点降低并且由于生成了溶剂化物,即在被溶解物质与水分子间形成比较稳定的组分。当将溶液中的水转化为冰时,不仅需要降低水分子的温度,而且需要使水分子从溶剂化物中分开,使两者都需要消耗能量。

防冻剂对冰的力学性质有极大的影响,这样生成的冰,结构有缺陷,强度很低,它的结构呈薄片状,不会对混凝土产生显著的损害。与此相反,不加抗冻剂的混凝土在硬化的早期受冻时,混凝土力学性能及耐久性都受到很大的损害。

与不加防冻剂的混凝土比,含防冻剂混凝土受冻时所生成的冰,其结晶强度低,可以允许受冻。防冻剂的主要作用除降低水的冰点外,还参加水泥的水化过程,改变熟料矿物的溶解性及水化产物,并且对水化生成物的稳定性起作用。

三、应用

防冻剂主要用于有抗冻要求的混凝土以及冬季施工用混凝土。

使用防冻剂时应严格控制混凝土水灰比,水灰比不宜过大;严格控制掺量,搅拌时间要延长 1min;加强养护,10 天内温度不低于 − 10℃。

第四章　道路混凝土

§4-1　概　　述

道路混凝土主要指路面混凝土,它是指以水泥混凝土板作为面层,下设基(垫)层所组成的路面。混凝土路面板直接承受车辆荷载的冲击、摩擦和反复弯曲作用,同时由于长期暴露在严峻环境条件下,板中的温度、湿度经常随环境的变化而受到影响。这就决定了作为路面面层所用的混凝土应具有较高的抗折强度和疲劳强度以及抗滑性,同时还应具有耐久性好、弹性模量低和收缩小等优点,另外,为便于施工操作还要求道路混凝土具有良好的和易性。

一、水泥混凝土路面分类

按组成材料和施工方法的不同,水泥混凝土面层可分为如下几类:

(1)素混凝土　是指除接缝区和局部范围(如角隅和边缘)外,板内不设置钢筋的水泥混凝土面层,这是目前国内应用最为广泛的一种面层类型。

(2)连续配筋混凝土　除了在与其他路面交接处或邻近结构物处设置胀缝以及视施工需要而设置施工缝外,不设置横缝的一种配筋混凝土面层。这种路面型式,可使混凝土的收缩裂缝微小而均匀,因而可以取消路面的分块接缝,这样既保证了混凝土板的连续性,又改善了车辆在路面上的行驶性,但由于钢筋用量大,工程造价高,目前在我国仅铺筑了试验路。

(3)钢筋混凝土　为防止混凝土板产生的缝隙张开而在板内配置纵向和横向钢筋的混凝土面层。

(4)钢纤维混凝土　在混凝土内掺入一些低碳钢或不锈钢纤维,形成一种均匀而多向配筋的混凝土面层板。

(5)预应力混凝土　在路面板上施加压应力,从而消除了在板内产生的拉应力,可以提高路面的承载能力。在抗拉强度很小的混凝土中施加预应力,尽管板的厚度很小,仍能极大增强路面的受力性能。

(6)碾压混凝土　该型式路面是利用沥青混凝土路面摊铺、碾压技术施工的一种水泥混凝土路面。这是近年来出现的一种新的施工工艺。

二、水泥混凝土路面的特点

水泥混凝土路面具有刚性大,整体性强;在荷载作用下变形小,稳定性好,经久耐用,抗侵蚀能力强,养护费用低优点。但它对超载敏感,具有接缝多、开放交通迟等缺点。

鉴于以上特点,作为水泥混凝土路面可以适用于交通繁重道路。路基承载能力低、气候炎热和严重冰冻地区,缺乏优质集料、沥青来源困难、水泥等地方材料供应丰富等情况均可使用道路水泥混凝土路面。

§4-2 道路混凝土的技术要求

路面水泥混凝土既要受车辆荷载的反复作用,又要受到大自然、气候的直接影响,因而需要具备优良的技术性质,主要包括:

(一)强度

道路混凝土主要是以混凝土的抗折强度(抗弯拉强度)为设计标准。这主要是由于面层混凝土受车辆荷载和温度(温差产生翘曲应力)的重复弯拉作用,因而要求混凝土要有较高的抗折强度及良好的疲劳性能。

1.抗折强度

混凝土抗折强度是按标准成型方法,成型 150mm × 150mm × 550mm 的棱柱体梁式试件标准养护至 28 天,以在距径三分点处加荷的方式加载测得的强度。抗折强度计算公式如下:

$$f_f = \frac{Fl}{bh^2} \tag{3-4-2-1}$$

式中:f_f——混凝土抗折强度,MPa;

F——试件破坏荷载,N;

l——支座间跨度(450),mm;

h——试件截面高度,mm;

b——试件截面宽度,mm。

各级交通等级要求的路面混凝土弯拉强度标准值不得低于表 3-4-2-1 的规定,弯拉强度标准值与抗折(弯拉)强度不同,是具有一定强度保证率、弯拉强度变异性符合要求的强度值,即路面设计弯拉强度。

路面混凝土弯拉强度标准值(JTG D40—2002)　　　　　　　表 3-4-2-1

交通等级	特重	重	中等	轻
水泥混凝土弯拉强度标准值(MPa)	5.0	5.0	4.5	4.0
钢纤维混凝土弯拉强度标准值(MPa)	6.0	6.0	5.5	5.0

2.抗折弹性模量 E_{cf}

由于混凝土板的计算是以抗折强度作为控制指标,因此,在计算中所采用的混凝土弹性模量,也应根据抗折试验确定。混凝土抗折弹性模量试件尺寸、制作方式以及加荷方式与抗折强度试验相同,并规定用挠度法,取 $P_{0.5}$ 级(即 $0.4f_{cf}$)时的割线模量为标准,计算公式为:

$$E_{cf} = \frac{23F_i L^3}{1296 f_i J} \times 10^4 \tag{3-4-2-2}$$

式中:F_i——第 i 个试件的荷载值,N;

f_i——第 i 个试件的跨中挠度,mm;

L——支点间距,$L = 450$mm;

J——试件截面转动惯量,$J = \frac{bh^3}{12}$mm^4;

b——试件截面宽度,$b = 150$mm;

h——试件高度,$h = 150$mm。

鉴于抗折弹性模量测试比较费时，又难以测准，故允许在无条件作测试时，可按混凝土计算抗折强度参照表3-4-2-2选用，或者按经验公式 $E_{cf} = 1.44f_{cf}^{0.459} \times 10^4 (\text{MPa})$ 来确定。

水泥混凝土弯拉弹性模量经验参考值　　　　表3-4-2-2

弯拉强度（MPa）	3.0	3.5	4.0	4.5	5.0	5.5
弯拉弹性模量（GPa）	23	25	27	29	31	33

3. 混凝土抗折疲劳强度

疲劳强度随应力重复作用次数的增加而降低。为寻找混凝土疲劳强度同重复应力作用次数间的定量关系，一般是在室内对小梁试件施加不变的重复应力进行疲劳试验，并把此重复弯拉应力值 f_f 同该试件在一次荷载作用下的极限弯拉应力值 f_{cf} 之比（f_f/f_{cf}）与试件达到破坏时所经受的重复作用次数 N_e 点绘成一曲线，通过回归分析。得出应力比与作用次数之间的疲劳方式。《公路水泥混凝土路面设计规范》（JTJ 012—94）中所采用的疲劳方式为：

$$f_f = f_{cf}(0.944 - 0.077 \lg N_e) \quad (\text{MPa}) \tag{3-4-2-3}$$

4. 抗压强度

道路混凝土的抗折强度与抗压强度的比值一般为1:（5.5~7.0）。为了保证路面混凝土的耐久性、耐磨性、抗冻性等要求，除土抗折强度外，其抗压强度也不应太低。道路混凝土要求的抗折强度与抗压强度见表3-2-5-1。

（二）耐久性

混凝土与大自然接触，受到干湿、冷热、水流冲刷、行车磨耗和冲击、腐蚀等作用，要求混凝土路面必须具有良好的耐久性。研究表明，密实度是混凝土耐久性的关键，而获得密实的混凝土，水灰比又是其关键。由于混凝土耐久性试验周期长，不易进行，故在一般情况下，都在混凝土配合比设计时，采用限制最大的水灰比和限制最小的水泥用量，来满足道路混凝土耐久性的要求，具体要求见表3-4-2-3。

**混凝土满足耐久性要求的最大水灰（胶）比和
最小单位水泥用量（JTG F30—2003）**　　　　表3-4-2-3

公路技术等级		高速、一级公路	二级公路	三、四级公路
最大水灰（胶）比		0.44	0.46	0.48
抗冰冻要求最大水灰（胶）比		0.42	0.44	0.46
抗盐冻要求最大水灰（胶）比		0.40	0.42	0.44
最小单位水泥用量（kg/m³）	42.5级	300	300	290
	32.5级	310	310	305
抗（冰）盐冻时最小单位水泥用量（kg/m³）	42.5级	320	320	315
	32.5级	330	330	325
掺粉煤灰时最小单位水泥用量（kg/m³）	42.5级	260	260	255
	32.5级	280	270	265
抗（冰）盐冻掺粉煤灰时最小单位水泥用量（kg/m³）		280	270	265

注：①掺粉煤灰，有抗（冰）盐冻要求时，不得使用32.5级水泥；
　　②水灰（胶）比计算以砂石料的自然风干状态（砂含水量≤1.0%；石子含水量≤0.5%）；
　　③处在除冰盐、海风、酸雨或硫酸盐等腐蚀性环境中，或在大纵坡等加减速车道上的混凝土，最大水灰（胶）比可比表中数值降低0.01~0.02。

另外，道路混凝土在使用过程中，由于受车辆反复荷载的磨耗作用，因而要求混凝土具有较高的耐磨性，这是其他建筑结构所没有的。

水泥混凝土路面的磨损是一个复杂的物理力学过程。就通常的车辆磨损条件而言，路面混凝土的主要磨损形式是疲劳磨损和磨粒磨损。提高路面混凝土抗磨损能力的措施，就是提高混凝土的断裂韧性，降低脆性，减少原生缺陷，提高硬度或降低弹性模量。

评价道路混凝土耐磨性能的指标一般采用 150mm×150mm×150mm 立方体试件，养生至27 天龄期，在 60℃ 温度下烘干至恒重，然后在带有花轮磨头的混凝土磨耗试验机上，在 200N 负荷下磨削 50 转后的磨损量来评价，并按下式计算磨损量。

$$G = \frac{m_0 - m_1}{0.0125} \cdot 100 \tag{3-4-2-4}$$

式中：G——单位面积磨损量，kg/m^2；

m_0——试件的原始质量，kg；

m_1——试件磨损后的质量，kg；

0.0125——试件磨损面积，m^2。

（三）工作性（和易性）

混凝土拌和物在施工拌和、运输、浇筑、捣实和抹面等过程中不分层、不离析、不泌水，能均匀密实填充在结构物模板内，即具有良好的工作性，符合施工要求。对于一般混凝土，当粗骨料最大粒径不超过 40mm 时，通常在直观评价水泥混凝土拌和物粘聚性、保水性良好的基础上，用坍落度测定混凝土拌和物的流动性作为工作性的指标，但对坍落度小于 1cm 的干硬性混凝土，可采用维勃稠度仪测定其工作性。

道路水泥混凝土的坍落度一般宜采用 1～2.5cm，维勃稠度宜在 10～30s。

此外，道路水泥混凝土还要求有较低的温度膨胀系数，以减少温度应力。

§4-3　道路混凝土的组成材料

道路水泥混凝土由水泥、粗集料、细集料、水与外加剂所组成。

（一）水泥

1. 水泥品种

水泥是道路混凝土的重要组成材料，它直接影响混凝土的强度，早期干缩和温度徐变以及磨耗。道路混凝土用水泥希望具有抗弯拉强度高、收缩小、抗磨和耐久性好以及弹性模量低等技术品质，因而在铺筑路面时，目前我国可采用的水泥主要有硅酸盐水泥、普通硅酸盐水泥和道路硅酸盐水泥，中等及轻交通的路面，也可采用矿渣硅酸盐水泥。

2. 水泥强度等级

各级交通使用的水泥各龄期的抗折强度、抗压强度不宜低于表 3-4-3-1 的规定。

各交通等级路面水泥各龄期的抗折强度、抗压强度（JTG F30—2003）　　表 3-4-3-1

交 通 等 级	特重交通		重交通		中、轻交通	
龄期（d）	3	28	3	28	3	28
抗压强度（MPa）	25.5	57.5	22.0	52.5	16.0	42.5
抗折强度（MPa）	4.5	7.5	4.0	7.0	3.5	6.5

另外,水泥的物理性能及化学成分应符合现行的国家标准《硅酸盐水泥、普通硅酸盐水泥》、《矿渣、火山灰、粉煤灰硅酸盐水泥》和《道路硅酸盐水泥》中的有关规定。

（二）粗集料

为获得密实、高强、耐久性好、耐磨耗的混凝土,粗集料必须具有一定的强度,耐磨耗,有足够的坚固性和良好的级配。

1. 强度

粗集料的强度应不低于 3 级,或者不低于混凝土的设计抗压强度等级的 2 倍,也可采用压碎值,技术要求见表 3-4-3-2。

碎石或卵石强度、坚固性指标（JTG F30—2003）　　　　　表 3-4-3-2

	技　术　要　求		
	Ⅰ 级	Ⅱ 级	Ⅲ 级
岩石抗压强度	火成岩不应小于 100MPa;变质岩不应小于 80MPa;火成岩不应小于 60MPa		
碎石压碎指标(%)　　<	10	15	20
卵石压碎指标(%)　　<	12	14	16
坚固性(按质量计)(%)　<	5	8	12

2. 坚固性

粗集料的坚固性是反映碎石或卵石在气候、环境变化或其他物理因素作用下抵抗碎裂的能力。粗集料的坚固性用 Na_2SO_4 饱和溶液法检验。试样经 5 次循环浸渍后,测定因 Na_2SO_4 析晶膨胀引起的质量损失,其质量损失应符合表 3-4-3-2 的规定。

3. 耐磨性

道路混凝土用的粗集料磨耗率不大于 30%。

4. 表面特征及颗粒形状

粗骨料的粒状以接近立方体为佳。细长扁平状颗粒将会降低新拌混凝土的和易性和硬化后的强度,应限制其含量(总含量不得超过 15%)。另外,碎石集料表面粗糙的棱角,同水泥浆的粘结力好,配制的混凝土具有较高的强度。而砾石多为圆形,表面光滑,与水泥浆的粘结较差,但在相同水泥浆条件下,砾石配制的混凝土具有较好的工作性。

5. 颗粒粗细及级配

颗粒愈粗,比表面积愈小,裹覆集料所用的水泥浆数量愈少,但粒径太粗,搅拌、运输都不方便,而且在成型时,由于游离水上浮,截留在粗集料的下面,形成水囊,成为硬化混凝土的断裂隐患。因此,为了获得质量均匀的道路混凝土,并且取得良好的施工性能,粗集料的最大粒径最好在 40mm 以下。

粗集料的级配,可采用连续级配或间断级配。采用连续级配的粗集料配制的道路混凝土和易性良好,不易发生分层、离析,是目前道路混凝土中最常用的级配方法。间断级配由于具有较小的空隙率及比表面积,可节约水泥,但由于间断级配中石子颗粒粒径相差较大,容易使混凝土拌和物分层离析,增加施工难度,故在道路工程应用较少。

（三）细集料

道路混凝土用砂希望具有较高的密实度及较小的比表面积,以保证新拌道路混凝土具有适宜的工作性,同时使硬化后的混凝土具有足够的强度和耐久性,又达到节约水泥的目的。为此,选用的天然砂或人工砂,应符合普通混凝土用砂的级配要求。

另外,集料中含有泥土(包括尘屑和粘土等)、有机质、硫化物和硫酸盐、轻物质等杂质时,会在集料表面形成包裹层而妨碍集料同水泥石的粘结,妨碍水泥水化,同水泥水化产生不良的化学反应等。为此,对集料中有害杂质的含量作出了限量要求。

（四）拌和水和养护水

搅拌混凝土所用水及养护用水中,不得含有影响混凝土质量的油、酸、盐类及有机物等有害物质,海水不能用作搅拌及养护道路混凝土用水。

凡能饮用的自来水和清洁的天然水,一般都可采用。

（五）外加剂

随着混凝土等级的提高,对道路混凝土技术品质的要求也不断提高,因而外加剂也成为道路混凝土一种重要的组成材料,用以改善混凝土的性能。在公路工程中,针对道路混凝土的基本要求,掺入的混凝土外加剂通常应具备以下主要功能:

（1）减少用水量:在保证混凝土和易性的前提下,掺入减水剂以减少道路混凝土的用水量或水泥浆用量,可以提高强度或节约水泥、降低成本;减少混凝土的自由水含量,降低空隙率,提高密实度和耐磨性能;减少混凝土的干收缩值和降低水化热峰后体内外温差造成的收缩值,即减少混凝土开裂。

（2）适当引气,混凝土的含气量通常为1%左右。掺入引气剂后可以增加含气量1% ~ 3%。许多国家的道路混凝土施工实践也表明,在道路混凝土中适当掺入引气剂,使其含气量增加到3%左右,能够截断混凝土多数毛细管通道,显著提高混凝土的抗冻和耐腐蚀能力,改善和易性,减少表面的泌水率,提高路面强度和耐磨损能力,即大幅度提高道路混凝土的耐久性。

（3）提高抗折强度:在道路混凝土中,达到抗压强度比较容易,但达到较高抗折强度却相对较困难。而现代交通也迫使道路混凝土的等级不断提高,要求在设计时提高混凝土抗折强度,这就必然要进一步降低水灰比,增加水泥浆用量。其后果是抗压强度大大富余,水泥用量增大,成本提高,混凝土收缩增加,增大了混凝土开裂的可能性;混凝土脆性增大,柔性降低,使道面容易断裂。另外从混凝土的破坏形式来看,提高水泥浆与集料的胶结强度,降低道路混凝土的压折比,是道路混凝土研究的长期任务,而掺用外加剂是提高道路混凝土质量,降低成本最直接的手段之一。

（4）延长凝结时间:除冬季和较低气温施工外,一般都需要掺入缓凝剂,特别是较高气温施工,必须加入缓凝剂,延长混凝土的凝结时间,为运输、摊铺、振捣、整平、拉毛提供充裕的施工时间。同时,还为减少施工中坍落度损失,降低混凝土早期水化热峰绝对值,推迟水化热峰出现的时间,减少早期开裂起重大的作用。

（5）提高早期强度:全线封闭施工的最后区段或半封闭区段施工的路段,为提前通车,常常要提高道路混凝土的早期强度,掺入早强剂,通常可缩短养护期1/2 ~ 2/3。

（6）防冻:寒冷天气,正负温交替或负温下的道路混凝土施工,必须掺入抗冻剂,以降低混凝土内自由水的冰点,保证混凝土防冻和继续硬化达到设计强度。

在道路混凝土施工中,为满足某些特殊要求,还可以在混凝土中掺入膨胀剂、速凝剂、着色剂、防水剂等。但不管选用何种外掺剂,都应根据设计要求和现场具备的材料、品质及施工条件等具体情况,选用适当的外加剂品种及合适的掺量。

§4-4 道路混凝土的配合比设计

道路混凝土配合比设计的任务是将组成混凝土的原材料,即粗、细集料、水和水泥的用量,加以合理的配合,使所配制的混凝土能满足强度、耐久性及和易性等技术要求,并尽可能节约水泥,以取得最大的经济效益。

水泥混凝土路面用混凝土配合比设计方法,按我国现行国际《公路水泥混凝土路面施工技术规范》(JTG—2003)的规定,采用抗弯拉强度或抗压强度为指标的方法。本节介绍(GBJ 97-94)规范推荐的以抗弯拉强度为指标的经验公式法。

(一)计算初步配合比

1. 确定道路混凝土的配制抗折强度

道路混凝土的配制强度可按下式计算:

$$f_c = \frac{f_r}{1 - 1.04C_v} + ts \tag{3-4-4-1}$$

式中:f_c——配制 28d 弯拉强度的均值,MPa;

$\quad\quad f_r$——设计弯拉强度标准值,MPa;

$\quad\quad s$——弯拉强度试验样本的标准差,MPa;

$\quad\quad t$——保证率系数,应按表 3-4-4-1 确定;

$\quad\quad C_v$——弯拉强度变异系数,按按统计数据表 3-4-4-2 的规定范围内取值;在无统计数据时,弯拉强度变异系数应按设计取值;如果施工配制强度超出给定的弯拉强度变异系数上限,则必须改进机械装备和提高施工控制水平。

保证率系数 t　　　　　　　　　　　　　　　　表 3-4-4-1

公路技术等级	判别概率 p	样本数 n(组)				
		3	6	9	15	20
高速公路	0.05	1.36	0.79	0.61	0.45	0.39
一级公路	0.10	0.95	0.59	0.46	0.35	0.30
二级公路	0.15	0.72	0.46	0.37	0.28	0.24
三、四级公路	0.20	0.56	0.37	0.29	0.22	0.19

各级公路混凝土弯拉强度变异系数　　　　　　　　表 3-4-4-2

公路技术等级	高速公路	一级公路		二级公路	三、四级公路	
混凝土弯拉强度变异水平等级	低	低	中	中	中	高
弯拉强度变异系数 C_v 允许变化范围	0.05~0.10	0.05~0.10	0.10~0.15	0.10~0.15	0.10~0.15	0.15~0.20

2. 计算水灰比

道路混凝土拌和物的水灰比根据已知的混凝土配制抗折强度 f_c 和水泥的实际抗折强度 f_s 由下式来确定。

$\quad\quad$碎石或碎卵石混凝土 $\quad\quad\quad \dfrac{C}{W} = \dfrac{1.5684}{f_c + 1.0097 - 0.3595f_s}$ $\quad\quad\quad$ (3-4-4-2)

$\quad\quad$卵石混凝土 $\quad\quad\quad\quad\quad \dfrac{C}{W} = \dfrac{1.2618}{f_c + 1.5492 - 0.4709f_s}$ $\quad\quad\quad$ (3-4-4-3)

式中：W/C——水灰比；

      f_s——水泥实测 28d 抗折强度，MPa。

计算的水灰比值不应超过由耐久性决定的最大水灰比值（见表 3-4-2-5）。

3. 计算用水量

混凝土拌和物每立方米用水量 m_{wo} 可按以下二式计算：

碎石混凝土 $\qquad m_{wo} = 104.97 + 3.09H + 11.27\dfrac{C}{W} + 0.61\beta_s$ (3-4-4-4)

卵石混凝土 $\qquad m_{wo} = 86.89 + 3.70H + 11.24\dfrac{C}{W} + 1.00\beta_s$ (3-4-4-5)

式中：H——新拌混凝土坍落度；

      β_s——砂率，%，一般可参照表 3-4-4-3 选用。

砂的细度模数与最优砂率关系   表 3-4-4-3

砂的细度模数		2.2～2.5	2.5～2.8	2.8～3.1	3.1～3.4	3.4～3.7
砂率(%)	碎石	30～34	32～36	34～38	36～40	38～42
	卵石	28～32	30～34	32～36	34～38	36～40

4. 计算水泥用量

每立方米混凝土拌和物水泥用量按下式计算：

$$m_{co} = m_{wo} \cdot \frac{C}{W} \qquad\qquad (3\text{-}4\text{-}4\text{-}6)$$

为保证混凝土路面的耐久性，上式计算的水泥用量不得小于 300kg/m³。但对道路混凝土而言，水泥用量也不易太多，用量多不仅不经济，而且容易产生塑性裂缝、温度裂缝，路面的耐磨性也会降低，所以在达到质量要求的范围内，水泥用量一般也不宜大于 360kg/m³。

5. 计算砂石材料用量

砂石材料用量可用绝对体积法按下式计算：

$$\frac{m_{co}}{\rho_c} + \frac{m_{so}}{\rho'_s} + \frac{m_{Go}}{\rho'_G} + \frac{m_{wo}}{\rho_w} = 1000 \qquad (3\text{-}4\text{-}4\text{-}7)$$

$$\frac{m_{so}}{m_{so} + m_{Go}} \cdot 100 = \beta_s \qquad\qquad (3\text{-}4\text{-}4\text{-}8)$$

式中：$m_{co}, m_{so}, m_{Go}, m_{wo}$——分别为每立方米混凝土拌和物中水泥、沙、石、水的用量，kg/m³；

           ρ_c、ρ_w——水泥、水的密度；

           ρ'_s、ρ'_G——砂、石的饱和面干密度；

           β_s——砂率。

通过以上五个步骤，可将 1m³ 道路混凝土中水泥、水、砂和石子用量全部求出，从而得到道路混凝土初步计算配合比。

（二）配合比调整

1. 试拌调整

按初步计算配合比试拌（约 30L），测定其工作性（坍落度或维勃稠度试验）。如果工作性不符合设计要求，应对配合比进行调整：流动性不满足要求，应在水灰比不变的情况下，增减水泥浆用量；如果粘聚性或保水性不符合要求，则调整砂率的大小。

226

2. 实测拌和物相对密度

由于在计算砂、石用量时未考虑含气量,故应实测混凝土拌和物捣实后的相对密度,并对各组成材料的用量进行最后调整,以确定基准配合比。

3. 强度复核

按试拌调整后的道路混凝土配合比,同时配制和易性满足设计要求的、较计算配合比水灰比增大 0.03 与减少 0.03 共三组混凝土试件,经标准养护 28 天,测其抗折强度,选定既满足设计要求,又节约水泥的配合比为试验室配合比。

4. 施工配合比的换算

试验室配合比是集料处于标准含水状态(全干或饱和面干状态)下计算出来的,施工现场所堆放的材料含水量经常变化,因此,应根据拌制时集料的实际含水量对试验室的配合比进行调整。

施工现场实测砂、石含水率分别为 $a\%$、$b\%$,则施工现场材料的称量为:

$$\left.\begin{array}{l} \text{水泥用量不变,为 } m_c \\ \text{砂的用量} = m_s(1 + a\%) \\ \text{石子的用量} = m_G(1 + b\%) \\ \text{水的用量} = m_w - m_s \cdot a\% - m_G \cdot b\% \end{array}\right\} \qquad (3\text{-}4\text{-}4\text{-}9)$$

如果试验室配合比是采用干燥材料为基准的,则上式中 $a\%$、$b\%$ 分别为施工现场砂、石的实测含水量。

(三)设计实例

陕西某二级公路拟采用水泥混凝土路面,试设计路面用混凝土配合比。

1. 原材料各项指标如下

水泥:52.5R 普通硅酸盐水泥,密度 $\rho_c = 3.1\text{g/cm}^2$,实测 28 天胶砂抗折强度 $f_s = 8.7\text{MPa}$;

碎石:石灰石,最大粒径 40mm,级配合格,表观密度 $\rho'_G = 2.78\text{g/cm}^3$,实测工地含水率为 2.0%;

砂:渭河中砂,表观密度 $\rho'_s = 2.73\text{g/cm}^3$,实测工地含水率为 5.0%,其他各项指标均符合技术要求;

水:自来水;

外加剂:FDN 高效减水剂,掺量 1%,减水率 15%。

2. 设计要求

混凝土抗折强度等级为 5MPa,混凝土拌和物的坍落度为 1 ~ 25mm。

3. 配合比设计

(1)确定混凝土的试配抗折强度 f_c:

$$f_c = \frac{4.5}{1 - 1.04 \times 0.125} = 5.75\text{MPa}$$

(2)计算水灰比 $\dfrac{W}{C}$:

由式(3-4-4-2)中碎石公式可得:

$$\frac{W}{C} = \frac{1.5684}{5.75 + 1.0097 - 0.3595 \times 8.7}$$

解得:$\dfrac{W}{C} = 0.43$

查表 3-4-2-5，耐久性允许最大水灰比为 0.5，故取计算水灰比为 0.43。

（3）计算用水量

由表 3-4-4-1 查得，$\dfrac{W}{C} = 0.43$ 时，$\beta_s = 31\%$

代入（3-4-4-4）式中：

$$m_{wo} = 104.97 + 3.09 \times 2 + 11.27 \times \frac{1}{0.45} + 0.61 \times 31$$
$$= 155 \mathrm{kg/m^3}$$

另外，由于使用高效减水剂，减水率为 15%

故计算用水量为 $m_{wo} = 155 \times (1 - 15\%) = 132 \mathrm{kg/m^3}$

（4）计算水泥用量：

由式（3-4-4-6）可得：

$$m_{co} = 132 \times \frac{1}{0.43} = 308 \mathrm{kg/m^3}$$

（5）计算砂、石用量：

由式（3-4-4-7）和（3-4-4-8）得：

$$\begin{cases} \dfrac{308}{3.1} + \dfrac{m_{Go}}{2.78} + \dfrac{m_{so}}{2.73} + \dfrac{132}{1} = 1000 \\[3mm] \dfrac{m_{so}}{m_{so} + m_{Go}} = 31\% \end{cases}$$

解得：
$$m_{so} = 658 \mathrm{kg/m^3}$$
$$m_{Go} = 1466 \mathrm{kg/m^3}$$

（6）试拌调整：

按上式初步定出的配合比 $m_{wo} = 132 \mathrm{kg/m^3}$，$m_{co} = 308 \mathrm{kg/m^3}$，$m_{so} = 658 \mathrm{kg/m^3}$，$m_{Go} = 1466$ kg/m³。计算拌制 30L 混凝土拌和料，测得其坍落度为 2.0cm，流动性符合要求；观察粘聚性和保水性稍差，砂率偏小。进行调整使砂率提高到 $\beta_s = 32\%$，重新计算配合比为：

$$m'_{co} = 308 \mathrm{kg/m^3}$$
$$m'_{so} = 680 \mathrm{kg/m^3}$$
$$m'_{Go} = 1444 \mathrm{kg/m^3}$$
$$m'_{wo} = 132 \mathrm{kg/m^3}$$

按此配合比重新配制 30L 混合料，测得其坍落度为 1.8cm，粘聚性和保水性良好，整个工作性符合要求。

由于设计中未考虑含气量，实测新拌混合料的密度 $\rho_h = 2495 \mathrm{kg/m^3}$，因此，需对混凝土各组成材料用量调整。

调整系数
$$k = \frac{2495}{308 + 680 + 1444 + 132} = \frac{2495}{2567} = 0.973$$

故混凝土的基准配合比为：

$$m'_{co} = 308 \times 0.973 = 300 \mathrm{kg/m^3}$$
$$m'_{so} = 680 \times 0.973 = 662 \mathrm{kg/m^3}$$
$$m'_{Go} = 1444 \times 0.973 = 1405 \mathrm{kg/m^3}$$

$$m'_{wo} = 132 \times 0.973 = 128 \text{kg/m}^3$$

（7）强度复核

同时拌制 $\dfrac{W}{C} = 0.39, 0.42, 0.45$ 三组水泥混凝土，每组做 3 个小梁，试件养护 28 天，测得其抗折强度为：

$$\dfrac{W}{C} = 0.39 \text{ 时} \qquad f_{cf} = 6.41 \text{MPa}$$

$$\dfrac{W}{C} = 0.42 \text{ 时} \qquad f_{cf} = 5.93 \text{MPa}$$

$$\dfrac{W}{C} = 0.45 \text{ 时} \qquad f_{cf} = 5.58 \text{MPa}$$

最后选定 $\dfrac{W}{C} = 0.42$ 时的配合比为试验室配合比。

（8）施工配合比换算：

由于试验室采用的砂、石材料为全干状态，因而当现场砂、石含水率为 5.0%、2.0% 时的施工配合比为：

$$m_c = 300 \text{kg/m}^3$$
$$m_s = 662(1 + 5.0\%) = 695 \text{kg/m}^3$$
$$m_G = 1405(1 + 2.0\%) = 1433 \text{kg/m}^3$$
$$m_w = 132 - 66.2 \times 5.0\% - 1405 \times 2.0\%$$
$$\quad = 71 \text{kg/m}^3$$

§4-5　道路混凝土施工

近年来，随着交通事业的迅猛发展，全国各地修筑了大量的高等级水泥混凝土路面，在施工技术方面，已从原先的人工加小型机具施工发展到今天的机械化施工，使水泥混凝土路面的施工，从拌和、运输、摊铺，直至养生成型整个工艺过程，都采用了机械化施工与现代化质量检测手段，也使水泥混凝土路面的施工在技术上日臻完善，保证了水泥混凝土路面的使用性能。

本节将重点介绍水泥混凝土路面机械化施工。

§4-5-1　轨道式摊铺机施工

利用轨道式摊铺机铺筑混凝土路面，是现代机械化施工的一种方法，它利用主导机械（摊铺机、拌和机）和配套机械（运输车辆，振捣器等）的有效组合，完成铺筑面板的全过程。其工艺流程如图 3-4-5-1。

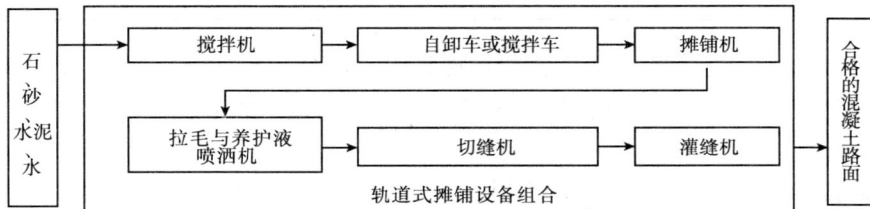

图 3-4-5-1　轨道式摊铺工艺流程图

一、混凝土的拌和

拌和混凝土一般采用两种方式:工地由拌和机拌制及中心工厂集中制备而后运送到工地。

常用的拌和机械有两种方式:自落式和强制式。自落式搅拌机是通过搅拌鼓的转动,使材料由上面落下而达到搅拌的目的。这种搅拌机的优点是能耗小,价格较便宜,适用于拌制塑性混凝土,而不能用来拌制干硬性混凝土,因为坍落度小的混凝土,粒料容易粘附在叶片上,难以拌和均匀,出料也有困难。强制式搅拌机,是在固定不动的搅拌筒内,用高速转动的搅拌叶片对材料进行反复的强制搅拌。这种搅拌机的优点是搅拌时间短、效率高,缺点是需要的动力大,搅拌筒及叶片磨耗大,骨料有所破坏,故障率高。它适用于搅拌干硬性混凝土及细粒式混凝土。

在拌制混凝土时,应注意以下几点:

(1)材料计量要准确。在机械化施工中,混凝土拌和的供料系统应尽量采用配有电子秤等自动计量设备,有困难时,最低限度也要采用集料箱加地磅的计量方法。每班开工前,实测砂、石料的含水率,确定混凝土的施工配合比。并随时抽查其称量误差是否在允许的范围内(见表3-4-5-1)。

容许计量误差 表3-4-5-1

材 料 种 类	容 许 误 差 (%)	材 料 种 类	容 许 误 差 (%)
水、水泥	1	粉体外加剂	2
粗、细集料、液体外加剂	3		

(2)投料顺序及搅拌时间。搅拌时间与选用机型、投料顺序、每次搅拌量、稠度等多因素有关,最好根据试验决定投料顺序,以最短的时间搅拌出均质的混凝土来,也可按照常规的投料顺序:砂、水泥、碎(卵)石或碎(卵)石、水泥、砂,边投料边搅拌。进料后,边搅拌边加水。混凝土拌和物的最小搅拌时间自材料全部进入搅拌鼓起,至拌和物开始出料时的连续搅拌时间,应符合表3-4-5-2的规定。但搅拌时间也不能太长,因为长时间搅拌会使骨料破碎,导致混凝土工作性变化,而且也不经济,因此,规定最长搅拌时间不得超过最短时间的3倍。

混凝土拌和物最短搅拌时间 表3-4-5-2

搅 拌 机 容 量		搅 拌 时 间 (s)	
		低流动性混凝土	干硬性混凝土
自落式	400L	105	120
	800L	165	210
强制式	375L	90	100
	1500L	180	240

(3)搅拌开始时的头一盘混凝土,因机内要粘附一部分砂浆,所以不能设计到规定配合比的混凝土,为此,在正式搅拌前,可先用1/3盘的混凝土或适量砂浆搅拌,将其排出,然后再按规定的配合比搅拌混凝土。

(4)暂停搅拌作业时,若时间在1h以内。为防止搅拌机内水分蒸发,要用湿布盖其料口,然后再按规定的配合比搅拌混凝土。

二、混凝土的铺筑

摊铺是将倾斜在基层上或摊铺机箱内的混凝土按摊铺厚度均匀地充满模板内每个角落。

1. 摊铺机械

摊铺机械可以选用刮板式、箱式或螺旋式。

（1）刮板式摊铺机。摊铺机本身能在模板上自由地前后移动，在前面的导管上左右移动。并且由于刮板本身也旋转，所以可以将卸在基层上的混凝土用刮板向任意方向自由摊铺。这种摊铺机比其他类型摊铺机的质量轻，容易操作，易于掌握，使用较普通，但其摊铺的密度有可能不均匀。为了防止这一现象，在倾卸混凝土混合料时，尽可能在基层上卸成大小一致的 2～3 堆。该类摊铺机一般多用于规模较小的工程中。

（2）箱式摊铺机。混凝土通过卸料机倾倒在钢制的箱子内，箱子沿与机械行驶方向的垂直方向（横向）移动，同时按松铺高度用箱子的下端刮平混凝土。

由于混凝土一次全放在箱子内，所以质量大，机械一次盛有大量的混凝土，故摊铺均匀，高度准确，且摊铺能力大，故障较少。

（3）螺旋式摊铺机。由可以正反方向旋转的螺旋杆（直径约 50cm 左右）将混凝土摊开。螺旋后面有刮板，可以准确调整高度，这种摊铺机的摊铺能力大。

2. 振捣机械

混凝土振捣密实，可采用振捣机或内部振动式振捣机进行。

（1）振捣机。振捣机是在摊铺机摊铺完混凝土后，对混凝土进行再一次找平、振捣、粗修整的机械。

（2）内部振动式振捣机（插入式振捣器）。该种振捣机主要用并排安装的振捣棒插入混凝土中，由内部进行振捣压实。它一般安装在带轮子的架子上，可在轨道上自行或用其他机械牵引。而且它可作为独立的振动机具使用。

3. 表面修整

振实后的道路混凝土还应进行整平、精光及纹理制作等工序。

配备有滑动式修整装置的表面修整机可对表面进行平整，它有纵向移动修整及斜向移动修理两种。纵向表面修整机的整平梁在混凝土表面沿纵向滑动的同时，还在横向往返移动，由于机体前进，而将混凝土板表面整平。斜向表面修整机的整平梁与机械行走轴线成一定角度作相对运动来完成修整，其中一根整平梁为振动整平梁。

精光工序是对混凝土表面进行最后的精细修整，使混凝土表面更加致密、平整、美观，这是混凝土路面外观质量的关键工序。

纹理制作是提高水泥混凝土路面行车安全性的重要措施之一。施工时用纹理制作机，当混凝土表面无波纹水迹时，对混凝土路面进行拉槽或压槽，使混凝土表面在不影响总体平整度的前提下，具备一定的粗糙度。纹理制作的平均深度控制在 1～2mm 之内，并且使纹理的走向与路面前进方向垂直，相邻的纹理要相互衔接，横向邻板的纹理要沟通以利排水。

三、养护

混凝土表面修整完毕后，应及时养护，以保证水泥水化过程的顺利进行，防止混凝土中水分蒸发和风干过快而产生缩裂，并使混凝土板在开放交通时具有足够的强度。常用的养护方法有：

(1)湿法养护。当混凝土表面已有相当强度(终凝)，用手指轻压不出现痕迹时，即可开始养护。一般采用湿麻袋、草帘等，或者20～30mm厚的湿砂、锯木屑等覆盖于混凝土板表面，每天均匀洒水数次，经常保持潮湿状态。也可采用土围水的"泡水养护"方法。但该方法劳动强度大，养护用水多，不适于施工用水困难的地区。

(2)塑料薄膜养护。混凝土表面泌水消失后，即可喷洒塑料溶液(如过氯乙烯树脂和氯偏乳液等)，形成不透水的薄膜粘附于表面，利用薄膜不透水的作用，将混凝土中的水化热和蒸发水大部分积蓄下来，自行养护混凝土。喷洒厚度以能形成薄膜为宜，先喷洒板边，再逐条均匀喷洒。养护期间保持塑料薄膜的完整，如有硬裂，应及时修补。这种方法，节约用水，在干旱地区或施工用水困难的地区较为适用。

(3)养护剂养护。该方法所用的养护剂一般都是以无机硅酸盐为主和其他有机材料为辅配制而成的。混凝土表面修整后，用喷雾器喷洒养护剂在混凝土表面上，养护剂在表面1～3mm的渗透层范围内发生化学反应，混凝土中的氢氧化钙与养护剂中的硅酸盐作用生成硅酸钙和氢氧化物，氢氧化物可活化砂子的表面膜，加速C_3S水化，有利于混凝土表面强度的提高，而硅酸钙是不溶物，能封闭混凝土表面的各种孔隙，并形成一层密实的薄膜，阻止水泥混凝土中自由水的过早过多蒸发，从而保证水泥充分水化，达到自养的目的。该方法工艺简单，操作方便，节约用水。

另外，在养护初期(混凝土硬化前)，为减少水分蒸发，避免阳光照射，防风吹，防暴雨等目的，可以用活动的三角罩棚将混凝土板全部遮起来。而养护时间以混凝土抗折强度达到3.5MPa以上为宜，一般使用普通硅酸盐水泥时约为14天，使用早强型水泥时约为7天。

模板在浇注混凝土60h以后拆除，但当模板周转有困难时，拆模时间可缩短些，气温高于10℃时，可缩短到20h拆模，气温低于10℃时，可缩短到36h拆模，但在拆模时，应注意不得损坏混凝土板的边、角，尽量保持模板完好。同时拆模后，严禁车辆直接在混凝土板上行驶。

§4-5-2 滑模式摊铺机施工

滑模式摊铺机是20世纪60年代在发达国家逐渐发展起来的一种新型水泥混凝土路面施工机械，它是路面朝着智能化、现代化和快速机械化方向发展的综合体现，它集计算机、自动控制、精密机械制造、现代水泥混凝土和高速公路工程技术为一体。滑模摊铺机的出现，突破了传统的修筑路面方法，它能够自动铺筑成公路路拱、超高、平滑弯道和变坡，能够适应面板厚度的变化，并能够自动设置传力杆、拉杆乃至铺设大型钢筋网片，能够摊铺普通水泥混凝土路面、所有缩缝均设置传力杆的混凝土路面、间断配筋和连续配筋的钢筋混凝土路面等各种形式，是水泥混凝土路面施工机械上的一次飞跃，也是高质量、高速度修筑水泥混凝土高等级路面的主导设备。

一、主导机械与配套机械

1. 搅拌机械

用于滑模式摊铺机施工中的搅拌机械一般有拌和楼式及拌和站式两种。拌和楼式是由单机构成,由电脑自动控制,有精密的材料计量系统,可自动测试砂、石的含水量,并对水泥混凝土配合比予以自动调整,所拌和的混凝土品质一般也较为均匀。拌和站一般来说是由多个小搅拌机组成,有简单的电脑控制,成品混凝土品质存在较大的差异。因而,在滑模摊铺施工中,考虑到混凝土的品质及施工效率多采用拌和楼搅拌混凝土。

目前国内高等级路面施工中采用的搅拌设备主要为德国产 ELBA – EMC 系列,意大利的 Siemen 与美国的 CMI 等型号。

2. 摊铺机

滑模式摊铺机在铺设路面时,依靠装在机器上的滑动模板能按照路面要求宽度一次成型,无需另设置轨道,省去了模板,全部施工过程都由机械按设定的参数自动完成,对水泥混凝土的振动、捣实、提浆、抹光等过程做得十分充分,因而,它能够确保高等级路面的施工质量。

目前国外一些厂家能生产多种型号的滑模式摊铺机,但结构大同小异,表3-4-5-3列出了几种产品的技术性能指标。

国外几种滑模式摊铺机的主要性能参数　　　　　　表 3-4-5-3

国别及公司名称	型　　号	最大摊铺宽度 （m）	合理摊铺行走速度 （m/min）	最大摊铺厚度 （mm）	功　　率 （kW）
美国 CMI	GP2500	9.75	0.5~1.0	500	216
美国 COMACO	SF350	9.75	0.5~1.0	610	216
德国 Wirtgen	SP500	6.00	1.0~1.5	300	123
	SP850	9.00	1.0~1.5	400	149

3. 配套设备

与滑模式摊铺机和搅拌机配套的设备主要是运输设备,其他配套设备还有:纹理处理设备、切缝机、养护设备等。

二、混凝土配合比

滑模式摊铺机的自动化程度很高,它对混凝土的组成原材料及相互之间的比例要求更严格。在混凝土配合比设计中,应考虑摊铺出的混凝土路面无塌边、无麻面现象,并且要达到设计强度等级。

混凝土配合比设计可按本章§4-4中的道路混凝土配合比设计进行设计和计算。根据经验,碎石最大粒径控制在30mm之内,砂率可按砂的粗细程度参照表3-4-5-4进行选用,整个集料级配曲线应比较平顺;滑模式摊铺机混凝土应选用合适的外加剂,以保证其符合"触变"原理;水泥用量易控制在 $320 \sim 340 kg/m^3$。为改善混凝土的工作性及经济性,也可在混凝土中掺入适量粉煤灰。施工现场的坍落度或维勃稠度可按不同的机型进行合理控制为宜。表3-4-5-5给出了国外几种摊铺机所要求的较为合理的坍落度范围。

滑模摊铺水泥混凝土混凝土砂率的选用推荐表　　　　　　表 3-4-5-4

砂 的 粗 度 模 数		2.2~2.5	2.5~2.8	2.8~3.1	3.1~3.4	3.4~3.7
砂率	碎石水泥混凝土	30~34	32~36	34~38	36~40	38~42
	砾石水泥混凝土	28~32	30~34	32~36	34~38	36~40

摊铺机型号	建议的现场混凝土坍落度(mm)	摊铺机型号	建议的现场混凝土坍落度(mm)
CMI – SF 系列	20 ~ 40	Wirtgen – SP 系列	15 ~ 25
COMACO – GHP 系列	20 ~ 40		

三、铺筑

1. 准备工作

(1)基层强度应达到设计要求。基层不但是作为路面结构的一个重要结构层次,也是滑模式摊铺机施工的工作面,因而它不仅应具有结构性能上的要求,同时也要求一个平整的工作面来保证混凝土板的施工质量。平整度可用 3m 直尺检查,并控制在 3mm 以内,因为滑模机的侧模板底离地间隙为 2 ~ 3mm 较为合适,这样可减少混凝土溢漏。

(2)滑模机施工前要先进行机器的调试,在确认机械各部分都能正常工作的前提下,搭接滑模板,并调整至施工要求的宽度,调整完毕机械即可就位到达施工的起点。

(3)在路基两旁拉两根传感线,高度可在 0.6 ~ 1.0m 之间选取,并平行于路面中线和表面,与路面的纵坡和弯道半径相一致,传感线的支柱间距在直线段为 10m,曲线段为 5m。传感线的拉力约 150kN,要注意施工中不使其晃动。

(4)摊铺机就位。利用方向传感线校准侧模板位置,用方向传感器控制行驶方向,根据摊铺厚度,校准顶模板高程,锁定高程及方向传感器。

2. 铺筑

滑模式摊铺机的典型铺筑过程见图 3-4-5-2。

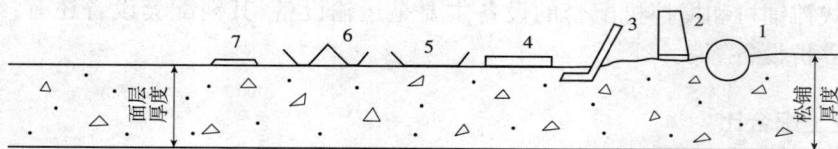

图 3-4-5-2   滑模摊铺机工作原理图
1-布料器;2-控制板;3-插入式振捣器;4-捣实板;5-成型模板;6-抹光板;7-拖布

将混凝土均匀卸于摊铺机前面,通过螺旋式布料器将堆积的混凝土均匀地分布在控制板的前面,控制板主要用来控制混凝土进入成型模板的数量,进量过多或过少都不好,都会影响摊铺质量,研究表明,高出成型模板 3cm 较为理想。插入式振捣器以振频不低于 700 次/min 密实混凝土,液化而密实的混凝土经过捣实板把表面上的粗料压入混凝土中,然后进入成型模板中,使路面板挤压成型,与主机随动的弹性悬挂浮动抹光板用来对路面进行第二次平整,它以较小的变形对混凝土表面进行修整。抹光板后面的拖布主要作用是消除气泡。

经过上述过程基本上完成了铺筑作业,其后的拉毛、养护、切缝等与常规方法相同。

3. 滑模摊铺施工中可能出现的问题及对策

对滑模摊铺水泥混凝土路面工程质量危害最大的是塌边和麻面现象,这两种现象是路面施工的技术难点所在。

1）塌边

塌边是无固定模板的滑模摊铺的特殊问题,其原因是新拌混凝土的坍落度不稳定,在成型过程中稠度时干时稀造成的,塌边的后果是路面两侧的几何线形和外观成型失去控制,不成规矩的板体形状,并造成纵缝连接困难。据统计,在滑模机生产中,塌边率一般为2%~5%,塌边的形式主要有边缘出现塌落、边缘倒塌或松散无边等。

(1)边缘塌落:边缘塌落影响路面的平整度和横坡,一是由于滑模板边缘调整角度不正确。正确的调整应根据混凝土的坍落度调整一定的余高,使混凝土坍落定型时恰好符合设计的横坡度。美国CMI公司生产的滑模机在成型模板左、右两侧设置有上块超铺板,它与侧模板组成一个内"八"字形(图3-4-5-3),当摊铺机过后,由于混凝土的自重作用,上边缘高出部分坍落,消除内八字,使得两侧边与表面形成规则的角度,保证了混凝土表面的顺直度。另一个原因是由于摊铺机工作行走速度过快,使混凝土在振捣器强有力的振动下而"液化",同时对摊铺好的边缘产生振动,摊铺时引起边缘塌落。

(2)倒边和松散无力:造成这种现象的原因主要有三点:①拌和料出料离析现象,离析料若处在边缘,就不可避免地出现倒边;若处在中间,就会出现麻面。②布料器往往将振捣的混凝土土稀浆分到两边,而导致倒边。③骨料形状较差和混凝土配合比使用不当。因此,在施工时,可针对不同原因采取如二次布料、调整边缘振动频率、调整原材料及配合比等措施。

------ 摊铺时

———— 成型后

图3-4-5-3　滑模成型模的调整

2）麻面

麻面是滑模摊铺机通过后,表面上仍呈未振实的松散状态,这时新拌混凝土尚未振动液化,提不出浆来,包含大量空隙,混凝土路面无密实性可言,抗折强度严重不足,平整度极差。研究表明,混凝土拌和料的工作性不好是引起麻面的主要原因,另外滑模机工作速度太快及振动频率不够也是引起麻面的原因。因此,只要确定合理的坍落度与滑模机行车速度之间的最佳关系,配备高精度计量的拌和设备,严格控制混凝土的配合比是完全可以避免的。

§4-5-3　特殊条件下施工

一、高温季节施工

施工现场的气温高于30℃时,即属于高温施工。高温施工的特点是气温高,加速水泥的水化,也使水分容易蒸发,致使混凝土和易性降低,难以被充分捣实,从而影响混凝土板块的平整性及纹理。另外,由于水分减少,引起混凝土板表面产生收缩裂缝,表面强度和耐久性降低,同时,在高温季节施工时,应采取一些特殊的措施来保证施工质量。

1. 材料

(1)砂石材料降温。砂石材料的质量在混凝土中占最大的组分,热容量最大,研究表明,集料温度降低1℃,混凝土拌和物的温度可降低0.6℃。为达到降温,一般在集料堆场搭盖棚遮阳,避免阳光直晒,并尽可能从堆料内部取料等。

(2)降低水温。搅拌机的长供水管应当覆盖,对于保持较低的搅拌水温是有效的,另外在贮水池上安装覆盖物和在贮水池上涂上白色的涂料,都是反射热量的好办法。但降低水温的效果不太显著,水温每下降10℃,混凝土拌和物的温度才能降低0.5℃。

（3）掺加缓凝剂。在整个环境呈热的条件下,采取降低原材料温度的方法费力而且成本较高,最简单易行的方法是在拌和混凝土中,掺入合适的缓凝剂,延缓混凝土初凝时间,使其能保持较长时间的适宜的工作性,并降低拌和时的稠度,使之易于拌和、出料以及成型。

2. 摊铺及养护

（1）施工摊铺现场降温。在浇筑混凝土之前,可先对模板、钢筋、基层等适当洒水冷却,但洒水量不应对混凝土质量有损害。

（2）缩短运输时间。混凝土拌和物浇注中应尽量缩短运输、摊铺、振捣、抹面等工序时间,运输时最好用棚布覆盖混凝土,浇筑完毕应及时覆盖养护,根据情况进行适当的喷水,防止由于日光照射及风吹而干燥。

（3）及早覆盖表面。表面修整抹面后以尽快覆盖,使新浇筑的混凝土避免日光暴晒;也可以设立临时防风墙,降低吹到路面上的风速,减少水分蒸发量,保持混凝土表面湿度。

二、低温季节施工

混凝土的性质,随浇筑及养护时的温度有显著的变化。在持续低温的情况下,混凝土水化速率降低,致使混凝土强度增长缓慢,甚至停止增长,同时,混凝土中的自由水结冰,其冰晶压力会破坏正在形成的混凝土结构。因此当水泥混凝土路面施工操作和养生的环境温度连续5天低于5℃或昼夜最低气温有可能低于 -2℃时,应在操作和养护中采取冬季施工的一些特殊措施。

1. 材料

研究表明,水泥混凝土中,单位体积用水量少的混凝土所受的冻害程度也小,因此对冬季施工的混凝土,应尽量减少单位用水量,并将水灰比控制在 0.45 以下。对于水泥,应尽量采用 425 号以上的硅酸盐水泥或普通硅酸盐水泥,同时选用抗冻剂。另外,为防止集料中的水结冰或冰雪混入集料中,应用棚布覆盖集料,有条件的话,可设置适当的暖房设备贮存集料。

当气温在 0℃以下或混凝土拌和物的浇注温度低于5℃时,应将水加热搅拌（砂、石料不加热）,如水加热仍然达不到要求时,可将水和砂、石料都加热。加热搅拌时,水泥应最后投入。但在加热时,也应注意,在任何情况下,不允许对水泥加热,其他材料的加热温度与方式也应适当控制（见表3-4-5-6）。

混凝土材料加热温度及方式的控制　　　　　　　　　　　表3-4-5-6

材　　料	水	砂、石	混凝土拌和物
加热最高温度（℃）	60	40	35
加热方式	直接、间接均可	间接	

2. 铺筑及养护

混凝土铺筑后,通常采用蓄热法保温养生,即选用合适的保温材料覆盖路面,使已加热材料拌成的混凝土的热量和水泥水化的水化热量蓄存起来,以减少路面热量的失散,使之在适宜温度条件下硬化而达到要求的强度。

冬季养护时间不应少于 28 天,前 3 天保温养护温度应在 10℃以上,接下来 7 天可保持在5℃以上,混凝土板在抗折强度尚未达到1.0MPa 或抗压强度≤5.0MPa 时,不得遭受冰冻。

§4-6 路面混凝土的新技术

§4-6-1 钢纤维混凝土路面

钢纤维混凝土是在素混凝土基体中掺入乱向、不连续短钢纤维组成的复合材料,是一种既可浇灌,又可喷射施工的复合材料。在受力过程中,钢纤维发挥其抗拉强度高,而混凝土发挥其抗压强度高的优势。与一般混凝土相比,钢纤维混凝土的抗拉、抗弯强度等以及耐磨、耐冲击、耐疲劳、韧性和抗裂抗爆等性能都得到较大的提高,是一种高强的弹塑性材料。

近30年来,在一些西方发达国家已大量采用钢纤维混凝土修筑路面及机场道面。以满足重载交通的要求。我国于20世纪70年代后期开始有关这方面的研究,在基本性能和增强理论研究方面取得了不少的进展。近年来也有一些路面及桥面铺装应用了钢纤维混凝土,取得了较大的社会及经济效益。

钢纤维混凝土用于修筑路面主要有两种形式,即直接铺筑在基层之上的单层钢钎维混凝土路面以及在素混凝土路面之上(或之下)铺筑钢纤维混凝土薄层,形成双层式混凝土路面,前者称为全截面钢纤维混凝土,一般用作新建公路,特别适合某些高程或自重受限制的工程;后者称为复合钢纤维混凝土,可以用于新路修建,也可以作为旧路加固层。

一、钢纤维的技术要求

1. 钢纤维的强度

钢纤维混凝土被破坏时,往往是钢纤维被拉断,但要提高混凝土的韧性。也没有必要过于增加其抗拉强度。从强度方面来看,只要不是易脆断的钢纤维,通常强度较高的纤维均可满足要求。

2. 钢纤维的尺寸和形状

钢纤维的尺寸主要由强化特性和施工难易性决定的。钢纤维如太粗或太短. 其强化特性差;但过长或过细,则在搅拌时容易结团。

较合适的钢纤维尺寸是:断面积为 $0.1 \sim 0.4\text{mm}^2$,长度为 $20 \sim 50\text{mm}$。资料表明。在 1m^3 混凝土中掺入 2% 的 $0.5\text{mm} \times 0.5\text{mm} \times 30\text{mm}$ 的钢纤维时,其总表面积可达到 1600m^2。是与其等质量的 $\phi16$ 钢筋表面积的 320 倍,并且在所有方向上都使混凝土增强,即具有各向同性地增强。

为使钢纤维能均匀分布于混凝土中,必须使钢纤维具有合适的长径比,一般均不应超越纤维的临界长径比值。当使用单根状钢纤维时,其长径比不应大于100,多数情况为 $50 \sim 70$。

为了增加钢纤维同混凝土之间的粘结强度,常采用增大表面积或将纤维表面加工成凹凸形状等方法,但也不易做得过薄或过细,因为过薄过细不仅在搅拌时易于折断,而且还会提高成本。

3. 钢纤维的主要技术指标

水泥混凝土增强用钢纤维的主要技术指标应符合表 3-4-6-1 所要求。

材料名称	密度 （g/cm³）	直径 （×10⁻³mm）	长度 （mm）	弹性模量 （×10³MPa）	抗拉强度 （MPa）	极限变形 %（×10⁻²）	泊松比
低碳钢纤维	7.80	250~500	20~50	200	400~1200	4~10	0.3~0.33
不锈钢纤维	7.80	250~500	20~50	200	500~1600	4~10	—

二、其他材料的要求

（1）水泥：一般使用 42.5、52.5 普通硅酸盐水泥，水泥各龄期的抗折、抗压强度应满足表 3-4-3-1 的规定。

（2）集料：细集料一般不得采用海砂，级配及其他技术性质应符合《公路水泥混凝土路面施工技术规范》(JTG F30—2003) 要求。粗集料应具有良好的级配，最大粒径不宜大于 20mm 和钢纤维长度的 2/3，强度、压碎值、坚固性应符合表 3-4-3-2 的规定。

（3）水：一般采用饮用水。混凝土中氯离子含量较高时将引起混凝土中钢筋或钢纤维的锈蚀，由于目前对 Cl⁻ 含量与钢纤维锈蚀程度的定量关系研究还很少，为慎重起见，暂规定不得用海水拌制钢纤维混凝土。

另外，为改善钢纤维混凝土和易性，提高混凝土强度，可采用减水剂或其他外掺剂。但严禁掺加氯盐。

三、钢纤维混凝土配合比设计

钢纤维混凝土的配合比设计应满足抗折强度和抗压强度的要求及施工的和易性，并应符合合理使用材料、降低造价的原则。在某些条件下，还应满足对抗冻性、抗渗性、耐冲刷性或腐蚀性等项的要求。

钢纤维混凝土配合比设计一般采用试验—计算法，并按以下步骤进行：

1. 计算配制弯拉强度

钢纤维混凝土配制 28d 弯拉强度的均值按式(3-4-4-1)计算。

2. 计算水灰比

钢纤维混凝土的基体混凝土水灰比按式(3-4-4-2)或式(3-4-4-3)计算。计算的水灰比应满足耐久性的要求，不得大于表 3-4-6-2 规定的最大水灰比限定值。

钢纤维混凝土满足耐久性要求的最大水灰比和最小单位水泥用量

（JTG F30—2003） 表 3-4-6-2

公路技术等级		高速、一级公路	二级公路	三、四级公路
最大水灰（胶）比		0.47	0.49	0.50
抗冰冻要求最大水灰（胶）比		0.45	0.46	0.48
抗盐冻要求最大水灰（胶）比		0.42	0.43	0.46
最小单位水泥用量（kg/m³）	42.5 级	360	360	350
	32.5 级	370	370	365

公路技术等级		高速、一级公路	二级公路	三、四级公路
抗（冰）盐冻时最小单位水泥用量（kg/m³）	42.5级	380	380	375
	32.5级	390	390	385
掺粉煤灰时最小单位水泥用量（kg/m³）	42.5级	320	320	315
	32.5级	340	340	335
抗（冰）盐冻掺粉煤灰时最小单位水泥用量（kg/m³）		330	330	325

3. 确定单位用水量

钢纤维混凝土掺高效减小剂时的单位用水量可按表3-4-6-3初定，再由实测拌和物的坍落度确定。

钢纤维混凝土单位用水量选用表（JTG F30—2003）　　　　表3-4-6-3

拌 和 物 条 件	粗集料种类	粗集料最大公称粒径 D_m（mm）	单位用水量（kg/m³）
长径比 $L_f/d_f = 50$ $\rho_f = 0.6\%$，坍落度 20mm，中砂，细度模数 2.5，水灰比0.42~0.50	碎石	9.5、16	215
		19.0、26.5	200
	卵石	9.5、16	208
		19.0、26.5	190

注：①钢纤维长径比每增减10，单位用水量相应增减10kg/m³；

②钢纤维体积率（ρ_f）每增减0.5%，单位用水量相应增减8kg/m³；

③坍落度在10~50m变化范围内，相对于坍落度20mm每增减10mm，单位用水量相应增减7kg/m³；

④细度模数在2.0~3.5范围内，砂的细度模数每增减0.1，单位用水量相应减增1kg/m³。

4. 确定单位水泥用量

钢纤维混凝土的单位水泥用量按式（3-4-4-6）计算。计算单位水泥用量应满足耐久性的要求，不得小于表3-4-6-2规定的最小水泥用量规定值。

5. 确定钢纤维掺量体积率

钢纤维掺量体积率宜在0.60%~1.0%范围内选定，当板厚折减系数小时。体积率宜取上限；当长径比大时，宜取较小值；有锚固端者宜取较小值。

6. 确定砂率

砂率可用式（3-4-6-1）计算，也可查表3-4-6-4选定，钢纤维混凝土的砂率一般宜在38%~50%之间。

$$S_{pf} = S_P + 10\rho_f \tag{3-4-6-1}$$

式中：S_{pf}——钢纤维混凝土的砂率，%；

S_P——普通混凝土的砂率，%；

ρ_f——钢纤维掺量体积率，%。

7. 按绝对体积或假定容重法计算粗、细集料用量，并确定初步配合比。

8. 按初步配合比进行拌和物性能试验，检查其稠度、粘聚性、保水性是否满足施工要求，若不满足则应在保持水灰比和钢纤维体积率不变的条件下，调整单位体积用水量或砂率，直到满足要求为止，并据此确定用于强度试验的基准配合比。

拌 和 物 条 件	碎石最大公称粒径 19mm	卵石最大公称粒径 19mm
$L_f/d_f = 50$；$\rho_f = 1.0\%$ $W/C = 0.5$；砂细度模数 $M_x = 3.0$	45	40
L_f/d_f 增减 10	±5	±3
ρ_f 增减 0.10%	±2	±2
$W/C = 0.5$ 增减 0.1	±2	±2
砂细度模数 M_x 增减 0.1	±1	±1

9. 钢纤维混凝土强度检验。强度试验至少应采用三种不同配合比：其中一种为基准配合比，当进行抗折强度试验时另外两种配合比的水灰比应比基准配合比分别增加或减少 0.03，钢纤维体积百分率应比基准配合比分别增加或减少 0.2%。

四、施工

混凝土拌和物的搅拌和运输：

各种材料必须按配合比及搅拌机容量经过计算后准确投料，其误差：水泥为 ±1%，粗、细集料为 ±3%，钢纤维为 ±1%，水为 ±1%。

钢纤维混凝土最好选用水平双轴型强制式搅拌机拌和，若受条件所限，也可用自落式搅拌机，另外在搅拌机中应注意各种材料的投料顺序。

投料顺序和方法与施工条件及钢纤维形状、长径比、体积率等有关，应通过施工现场实际搅拌试验确定。一般有三种方式：

（1）先将钢纤维与干料干拌均匀，再加水湿拌；

（2）将钢纤维以外的材料湿拌，在拌和过程中边拌边加入钢纤维；

（3）采用自落式搅拌机时，先投 50% 的砂和 50% 的石料与钢纤维干拌均匀，再投入水泥、剩余骨料和水一起湿拌均匀。

钢纤维混凝土中水泥含量较高，初凝时间较短，稠度损失较快，因而，钢纤维混凝土拌和后，应尽快送往工地摊铺。混凝土从搅拌机出料至浇筑完毕的允许最长时间见表 3-4-6-5。

钢纤维混凝土从搅拌机出料至浇筑完毕允许的最长时间 表 3-4-6-5

施工气温（℃）	允许最长时间（min）	施工气温（℃）	允许最长时间（min）
5 ~ 10	120	20 ~ 30	60
10 ~ 20	80	30 ~ 35	30

§4-6-2 碾压混凝土路面

碾压混凝土是一种坍落度为零的超干硬性混凝土，可采用沥青路面摊铺机摊铺，振动压路机压实成型。它与传统的道路混凝土相比，不仅具有强度高，耐久性好，经久耐用等优点，同时还具有能节约较大量水泥，干缩率小，施工进度快等优点。

20 世纪 70 年代以来，碾压混凝土以其经济、可靠的特性得到了国内外的关注，并得到了迅速的发展。我国于 20 世纪 80 年代初开始碾压混凝土路面铺筑技术的研究，先后有十多个省市列项研究,特别是1987年国家科委工作引导性项目NO.025课题把碾压混凝土路面修筑技术列为主要内容以后,课题进行了较系统的理论分析和大量的室内外试验研究,编写了复合式及全碾式混凝土路面施工须知及操作规程等技术文件。特别是"八五"期间,我国又把"高等级公路碾压混凝土路面施工成套技术的研究"作为国家重点科技攻关课题,在路面材料、配合比设计、施工工艺等一系列关键技术方面均取得了突破性成果,在该研究方面走在了国际前列。

一、材料及配合比

1. 材料

(1)水泥。作为胶结材料,路面碾压混凝土应采用抗折强度高、施工时间(从拌和到铺筑结束)长、强度发展快,水化热低及耐磨性好的水泥。

(2)集料。一般应采用连续级配矿料,其级配范围与热拌沥青一致,因而很容易压实,对面层碾压混凝土粗细集料合成级配应满足表3-4-6-6的要求。另外,为获得均匀的混凝土以利于路面平整度和压实均匀,粗集料最大粒径不易超过20mm。

面层碾压混凝土粗细集料合成级配范围(JTG F30—2003)　　　　表3-4-6-6

筛孔尺寸(mm)	19.0	9.50	4.75	2.36	1.18	0.60	0.30	0.15
通过百分率(%)	90~100	50~70	35~47	25~38	18~30	10~23	5~15	3~10

(3)粉煤灰。作为掺合料存在于碾压混凝土中的粉煤灰,所起的作用主要有三点,其一是填充集料的空隙,增加混凝土的密实度,取代部分水泥,降低工程造价;其二是利用粉煤灰的活性,提高碾压混凝土的后期强度;其三是利用粉煤灰的"微珠"效应,改善碾压混凝土的工作性,减少离析。

(4)外掺剂。由于碾压混凝土早期强度发展较快,初、终凝时间均较短,加之和易性较差,因而,在掺外掺剂时,应采用缓凝型减水剂或缓凝引气型减水剂。对抗冻要求及路面碾压混凝土,原则上采用复合引气剂。

2. 配合比设计

碾压混凝土配合比设计应考虑碾压混凝土自身的特点,除必须满足强度和耐久性的要求外,还要考虑施工时的抗离析性和可碾实性,并尽可能经济合理。

(1)确定配制28d弯拉拉强度均值

碾压混凝土配制28d弯拉强度均值按下式计算。

$$f_{ce} = \frac{f_r + f_{cv}}{1 - 1.04C_v} + ts \tag{3-4-6-2}$$

式中:f_{ce}——碾压混凝土配制28d弯拉强度均值,MPa;

f_{cv}——碾拉混凝土压实弯拉强度,按下式计算。

$$f_{cy} = \alpha(y_{c1} + y_{c2})/2$$

式中:y_{c1}——弯拉强度试件标准压实度,95%;

y_{c2}——路面芯样压实度下限值(由芯样压实度统计得出);

α——相应于压实度变化1%的弯拉强度波动值(通过试验得出)。

(2)工作性选定

碾压混凝土出搅拌机口的改进VC值宜为5~10s,碾压时的改进VC值宜控制在30±5s

范围内。

（3）配合比确定——正交试验法

对不掺粉煤灰的碾压混凝土正交试验可选用水量、水泥用量、粗集料填充体积率 3 个因素；对掺粉煤灰的碾压混凝土可选用水量、基准胶材总量、粉煤灰掺量、粗集料填充体积率 4 个因素。每个因素选定 3 个水平，选用 $L_9(3^4)$ 正交表安排试验方案。

对正交试验结果进行直观及回归分析，回归分析的考察指标包括：VC 值及抗离析性、弯拉强度或抗压强度、抗冻性或耐磨性。根据直观分析结果并依据所建立的单位用水量及弯拉强度推定经验公式，综合考虑拌和物工作性，确定满足 28d 弯拉强度或抗压强度、抗冻性或耐磨性等设计要求的正交初步配合比。

面层碾压混凝土的耐久性通过限制最大水灰比和最小水泥用量来保证，最大水灰比和最小水泥用量应满足表 3-4-6-7 的规定。

面层碾压混凝土耐久性要求的最大水灰比和最小水泥用量（JTG F30—2003）　　表 3-4-6-7

公路等级		二级公路	三、四级公路
最大水灰（胶）比		0.40	0.42
抗冰冻要求最大水灰（胶）比		0.38	0.40
抗盐冻要求最大水灰（胶）比		0.36	0.38
最小单位水泥用量（kg/m³）	42.5 级	290	280
	32.5 级	305	300
抗（盐）冻要求的最小单位水泥用量（kg/m³）	41.5 级	315	310
	32.5 级	325	320
掺粉煤灰时最小单位水泥用量（kg/m³）	42.5 级	255	250
	32.5 级	265	260
抗冰（盐）冻掺粉煤灰最小单位水泥用量（kg/m³）		260	265

二、施工

碾压混凝土要求采用单或双轴式强制拌和机作业，拌和材料数量为正常额定数量的 3/4，拌和时间应适当延长。碾压混凝土拌和物易离析，所以卸料时尽量减少落差，同时在运料过程中，应采用遮盖措施，防止水分散失。

碾压混凝土拌和物的摊铺是整个施工过程中主导工序，尤其采用机械摊铺时，更要注意与拌和机和运料车的匹配，使之做到连续摊铺，以便提高表面平整度和缩短全程作业时间。人工摊铺时，压实系数约为 1.35 ~ 1.37。机械摊铺时，如用 LT - 3A 型沥青混凝土摊铺机则为 1.46，摊铺速度约为 0.5 ~ 1.0m/min。

碾压工序开始前，要求最短摊铺长度为 25m，其碾压时的机械组合见表 3-4-6-8。边碾压边观察表面，以此确定所用机械的性能参数和碾压遍数。同时，应注意在转向处垫橡胶板，摊铺过程中接缝部位置预留 30 ~ 50cm 暂时不压，待相邻部位的拌和物摊铺整平以后再骑缝碾压。一般在静压第一、二遍时，观察表面是否平整（3m 直尺），及时铲高垫低，碾压工序开始后，严禁再行修整。靠近模板碾压时可沿板边边洒（少量）水边碾压。

碾 压 工 序	机 械	性 能 参 数	遍 数	说 明
初次碾压	振动压路机(6~8t)	静(无振)	1~2	可不用
二次振压	振动压路机(6~8t)	低频、高频	2~6	—
表面加工碾压	轮胎压路机(10~20t)	慢速	4~6	—

接缝的处理,可根据实际情况采用下述三种方法:一是预铺法,适用于分层摊铺分层压实的情形。即在相邻的1~1.5m新铺下层路段一次摊铺整层厚度的拌和物,使压路机进入需要新压实的下层作业;在摊铺上层拌和物时,先把下层接缝部位预垫的(相当于上层厚度)混凝土刨成垂直的平面,然后摊铺上层拌和物,一并碾压。二是导木法,适宜在胀缝和工作缝处应用,即在接缝处牢固地设置与路面层厚度相同的钢模板,在它的外侧端部垂直地安设两根导木,导木靠钢模一端应有一段相当于压路机前后轮距的缓坡,便于压路机在导木上移行,以碾实端部拌和物。三是自然斜坡法,适用分层摊铺碾压且下层接缝处允许有1~3天的时间间隔,即在接缝部位以外,用拌和物铺成斜坡,压路机由此上下作业,在继续铺筑前,将已具有一定强度的斜坡部分混凝土用切缝机切割并挖除,铺筑上层拌和物时,再按工作缝处理。另外,还可以对接缝处的混凝土添加缓凝剂,以延长混凝土硬化时间,便于前后作业衔接。

第五章　聚合物混凝土

聚合物混凝土是利用水泥混凝土的制造方法和施工技术与高分子材料有效结合而生产的一种性能比普通水泥混凝土好得多的有机无机复合材料。

§5-1　概　　述

聚合物混凝土这一专业述语首次被使用是1975年5月在英国伦敦召开的第一次国际聚合物混凝土会议上。该学科领域是介于聚合物科学、无机胶结材化学及混凝土工艺学之间的边缘学科。主要研究聚合物改性机理、聚合物掺入对混凝土各项性能的影响以及胶结材水化硬化及聚合物固化的最适宜条件等问题,并探讨聚合物与水泥之间的相互作用。

在日本,聚合物混凝土的研究开发、推广应用以及工业化生产都已正规划。已建立了聚合物浸渍混凝土和树脂混凝土的工业标准、试验方法标准,另外在材料质量要求方面的标准化工作也已取得很大进展。目前,美、德、俄罗斯等国家较大规模地开展了研究工作。并陆续在一定范围内用于生产实践。

一、聚合物混凝土分类

按照混凝土中胶结料的不同组成,聚合物混凝土可分为三类:
(1)聚合物浸渍混凝土(PIC);

（2）聚合物混凝土（或树脂混凝土）（PC）；

（3）聚合物改性混凝土（PMC）。

二、聚合物混凝土特点

与普通混凝土相比，聚合物混凝土无论物理力学性能还是耐久性都有较大提高，上述三类聚合物混凝土，由于生产工艺不同，其性能也有所差异，表3-5-1-1中列出了聚合物混凝土与普通混土性能的比较。

聚合物混凝土与普通混凝土性能比较 表3-5-1-1

测试性能 / 材料品种	普通水泥混凝土	聚合物浸渍混凝土（PIC）	聚合物混凝土（PC）	聚合物改性混凝土（PMC）
抗压强度	1	3~5	1.5~5	1~2
抗拉强度	1	4~5	3~6	2~3
弹性模量	1	1.5~2	0.05~2	0.5~0.75
吸水率	1	0.05~0.10	0.05~0.2	—
抗冻性冻融循环次数 / 质量损失	$\dfrac{700}{25}$	$\dfrac{2000\sim4000}{0\sim2}$	$\dfrac{1500}{0\sim1}$	—
耐酸性	1	5~10	8~10	1~6
耐磨性	1	2~5	5~10	10

§5-2 聚合物浸渍混凝土

一、概述

聚合物浸渍混凝土就是将硬化了的混凝土，经干燥和真空处理后浸渍在以树指为原料的液态单体中，然后用加热辐射方法或加催化剂，使渗入到混凝土内部微孔隙中的单体聚合，生成一种坚硬的玻璃状聚合物与混凝土结合，聚合成整体混凝土。

1965年美国率先对聚合物浸渍混凝土进行探索性试验，研究内容包括单体选择、制造工艺、机理探讨、基本性能测试等。由于聚合物浸渍混凝土是一种高强、高抗掺、耐腐蚀、抗冻融和耐磨性好的复合材料，因此在世界许多国家先后开展了研究，取得了一批成果，但高分子材料昂贵导致该种混凝土成本较高，使应用受到了一定限制。

二、聚合物浸渍混凝土的增强机理

普通水泥混凝土经浸渍处理后，聚合物填充了混凝土内的孔隙及水泥浆、骨料中的微裂缝以及水泥浆与骨料界面处的裂缝。利用反光显微镜可以清楚地看到聚合物填充的情况。用高压水银测孔仪测定。$0.0052\sim10\mu m$ 范围的孔隙，浸渍后比浸渍前减少了85%（约由$0.123mL/g$减至$0.0143mL/g$），而$(52\sim200)\times10^{-10}m$的微孔由原来占孔隙的7.

5%增至57%。因此浸渍之后,孔隙率大大下降,大孔显著减少,留下的多数为小孔,因此,密实度增加,强度显著提高,耐久性也得到相应的改善。此外,还可使混凝土的韧性大大增强。

总之,混凝土经聚合物浸渍后,混凝土各相间的粘结力大大提高,增加了水泥石单位体积的固相量,使水泥石由原来的多孔体变为较致密的整体,减少了由于孔隙和裂缝的存在而产生的应力集中,必然可提高混凝土的强度和耐久性。

三、浸渍混凝土的材料组成与制备工艺

(一)材料组成

1. 基材

凡用无机胶凝材料与骨料组成的混凝土等材料皆可用作聚合物浸渍混凝土的基材。基材必须有适当的孔隙,能被浸渍液渗填;有一定强度,能承受干燥、浸渍和聚合过程中的作用力,并不因搬动而产生裂缝等缺陷;化学成分不防碍浸渍液的聚合;材料结构尽可能匀质。试验表明:改变水泥用量和水灰比能引起基材混凝土强度的变化,但对浸渍混凝土的强度影响不大。

2. 浸渍液

浸渍用的单体系指流体状的聚合反应的原始分子。一般来说,凡是能被基材所吸收,并能在其中聚合的单体,均可使用。常用的浸渍液有:甲基丙烯酸甲酯(MMA)、苯乙烯(S)、丙烯腈(AN)、聚脂树脂(P)、环氧树脂(E)、硫磺、丙烯酸甲脂(MA)等。浸渍液要有适当的粘度;有较高的沸点和较低的蒸汽压力,以减少挥发损失;聚合后能在基材内转化为固体聚合物;聚合收缩率小,聚合后不因水分等作用而膨胀或软化;聚合后与基材的粘结力好,能使两者形成整体。聚合物的软化温度必须超过材料的使用温度;要有较高的强度和较好的耐久、耐碱、耐热和耐老化性能。

3. 其他添加剂

主要有引发剂、促进剂和稀释剂。

(二)生产工艺

聚合物浸渍混凝土工艺流程见图3-5-2-1所示。

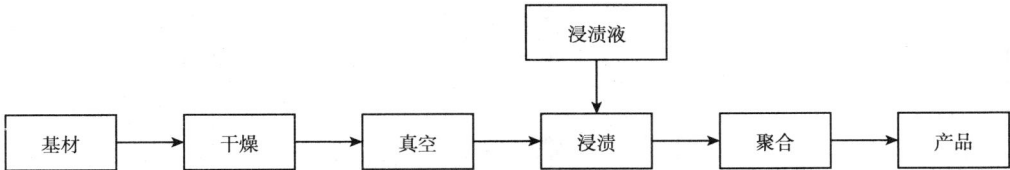

图 3-5-2-1　聚合物浸渍混凝土工艺流程

四、浸渍混凝土的性能

混凝土浸渍后性能得到明显改进,以不同聚合物浸渍后混凝土性能的变化见表3-5-2-1。由表可见,浸渍后混凝土的抗压强度提高了3~4倍,抗拉强度提高了3倍,抗弯强度提高2~3倍,弹性模量约提高1倍,冲击强度约提高0.7倍,此外徐变大大减少,抗冻性、耐硫酸盐性、耐酸和耐碱等性能都有很大的改善。

特 性	甲基丙烯酸甲酯(MMA)(浸渍率4.6%~6.7%)			苯 乙 烯(浸渍率4.2%~6.0%)			MMA+10%TMPTMA(浸渍率5.5%~7.6%)			聚丙烯腈(浸渍率3.2%~6.0%)		
	未浸渍	辐射聚合	热聚合	未浸渍	辐射聚合	热聚合	未浸渍	辐射聚合	热聚合	未浸渍	辐射聚合	热聚合
抗压强度(MPa)	37.00	142.40	127.70	37.00	103.40	72.00	37.00	158.10	140.70	37.00	104.70	87.80
弹性模量(×10⁴MPa)	2.5	4.4	4.3	2.5	5.4	5.2	2.5	5.9	3.58	2.5	4.41	3.61
抗拉强度(MPa)	2.92	11.43	10.6	2.92	8.47	5.91	2.92	12.0	9.77	2.92	9.0	6.39
抗弯强度(MPa)	5.20	18.54	16.08	5.20	16.79	8.15	5.20	5.9	—	5.20	12.9	4.62
吸水率(%)	6.4	1.08	0.34	6.4	0.51	0.70	6.4	1.09	1.21	6.4	2.95	5.68
耐磨量(g)	14	4	4	14	9	6	14	9	5	14	7	6
空气腐蚀(mg)	8.13	1.63	0.51	8.13	0.89	0.23	8.13	1.83	—	8.13	2.51	2.34
透水性(mg/年)	0.16	0.02	0.04	0.16		0.04	0.16	0.0003	0.0366	0.16		
导热系数23℃(W/m·K)	2.30	2.26	2.19	2.30	2.22	2.26	2.30	2.29	—	2.30	2.15	2.16
热膨胀系数(cm/cm·℃×10⁻⁶)	7.25	9.66	9.48	7.25	9.15	9.00	6.70	8.43	3.43	6.70	8.18	7.63
抗冻性(循环、质量减少%)	490;25.0	750;4.0	750;0.54	490;25	620;6.5	620;0.5	740;25	2560;8	2560;0	740;25	1840;25	2020;2
冲击强度(用L锤试验的冲击强度)	32.0	55.3	52.0	32.0	48.2	50.1	32.0	54.2	—	32.0	47.5	33.7
耐硫酸盐浸渍300天(膨胀率%)	0.144	0.0	—	0.144	0.0	—	0.144	0.004	0.002	0.144	0.088	0.006
耐盐酸性15%HCl浸渍84天质量减少(%)	10.4	3.64	3.49	10.4	5.5	4.2	—	10.58	—	10.4	13.31	—

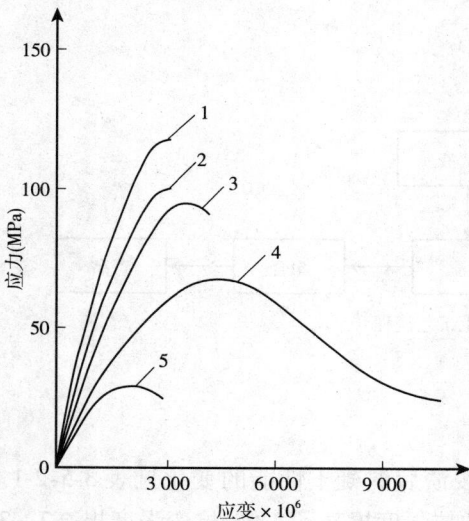

图3-5-2-2 聚合物浸渍混凝土的应力—应变关系
1-100% MMA;2-90% MMA+10% BA;3-70% MMA
+30% BA;4-50% MMA+50% BA;5-普通混凝土

聚合物浸渍混凝土抗压及抗拉强度的提高,与浸渍量有关,而浸渍量又取决于混凝土的孔隙率和毛细管的大小,此外也与单体的粘性、表面张力、单体分子量大小等有关。因此,孔隙率大而强度低的混凝土,用有机单体来浸渍改性,其效果显著;对于孔隙率小而强度高的混凝土,则用有机单体浸渍改性的效果不大。

聚合物浸渍混凝土的应力—应变关系近似直线(见图3-5-2-2),延性甚至比普通混凝土还差,因为普通混凝土破坏时裂缝围绕着骨料展开。裂缝遇到骨料要转向绕道,骨料起到阻挡裂缝开展的作用,故而表现出一点延性。而聚合物浸渍混凝土破坏时的裂缝是通过骨料展开,骨料阻挡裂缝开展的作用很小或不存在,因而延性较差。为了改变这种状况,可在浸渍单体里添加丙烯酸丁酯,也可用添加钢纤维的办法来增加浸渍混凝土的延性。

温度对聚合物浸渍混凝土的各种性能均有影响。随着温度的升高,抗压强度、弹性模量、泊松比等皆有所降低。

五、聚合物浸渍混凝土的应用

美国和日本已将聚合物浸渍混凝土用于隧道衬砌、管道内衬、桥面板、路缘石、铁路轨枕、混凝土船、海上采油平台等。在国内,由于其造价高,实际应用较少。此外,有些国家还对聚合物浸渍钢纤维混凝土、聚合物浸渍轻质混凝土进行了研究,并用聚合物浸渍的方法改善混凝土板的抗磨性能,用真空浸渍来处理混凝土表面裂缝。

§5-3 聚合物混凝土

一、概述

聚合物混凝土又称树脂混凝土,是以合成树脂为胶结材料,以砂石为骨料的混凝土。

与普通混凝土相比,具有强度高、耐化学腐蚀、耐磨性和抗冻性好、易于粘结、电绝缘性好等优点。如果在聚合物混凝土中掺加增强材料,其抗裂性能比普通混凝土高很多倍。

二、聚合物混凝土的材料组成及制备工艺

(一)材料组成

1. 胶结料

拌制聚合物混凝土的胶结材树脂是液态的,主要有热固性树脂、热塑性树脂、沥青类、焦油类以及乙烯类单体(见表3-5-3-1)。所选用的树脂应能与骨料容易混合、牢固粘结,在室温或加热条件可以固化,硬化时间可以调整,而且强度高、耐水性好。

胶 结 料 种 类

表3-5-3-1

热 固 性 树 脂	焦 油 改 性 树 脂	乙 烯 型 单 体
不饱和聚酯树脂(UP) 环氧树脂 呋喃树脂 聚氨酯(PUR) 酚醛树脂	焦油环氧树脂 焦油氨基甲酸乙酯	甲基丙烯酸甲酯(MMA) 甘油甲基丙烯酸甲酯—苯乙烯

2. 骨料

与普通混凝土骨料相同,最大粒径在20mm以下。

3. 填料

为了减少树脂的用量,改善树脂混凝土的工作性能,宜加入粒径为 $1 \sim 30\mu m$ 的惰性填料,如粉砂、硅石粉、石灰石粉、碳酸钙、粉煤灰、火山灰等。

4. 外加剂

为了使液态树脂转化为固态,以及改善树脂混凝土某些性能,胶结材料除液态树脂外,还需加入一定量的外加剂。常用的有苯二甲胺、乙二胺、多乙烯多胺等等。

（二）制备工艺

聚合物混凝土的生产工艺如图 3-5-3-1 所示。

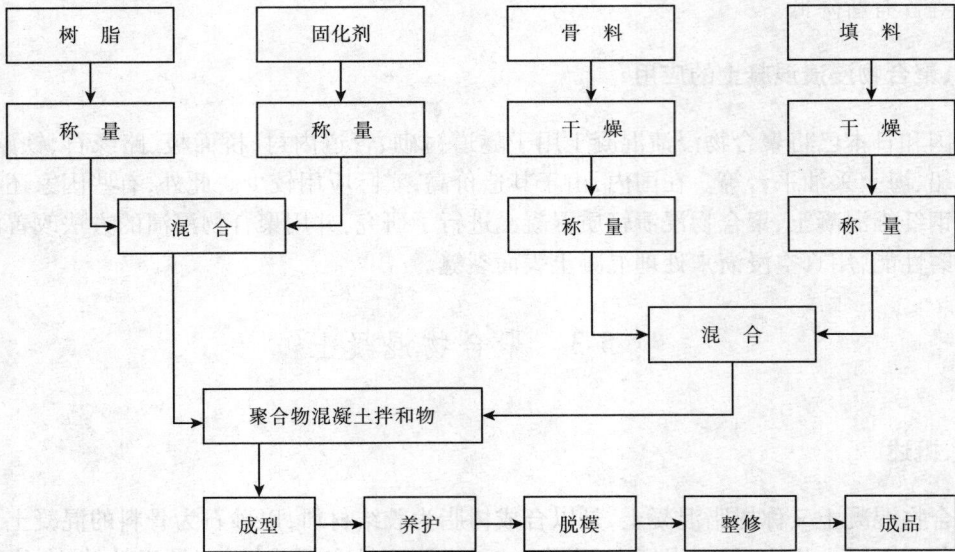

图 3-5-3-1　聚合物混凝土生产工艺

三、聚合物混凝土的性能

聚合物混凝土抗压强度高，特别是早期强度高，粘接强度高，但强度对温度的敏感性大。各种聚合物混凝土的物理力学性能见表 3-5-3-2 所示。此外，聚合物混凝土变形能力较好，由于聚合物混凝土非常致密，其抗渗性、抗冻性、抗腐蚀性以及抗冲耐磨性均优于普通混凝土。

几种聚合物混凝土的物理力学性能　　　　　　　　　　表 3-5-3-2

| 性　能 | 树　脂　种　类 | | | | | | 沥青混凝土 | 普通混凝土 |
	聚氨脂	呋喃	酚醛	聚酯	环氧	聚氨基甲酸酯		
堆积密度（kg/m³）	2000~2100	2000~2100	2000~2100	2200~2400	2100~2300	2000~2100	2100~2400	2300~2400
抗压强度（MPa）	65.0~72.0	50.0~140.0	24.0~25.0	80.0~160.0	80.0~120.0	65.0~72.0	2.0~15.0	10.0~60.0
抗拉强度（MPa）	8.0~9.0	6.0~10.0	2.0~8.0	9.0~14.0	10.0~11.0	8.0~9.0	0.2~1.0	1.0~5.0
抗弯强度（MPa）	20.0~23.0	16.0~32.0	7.0~8.0	14.0~35.0	17.0~31.0	20.0~23.0	2.0~15.0	2.0~7.0
弹性模量（×10⁴MPa）	10~20	2.0~3.0	1.0~2.0	1.5~3.5	1.5~3.5	1.0~2.0	0.1~0.5	2.0~4.0
吸水率（质量%）	0.3~1.0	0.1~1.0	0.1~1.0	0.1~1.0	0.2~1.0	1~3	1~3.0	4~6

四、聚合物混凝土的应用

聚合物混凝土高强、抗渗、耐腐蚀性能好，较广泛地用于要求耐腐蚀的化工结构和接头，还用于衬砌、堤坝面层、桩、轨枕以及喷射混凝土等。此外，聚合物混凝土由于外貌漂亮，可以代替花岗石、大理石等用作地面砖、桌面、浴缸等。

§5-4 聚合物改性混凝土

一、概述

将聚合物乳液掺入新拌混凝土中,可使混凝土的性能得到明显的改善,这类材料称为聚合物改性混凝土。

将聚合物搅拌在普通混凝土中,聚合物在混凝土内形成薄膜,填充水泥水化物和骨料之间的孔隙,与水泥水化物结成一体,与普通混凝土相比具有较好的粘结性、耐久性、耐磨性、有较高的抗弯性能、减少收缩、提高不透水性、耐腐蚀性和耐冲击性。

二、聚合物改性混凝土机理

很多学者研究分析了聚合物水泥混凝土改性机理,认为:首先,聚合物掺入引起了水泥石结构形态的改变以及聚合物与水泥或水泥水化的产物发生了相互作用;另外,掺入聚合物影响水泥的水化及凝结硬化时间,并改善了水泥砂浆或水泥混凝土的工作性,可降低水灰比,提高其物理力学性能。

1. 水泥混凝土中的聚合物结构形成过程

以乳液形式掺加到水泥混凝土中的聚合物,在水泥混凝土搅拌均匀后,聚合物乳液颗粒会相当均匀地分散在水泥混凝土体系中。随着水泥的水化,体系中的水不断地被水化水泥所结合,乳液中的聚合物颗粒会相互融合连接在一起。随着水分的不断减少,聚合物在水泥混凝土中形成结构。Ohma 给出了这种结构形成过程的模型,见图 3-5-4-1。这一结构形成过程可分为三个阶段。

第一阶段:当聚合物乳液在水泥混凝土搅拌过程中掺入后,乳液中的聚合物颗粒均匀分布在水泥浆体中,形成聚合物水泥浆体。随着水化的进行,水泥凝胶逐渐形成,并且液相中的 $Ca(OH)_2$ 达到饱和状态。同时,聚合物颗粒沉积在水泥凝胶颗粒表面,水相中的氢氧化钙很可能与骨料表面的二氧化硅反应形成硅酸钙层。

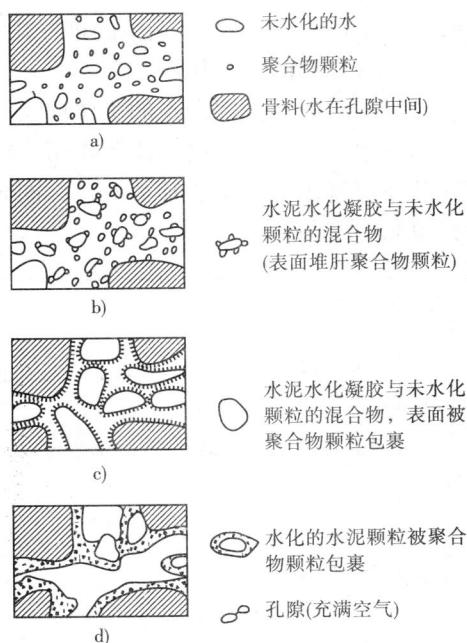

未水化的水

聚合物颗粒

骨料(水在孔隙中间)

a)

水泥水化凝胶与未水化颗粒的混合物
(表面堆肝聚合物颗粒)

b)

水泥水化凝胶与未水化颗粒的混合物,表面被聚合物颗粒包裹

c)

水化的水泥颗粒被聚合物颗粒包裹

孔隙(充满空气)

d)

图 3-5-4-1　聚合物水泥混凝土结构形成模型
a)与水拌和后;b)第一步;c)第二步;d)第三步(硬化后的结构)

第二阶段:随着水量的减少,水泥凝胶结构在发展,聚合物逐渐被限制在毛细孔隙中,随着水化的进一步进行。毛细孔隙中的水量在减少,聚合物颗粒絮凝在一起,水泥水化凝胶的表面形成聚合物密封层,聚合物密封层也粘结了骨料颗粒的表面及水泥水化凝胶与水泥颗粒混合物的表面。因此,混合物中的较大孔隙被有粘结性的聚合物所填充。

第三阶段:由于水化过程的不断进行,凝聚在一起的聚合物颗粒之间的水分逐渐被全部吸收到水化过程的化学结合水中去,最终聚合物颗粒完全融合在一起形成连续的聚合物网结构。聚合物网结构把水泥水化物联结在一起,即水泥水化物与聚合物交织缠绕在一起,因而改善了水泥石结构形态。

2. 聚合物与水泥的相互作用

聚合物或有机化合物及水泥与水在一起搅拌时,它们之间就发生相互作用。在聚合物颗粒与水化产物之间将会产生离子键型的化学结合,从而形成了联结强度,而且发生的这种化学作用对聚合物成膜以及水泥水化过程均有明显的影响。某些低分子有机物与水泥水化物之间发生的化学结合对水泥的水化也有明显的影响。

除了聚合物与无机的水泥水化产物发生化学作用形成离子键外,聚合物或有机化合物与无机化合物之间也可通过氢键、范德华键而相互作用,从而对水泥石及水泥混凝土的结构强度起一定的加强作用。

Bachiorrini 等人借助于绝热微热量计、微分扫描量热器、红外光谱、电子显微镜等分析手段,分析了丙烯醛基乙烯及丙酮基乙烯类聚合物乳液与 C_3A + 石膏 + 石灰体系的相互作用以及与 C_3S 的相互作用。C_3A + 石膏 + 石灰体系自身的反应类似于硅酸盐水泥初期水化过程中的水化反应,而 C_3S 的水化过程对硅酸盐水泥形成强度是至关重要的。他们发现,这类聚合物乳液的存在会降低 C_3S 以及 C_3A + 石膏 + 石灰的水化速度,同时聚合物与无机的水泥矿物及水泥水化产物可形成多种联结,聚合物中的 $-CH_2-$ 及 $-CH_3-$ 原子团可与无机物发生化学吸附。聚合物链上的聚酯基团的水解产物可与水泥浆体体系中的盐类反应生成如 $-COO-Ca^{++}$ 型的化学结合物。发生的这些化学结合对水泥体系的力学性能必定会有改善作用。

3. 聚合物的减水作用

为了改善水泥混凝土的工作性及其他性能,通常可掺加增塑剂及减水剂。而绝大部分聚合物对水泥的流动性也有改善作用。掺入水泥混凝土后也可改善其流动性,其原因是聚合物颗粒在混凝土体系中的轴承效应。同时,聚合物乳液中的表面活性物质对改善混凝土的流动性也起一定的作用。

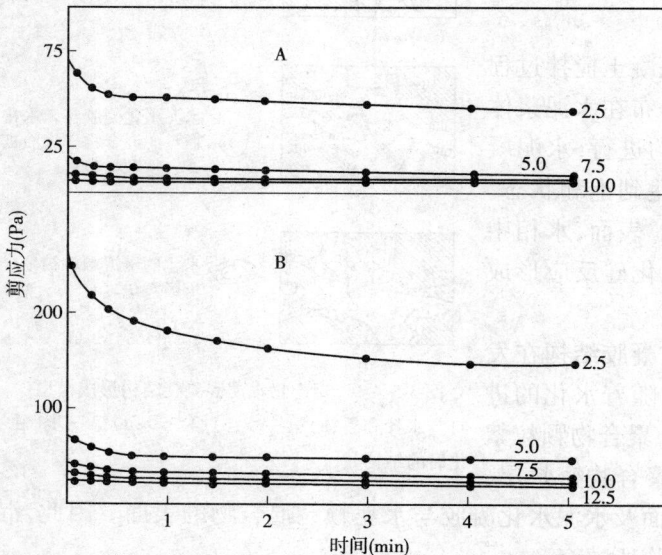

图 3-5-4-2 不同掺量的降丙烯酸乳液水泥浆体的流动性能曲线
A – W/C = 0.35;B – W/C = 0.30

由于掺入聚合物的减水作用,可降低混凝土的水灰比,使混凝土中的孔隙率大为减少。从而会使得强度得到提高。

Atzeti 等人研究了聚丙烯酸乳液及聚乙烯乳液对水泥浆体流动性的影响。不同掺量的聚丙烯酸乳液(聚丙烯酸/水泥 × 100)对具有不同水灰比的水泥浆体在不同搅拌时间时流动性的影响见图 3-5-4-2 所示。

聚丙烯酸乳液在较小的掺量范围内(聚丙烯酸/水泥在 0.05 ~ 0.1)有明显的改善水泥流动性的作用。进一步提高掺量,则作用变得不甚明显。聚乙烯乳液与聚丙烯酸乳液有相似的作用,但其塑化作用要小。

掺有聚丙烯乳液的水泥浆体,用旋转式粘度计测得的流变曲线如图 3-5-4-3 所示,随着聚丙烯酸乳液掺量的增加,流变曲线接近于牛顿流体的流变曲线。

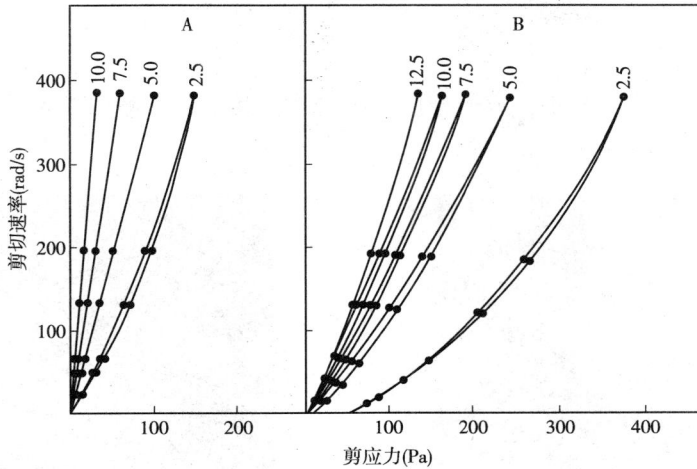

图 3-5-4-3　不同掺量的聚丙酸乳液水泥浆体的流变曲线
$A - W/C = 0.35; B - W/C = 0.30$

三、聚合物改性混凝土的材料组成及施工工艺

拌制聚合物水泥混凝土用的原材料,除水泥、骨料和水外,主要是聚合物和助剂。

(一)材料组成

1. 聚合物

与水泥掺合使用的聚合物有:①水溶性聚合物分散体乳胶类:如橡胶乳液、树脂乳液和混合分散体。②水溶性聚合物:如纤维素衍生物、聚丙烯酸盐等。③液体聚合物:如不饱和聚酯、环氧树脂等。

聚合物的使用方法与混凝土外加剂一样,与水泥、骨料、水一起搅拌即可。一般情况下,其掺量约为水泥质量的 5% ~25% 。

2. 助剂

(1)稳定剂　稳定剂的作用主要是使聚合物与水泥混合均匀,并能有效地结合,常用的稳定剂有:OP 型乳化剂、均染剂 102、农乳 600 等。稳定剂掺量不同,效果也不同。

(2)抗水剂　有些聚合物,如乳胶树脂或其乳化剂以及稳定剂,其耐水性较差,使用时需加入抗水剂。

(3)促凝剂　当乳胶树脂等掺量较多时,会延缓聚合物水泥混凝土的凝结,因而须加入促凝剂。

(4)消泡剂　乳胶与水泥拌和时,会产生许多小泡,致使混凝土孔隙率增加,强度明显下降,因此,需加入消泡剂。常用的消泡剂有醇类、脂肪酸脂类、磷酸脂类以及有机硅类。

(二)施工工艺

聚合物水泥混凝土的拌制与普通混凝土相似,可使用同样的设备,在加水时掺入一定量的聚合物分散体及助剂即可,也可将聚合物粉末直接掺入水泥中。聚合物混凝土浇筑后尚未硬化,不能洒水养护或遭雨淋,否则表面将形成一层白色脆性的聚合物薄膜,降低使用性能,最好是硬化后先湿养护,待水泥水化后进行干养护。

四、聚合物改性混凝土的性能

1. 聚合物改性水泥石微观结构

聚苯乙烯——丁二烯(SBD)、天然橡胶乳液 NR 以及聚丙烯酸(PAA)在水泥石中形成的微观结构形态见图 3-5-4-4 所示。

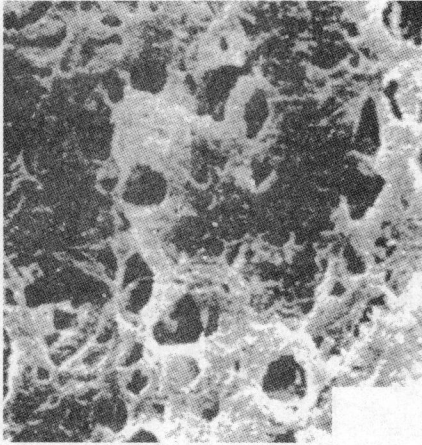

SBD在水泥石中的微观结构形态
(SBD/C=0.5)

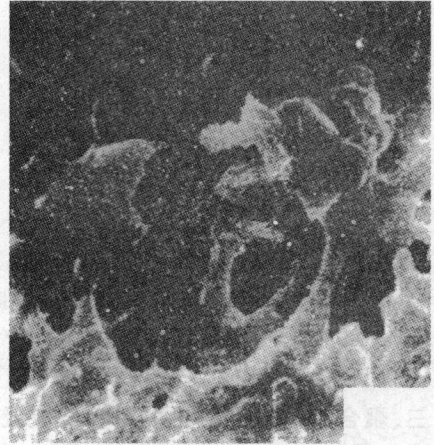

天然橡胶在水泥石中的微观结构形态
(NR/C=0.4)

聚丙烯酸在水泥石中的微观结构形态
(PAA/C=0.15)

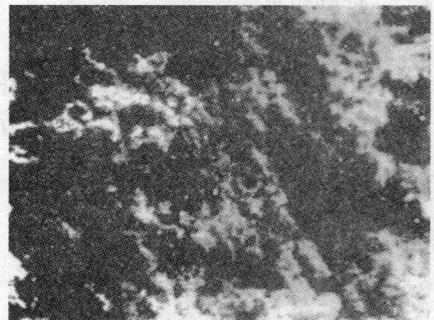

聚苯乙烯在水泥石中的微观结构形态
(PS/C=0.1)

图 3-5-4-4　聚合物改性水泥石微观结构形态

掺入聚合物后,对水泥石、水泥砂浆以及水泥混凝土的孔结构有影响。聚丙烯酸以及聚苯乙烯水泥砂浆孔结构分布见图 3-5-4-5 所示。

由图可看出,随着 PAA 的增加,水泥砂浆中总孔隙率减小,特别是界面区域的孔隙(较大孔径)数量显著减小。表明砂粒与水泥浆体或砂粒与砂粒之间的联结得到了加强。聚苯乙烯的掺入却使得水泥砂浆中孔隙率明显增大,界面孔径增大,说明聚苯乙烯使得浆体密度降低,这可能是因为聚苯乙烯在硅酸盐水泥浆体中不能融合成膜,其颗粒堆积在一起,导致孔隙增加。

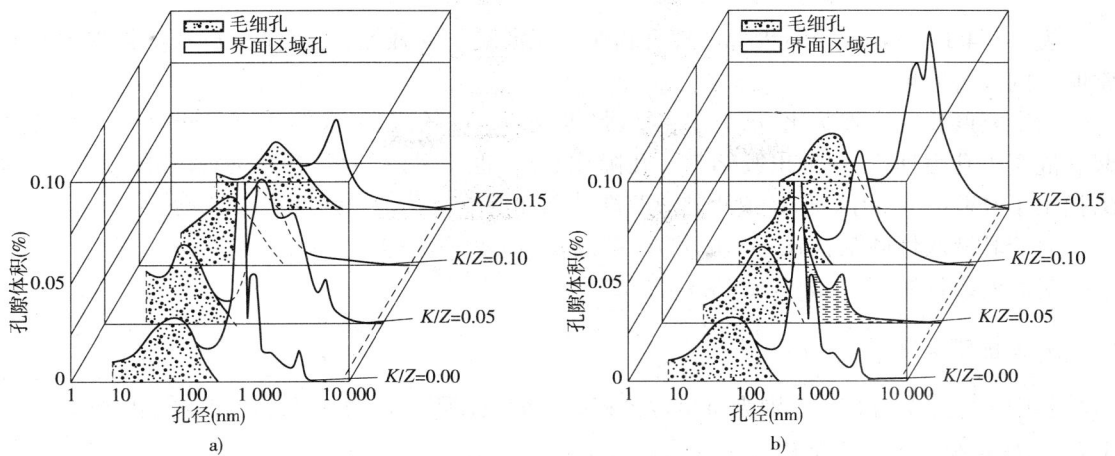

图 3-5-4-5　改性水泥砂浆孔结构分布图

a) 聚丙烯酸水泥砂浆孔结构分布图;b) 聚苯乙烯水泥砂浆孔结构分布图

2. 聚合物改性混凝土强度

几种典型聚合物改性普通水泥混凝土强度见表 3-5-4-1。混凝土试样的坍落度控制在 18 ±1cm 之内,养护条件依次为:20℃湿气养护 2 天,20℃水中养护 5 天,温度 20℃,相对湿度为 50% 条件下空气中养护 21 天。

聚合物改性混凝土的强度性能　　　　　　　　　　　　　　　　　　　　表 3-5-4-1

混凝土种类	聚/灰(%)	水/灰(%)	相 对 强 度				强 度 比			
			抗压(Σ_c)σ	抗弯(Σ_b)σ	直接抗拉(Σ_t)σ	剪切(Σ_s)σ	σ_c/σ_b	σ_c/σ_t	σ_b/σ_t	σ_s/σ_c
SBR混凝土	5	53.3	123	118	126	131	7.13	13.84	1.94	0.185
	10	48.3	134	129	154	144	7.13	12.40	1.74	0.184
	15	44.3	150	153	212	146	6.75	10.05	1.49	0.168
	20	40.3	146	178	236	149	5.46	8.78	1.56	0.178
PAE－1混凝土	5	43.0	159	127	150	111	8.64	15.17	1.77	0.120
	10	33.6	179	146	158	116	8.44	16.23	1.96	0.111
	15	31.3	157	143	192	126	7.58	11.65	1.55	0.139
	20	30.0	140	192	184	139	5.03	10.88	2.19	0.170
PAE－2混凝土	5	59.0	111	106	128	103	7.23	12.92	1.81	0.161
	10	52.4	112	116	139	116	6.65	11.40	1.71	0.178
	15	43.0	137	167	219	118	5.64	9.06	1.62	0.148
	20	37.4	138	214	238	169	4.45	8.32	1.88	0.210
PVAC混凝土	5	51.8	98	95	112	102	7.13	12.53	1.78	0.178
	10	44.9	82	105	120	106	5.37	9.76	1.81	0.221
	15	42.0	55	80	90	88	4.69	8.39	1.81	0.274
	20	36.8	37	62	91	60	4.10	5.76	1.38	0.275
普通水泥混凝土	0	60.0	100	100	100	100	6.88	12.80	1.86	0.174

表 3-5-4-1 中数据表明:大部分聚合物对水泥混凝土的强度,尤其是抗折及抗拉强度有非常明显的改善效果。

大宾嘉彦曾综合聚灰比、水灰比、含气量等控制强度的因素,根据 A. N. Talbot 关于普通砂浆和混凝土孔隙理论,引伸出胶结料—孔隙比定律,他定义胶结料/孔隙为 α,孔隙/胶结料为 β,提出了经验公式,用 α 和 β 预测乳液改性砂浆和混凝土的抗压强度:公式如下:

对于乳液改性砂浆: $\lg\sigma_c = (A/B^B) + C$ 或 $\sigma_c = (A/B^B) + C$

对乳液改性混凝土: $\sigma_c = a \cdot \alpha + b$

σ_c 为抗压强度,$\beta = 1/\alpha = \dfrac{V_a + V_w}{V_c + V_d}$

其中 V_c、V_d、V_a 和 V_w 分别为每单位体积改性砂浆(混凝土)中,聚合物和空气和水的体积,A、B、C、D、a 和 b 为经验常数。

掺入聚合物会使改性混凝土的脆性减小,柔性增加。聚苯乙烯—丁二烯乳液(SBD)改性水泥砂浆的抗压强度与抗折强度的比值见表 3-5-4-2 所示。

SBD 改性水泥浆体的抗压强度/抗折强度(σ_c/σ_f)   表 3-5-4-2

养护龄期(天)	SBD/C						养护龄期(天)	SBD/C					
	0	0.1	0.2	0.3	0.4	0.5		0	0.1	0.2	0.3	0.4	0.5
1	11.16	7.61	5.08	2.94	2.48	2.09	90	13.57	8.16	6.14	5.03	4.14	3.92
3	11.37	7.87	5.63	4.54	3.56	2.93	180	13.68	8.61	6.67	5.45	4.36	4.14
7	11.58	7.64	5.68	4.66	3.81	3.62	365	13.39	8.45	6.65	5.40	4.42	4.14
28	12.03	7.54	5.81	4.67	3.84	3.77							

注:试样养护条件为 20℃ 水上湿气养护。

掺入聚合物还可提高混凝土与其他材料的粘附强度。

影响聚合物改性混凝土强度的主要因素有:聚合物品种、掺量、水泥品种以及养护条件。对不同的水泥品种,其混凝土改性效果也不同,用聚苯乙烯—丁二烯(SBR)及聚丙烯酸酯(PAE)改性的不同水泥品种的砂浆强度见图 3-5-4-6 所示。

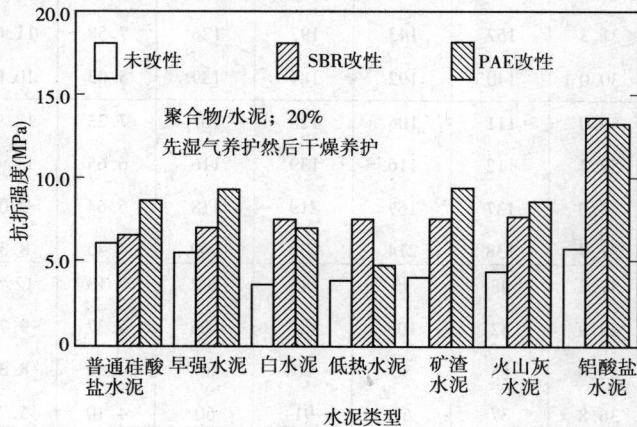

图 3-5-4-6   SBR 及 PAE 对不同品种水泥砂浆强度影响

254

养护条件对改性混凝土强度影响见图 3-5-4-7 所示,可见,聚合物在干燥环境中易于成膜,形成结构。

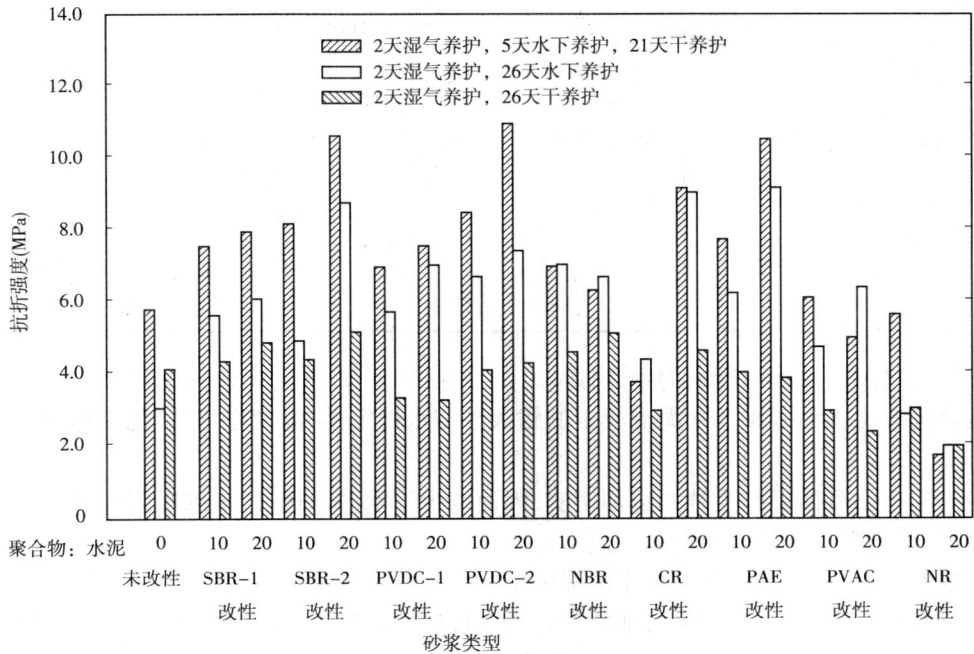

图 3-5-4-7　养护条件对聚合物改性水泥砂浆抗折强度的影响

3. 聚合物改性混凝土的变形

材料的变形性能可用应力—应变曲线来描述。掺入聚合物后,水泥混凝土的应力—应变曲线变缓,斜率减小。同时,破坏时的应变明显增加,即混凝土的变形能力明显增加。聚苯乙烯—丙烯酸改性水泥混凝土 28 天龄期时在常温下的压应力—应变曲线如图 3-5-4-8 所示。由图可知,随着聚合物掺量的增加,应力—应变曲线上表现出更多的塑性特性,变形能力的增加也与聚合物掺量的增加成相关关系,由于应力—应变曲线随聚合物掺量的增加不再是一条直线,而成为一条曲线,即试样在压力荷载作用下不再是突然破坏,而是逐渐破坏。即混凝土由具有脆性变为具有柔性。

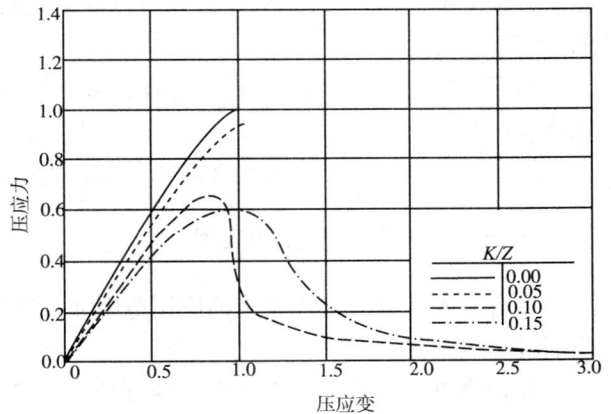

图 3-5-4-8　聚苯乙烯—丙烯酸改性水泥混凝土的压变力—应变曲线(K/Z = 聚合物/水泥)

聚合物改性水泥混凝土干缩性质主要取决于聚合物的类型及掺量,其干缩率有可能大于或小于普通水泥混凝土的干缩率。

聚合物改性砂浆及混凝土在温度变化下产生的胀缩比未改性砂浆及混凝土的胀缩率要略大一些,其温度线胀系数见表 3-5-4-3 所示。

聚合物改性水泥砂浆的温度线胀缩系数 　　　　　表 3-5-4-3

砂 浆 类 型	聚合物/水泥	$\alpha(10^{-5}/℃)$	
		$-18\sim38℃$	
普通砂浆	0	7.9	8.5
聚苯乙烯—丁二烯改性水泥砂浆	10	7.9	9.2
	15	8.6	9.6
	20	7.7	10.1
聚偏氯乙烯改性水泥砂浆	10	7.4	7.9
	15	9.0	10.3
	20	8.8	9.9

4. 聚合物改性水泥混凝土的耐久性

聚合物改性水泥砂浆及水泥混凝土的耐久性与水稳定性、温度稳定性、化学稳定性以及抗冻性有关。

掺入聚合物可使混凝土结构更加密实,因而减少了水的渗透性、水的吸附以及水在混凝土中的移动,使混凝土水稳定性有所提高。

温度升高时,聚合物改性混凝土的强度明显降低。特别是温度高于聚合物的玻璃化温度时强度降低更为明显,这是因为掺加的聚合物在玻璃化温度以上的塑性化所引起。因此,当温度高于150℃时,不宜使用聚合物改性砂浆及混凝土。

聚合物改性混凝土的化学稳定性取决于所掺加聚合物的性质及掺量。大部分聚合物改性砂浆及混凝土能被有机酸、无机酸及硫酸盐所侵蚀。主要是因为其水化产物能被这些化学物质所侵蚀。但对碱性及盐类,聚合物改性砂浆及混凝土有良好的抗腐蚀性。对油脂也有很好的稳定性。

由于聚合物混凝土结构较密实,在低温下进入孔隙而结冰膨胀的水分减少,从而提高了其抗冻性。

聚合物的掺入还可提高改性砂浆及混凝土的耐磨性

五、聚合物改性混凝土的应用

聚合物改性混凝土或砂浆的应用范围非常广泛,它可用于地面和道路工程、结构工程、轻质混凝土以及修补工程。

聚合物可用来直接浇涛地面;或者做成聚合物混凝土地面板,然后铺砌;或者在地面做一层聚合物水泥砂浆涂层。在道路工程中,由于聚合物具有良好的防水性质、较高的抗折强度及良好的变形能力,因而可用来修筑高等级水泥混凝土路面,不但可降低水泥混凝土面层厚度,而且可减轻面层开裂,从而延长使用寿命。另外,聚合物改性混凝土作为桥面,可避免常规施工过程中为粘结及防水所必须的复杂的工艺过程,可降低造价。

在结构工程中,聚合物改性混凝土也有广阔的发展前景,日本已开始用丁苯胶乳和聚丙烯酸酯类胶乳研制钢筋水泥混凝土梁。将聚合物改性混凝土用于预应力结构,可以克服变形率小、抗拉强度较低、空气中收缩大以及压缩时蠕变明显等缺点。聚合物加入混凝土可提高钢筋与混凝土之间的粘结力(在弹性剪切阶段约提高30%)。有计算表明,用聚合物混凝土代替一般混凝土后,可在减少水泥用量的条件下,减小梁的高度及混凝土的横截面积达 5% ~10%。在梁的横截面面积及高度相同时,钢筋用量可减少 25% ~35% ,或构件的抗裂性可提高 30% 。

采用玻璃纤维聚合物水泥混凝土最大可使抗拉强度提高 5 倍(玻璃纤维混凝土相比,玻璃纤维体积为 10% ,聚合物/水泥 = 0.2) ,达到 125MPa。日本和瑞典等国已研究钢纤维增强的聚合物砂质混凝土,证明这类材料很有发展前途。在钢纤维聚合物水泥混凝土中,钢纤维体积含量为 0.5% ~2% 。加入钢纤维可大幅度减小聚合物水泥混凝土的收缩,提高结构构件承受动荷载的能力。

聚合物改性水妮砂浆及改性水泥混凝土用于修补工程,其效果良好,因为修补时,聚合物会渗透进入旧混凝土的孔隙中,新混凝土硬化及聚合物成膜后,在新旧混凝土之间形成穿插于新旧混凝土之间的聚合物联结桥,大大增加了联结强度。

聚合物改性混凝土硬化收缩小,刚度小,变形能力大,因而界面之间由于收缩产生的剪应力及破坏裂缝少,对结合部位起到了一定的密封作用,使界面处的抗腐蚀能力提高。

第六章　粉煤灰混凝土

§6-1　概　　述

粉煤灰混凝土,是指掺加粉煤灰组分的混凝土。

粉煤灰是从烧煤粉的锅炉烟中收集的粉状灰粒,国外把它叫做"飞灰"或者"磨细燃料灰"。凡是掺有粉煤灰的混凝土,都可叫做"粉煤灰混凝土"。

近年间,粉煤灰混凝土技术越来越引起国内外工程界的瞩目,因为它是在现代混凝土技术的新潮流中发展起来的一种经济的改性混凝土。它不仅可以与普通混凝土并存,而且还可以扩展到特种混凝土的范围。

我国在 50 年代初期,就对粉煤灰掺入水泥的性能进行了系统的研究,50 年代中期,冶金建设部门在东北地区冶金基地建设中,推广干硬性混凝土,并掺加了占水泥重量 20% 左右的粉煤灰,收到了较好的技术和经济效果。水利电力部有关工程部门从 50 年代末开始,曾在一些大型水利工程中应用了大量的粉煤灰,多数用于大坝内部。调查表明,大坝混凝土中掺用粉煤灰,强度和耐久性都能满足工程的设计要求。

70 年代后期,北京石景山电厂为满足日本营造商承包东南亚混凝土工程以及北京市地下铁道工程需要,开始加工符合日本粉煤灰产品规格的磨细粉煤灰,完成了出口任务,同时推动了国内粉煤灰混凝土的技术进步。1979 年,由电力部等发布了建材科学研究院等起草的《用于水泥和混凝土中的粉煤灰(GB 1596 – 79)》标准。该国家标准规范中正式规定了直接应用于混凝土中的粉煤灰的质量要求,于 1980 年 5 月起实施。至此,可认为是完成了发展粉煤灰混凝土新技术的前期工作。这个标准已在 1988 年修订。

在"六五"计划开始前,城乡建设部、水电部、国家建材局以及北京市、上海市、天津市、陕西省、江苏省、山东省等相继组织力量投入有关粉煤灰混凝土新技术的科研工作,与此同时,在上海市建委的领导下,以上海市为试点城市加强了技术开发,并指出,当务之急是节约水泥。

纵观我国粉煤灰混凝土技术发展历程,其特点是研究较早,开发较迟,近年来急起直追,有些技术跟上了国际先进技术的步伐。展望未来,为节约水泥,提高混凝土质量,以及扩大混凝土品种,粉煤灰混凝土新技术的推广势在必行。我国幅员辽阔,各地区条件不尽相同,应用时不宜只套用一个模式,不同地区尚须因地制宜,推行适用技术和组织有效开发。只要今后坚持不懈,在全国范围推广现代混凝土新技术的前景,将会越来越光明。

§6-2 材料、配合比与技术性质

§6-2-1 对粉煤灰化学成分要求

一、化学成分

粉煤灰的化学成分与煤的品种和燃烧条件有关,一级燃烧烟煤和无烟煤锅炉排出的粉煤灰,其 SiO_2 含量为 45% ~60% , Al_2O_3 为 20% ~35% ; FeO_3 为 5% ~10% , CaO 含量约为 5% 左右,烧失量约为 5% ~30% ,但多数不大于 15% 。化学成分中硅、铝和铁的氧化物的含量是评定粉煤灰在混凝土中应用的主要指标。通常低钙粉煤灰,这些氧化物含量可达 75% 以上。

二、技术指标

用于拌制混凝土作为掺合料的粉煤灰,按我国现行国标《粉煤灰混凝土应用技术》(GB164 –90)规定,粉煤灰的质量标准有下列四项:

(1)细度 粉煤灰细度与其对混凝土强度的贡献有明显的相关性,因为细度愈细的粉煤灰一般活性愈大,所以细度是粉煤灰分级的一项指标。细度是以 $45\mu m$ 方孔筛的筛余量表示。

(2)需水量比 是指在相同流动度下,粉煤灰的需水量与硅酸盐水泥的需水量之比。需水量比小的粉煤灰掺入混凝土中,可增加其流动度,改善和易性,提高强度。

(3)烧失量 是指粉煤灰在高温灼烧下损失的质量。烧失部分主要为未烧尽固态碳,这些碳成分的增加,即意味有效活性成分的减少。同时,会导致粉煤灰的需水量增加,因此要加以控制。

(4)SO_3 含量 粉煤灰中 SO_3 含量超过一定限量,可使混凝土后期生成有害的钙矾石,导致危害。SO_3 含量是测定硫酸盐按 SO_3 计算。

根据我国现行国标(GB146—90)规定,拌制混凝土作为掺合料的粉煤灰,按上述四项指标分为三个等级,如表 3-6-2-1 所示。

拌制水泥混凝土用粉煤灰的分级表(GBJ 146—90)   表 3-6-2-1

粉煤灰等级	质 量 指 标			
	细度 $45\mu m$ 方孔筛筛余(%)	烧失量(%)	需水量比(%)	SO_3 含量(%)
I	≤12	≤5	≤95	≤3
II	≤20	≤8	≤105	≤3
III	≤45	≤15	≤115	≤3

在混凝土工程中掺加粉煤灰时,应根据工程的性质选用不同质量等级的粉煤灰。按国际(GBJ 146—90)规定各级粉煤灰适用范围如下:

(1)Ⅰ级粉煤灰适用于钢筋混凝土和跨度小于6m的预应力混凝土;

(2)Ⅱ级粉煤灰适用于钢筋混凝土和无筋混凝土;

(3)Ⅲ级粉煤灰主要用于无筋混凝土。对设计强度等级C30及以上的无筋粉煤灰混凝土宜采用Ⅰ、Ⅱ级粉煤灰;

(4)用于预应力混凝土、钢筋混凝土及设计强度等级30及以上的无筋混凝土的粉煤灰等级,如经试验论证,可以用比上述三条规定低一级的粉煤灰。

§6-2-2 粉煤灰混凝土配合比设计

混凝土中掺用粉煤灰的配合比设计方法,按国标(GBJ 146—90)规定,可以采用等量取代法、超量取代法和外加法等。但是目前多采用超量取代法。

一、配合比设计原则

掺粉煤灰混凝土配合比设计,是以基准混凝土(即未掺粉煤灰的混凝土)的配合比为基础,等稠度、等强度等级的原则,用超量取代法进行调整。

所谓"等稠度"和"等强度等级",是指配制成的粉煤灰混凝土具有与基准混凝土拌和物相同的稠度和硬化后指定龄期的强度等级相等。

所谓"超量取代法"是粉煤灰总掺入量中,一部分取代等体积的水泥,超量部分粉煤灰取代等体积的砂。

二、设计步骤

(1)计算基准混凝土配合比 根据普通混凝土配合比设计方法,计算得基准配合比 m_{co}、m_{so}、m_{Go} 和 m_{wo}。

(2)选定粉煤灰取代水泥的掺量百分率和粉煤灰超量系数 粉煤灰取代水泥的掺量百分率 $f(\%)$,不得超过表3-6-2-2规定的允许最大限量。

粉煤灰取代法水泥最大限度量(GBJ 146—90)　　　　　　表3-6-2-2

混凝土种类	粉煤灰取代水泥最大限量(%)			
	硅酸盐水泥	普通硅酸盐水泥	矿渣硅酸盐水泥	火山灰硅酸盐水泥
预应力钢筋混凝土	25	15	10	
钢筋混凝土、高强度混凝土、耐冻混凝土、蒸养混凝土	30	25	20	15
中、低强度混凝土、泵送混凝土、大体积混凝土、地下、水下混凝土	50	40	30	20
碾压混凝土	65	55	45	35

粉煤灰超量系数(δ_f)根据粉煤灰的等级按表3-6-2-3选用。

粉煤灰级别	超量系数(δ_f)	粉煤灰级别	超量系数(δ_f)	粉煤灰级别	超量系数(δ_f)
I	1.1~1.4	II	1.3~1.7	III	1.5~2.0

(3)计算粉煤灰取代水泥量、超量部分质量和总掺量:

粉煤灰取代水泥量　　　　$m_{f1} = m_{co} \cdot f\%$

粉煤灰超量部分质量　　　$m_{f2} = m_{f1}(1 - \delta_f)$

粉煤灰总掺量　　　　　　$m_f = m_{f1} + m_{f2}$

(4)计算粉煤灰混凝土的单位水泥用量:

$$m_{cf} = m_{co} - m_{f1}$$

(5)计算粉煤灰混凝土的单位砂用量:

$$m_{sf} = m_{so} - \frac{m_{f2}}{\rho_f} \cdot \rho_s$$

(6)确定粉煤灰混凝土各种材料用量　　由前已计算得 m_{cf}、m_{sf},取 $m_{Gf} = m_{Go}$、$m_{wf} = m_{wo}$。粉煤灰各材料用量为 m_{cf}、m_{wf}、m_{sf} 和 m_{Gf}。

(7)试拌调整提出试验室配合比。

§6-2-3　粉煤灰混凝土的主要技术性质

粉煤灰混凝土材料结构状态由不稳定逐渐转向稳定,与普通混凝土相比,似乎可以更为明显地划分为新拌混凝土阶段、硬化中混凝土阶段及硬化混凝土阶段等三个物相阶段。各阶段粉煤灰混凝土的性能明显不同,须要分别叙述。另一个问题是实验室中测定的混凝土性能指标与实际工程中的混凝土性能指标差别较大。因此必须了解这两种性能之间的差别。

一、新拌粉煤灰混凝土的性能

1. 减水率

粉煤灰对新拌混凝土改性,主要表现在与基准混凝土和易性相等时,粉煤灰混凝土中的用水量降低。这对新拌混凝土带来的好处首先是为改善新拌混凝土和易性提供了基本条件;其次是为硬化中的粉煤灰混凝土减少了出现收缩裂缝的危险;对硬化混凝土来说,则有利于提高强度和减少体积变化。因此,粉煤灰的减水率是粉煤灰混凝土首要的工程性能参数。

影响混凝土中粉煤灰减水率的主要因素是粉煤灰的需水性,粉煤灰用量和水泥用量,水灰比等。粉煤灰本身的需水性当然是基本因素,粉煤灰需水量比这个参数,也不能直接用作粉煤灰混凝土的减水率,因为规定的试验条件与实际情况是有差别的,因此,需水量比只能作为评价粉煤灰质量的一项指标,而粉煤灰在混凝土中的减水率才是实际的参数,并且必须应用实用的混凝土材料,通过试拌后确定。

测定粉煤灰的减水率,与改善混凝土的和易性有密切的联系。一般的,方法是通过当地材料的系统性的配合比试拌,找出在粉煤灰混凝土与基准混凝土保持等强度和等和易性的条件下,不同粉煤灰掺量($\frac{F}{C+F} \times 100$)混凝土的减水率。

2. 离析与泌水

新拌混凝土的泌水是由于其中固体颗粒下沉,而水分上升到表面的现象。它将导致表面浮浆和浮灰,影响混凝土表面质量。有些泌水进入混凝土上层,损害表层混凝土的耐久性;有些泌水被截留于钢筋和粗集料的底部,降低与砂浆的粘结力。按理说,粉煤灰是矿物质粉料,掺入混凝土中,可以弥补混凝土中水泥用量和细集料中细粉部分的不足,可以增强新拌混凝土的保水能力,不至于发生泌水扰动现象。当水分蒸发时,有效水灰比降低,强度增高。粉煤灰还可阻塞泌水通道,提高抗渗性。这些都有利于减少泌水量(即混凝土单位面积的泌水数量,以 cm^3/cm^2 计),降低泌水率(即泌水百分数,以%计),延缓泌水速度(即单位时间内的泌水量,以 cm^2/s 计)。

在我国的粉煤灰混凝土泌水性试验中,发现粉煤灰对泌水性的改善有时并不理想,主要原因是粉煤灰混凝土的用水量并没有比基准混凝土减少,特别是凝结时间延长,泌水时间也就延长,所以泌水量可能不减少,泌水率可能也不降低,甚至仍产生表面"粉化"的浮浆、浮灰等现象。因此,在混凝土配合比设计中考虑粉煤灰效应时,有必要兼顾泌水性的改善。

粉煤灰混凝土的离析现象,即浆体和集料分离的现象有两种形式,一种是稠度过稀的混合料中,浆体流淌出来,另一种是粘聚性较差的混合料中,粗集料分离出来。粉煤灰的加入,增加了混凝土中的粉料,也增加了浆体的体积,所以在任何情况下都有利于改善基准混凝土的粘聚性。掺加粉煤灰改善混凝土的离析现象,在贫混凝土和大流动混凝土中的效用尤为明显。

3. 抹面性能

粉煤灰混凝土中浆体体积增大,浇筑的表面比较饱满,终饰性好,容易抹面。但是,这种效果只有在采用优质粉煤灰时才比较明显。在国内曾发现一些使用质量较差的粉煤灰,致使保水性较差,面层浮浆、浮灰,终饰性不良的情况。因这些表面混凝土实际含水较多,其质量比下部混凝土有所降低。有些粉煤灰中碳分较多,微细碳粒冒到表面,也有损混凝土质量和有碍外观。这些粉煤灰混凝土的终饰性也不如基准混凝土。如果混凝土表面水分的蒸发速度快于泌水速度,则表面层还会产生塑性收缩裂缝,或者硬化后形成疏松的"粉化层"。根据国内施工经验,如遇到这种情况,应等待泌水蒸发后再进行抹面,或按规定合理地二次抹面压实。掺优质粉煤灰的混凝土可用于艺术混凝土和高级饰面,因为它能显著减少模板接缝处的渗浆,也能减少微裂缝的产生。

二、硬化后粉煤灰混凝土的抗压强度

通常,人们一直认为28d的混凝土就已经达到基本成熟的程度。认为现代水泥混凝土硬化较快,一般28d时就能达到其最大强度值,所以全国现行的钢筋混凝土设计规范中都按28d抗压强度和性能来考虑。粉煤灰混凝土具有后期强度较高的特点,可是按照现行规范,仍须用与普通水泥混凝土相同的要求来对待,养护28d时,与基准混凝土等强度的粉煤灰混凝土的其他性能,基本上也与基准混凝土接近。但是粉煤灰混凝土在28d龄期时,毕竟仍处于未成熟期,混凝土性能还在继续提高,因此按28d性能设计,只不过是为满足现行规程的要求,其未利用的潜力是相当可观的。

粉煤灰对混凝土后期抗压强度的贡献是十分明显的,60~90d强度,一般比28d标准强度增长20%~30%,半年至1年强度增长可能达50%~70%。例如加拿大粉煤灰国际公司的专家对实际工程中使用的普通混凝土和粉煤灰混凝土进行了长期强度的试验,所用材料都是预拌工厂供应的商品混凝土,试件为标准圆柱体,内掺减水剂,粗集料最大粒径为20mm,坍落度为 80mm。长期强度试验结果如图 3-6-2-1 所示。

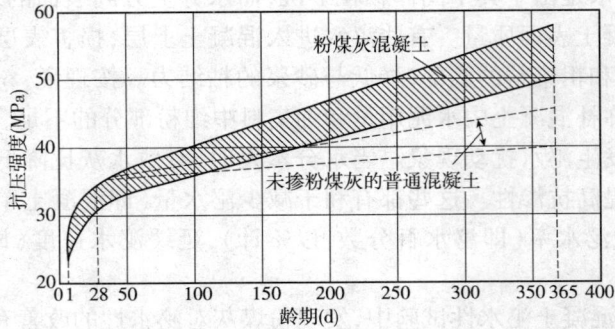

图 3-6-2-1　普通混凝土和粉煤灰混凝土长期强度的增长

根据上述试验结果,该论文作者认为可按图 3-6-2-1 中所示的抗压强度与龄期的关系配制高强度混凝土(一般抗压强度为 60MPa),或者规定 56d 或 91d 强度作为配合比设计中的试配强度,从而提供经济的配合比。

我国的《应用技术规程》规定,用于地上工程的粉煤灰混凝土的标号龄期为 28d;用于地下工程的粉煤灰混凝土标号龄期定为 60d。显然这考虑了粉煤灰后期强度的利用。上海市利用混凝土后期强度节约水泥的有关技术规定中容许在地下、水下、基础等工程中应用粉煤灰混凝土(也容许应用其他后期强度可以增长较多的混凝土),明确规定在混凝土结构承受满载的最短龄期大于 90d 者,设计时可采用 60d 抗压强度。这样的规定虽然未充分利用后期强度,可是因为它是偏于安全的,所以设计和施工部门都能够接受,并已在不少工程中使用。按规定配制的粉煤灰混凝土,60d 强度发展系数可根据具体工程条件在 1.16 ~ 1.20 范围内取值,一般可取中间值 1.18,也可根据本单位技术水平和管理水平自行确定,水泥节约量为 20 ~ 50kg/m³。

三、徐变

徐变是持续应力下混凝土应变随时间的增长逐渐增加,而在恒定应变下,混凝土应力随时间的增长逐渐减小(松弛)的现象。粉煤灰混凝土因长期强度提高,徐变大大减小,其减小值受到多种因素的影响,包括粉煤灰的质量、掺量、养护条件等。如使用优质粉煤灰,掺量为 25% ~ 35% 时,徐变可减少 20% ~ 40%,这有利于减小挠度和预应力损失。此外,在实际工程中发现,虽然粉煤灰混凝土早期发生的徐变可能性较大,但是由于直接应力受到松弛,还有利于减少裂缝的出现。

四、收缩和膨胀

混凝土的收缩在塑性阶段就已开始。粉煤灰混凝土的塑性收缩和硬化中早期收缩都比基准混凝土的略小。在空气中存放的混凝土的干燥收缩部分,是全部收缩的主要部分。一般水泥用量为 300kg/m³ 时,混凝土的收缩值为 800 × 10⁻⁶ 左右,它取决于混凝土的用水量。如粉煤灰混凝土用水量减少 20L/m³,则干缩值测试结果可从 175 × 10⁻⁶ 减少到 100 × 10⁻⁶。根据英国实际工程中对粉煤灰混凝土干缩性的长期测定发现,截面很薄的粉煤灰混凝土构件,早期的干缩率比普通混凝土为低,但两年后的收缩值与普通混凝土相近。另根据英国系统测试资料表明,粉煤灰混凝土的极限收缩值为 (540 ~ 720) × 10⁻⁶,低于基准混凝土,但也有高于基准混凝土的,这与粉煤灰的减水作用有关。一般认为,使用优质粉煤灰的条件下,干缩性通常不大于基准混凝土。

在混凝土的表面层及薄型构件的收缩值中,还包括由于大气中 CO_2 的作用所引起的碳化收缩,它可达混凝土总收缩量的 1/3。粉煤灰混凝土的碳化收缩往往大于普通水泥混凝土的碳化收缩。碳化收缩只是混凝土表面碳化层局部收缩,可是采用低质量的粉煤灰时,碳化收缩会较大地影响表面混凝土的质量。

只要是使用良好的粉煤灰且配合比适当,粉煤灰混凝土浸水引起的膨胀以及干湿交替引起的体积变化,是不会比基准混凝土大多少的,粉煤灰混凝土的浸水膨胀值为 $(100 \sim 150) \times 10^{-6}$,它要比收缩体积变化小得多。

根据实测结果,粉煤灰混凝土的热膨胀系数 α 的平均值为 $(8.9 \sim 10.7) \times 10^{-6}/℃$,与基准的普通混凝土接近。因此,也可认为影响不大。

第七章　高强混凝土

§ 7-1　概　　述

近年来,混凝土技术有了迅猛的发展。随着胶凝材料和结构技术的革新,结构工程需求的增加,混凝土作为结构材料的地位得到了进一步加强。而一般的普通混凝土已不能满足现代工程技术的要求,混凝土技术目前已进入了高科技行业,并已远远超过了传统建筑业的潜在用途。

混凝土的高强化是多年来的努力方向,自从 1824 年波特兰水泥问世,1850 年出现钢筋混凝土以来,作为重要的结构材料,强度一直是混凝土的主要性能指标;加之混凝土强度取决于其密实性,而密实性又与耐久性密切相关,因此高强度一直被认为是优质混凝土的特征,强度成为混凝土配合比设计以及生产和应用的首要指标。

一、高强混凝土的定义

混凝土强度类别,在不同的时代和不同的国家有不同的概念和划分,50 年代以前,各国混凝土强度都在 30MPa 以下,30MPa 以上即为高强混凝土,50 年代,35MPa 以上为高强混凝土;60 年代以来,提高到 41～52MPa;现在 50～60MPa 的高强度混凝土开始普遍应用于桥梁工程和高层建筑,同时,80MPa 以上的混凝土已开始应用。故在我国,通常将强度等级等于和超过 C50 的混凝土称为高强混凝土,即用优质骨料,强度不低于 425 号的水泥、较低的水灰比,在一定的密实作用下所制作的混凝土。

二、高强混凝土的特点

与普通中低强度混凝土相比,使用高强度混凝土具有十分明显的优越性;

(1)可有效地减轻结构自重。众所周知,钢筋混凝土的最大缺点是自重大,在一般建筑中,结构自重为有效荷载的 8～10 倍,当混凝土强度提高时,结构自重将大大降低。世界著名预应力混凝土专家美籍华人林同炎教授曾预言,80%～90% 的钢结构工程可用预应力钢筋混凝土结构代替,当混凝土强度达到 100MPa 时,可以设计成的预应力钢筋混凝土结构,应与钢结构一样轻,因为这时两者的比强度(即强度与重量的比值)大致相等。

(2)可以大幅度提高混凝土的耐久性。由于高强混凝凝土内部结构的改善和胶凝物质相组成的优化,其耐久性将极大地改善,收缩大大减少,耐磨性能提高,且极少碳化,抗冻性将达 100 次循环以上,建筑物的使用期限将达上百年乃至数个世纪。

(3)在大跨度的结构物中采用高强度混凝土,可以大大减少材料用量及建筑成本,生产、运输和施工能耗将大量降低,可以获得显著的技术经济效益。例如以抗压强度为 60～80MPa 的混凝土取代强度为 30～40MPa 混凝土生产钢筋混凝土构件,在相同承载力下,用 60MPa 的高强混凝土比用 35MPa 的混凝土制作,可节约混凝土约 40%,自重减轻将近 35%;对钢筋混凝土,如配筋率为 6%,以 60MPa 混凝土代替 30MPa 的混凝土,可使用钢量减少 240kg/m^3。

三、混凝土高强化技术途径

从混凝土工程学角度来看,要得到质量优良的混凝土,混凝土搅拌用水要少,混凝土浇筑捣实要充分,混凝土硬化后要充分养护。但是,从材料科学的方面来看,必须联系到混凝土材料的组成,内部结构及其对混凝土材料性能(包括流动性,强度和耐久性)的影响,也就是说,必须考虑到混凝土内部的界面结构与孔结构对强度与耐久性的影响。从这一观点出发,水泥混凝土要获得高强度,必须按照图 3-7-1-1 的技术路线来配制。

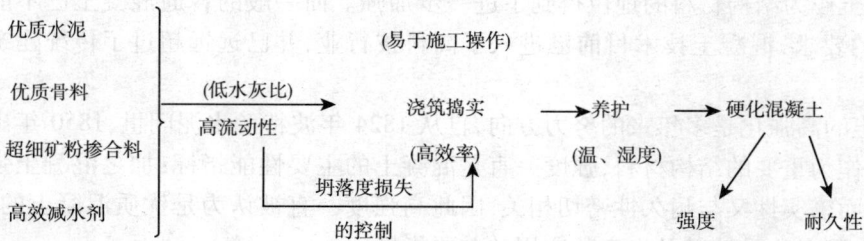

图 3-7-1-1

由此可见,当今高强混凝土的组成材料必须选用超细矿粉掺合料与高效减水剂;为保证混凝土施工的流动性,还必须要控制坍落度损失。这就是当今高强混凝土技术路线的特点。

§7-2 高强混凝土的组成材料

一、胶凝材料

胶凝材料是影响混凝土强度的主要因素,也是水泥石自身强度产生的根源。从观察和研究混凝土破坏的过程就可知,其破坏常常发生在水泥石与优质骨料的界面处,即水泥混凝土的强度主要取决于水泥石与骨料的粘结力。因此,要提高混凝土的强度,首先要选择合适的水泥。

（一）一般水泥

高强混凝土一般均使用 525 号或更高标号的硅酸盐水泥或普通硅酸盐水泥,同时要求水泥具有较高的 C_3S 含量和细度(比表面积 $3500\sim4000cm^3/g$)的特性,也就是说,水泥的矿物组成及细度对高强混凝土也有影响,特别是,在配制高强混凝土时所选用的水泥,其 C_3A 含量应尽可能低,因为水泥中 C_3A 含量大,对减水剂的吸附量大,坍落度经时损失也大。

（二）特种水泥

为了混凝土的高强化,在国外还专门生产特种水泥。例如:

1. 调粒（级配）水泥

调粒水泥是将水泥组成中的粒度分布进行调整,提高胶凝材料的填充率;并掺入部分粒径较大的水泥粗粉和超细矿粉,以获得最密实的填充。这样就能获得流动性好,具有适宜的早期强度、水化热、放热速度慢等性能优良的胶凝材料。

调粒水泥常用的原材料及物理性质见表 3-7-2-1;调粒水泥的配制见表 3-7-2-2。

调粒水泥原材料的物理性质   表 3-7-2-1

所 用 材 料	密 度(g/cm^3)	比表面积(m^2/kg)
硅酸盐水泥	3.17	340
回收的水泥粗粉	3.17	60
石灰石粉	2.71	1800
硅 粉	2.26	20 000

调粒水泥配制实例   表 3-7-2-2

代号	配合比例(%)				填充率	代号	配合比例(%)				填充率
	水 泥	粗 粉	石灰石粉	硅 粉			水 泥	粗 粉	石灰石粉	硅 粉	
A	100				0.50	D	70	20		10	0.55
B	70	30			0.55	E	70	20	5	5	0.56
C	70	20	10		0.55						

通过混凝土对比试验发现,在相同坍落度的条件下,使用调粒水泥比普通水泥粉体的填充率提高 5%,用调粒水泥 E(表 3-7-2-2)配制的混凝土,28d 强度可达 124.8MPa,90d 可达 143.1MPa。

2. 球状水泥

在电镜下观察,普通水泥颗粒是碎石状的,表面粗糙,粉尘含量大,颗粒间的填充率低(约为 0.50)。因此它需水量大,水泥石中孔隙率也大,不利于制备高强混凝土。

球状水泥是水泥熟料通过高速气流粉碎及特殊处理而得到。其工艺过程如图 3-7-2-1所示。

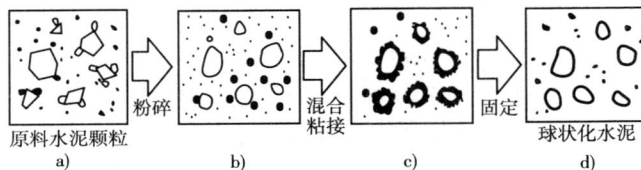

图 3-7-2-1　球状水泥的形成过程

在球化处理之前，水泥颗粒表面有棱角，长径比大，在颗粒表面上还有许多粉尘凝聚着[图3-7-2-1a)]。处期初期，大粒子被粉碎，凸出部分由于磨碎，微粉增加[图3-7-2-1b)]，进一步处理，大粒子表面粘着微粉[图3-7-2-1c)]。通过机械打击，微粉被固定在粒子表面上。这样在处理后粒子呈圆形，粉尘减少，粒度分布合理，没有凝聚状态的微粉，分散状态好[图3-7-2-1d)]。

使用球状化水泥是混凝土达到高流动性、高强度与高耐久性的重要手段。

球状水泥大多是 3～40μm 的颗粒，粒度分布范围较窄，水化放热速率峰值及总放热量低。配合比相同时，用普通水泥和球状水泥制备的混凝土比较，前者坍落度为零，后者可达到165mm；28 天强度后者提高约 10%；碳化深度前者为 8mm，后者为零。若在同样坍落度的前提下，用球状水泥制备的混凝土比普通水泥混凝土的水灰比低，因而其强度大为提高。

（三）超细矿粉掺合料

配制高强混凝土对水泥的性能要求较高，如采用特种水泥，由于产量小，造价高，满足不了实际生产的需要。因此，目前还基本上是采用硅酸盐水泥及普通硅酸盐水泥制备高强混凝土，但为了改善混凝土的性能以及降低工程造价，往往同时掺入某些矿物掺合料，如硅粉、粉煤灰、沸石粉及磨细矿渣等。

作为高强混凝土中掺入的超细矿物掺合料主要的作用有如下三点：

（1）滚球润滑作用。与硅酸盐水泥相比，超细矿物掺合料颗粒要细的多，对混凝土拌和物有滚球润滑作用，改善了混凝土的工作性。

（2）微集料作用水泥混凝土高强化的基本原则是混凝土（水泥浆）中的孔隙率低。高强混凝土中胶凝材料用量大，其中有较大部分不能完全水化而起微集料作用。由于矿物掺合料很细，能置换出混凝土中更小空间中的水，从而使混凝土更加密实，其强度、抗渗、耐磨、抗冻、抗腐蚀性能均得到较大幅度的提高，并且其干缩及徐变降低。

（3）胶凝材料及火山灰反应作用。矿物掺合料不仅是胶凝材料，可以水化凝结硬化，产生强度，更重要的是在一定的碱度条件下，能与水泥水化产物 $Ca(OH)_2$ 发生火山灰反应，改善了水化物组成与过渡区微观结构。

另外，矿物掺合料的细度对混凝土强度影响很大，颗粒越细，对提高混凝土强度越明显。清华大学冯乃谦教授将不同细度的矿渣置换混凝土中 1% 的水泥量，测定其不同龄期的强度，研究表明，矿渣细度越大，对混凝土的增强效果越好。

二、高效减水剂

高效减水剂是配制高强混凝土不可缺少的组成材料之一。目前，在国内外的高效减水剂中，除了传统的萘系、三聚氰胺系以外，还有多羧酸系、氨基磺酸盐系，溶于碱不溶于水的有机共聚物、接枝共聚物等新型高效减水剂。这些减水剂与其他矿物成分复合，可以有较高的减水性（减水效果可达20%～30%），又具有保持分散性的功能，从而使混凝土具有较高的和易性和耐久性能。

在配制高强混凝土中，高效外掺剂的用量（固体含量）一般为胶凝材料质量的 0.5%～1.5%，它可以使混凝土中水灰比大幅度降低，混凝土的密度、强度、耐久性得到明显的提高（见图3-7-2-2）。

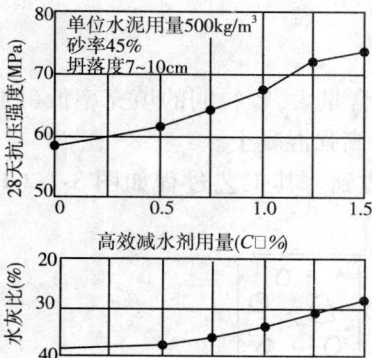

图 3-7-2-2　高效减水剂掺量与混凝土中的水灰比

三、优质骨料

水泥混凝土中,粗骨料是混凝土的骨架,水泥浆通过粘结填充作用将各种材料粘结成一个整体,混凝土所受到的应力主要由混凝土中的骨料来承担。优质的骨料不仅可以配制出高强混凝土,同时也有利于提高混凝土的耐久性。

在配制高强混凝土时,对骨料的技术要求如下:

1. 粗骨料

(1)粗骨料应选用质地坚硬、级配良好的石灰岩、花岗岩、辉绿岩等碎石或碎卵石。强度等级为C60的混凝土也可以用卵石配制。骨料母材的抗压强度应比所配制的混凝土强度高20%以上。压碎指标值:C60混凝土宜小于10%,C80混凝土宜小于6%。

(2)粗骨料最大粒径:C60级不宜超过31.5mm,C80级以上不宜超过25mm。

(3)粗骨料颗粒中针片状含量不宜超过5%,且不得混入风化颗粒。

(4)粗骨料的含泥量C60级不应超过1%,C80级以上不应超过0.5%。如含泥基本是非粘土质的石粉时,含泥量可由1.0%、0.5%分别提高到1.5%、1%。且不允许有泥块存在。

(5)粗骨料的其他质量标准与普通混凝土用碎石或卵石相同,应符合JGJ 53-92的规定。

2. 细骨料

(1)细骨料应选用洁净、质地坚硬、级配良好的河砂,其细度模数C60混凝土不宜小于2.3,C80以上混凝土不宜小于2.7。

(2)细骨料中的含泥量不应超过2%,C80以上混凝土不应超过1.5%,且均不允许有泥块存在。必要时,可冲洗后使用。

(3)细骨料的其他标准,应符合JGJ 52—92的规定。

§7-3 高强混凝土的配合比设计

一、配合比设计步骤

1. 确定水灰比

高强混凝土水灰比计算,主要有以下两种方法:

(1)计算法:

原材料的性质及工艺方法不同,其关系式也各异。同济大学提出的关系式为:

对于用卵石配制的高强混凝土:

$$f_{cu,28天} = 0.296 f_{ce} \left(\frac{C}{W} + 0.71 \right) \tag{3-7-3-1}$$

对于用碎石配制的高强混凝土:

$$f_{cu,28天} = 0.304 f_{ce} \left(\frac{C}{W} + 0.62 \right) \tag{3-7-3-2}$$

式中:$f_{cu,28天}$——设计强度;

f_{ce}——水泥标号。

(2)查表法:

表3-7-3-1为不掺减水剂的混凝土强度等级与水灰比参考值,可查表取W/C值。

水 泥 品 种	水泥标号	水灰比	混凝土强度等级	备 注
高级水泥	625	0.36	C70	—
高级水泥	625	0.33	C60	—
普通硅酸盐水泥	525	0.40	C50	—
普通硅酸盐水泥	425	0.30	C70	干硬性
		0.35	C60	干硬性
		0.40	C50	—

2. 选择用水量

根据已给定条件,查表 3-7-3-2 取值。

粗 骨 料		混凝土混合物在下列工作度(s)时的用水量(kg/m³)					
种类	最大粒径	30 ~ 50	60 ~ 80	90 ~ 120	150 ~ 200	250 ~ 300	400 ~ 600
卵石	$D = 40mm$	160	150	140	130	122	120
	$D = 20mm$	170	160	155	145	140	135
碎石	$D = 40mm$	170	160	150	138	130	128
	$D = 20mm$	180	170	160	150	145	140

必须注意,与配制普通混凝土一样,在同一水灰比下,其强度亦有高低。一般是用水量少（130 ~ 140kg/m³）时,强度高;反之,当用水量较大（如 160 ~ 170kg/m³）时,强度低。

3. 计算水泥用量

水泥用量按下式计算:

$$C = W \cdot C/W \tag{3-7-3-3}$$

4. 选择砂率

按经验和统计资料分析,高强混凝土砂率一般控制在 $S_p = 24\% ~ 33\%$。

5. 计算砂石用量

$$V_{s+G} = 1000 - \left[\left(\frac{W}{\rho_w} + \frac{C}{\rho_c} \right) + 10 \cdot \alpha \right] \tag{3-7-3-4}$$

式中:V_{s+G}——砂石占用体积;

W——用水量;

ρ_w——水的密度;

C——水泥用量;

ρ_c——水泥密度;

α——混凝土含气量百分数,%,在不使用引气型外加剂时 α 取 1;

1000——1m³ 混凝土为 1000L。

砂子用量按下式计算:

$$S = V_{s+G} \cdot S_p \cdot \rho_s \tag{3-7-3-5}$$

式中:S——1m³ 混凝土砂子用量,kg/m³;

$$S_p——砂率 \quad S_p = \frac{S}{S+G} \times 100,\% ;$$

ρ_s——砂的视密度。

石子用量可按下式计算：

$$G = V_{s+G} \cdot (1 - S_p) \cdot \rho_G \qquad (3\text{-}7\text{-}3\text{-}6)$$

式中：G——$1m^3$ 混凝土石子用量，kg/m^3；

ρ_G——石子视密度。

6. 初步配合比

7. 初配和调整

需要指出的是：配合比设计必须满足混凝土的强度要求以及施工要求，后者包括坍落度及坍落度损失的控制、可泵性、初凝和终凝时间、早期强度等。按照现有规范规定，混凝土的实际强度对设计强度的保证率应超过 95%，由于高强混凝土多用在结构的关键部位，所以配合比设计时宜使混凝土的平均强度有更高的保证率。如无统计数据，可按实际强度的平均值达到设计要求的 1.15 倍进行配合比设计。

在配合比设计中可参考以下原则：

（1）水灰比宜小于 0.35，对于 80~100MPa 混凝土宜小于 0.30，对于 100MPa 以上混凝土宜小于 0.26，更高强度时取 0.22 左右。

（2）水泥用量 400~500kg/m³，对于 80MPa 以上混凝土可达 500kg/m³，更高强度时也不宜超过 550kg/m³。应通过外加矿物掺合料来控制和降低水泥用量。高强混凝土必须采用优质水泥。

（3）选择高强度和低吸水率的碎石，最大粒径不超过 15~20mm，如混凝土强度等级不是很高可以放宽到 25mm，并尽量排除针片状石子。

（4）砂率可降低到 0.3 甚至更低。但泵送高强混凝土不宜取低砂率。

（5）为改善工作性，必须掺加高效减水剂。

（6）掺加粉煤灰时，要采用超量取代法计算粉煤灰高强混凝土配合比。

二、高强混凝土配合比应用实例

表 3-7-3-3 列的是几个国内外工程应用高强混凝土配合比的实例。

国内外工程应用高强混凝土配合比的实例　　　　　　表 3-7-3-3

原材料用量（kg/m³）							水胶比	坍落度（cm）	28d 强度（MPa）
序号	水	水泥	高效减水剂（%）	硅粉	砂	石			
1	170	500	FDN,1.0	—	685	1165	0.34	5	66.9
2	185	550	NF－2,1.2	—	579	1125	0.336	16	67.5
3	138	400	MT,1.0	24	764	1107	0.35	17	76.3
4	152	440	复合,1.2	35	900	950	0.32	0.18	89.1
5	130	513	复合,1.0	43	685	1080	0.25	170	119

参 考 文 献

1.［日］　冈田清,明石外世树,神山一,著．建筑材料学．张传镁,张绍麟,译．长沙:湖南科技大学出版社,1982.

2.［美］　R. 译仑,著．非晶态固体物理学．黄畴,等,译．北京:北京大学出版社,1988.

3.［美］　L. H. 范弗莱克,著．材料科学与材料工程基础．夏宗宁,邹定国,译．北京:机械工业出版社,1984.

4.［美］　K. M. 罗尔斯,T. H. 考特尼,J. 伍尔夫,著．材料科学与材料工程导论．范玉殿,夏宗宁,王英华,译．北京:科学出版社,1982.

5. L. H. 范弗拉克,著．材料科学与工程．台湾晓圆出版社,1988.

6. 徐祖耀,李鹏兴．材料科学导论．上海:上海科技出版社,1986.

7. 叶瑞伦,方永汉,陆佩．无机材料物理化学．北京:中国建筑工业出版社,1984.

8. 沈威,黄文熙,闵盘荣．水泥工艺学．北京:中国建筑工业出版社,1985.

9. 沈旦申．粉煤灰混凝土．北京:中国铁道出版社,1989.

10. 袁润章．胶凝材料学．武汉:武汉工业大学出版社,1988.

11.［英］　F. M.,著．水泥和混凝土化学．唐明述,等,译．北京:中国建筑工业出版社,1980.

12. 廉慧玲,等．建筑材料物相研究基础．北京:清华大学出版社,1995.

13. 黄土元．从第八届国际水泥化学会议看水泥化学研究趋向．水泥与混凝土制品．1987,第4期.

14. 申爱琴．不同磨细混合材磨细程度对水泥性能影响的分析．西安公路交通大学学报．1995,增刊.

15. 申爱琴．合成橡胶改善高铝水泥浆体的流变性能．西安公路交通大学学报,1993.12,第4期.

16. Jos'e Luiz Piazz. Untersuchtmgen ueber die Reaktivtaet von Steinkohle und Braunkohle Flugaschen in Moetel und Zement Pasten. Deutschland. 1994.

17.［苏］　A. A 巴申科,著．新型水泥．钱清杨,译．北京:中国建筑工业出版社,1983.

18. 刘巽伯,等．胶凝材料——水泥、石灰、石膏的生产和性能．上海:同济大学出版社,1990.

19.［印度］　S. N. 戈．水泥技术进展．杨南如等译校.1989.

20. 严家伋．道路建筑材料,第三版．北京:人民交通出版社,1996.

21. I. Odler, M. Robler. Investigations on the Relationship Between Porosity Structure and Strength of Hardened Portland Cement-Ⅱ. Effect of Pore Structure and of Degree of Uydration. C. C. R. V01. 15. NO. 3,1985.

22. J. Jamber. Pore Structure and Strength of Hardened Cement Pastes. Proceedings of 8 I CCC.

23. 第六届国际水泥化学会议论文集,第一卷．水泥熟料化学.

24. 第六届国际水泥化学会议论文集(一)、(二)．水泥水化与硬化.

25. 第七届水泥化学及测试方法学术会议论文集．济南.1996.11.

26. 申爱琴. 水泥粉煤灰体系的综合分析研究. 公路. 1995,第 3 期.

27. 蒋元骊,韩素芳. 混凝土工程病害与修补. 北京:海洋出版社,1996.

28. 龚洛书. 混凝土实用手册. 北京:中国建筑工业出版社,1995.

29. [美] P. 梅泰,著. 混凝土结构、性能与材料. 祝永年,等,译. 上海:同济大学出版社,1991.

30. 郑法学、戴振国,等. 展望 2000 年的混凝土. 北京:中国建筑工业出版社,1982.

31. 中华人民共和国标准. 混凝土质量控制标准(GB 50164—92). 北京:中国标准出版社,1992.

32. 重庆建工学院. 混凝土学. 北京:中国建筑工业出版社,1981.

33. 王福川. 建筑工程材料. 北京:科学技术文献出版社,1991.

34. 李铭臻. 建筑工程材料. 北京:中国建材工业出版社,1998.

35. A. M. 内维尔. 混凝土的性能. 李国泮,马贞勇,译. 北京:中国建筑工业出版社,1993.

36. 傅温. 混凝土工程新技术. 北京:中国建材工业出版社,1994.

37. 雍本. 特种混凝土设计与施工. 北京:中国建筑工业出版社,1993.

38. 卓知学,等. 现代路面工程学. 长沙:湖南科学技术出版社,1994.

39. 杨伯科. 混凝土实用新技术手册. 长春:吉林科学技术出版社,1998.

40. 中华人民共和国交通行业标准. 公路工程水泥混凝土试验规程(JTJ 053—94). 北京:人民交通出版社,1994.

41. 中华人民共和国交通行业标准. 公路水泥混凝土路面设计规范(JTJ 012—94). 北京:人民交通出版社,1994.

42. [加拿大] V. S. Ramachandran,等,著. 混凝土科学. 黄士元,等,译. 北京:中国建筑工业出版社,1986.9.

43. 徐江萍,申爱琴. 掺增折剂混凝土疲劳性能的研究. 西安公路交大学报,1999.6,第 2 期.

44. 中华人民共和国国家标准. 矿渣硅酸盐水泥、火山灰质硅酸盐水泥及粉煤灰硅酸盐水泥(GB 1344—92). 北京:中国标准出版社,1992.

45. 中华人民共和国国家标准. 道路硅酸盐水泥(GB 13693—92). 北京:中国标准出版社,1992.

46. 梁乃兴. 聚合物改性水泥混凝土. 北京:人民交通出版社,1995.

47. 张云理,卞荷芝. 混凝土外加剂产品及应用手册. 北京:中国铁道出版社,1994.

48. 买淑芳. 混凝土聚合物材料及其应用. 北京:科学技术出版社,1995.

49. 赵志缙. 新型混凝土及其施工工艺(第二版). 北京:中国建筑工业出版社,1986.

50. 张冠伦,张云理. 混凝土外加剂原理及其应用技术. 上海:上海科学技术文献出版社,1985.

51. 交通部水泥混凝土路面推广组编. 水泥混凝土路面研究. 北京:人民交通出版社,1995.

52. 陈肇元. 高强混凝土及其应用. 北京:清华大学出版社. 1992.

53. 交通部水泥混凝土路面推广小组. 水泥混凝土路面设计、施工与养护. 北京:人民交通出版社,1991.

54. 胡长顺,等. 高等级公路路基路面施工技术. 北京:人民交通出版社,1994.

55. 中华人民共和国交通行业标准. 公路桥涵施工技术规范（JTJ 041—89）. 北京：人民交通出版社，1989.

56. 方福森. 路面工程. 北京：人民交通出版社，1990.

57. 沈旦申，吴正严. 现代混凝土设计. 上海：上海科技文献出版社，1987.